Jetzt helfe ich mir selbst

Start-Schwierigkeiten

Dieser Wegweiser soll Ihnen helfen, bei streikendem Motor den Fehler einzukreisen. In Frage kommen fast immer nur zwei Störungsursachen: Zünd- oder Kraftstoffanlage. Der aussichtsreichste Weg: Von beiden Gruppen die Anfangsfrage beantworten und falls diese bejaht werden können, mit dem Wegweiser für die Zündanlage beginnen. Entsprechend unserer Tabelle läßt sich der

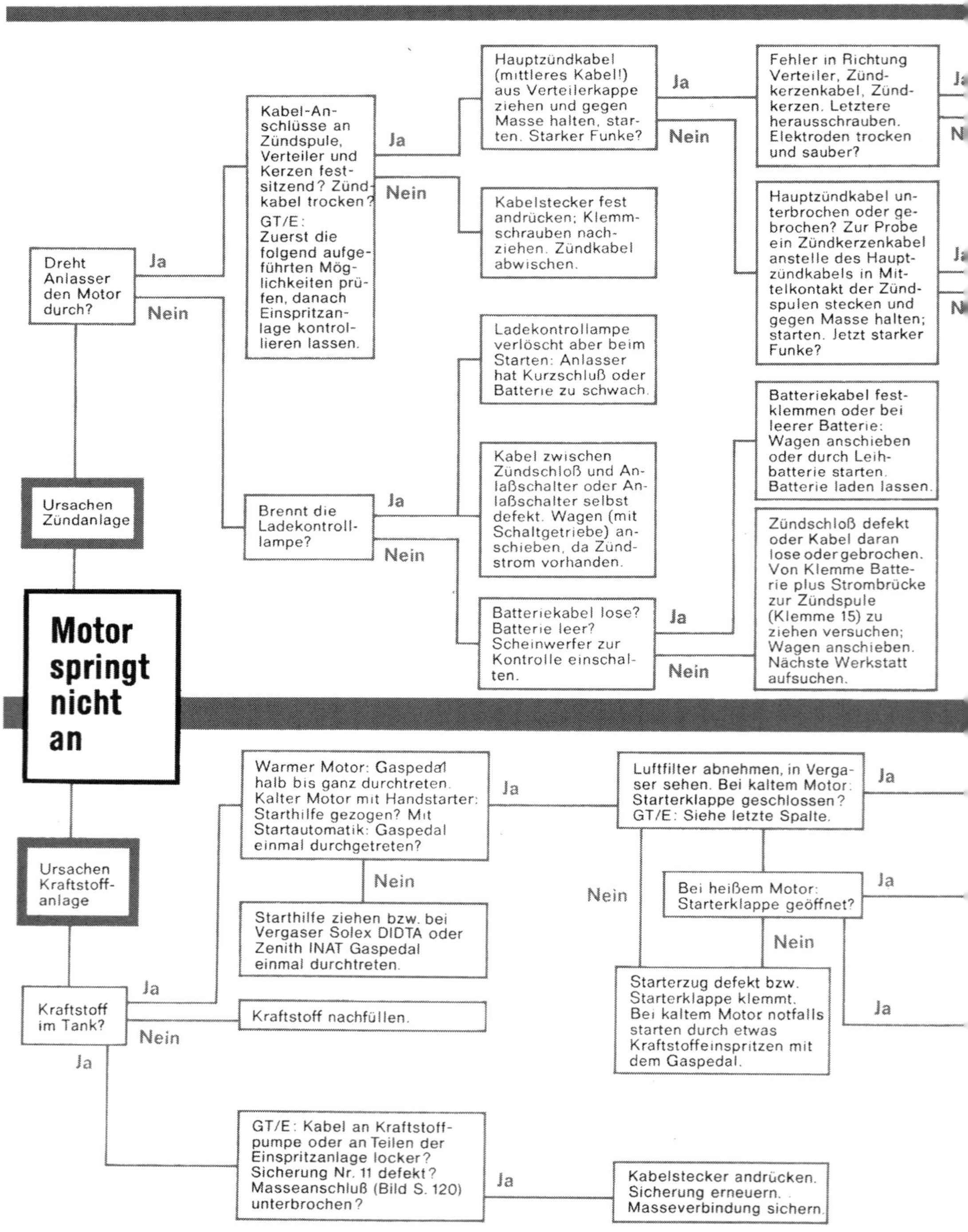

Motor auch bei Störungen, die während einer Fahrt auftreten, durchprüfen. Man beachte auch die näheren Ausführungen zu den einzelnen Punkten in den betreffenden Kapiteln und die damit verbundenen speziellen Störungshilfen, die auf den rechts unten angegebenen Seiten zu finden sind. Dieses Schema gilt auch für die meisten anderen Automobilfabrikate.

Kerzenstecker auf herausgeschraubte Zündkerze stecken: mit Anlasser starten. Starker Funke an Elektrode?

Ja

Nein

Obgleich Zündanlage wahrscheinlich in Ordnung, möglichst neue Zündkerzen einsetzen (alte Kerzen können unter Druck versagen). Springt Motor nun an?

Ja

Nein

Falls jedoch öfter Anlaßschwierigkeiten, Zündkerzenkabel auf Bruch- und Knickstellen untersuchen und Motoreinstellung überprüfen lassen.

Fehler in der Kraftstoffanlage suchen.

Motor ersoffen durch zu starkes Betätigen der Beschleunigungspumpe; Starten mit konstant durchgetretenem Gaspedal. Kerzen trocknen, besser gegen trockene austauschen. Motor bei offenen Zündkerzenlöchern ohne Gasgeben mit Anlasser innen trocknen.

Statt Zündkerze Schraubenzieher oder dicken Nagel in Zündkabelstecker drücken und gegen Masse kurzschließen; Anlasser betätigen. Funken zwischen Schraubenzieherklinge und Masse?

Ja

Nein

Zündkerzen defekt; austauschen.

Verteilerkappe innen naß (nach Motorwäsche) oder gebrochen (Kriechstrom zur Masse) oder Verteilerfinger defekt oder Zündkerzenkabel gebrochen.

Zu starker Funke: Kontakte blau angelaufen, wahrscheinlich Kondensator defekt.

Hauptzündkabel austauschen.

Guter Funke: Motor jetzt mit Anlasser durchdrehen. Funken beim Abheben der Kontakte?

Ja

Nein

Unterbrecher in Ordnung. Fehler in der Zündspule (Sekundärwicklung).

Unterbrecherhebel hebt nicht ab oder hat lahme Feder oder Halteschraube sitzt nicht fest.

Fehler in Richtung Unterbrecher (Verteilerunterteil), Kondensator, Zündspule. Verteilerdeckel abnehmen, Wagen bei eingelegtem höchstem Gang schieben, bis Unterbrecherkontakt geschlossen; Zündung einschalten, Unterbrecherhebel abheben (mit Schraubenzieher, Kugelschreiber). Funke zu sehen und zu hören?

Ja

Nein

Unterbrecherkontakt verschmort? Wenn ja, dann austauschen.

Zündspule (Primärwicklung) in Ordnung? Dünnes Kabel von Klemme 1 der Spule abziehen, statt dessen Prüflampe anklemmen und an Masse halten; Zündung einschalten: Leuchtet Prüflampe dauernd auf?

Ja

Nein

Kondensator oder dünnes Kabel von Klemme 1 der Spule zum Unterbrecher ist defekt.

Zündspule (Primärwicklung) oder Kabel zwischen Zündschloß u. Klemme 15 der Spule defekt.

ɪ Vergaser mit Kraft- versorgt? ıng: Die von der :stoffpumpe zum Ver- ·r führende Zuleitung /ergaser abziehen. Anlasser betätigen. t Benzin heraus? sichtig handhaben, ıen unterlegen, damit ts auf Auspuff tropft.)

Ja

Nein

Vergaser wird mit Kraftstoff versorgt. Störungen im Vergaser: 1. Möglichkeit: Schwimmer oder Schwimmernadelventil klemmt. Gegen Vergaser klopfen oder Vergaserdeckel abnehmen und Ventil gängig machen oder auswechseln. 2. Möglichkeit: Leerlaufdüse verstopft. Herausschrauben und reinigen. Einspritzanlage: Prüfen lassen.

ɔr etwas abkühlen las- später Startautomatik rollieren lassen.

Zulauf zum Vergaser (beim GT/E: zu den Einspritzventilen) gestört. Leitung vom Tank an Kraftstoffpumpe abnehmen. Läuft Benzin heraus?

Nein

Ja

uf vom Tank unterbro- . Zum Beispiel Tank- ıftung verklemmt oder topft. Tankauslauf chmutzt oder Leitung ıetscht. Knickstelle be- gen, Belüftung prüfen.

Zulauf vom Tank bis vor Pumpe in Ordnung. Pumpe fördert nicht. Evtl. Sieb verschmutzt, sonst siehe Kapitel Kraftstoffpumpe. Bei GT/E evtl. Kraftstoffilter oder Druckregler defekt.

Eingehende Tabellen oder Hinweise zur Störungsabhilfe finden Sie auf den Seiten

Dieter Korp

Opel Manta B

ab September '75
ohne 1,3- und 1,8-Liter

Jetzt helfe ich mir selbst

Unter Mitarbeit von
Wolfgang Schmarbeck

Motorbuch Verlag Stuttgart

Umschlagentwurf und Buchgestaltung: Peter Werner / Siegfried Horn
Titelbild: Wolfgang Schmarbeck

ISBN 3–87943–488–3

Auflage Nr. 104 289

Idee und Gestaltung des Störungsfahrplanes in der vorderen Buchklappe: Verfasser.
Fotos: Bilstein 1, Bosch 2, Erlau 1, Opel 7, Schmarbeck 106, Thaer 1.
Zeichnungen: Bosch 3, Opel 15, Schmarbeck 1.
Den Schaltplan in der hinteren Buchklappe fertigte Raimund Schmarbeck nach Werksunterlagen.
Satz: Staib & Mayer, Vereinigte Druckereien, 7000 Stuttgart 1
Druck: KN Digital Printforce GmbH, Schockenriedstr. 37, 70565 Stuttgart
Printed in Germany.

Sie finden in diesem Buch

Vorwort

So bleibt Ihr Auto mobil

Die Freude am Auto wird von laufend steigenden Kosten getrübt. Feste Zahlungen sind im privaten Haushalt einkalkuliert, aber man muß noch Ausgaben hinnehmen, deren Höhe von Arbeitslöhnen und Ersatzteilpreisen abhängt, wenn einmal diese oder jene Reparatur notwendig ist. Autos laufen nicht wartungsfrei tagaus und tagein, und nicht nur nebenbei soll auch noch etwas für den Werterhalt des Wagens getan werden.
Inspektionen und Reparaturen müssen jedoch nicht immer Anlaß hoher Geldausgaben sein. Einen großen Teil der anfallenden Pflegearbeiten können Sie mit Hilfe dieses Buches selbst erledigen und noch manche nötige Instandsetzung dazu. So soll es der Hauptzweck des vor Ihnen liegenden Handbuches sein, Ihnen Geld und in manchem Fall auch kostbare Zeit sparen zu helfen. Und sollte Ihrem rollenden Freund im Ausland einmal Unheil widerfahren, wo kein geschultes Opel-Personal in der Nähe ist, so machen viele gezielte Hinweise auf den folgenden Seiten die Heimfahrt sicher möglich.
Sie gewinnen zugleich Einblicke in die »Geheimnisse« Ihres Manta – ohne mit schwer verständlichen Fachausdrücken überhäuft zu werden. Das Wissen, das Ihnen dieses Buch vermittelt, ist – auch wenn man selbst nicht praktisch arbeiten möchte oder kann – darüber hinaus Rüstzeug für unvermeidbare Werkstattbesuche und für die Prüfungen beim TÜV. Eine solche Sachkunde läßt sich selten mit Geldwert bemessen.
Die Typenreihe des Opel Manta B, der im Sommer 1975 erschien und das Modell A ablöste, wurde zum Thema dieses Buches, einschließlich der ab August 1977 mit 2-Liter-Motor hergestellten Modelle. Der im Februar 1979 erschienene 1,3-Liter-Motor sowie der im Februar 1982 vorgestellte 1,8-Liter-Typ konnten dagegen in diesem Band nicht mehr untergebracht werden. Für sie ist der Band 83 dieser Buchreihe zuständig.
Das bewährte Konzept des Wagens erleichtert Ihr Vorhaben, sich um das Wohlergehen Ihres Autos selbst zu kümmern. Damit sind Sie in den Kreis einer sehr großen Anzahl tatkräftiger Leute aufgenommen, für die es längst zur Routine geworden ist, schnell einmal den Abstand der Unterbrecherkontakte zu messen oder auch nur nachzusehen, ob etwa die vorderen Reifen ungleichmäßig abgefahren sind (was die Ursache dazu sein kann, können Sie auf Seite 138 feststellen).
Freundliche und hilfsbereite Menschen hielten ihre Erfahrungen nicht zurück und halfen, viele praktische Ratschläge des Buches zu bereichern. Dafür sei herzlich gedankt!

Die Verfasser

Einbahnstraße in des Wortes engster Bedeutung. Und ausgerechnet hier streikt das Auto? Offensichtlich bleibt dem Fahrer das berühmte »Gewußt wo« fern, solche Unpäßlichkeiten zu beseitigen. Das aufmunternde Lächeln der jungen Dame mag allenfalls dazu beitragen, ihm den Weg des Hilfeholens zu erleichtern.
Dieses Handbuch kann Sie dabei unterstützen, ähnliches Mißgeschick – sicher oft im Handumdrehen – zu vertreiben.

Mit weißen Manschetten

Zugegeben, eine ganze Reihe von Arbeiten am Auto lassen sich nicht verrichten, ohne daß man schmutzige Hände bekommt. So etwa das Wechseln des Motoröls oder eines Reifens. Ersteres kann man in Auftrag geben, um den »Plattfuß« unterwegs muß man sich aber gewöhnlich selbst kümmern.
Nun gibt es daneben viele Handgriffe, die einmal nötig sind, bei denen die Hände sauber bleiben. Denken Sie nur daran, daß plötzlich eine Scheinwerferlampe ausfallen kann. Ganz abgesehen davon, daß Sie diese »Arbeit« auch noch bezahlen müßten, wenn Sie an fremder Tankstelle eine neue Lampe einsetzen lassen würden – laufen Sie auch gleich zum Elektriker, wenn bei Ihnen daheim die Küchenlampe erloschen ist?
Damit Sie bei Ihrem Manta nicht von Vorkommnissen überrascht werden, die dann womöglich auch noch mehr Geld als nötig kosten, sollten Sie ihn gelegentlich etwas unter die Lupe nehmen. Wie Sie gleich sehen werden, brauchen Sie dazu weder Werkzeug noch das Wissen eines Fachmannes, nur Ihre Beobachtungsgabe. Und die Manschetten brauchen Sie dazu auch nicht hochzurollen.

Prüfen im Stand

Das zuverlässigste Urteil über den technischen Zustand Ihres Autos läßt sich bei einer Probefahrt finden. Probefahrten beginnen aber schon im Stand. Nur die gute Verfassung aller Aggregate und Teile garantiert auch während der Fahrt richtige Funktion.
Gehen Sie gelegentlich um Ihren Wagen herum. Bei hellem Tageslicht lassen sich am leichtesten auffällige Veränderungen feststellen:

- Beulen im Blech
- Kratzer im Lack
- Rostansatz
- Zersprungene Gläser der Leuchten
- Abgefahrenes Reifenprofil.

Ob es hell oder dunkel ist, die Beleuchtungsanlage kann man jederzeit prüfen. Sind alle Lichtspender sauber? Schalten Sie der Reihe nach ein:

- Standlicht
- Abblendlicht
- Fernlicht

Funktionieren auch Rückleuchten, Bremsleuchten, Blinkleuchten?
Öffnen Sie die Motorhaube und kontrollieren Sie:

- Ölstand im Motor
- Stand der Kühlflüssigkeit
- Stand der Bremsflüssigkeit
- Scheibenwaschbehälter.

Im gleichen »Arbeitsgang« kann man sich davon überzeugen, ob

- die Keilriemenspannung stimmt
- die Batteriepole sauber sind
- der Vergaser feucht ist
- die Zündkabel locker sind.

Starten Sie jetzt den Motor und nehmen Sie Ihr Gehör zu Hilfe:

- Ungleichmäßiger Leerlauf?
- Ventilgeräusche?
- Sonstige, früher nicht wahrgenommene Geräusche?

Als nächstes sehen Sie sich den Standplatz des Wagens an. Frische Ölflecken? Wenn ja, woher? Und wie verhält es sich mit der Unterseite des Autos? Nutzen Sie zu dieser Betrachtung den nächsten Ölwechsel bei Ihrer Tankstelle, wenn der Manta über einer Grube oder auf einer Hebebühne steht. Vielleicht vergeht bis dahin aber noch längere Zeit, deshalb ist es besser, Sie vergewissern sich bald: Schieben Sie Packpapier, alte Zeitungen oder praktischer noch eine öfter verwendbare Kunststoffolie unter das Auto und kriechen Sie so weit wie möglich unter Ihren seitlich angehobenen Wagen. Schauen Sie in Ruhe und der Reihe nach an, ob Sie folgende Mängel entdecken:

- Öl am Kurbelgehäuse, Getriebe?
- Bremsleitungen verrostet?
- Anschlüsse der Bremsleitungen feucht?
- Handbremsseil locker?
- Stoßdämpfer ölverschmiert?
- Auspuff durchgerostet?
- Unterbodenschutz angegriffen?
- Rostansatz?

Sie sollten diese Kontrollen »unten herum« auch von der anderen Seite des Wagens aus vornehmen. So können Sie mehr erkennen und gleichzeitig feststellen, ob alle freihängenden Räder etwa schwergängig sind oder ob die Radlager zu viel Spiel aufweisen.
Wenn Ihre Untersuchung irgendwelche Mängel aufdeckte, können Sie selbst beurteilen, wie Sie Abhilfe schaffen wollen. Suchen Sie im Stichwortverzeichnis dieses Buches den entsprechenden Abschnitt und lesen Sie diesen durch. Welche Möglichkeiten der Eigenhilfe sich bieten oder wie eventuell die Werkstatt vorgehen würde, um einen Schaden zu beheben – die Beschreibung wird Sie zu dem für Sie günstigsten Entschluß führen. Der Sinn dieses Buches ist es ja, Ihnen Ratschläge zu erteilen, wie Sie in möglichst perfekter und zugleich kostengünstigster Art den Zustand Ihres Autos bewahren.

Probefahrt

Pflegearbeit Nr. 23

Im Anschluß an die eben beschriebene Untersuchung muß man natürlich auch beobachten, wie sich das Auto während der Fahrt verhält. Probefahrten, die in den Werkstätten nach Inspektionsdiensten und nach größeren Reparaturen vorgenommen werden, führen dort nicht immer zu echten Aufschlüssen. Zeitmangel im Betrieb und Verkehrsdichte vor dem Werkstattor verhindern oder verfälschen manchmal diese wichtige Kontrolle. Der Fachmann kommt auch zu aufschlußreichen Beobachtungsergebnissen, wenn der Wagen in der Werkstatt auf dem Prüfstand steht.
Eine selbst ausgeführte und mit Umsicht unternommene Probefahrt bietet Sicherheit und läßt rechtzeitig eventuelle Mängel erkennen. Jedermann kann – je nach Erfahrung – eigene Methoden entwickeln, solche Probefahrten mit wirkli-

Man sollte es öfter tun als andere Wagenbesitzer: die Beleuchtungsanlage kontrollieren. Bequemer hat es natürlich der, der sich bei dieser Probe helfen lassen kann. Aber es geht auch, wenn man alleine ist und das Funktionieren der einzelnen Lampen bei allen Schaltungen separat überprüft, wie es diese junge Dame zeigt. Am Lichtschein des angestrahlten Garagentors hat sie eine Kontrolle über die Funktion der Scheinwerfer.

chen Erkenntnissen über sein Auto zu beenden, ohne irgendwelchen Täuschungen zu unterliegen. Wir schlagen vor, die Reihenfolge der Kontrollen nach folgendem Schema einzuhalten:
Lenkung – Fahrwerk – Bremsen – Motor – Kupplung – Getriebe – Elektrik.

■ Wagen mit Gas und ohne Gas fahren und rollen lassen, Hände vom Lenkrad. Der Wagen darf nicht einseitig wegziehen (die Straße darf nicht gewölbt sein, gilt auch für den Bremsversuch). Lenkung kurz anreißen und loslassen: Kommt der Wagen von selbst in die Geradeausrichtung zurück? Stellt sich die Lenkung nach der Kurve ohne Nachhilfe zurück? Läßt sich das Lenkrad leicht drehen? Kein zu großes Spiel in der Lenkung?

■ Rollt der Wagen leicht (Motor im Leerlauf, Schalthebel neutral) weiter? (Sonst nicht zurückgezogene Bremsbeläge oder zu schwergängige Räder.)

■ Bremsen: Siehe Abschnitt »Bremsen prüfen« im Kapitel »Die Bremsen«.

■ Läuft der Motor im Leerlauf ruhig und gleichmäßig? Auch nach längerer Fahrt? Sauberer Übergang und ruckfreies Beschleunigen beim Gasgeben? Gaswegnehmen aus höherer Geschwindigkeit: Unübliche Geräusche von Motor, Getriebe, Auspuff? Patschen im Vergaser oder Auspuff?

■ Trennt die Kupplung beim Schalten (kein Kratzen im Getriebe)? Rutscht sie beim scharfen Gasgeben gleich nach dem Schalten und bei entlastetem Kupplungspedal durch (Motor dreht hoch, ohne daß der Wagen schneller wird)? Bei Getriebeautomatik: Reagiert der Wagen in allen Fahrstufen in gewohnter Weise?

■ Funktionieren alle Scheinwerfer, Leuchten und Kontrollampen? Arbeiten die Blinker richtig? Zeigen die Instrumente an? Funktionieren Gebläse und Scheibenwischer?

Prüfen vor der TÜV-Kontrolle

Bestimmt würde die Verkehrssicherheit leiden, wenn nicht die Autos alle zwei Jahre beim Technischen Überwachungsverein vorgeführt werden müßten. Wann der nächste Vorführtermin für Ihren Wagen festgelegt ist, das ersehen Sie aus der farbigen Plakette auf dem hinteren polizeilichen Kennzeichenschild und aus dem entsprechenden Vermerk im Kraftfahrzeugschein.
Zu der oft mit Sorge entgegengesehenen Kontrolle können Sie mit ruhigem Gewissen fahren, wenn Sie Ihren Opel sachverständig anhand dieses Buches gepflegt haben. In Selbsthilfe oder durch die Werkstatt abgestellte Mängel beweisen dem Prüfer Ihr Verantwortungsgefühl und lassen seine Beurteilung bei einer eventuell doch noch bestehenden Beanstandung sachlicher ausfallen, als wenn er ein im ganzen verkommenes Fahrzeug vor sich hätte. Deshalb sollte man auch die Wagenunterseite direkt vor der Fahrt zum TÜV gründlich reinigen lassen. Das bekommt man in jeder Tankstelle gemacht. Die Fahrwerkteile und die Bremsleitungen müssen für den Prüfer mühelos zu erkennen sein. So vorbereitet dürfte die TÜV-Untersuchung nur zu einer Routineinspektion werden.
Freilich müssen Sie vorher Ihren Manta selbst eingehend unter die Lupe nehmen. Der Auspuff ist auf Durchrostung, die Reifen sind auf Profiltiefe zu prüfen. Nicht serienmäßige Anbauteile oder solche, für die weder eine ABE (Allgemeine Betriebserlaubnis) noch eine Werksfreigabe vorliegt – darunter können z. B. fremde Auspuffanlage, Leichtmetallfelgen, »Sport«-Lenkräder fallen –, sind zu entfernen und zu ersetzen.
Man kann auch einer Werkstatt den Auftrag erteilen, den Wagen für die TÜV-Kontrolle vorzubereiten. Aber das wird möglicherweise teuer. Solchen gern gesehenen Kunden könnte manche geschäftstüchtige Werkstatt Ersatzteil- und Reparaturkosten in Rechnung stellen, die mit dem Auftrag recht wenig zu tun haben.

Es gibt Autobesitzer, die führen erst einmal ihren gesäuberten Wagen dem TÜV vor und erklären dabei, daß sie sich über eventuelle Mängel informieren wollen. Nach der Kontrolle überreicht der Prüfer einen schriftlichen Befund, nach dem sich jetzt die Werkstatt richten soll. Der ausdrückliche Hinweis, nur die vermerkten Mängel zu beheben, verhilft zu einer preislich angemessenen Instandsetzung. Kleinere Mängel wird man sogar selbst beheben können. Danach stellt man den Wagen ein zweites Mal dem TÜV vor, möglichst unter Beifügung der detaillierten Werkstatt-Rechnung. Die neue Prüfplakette wird man jetzt ohne Verdruß erhalten. Trotz einer Nachgebühr, die sich in ihrer Höhe danach richtet, ob leichte oder erhebliche Mängel zu beseitigen waren, hat man mit diesem erneuten Besuch doch Geld gespart.
Was es vor dem Besuch beim TÜV im besonderen zu beachten gibt, finden Sie in einzelnen diesbezüglichen Abschnitten des vorliegenden Buches erklärt. Hierzu seien speziell die Seiten 88, 110 und 157 genannt.
Und noch einige Tips: Die Untersuchung braucht nicht bei einer TÜV-Stelle am Wohnort zu erfolgen (man kann sich also eine solche aussuchen, bei der man sich mehr Entgegenkommen verspricht). Ungünstige Prüfzeiten sind die Tage vor den Ferien und vor den Feiertagen, allgemein jedoch das Frühjahr. Eine Anmeldung ist nicht immer möglich, doch man kann mit einzelnen Prüfstellen Termine vereinbaren.

Der Kraftstoffverbrauch

Verkehrsverhältnisse, Belastung des Wagens und Witterungsverhältnisse beeinflussen den Verbrauch eines jeden Autos, insbesondere aber die Fahrweise dessen, der da schaltet und Gas gibt. Fallen diese Umstände insgesamt negativ aus, liegt der Benzinverbrauch merklich höher als normal. Wie anschließend zu lesen ist, kann zu hoher Verbrauch natürlich auch andere Ursachen haben. Um aber realistisch beurteilen zu können, wann und warum der Verbrauch eventuell zu hoch ist, beherzigen Sie: Gleichmäßiges und aufmerksames Fahren ist immer rentabler als ein sehr flotter und nervöser Fahrstil. Bei den hohen Benzinpreisen ist es für viele Autofahrer wichtig zu wissen, welche Sparmöglichkeiten gegeben sind. Eine überlegte Fahrweise wirkt sich ökonomisch günstig aus.

Was ist der Normverbrauch?

Die Verbrauchswerte nach DIN-Vorschrift 70030 werden seit 1979 unter drei unterschiedlichen Fahrbedingungen gemessen. Für den simulierten Stadtverkehr ist ein sogenannter Fahrzyklus vorgeschrieben, der aus 25 Einzelvorgängen besteht – u. a. Leerlauf, Beschleunigen, Schalten, Bremsen und verschiedene Geschwindigkeiten von 10, 15, 32, 35 und 50 km/h. Dann kommt eine Fahrt mit konstant 90 Stundenkilometern und eine weitere mit konstant 120 km/h.
Früher wurde der Verbrauch so gemessen: Das mit halber Nutzlast beladene Auto fährt gleichmäßig mit $^{3}/_{4}$ der Höchstgeschwindigkeit (höchstens jedoch mit 110 km/h) auf einer absolut ebenen Fahrbahn bei Windstille. Zu dem so erreichten Wert wurden noch 10 % »Sicherheitszuschlag« hinzuaddiert.
Der Normverbrauch der verschiedenen Manta-Typen ist im Kapitel »Technische Daten« auf Seite 226 nachzulesen.
Allgemein muß man aber mit höheren Verbrauchswerten als mit der als »Normverbrauch« bezeichneten Angabe rechnen. Nur wenn sehr günstige Bedingungen vorliegen, wird man unter der Norm bleiben. Der Verbrauch liegt bei allen Manta gewöhnlich zwischen 10 und 13 Liter/100 km, letztere Angabe auf Stadtbetrieb oder winterliche Bedingungen bezogen, die zudem bei hoher Zuladung schnell erreicht wird. Nur beim Wagen mit 1,2-Liter-Motor wird man häufiger unter 10 Liter bleiben. Die Schwankungen im Verbrauch bei einem hubraumstarken Wagen wirken sich stärker aus als bei einem schwächer motorisierten Auto, bei

dem eine 50prozentige Verbrauchssteigerung (etwa im Winter) wegen des an sich schon geringen Normverbrauchs weniger ins Geld geht.
Der Verbrauch steigt mit der gefahrenen Geschwindigkeit. Wäre es möglich, ständig ein bestimmtes Tempo einzuhalten, so sähe die Sache noch ganz gut aus. Aber derart ideal sind die Verkehrsbedingungen selten, und man muß abbremsen und wieder Gas geben, was den Konsum erhöht. Rechnen Sie deshalb beim Wagen mit 12 N-Motor ruhig mit dem gleichen Durchschnitt wie beim Wagen mit 12 S-Motor, ebenso wie der 16 N-Motor schließlich auch kaum wirtschaftlicher als der 16 S-Motor ist.
Erstere benötigen zwar nur Normalkraftstoff, verbrauchen davon aber relativ mehr als ihre stärkeren Brüder, die das Superbenzin besser in Leistung umsetzen können.

Verbrauchsmessung mit dem Fahrtenbuch

Einzelne Nachtankmessungen (getankte Menge geteilt durch die gefahrenen Kilometer) ergeben allenfalls den Verbrauch für die an jenen Tagen herrschenden Einsatzbedingungen. Einen echten Durchschnittsverbrauch muß man über eine längere Fahrtstrecke bzw. einen längeren Zeitraum beobachten.
Für die Verbrauchsbeobachtung eignet sich deshalb am besten ein ordentlich geführtes Fahrtenbuch (kostenlos an der Tankstelle erhältlich). Die Verbrauchsmessung geht dann so: Jeweils getankte Benzinmengen eintragen. Alle paar tausend Kilometer zusätzlich nach dem Volltanken den genauen Kilometerstand eintragen. Alle Nachfüllmengen zwischen zwei km-Eintragungen addieren. Diesen Gesamtverbrauch teilen Sie durch die jeweils gefahrenen km (mindestens 1000) und multiplizieren die Zahl mit 100: das ist dann der Verbrauch auf 100 km.

Zu hoher Verbrauch

Ihr Kollege oder Nachbar behauptet vermutlich, daß sein Auto weniger Benzin als Ihr Opel braucht. Bei näherer Nachprüfung verschieben sich die angeblichen Verbrauchswerte aber spürbar in Richtung der Tatsachen.
Die heutigen Verkehrsverhältnisse lassen es kaum zu, bewußt sparsam zu fahren. Es ist nicht vertretbar, als rollendes Verkehrshindernis zu erscheinen, dessen Fahrer sich scheut, auf das Gaspedal zu treten. Ständiger, allzu geiziger Blick auf die Kraftstoffanzeige schadet nämlich am Ende. Fortwährend niedrigtourig und lahm gefahrene Motoren erreichen besonders im Kurzstreckenverkehr nicht die günstigste Betriebstemperatur. Trotz scheinbar schonender Fahrweise unterliegen sie zudem einem höheren Verschleiß und leiden unter Rückstandsablagerungen aus der unvollkommenen Verbrennung.
Sollte also das kostbare Naß nicht aus einem Leck tropfen und auch Ihre Fahrweise Ihrer Ansicht nach benzinsparend sein und der Motor Ihres Opels trotzdem über alle Maßen saufen, dann müssen Sie den Grund dazu in einer der nachstehend aufgeführten Ursachen suchen.

Fahrerursachen

■ Die Gänge werden beim Beschleunigen zu weit ausgedreht. Besonders günstig ist der Verbrauch, wenn Sie zügig beschleunigen, aber früh hochschalten.
Oftmals wird geraten, den Motor bei niedriger Drehzahl nicht zu »quälen«. Diese Auffassung deckt sich aber nicht mit neueren Untersuchungs-Ergebnissen: Der Motor wird bei niedriger Drehzahl und hoher Last weniger beansprucht als bei hoher Drehzahl und Teillast. Eine bestimmte Leistung kann sowohl mit Teillast bei einer höheren Drehzahl als auch mit hoher Last bei einer niedrigeren Drehzahl erreicht werden. Bei Teillast ist jedoch der Verbrauch höher, denn ein Motor weist nahe der sogenannten Vollast-Kennlinie die günstigsten Verbrauchswerte auf.

■ »Bleifuß« fahren. Die Differenzgeschwindigkeit zwischen dauerndem Vollgas und leicht zurückgenommenem Gasfuß ist unerheblich. Der Benzinverbrauch sinkt bei besonnener Fahrweise jedoch spürbar.

Wagenursachen

■ Ein vollbesetzter Wagen oder Urlaubsgepäck kosten mehr Verbrauch. Man merke sich: 100 kg Zuladung erfordern ca. 0,5–1 Liter mehr Benzin auf 100 km.
■ Zu niedriger Reifendruck erhöht den Rollwiderstand. Vor Autobahnfahrt Luftdruck prüfen, falls nötig, erhöhen; siehe Seite 163.
■ Zu knappes Radlagerspiel oder schleifende Bremsbeläge machen die Räder schwergängig. Die Handbremse muß richtig eingestellt sein.
■ Radeinstellung der Vorderräder stimmt nicht. Einseitige Abnutzung der Reifen und unsaubere Lenkeigenschaften lassen dies erkennen.
■ Reifenart beeinflußt den Verbrauch. Die ohnehin vorgeschriebenen Gürtelreifen verhelfen zur Sparsamkeit. Winter-Reifen erhöhen den Rollwiderstand und damit den Verbrauch.

Motorursachen

■ Ein neuer Motor braucht ungefähr 5000 km, bei ungünstigen Fahrbedingungen bis zu 8000 km, bis er die vorteilhaftesten Leistungs- und Verbrauchswerte erreicht.
■ Verschmutztes Luftfilter behindert eine optimale Zylinderfüllung.
■ Schwimmer hängt oder Schwimmerventil ist undicht; Startautomatik oder Starterklappe klemmen. Siehe Kapitel »Vergaser«.
■ Zündung nicht in Ordnung. Zündzeitpunkt verstellt. Zündkerzen verschmutzt, locker oder verbraucht. Siehe Kapitel »Die Zündanlage«.
■ Kraftstoffpumpe ohne ordnungsgemäße Förderleistung. Siehe Kapitel »Vom Tank zur Kraftstoffpumpe«.
■ Kraftstoffleitungen gelockert. Kurz nach dem Abstellen des Wagens meist mit einem Blick unter das Fahrzeug festzustellen (Benzin auf dem Boden).
■ Starker Motorverschleiß. Schlecht schließende Ventile, verschlissene Kolben und Zylinder ergeben mangelhafte Kompression und führen zu Leistungsverlusten und ansteigendem Benzin-Durst.
■ Einspritzmotor: Luftschlauch zum Kraftstoffdruckregler ist porös oder abgefallen, dadurch erhöhter Kraftstoffdruck und schwarzes Auspuffqualmen.

Äußere Ursachen

■ Vorwiegend Stadtverkehr. Der Motor dreht zu oft im Leerlauf. Notwendige Betriebstemperatur wird nicht erreicht. Starkes Beschleunigen nach Kreuzungen läßt sich meist nicht vermeiden, steigert aber den Verbrauch erheblich. Bei Ampel-Kreuzungen möglichst die »grüne Welle« einhalten.
■ Niedrige Außentemperaturen lassen den Motor nicht warm werden. Schmierstoffe in Motor, Getriebe und Radlagern bleiben länger steif (Widerstand).
■ Schnee und Matsch, aber auch Kurven und schlechte Straßenoberflächen erhöhen den Rollwiderstand.
■ Gebirgsstrecken zwingen zum vielen Schalten und Beschleunigen. Winterlicher Stadtverkehr kann den Verbrauch bis auf 15 Liter ansteigen lassen.

Die Benzin-Qualität

Ein besonders wichtiges Qualitätsmerkmal ist die Klopffestigkeit eines Kraftstoffes. Sie wird durch hochwertige Anteile »aromatischer Kohlenwasserstoffe« im Kraftstoff und durch beigemischte »Klopfbremsen« erreicht.
Die Klopffestigkeit eines Kraftstoffes wird in einem genormten Prüf-Motor im Vergleich zu speziellen Meßkraftstoffen ermittelt. Sie wird in Oktanzahlen (Kurzzeichen OZ) angegeben, entsprechend dem Prozentanteil von Iso-Oktan (100 OZ) im Meßkraftstoff. Es gibt zwei verschiedene Meßmethoden: Die

»Research-Methode« (ROZ) und die erschwerte »Motor-Methode« (MOZ) OZ-Angaben auf Tanksäulen nennen stets die zahlhöhere ROZ.
Obwohl im Bundesgebiet aus Umweltschutzgründen die hochgiftige, aber besonders wirkungsvolle Klopfbremse Bleitetraäthyl nur noch in geringsten Mengen beigemischt werden darf (0,15 Gramm pro Liter statt mehr als 0,4 g/Liter im Ausland), liegt die Klopffestigkeit in der Bundesrepublik mit 97,5 bis 100 ROZ für Super und 91 bis 94 ROZ für Normal im internationalen Spitzenfeld.
In diesem Zusammenhang mag es von Interesse sein, daß in der Praxis die für Normalkraftstoff ausgelegten Motoren mit Super keineswegs sparsamer arbeiten. Mehr Kilometer mit Super sind nur möglich, wenn der Motor – Vergaser, Zündung usw. – nicht in Ordnung ist. Dann kann Super die Mängel überspielen. Das ist aber Fehlerbeseitigung aus der falschen Richtung, man sollte besser den Motor auf einem Prüfstand untersuchen lassen.

Verdichtungsverhältnis bestimmt die Kraftstoffart

Die Opel-Motoren sind nicht so hoch verdichtet, daß man bei der gegenwärtigen Kraftstoffqualität Bedenken aufkommen lassen müßte. Setzt man ab 1976 die offiziell für Superkraftstoff versprochenen Mindestzahlen von 98,0 ROZ und 88,0 MOZ (für Normal entsprechend: 91,0 ROZ und 82,0 MOZ) an, lassen sich die Bedürfnisse aller Manta-Triebwerke erfüllen:

Motor	Verdichtung	Bedarf ROZ	Bedarf MOZ	Kraftstoff
12 N	7,8	91	82	Normal
12 S	9,0	98	88	Super
16 N	8,0	91	82	Normal
16 S	8,8	98	88	Super
19 N	7,9	91	82	Normal
19 S	8,8	98	88	Super
19 E	9,2	98	88	Super
20 S	9,0	98	88	Super
20 E	9,4	98	88	Super

Was ist Klingeln oder Klopfen?

Zwei Arten dieser für den Motor schädlichen Erscheinungen sind möglich, entweder verursacht durch die Verwendung falschen Kraftstoffes oder durch die Abweichung von der werkseitig festgelegten Zündzeitpunkteinstellung.
Die eine Art, das sogenannte Beschleunigungsklopfen, tritt nur kurzzeitig – beim Beschleunigen – auf. Betroffen sind eher Normalbenzin-Motoren und natürlich der superkraftstoffbedürftige Motor, wenn er fälschlich mit Normalbenzin betrieben wird. Das Klingeln wird dann bei plötzlichem Gasgeben aus niedrigen Drehzahlen heraus hörbar, wenn man beispielsweise im 3. Gang aus 20 bis 30 km/h heraus kräftig beschleunigt oder an einer Steigung schaltfaul fährt. Man muß aber ein aufmerksames Ohr haben, um das Klingeln im Motor zu hören, denn es wird zum Teil von Fahrgeräuschen überdeckt. Es ist besser hörbar, wenn man den zu prüfenden Wagen an sich vorbeifahren läßt. Verantwortlich für das Beschleunigungsklopfen ist die zu niedrige ROZ.
Das Hochdrehzahlklopfen wird durch mangelnde MOZ ausgelöst. Es ist die üblere Art des Klingelns, weil es praktisch nicht wahrnehmbar ist und dazu noch über längere Entfernungen auftritt. Es kommt nicht nur bei hohen Dauergeschwindigkeiten vor, sondern auch bei langsamer Fahrt im kleinen Gang bei Vollgas. Anfällig dafür sind nur die auf Superkraftstoff ausgelegten Motoren. Ein Hinweis für die sich anbahnende Motorschädigung ist eigentlich allein die dann

steigende Kühlmitteltemperatur. Wenn unbeachtet, können bei den unnormalen Spitzentemperaturen bis zu 1500° C im Brennraum die Kolbenböden schmelzen, Kolbenklemmer sind dagegen kaum üblich.
Wie andere moderne Motoren auch, sind die Opel-Triebwerke also unter gewissen Umständen für die eine oder andere Art des Klopfens empfänglich. Zur Erklärung dieses Vorganges (der mit »Klingeln« besser umschrieben wird), sei noch angefügt:
Normalerweise verbrennt das Kraftstoff-Luft-Gemisch im Zylinder auf Befehl der Zündkerze. Springt an ihren Elektroden der Funke über, entflammt das Gemisch. Die von dem Zündfunken ausgelöste Flammenfront kann Teile des Kraftstoff-Luft-Gemisches in eine Ecke drängen, wo sie sich separat – nach dem eigentlichen Entzündungsvorgang durch den Funken – entzünden. Dabei bilden sich örtliche Überhitzungsherde und Druckwellen, die den Motor bis in seine Kurbelwellen- und Pleuellager erschüttern. 5-km-Strecken, die unter Klingelerscheinungen zurückgelegt werden, können den Motor mehr verschleißen als etwa 150 km normale Fahrstrecke.

Motorschäden durch schlechten Kraftstoff vermeiden

■ An bundesdeutschen Tankstellen rundes Schild mit Aufschrift »DIN-Norm 51 600« beachten.
■ In einigen Ostblockländern wachsam sein und bei Reisen dorthin rechtzeitig Informationen über die dort angebotenen Kraftstoffe einholen. Schwierigkeiten in westlichen Ländern ergeben sich keinesfalls.
■ Vom Übergang von längerem Stadtverkehr, wenn die Verbrennungsräume des Motors durch Rückstandsbildung verkokt sind, auf scharfe Fernfahrt vor der ersten Stunde maximal nur 4500 min. Der Motor braucht dann speziell auf der Autobahn diese Zeit zum Einlaufen bzw. Freibrennen der Brennräume. Im Sommer ist es wichtig, das Warnlicht für mangelhaften Öldruck oder, wenn vorhanden, den Öldruckmesser im Auge zu behalten. Siehe hierzu den Abschnitt »Die Öldruckanzeige« Seite 215.
■ Der Zündzeitpunkt muß richtig eingestellt sein. Vorbeugende Rücknahme des Zündzeitpunktes ist nicht empfehlenswert, da eine solche Verstellung in Richtung Spätzündung verbrannte Auslaßventile und Kühlerkochen zur Folge haben kann. Außerdem wirkt sich diese Maßnahme negativ auf Leistung, Verbrauch und CO-Wert im Abgas aus.

Nachdieseln

Nachdieseln oder Nachlaufen des Motors macht sich manchmal nach dem Abstellen der Zündung bemerkbar. Dieses Weiterlaufen des Motors ohne Fremdzündung ist ein Zeichen örtlicher Überhitzung im Zylinderkopf, hervorgerufen meistens durch glühende Rückstände, manchmal – nach strammer Fahrt – durch überhitzte Auslaßventile. Derartige Glühzündungen sind noch gefährlicher als das Beschleunigungsklopfen. Bei innen sauberen Motoren – solche, die mit einer gut gewarteten Zündanlage, durch richtiges Ventilspiel und durch gelegentlich längere Fernfahrten sich im Betrieb selbst reinigen – kommt es zu keinen Schwierigkeiten. Überhaupt nicht betroffen sind die Motoren, deren Vergaser mit einer elektromagnetischen Abschaltdüse bestückt ist (aber die Düse kann defekt oder ihr Kabelanschluß unterbrochen sein!). Ein nachlaufender Motor wird zum Stehen gebracht, wenn man den 1. Gang einlegt, Fuß- und Handbremse betätigt und langsam einkuppelt. Auf diese Weise würgt man den Motor ab.

Beistandspakt

Vermutlich werden Sie Ihr schönes Auto nicht schonungslos beanspruchen. Doch können Sie sich auch dazu überwinden, rechtzeitig eine Werkstatt aufzusuchen, wenn der Manta ein Wehwehchen hat, das Sie nicht selber heilen können? Irgendwann muß jeder einmal das Wissen und Können anderer in Anspruch nehmen. Das trifft für den Autobesitzer besonders dann zu, wenn es sich um Arbeiten an der Bremsanlage und an der Lenkung handelt.
Zu mancher Arbeit werden geeignete Werkzeuge und Meßinstrumente gebraucht, die nur die Werkstatt besitzt. Mit ihrer Hilfe sind entsprechende Reparaturen ein Kinderspiel, ohne sie eine Schinderei. Freilich kostet anderer Leute Arbeit auch Geld. Was Sie wissen sollten, bevor Sie Ihr Auto in die Werkstatt bringen, das haben wir hier für Sie zusammengestellt.

Umgang mit der Werkstatt

Opel-Kundendienst-Betriebe sind keineswegs dünn gesät – in der Bundesrepublik gibt es immerhin rund 2200 Service-Plätze und anerkannte Opel-Dienste. Vermutlich wurde Ihr Wagen durch einen Händler ausgeliefert, der eine jener Werkstätten betreibt. Zweckmäßig war der Kauf dort, wo man danach noch gerne gesehen und solide bedient wird. Gute Werkstätten sind aber oft überlastet, und Wartezeiten lassen sich aus mancherlei Gründen nicht vermeiden. Zur Entschärfung dieses Problems hier ein paar Ratschläge:

■ Wartungsdienste und voraussehbare Reparaturen möglichst rechtzeitig persönlich oder telefonisch anmelden und Termin vereinbaren (Fristen von einer Woche sind nicht ungewöhnlich).

■ Möglichst morgens zwischen 7 und 8 Uhr vorfahren; dann werden die Arbeiten für den Tag eingeteilt. Notfalls den Wagen am Vorabend hinbringen. Falls Sie zeitlich nicht unter Druck stehen oder Sonderwünsche haben, hat man an der Reparaturannahme aber nach 10 Uhr mehr Ruhe für eine Unterhaltung.

■ Wagen möglichst nicht kurz vor Feierabend oder großen Schulferien in die Werkstatt bringen – man ist dann oft überlastet.

■ Ganz klaren Reparaturauftrag geben (dieses Buch soll dazu helfen). Zum Beispiel Ölwechsel: ja oder nein? Wollen Sie das teuerste Öl? Es wird oft ungefragt beim Ölwechsel aufgefüllt. Zündkerzen austauschen: ja oder nein?

■ Schriftlichen Kostenvoranschlag ausstellen lassen (er ist drei Wochen für die Werkstatt verbindlich). Wird ein schriftlich zugesagter Termin um mehr als 24 Stunden überzogen, muß die Werkstatt ein gleichwertiges Ersatzfahrzeug stellen oder 80 % der Mietwagenkosten tragen.

■ Kleinere Werkstätten fern der Großstadt haben oft mehr Zeit und arbeiten preiswerter, sind aber mit Ersatzteilen nicht so eingedeckt wie größere Betriebe.

■ Ausgetauschte oder ersetzte Teile wandern auf den Schrotthaufen (Rückgabe-Austauschteile natürlich ausgenommen). Lassen Sie auf dem Auftrag vermerken, daß man die defekten Teile in den Kofferraum legt oder zur Hand hält. Dadurch haben Sie eine gewisse Kontrolle über die Werkstattarbeit.

■ Wenn Sie anderer Meinung als die Leute von der Werkstatt sind, suchen Sie nicht durch Streit Ihr vermeintliches Recht zu erzwingen, sondern sprechen Sie sachlich und ruhig mit dem zuständigen Mann. Lassen Sie sich seine Gründe so erklären, daß Sie sie als Laie verstehen können.

■ Ein nettes Wort hellt auch verärgerte ölige Gesichter wieder auf; eine freundliche Stimmung der Leute, die an Ihrem Wagen arbeiten, überträgt sich auf die Qualität ihrer Arbeit.

■ Bei Uneinigkeiten mit der Werkstatt wende man sich an eine der über die BRD verteilten Schiedsstellen. Ein Anschriftenverzeichnis ist vom Zentralverband des Kraftfahrzeughandwerks, Franz-Lohe-Straße 21, 5300 Bonn 1, von der Kfz-Innung, von der Handwerkskammer, von den Automobilclubs oder von der DAT erhältlich. Die Werkstatt ist dabei an den Schiedsspruch gebunden, während Sie auch noch den ordentlichen Rechtsweg beschreiten können. Sagen Sie es der Werkstatt, daß Sie zur Schiedsstelle gehen. Vielleicht lenkt man noch einmal ein!

■ Bei Reparaturen haben Sie Garantieansprüche, wenn die Arbeit unsachlich erledigt wurde oder sich ein Materialfehler herausstellt. Branchenüblich für die Werkstätten ist eine Reparaturgarantie von sechs Monaten ohne die frühere Kilometerbegrenzung. Bei der Nachreparatur haben Sie dann allenfalls das zu bezahlen, was sich als zusätzlich erforderliche Instandsetzung herausstellt, aber nicht mehr den ganzen Reparaturumfang! Bei grober Fahrlässigkeit der Werkstatt haben Sie sogar Anspruch auf Schadenersatz, falls Ihnen etwa kurz nach Verlassen der Werkstatt ein nachlässig montiertes Rad verlorengeht und dadurch ein Unfall passiert.

■ Bei Abnahme des reparierten Wagens sollten Sie noch auf dem Werkstatthof möglichst viele Funktionen Ihres Wagens überprüfen und auch versuchen, ein kleines Stück hin und her zu fahren. Solange Sie noch im Bereich der Werkstatt sind, lassen sich Beanstandungen besser und überzeugender anbringen.

Neuwagen-Garantie

Beim Erwerb Ihres Manta unterschrieben Sie im Kaufvertrag eine Menge Kleinigkeiten. Hatten Sie sich das alles genau durchgelesen? Falls Ihr Opel noch recht taufrisch ist, müssen Sie wissen, was der Begriff »Gewährleistung« bedeutet.

Gewährleistung

Ersatzleistungen werden vom Herstellerwerk nach dem jeweiligen Stand der Technik, wie es so dehnbar heißt, vorgenommen. Natürlich nur, wenn die Garantiezeit von zwölf Monaten noch nicht überschritten ist.

Diese Gewährleistung kann sich auf Instandsetzungsarbeiten oder auf Ersatzlieferung von Teilen erstrecken, allerdings nur dann, wenn Fehler oder Schäden im Material oder in der Herstellung aufgetreten sind. Doch es wird Ihnen zum Verhängnis, wenn man Ihnen unsachgemäße Behandlung Ihres Wagens vorwirft; ob mit Recht, werden Sie nicht in jedem Fall widerlegen können. Solche Klippen zu umgehen, erfordert Verhandlungsgeschick. Man kann aber (berechtigte!) Forderungen diplomatisch formulieren, daß sich das Lieferwerk schon moralisch verpflichtet fühlt, einen Schaden innerhalb der Garantiezeit zu beseitigen. Dazu gehören Arbeitskosten, Porto und Fracht.

Nicht unter die Garantie fallen sogenannte »Verschleißteile« wie etwa Zündkerzen, Reifen oder Batterie. Bei auftretenden Mängeln an diesen Teilen muß man sich an die entsprechenden Erzeuger wenden. Ausgenommen davon sind die Opel-Starter-Batterien, für die eine Garantie über zwei Jahre gegeben wird. Aber es gibt auch Teile in Ihrem Auto, die nicht bei Opel hergestellt wurden und dennoch in den Rahmen der Gewährleistung fallen. Unabhängig davon gewährt z. B. Bosch auf seine Erzeugnisse eine Garantie von 12 Monaten.

Garantie-Ausschlüsse

Der erste Service, der beim km-Stand 1000 vorgenommen werden soll, darf in keinem Fall ausgelassen werden. Andernfalls erlischt der Garantieanspruch. Des weiteren sollen innerhalb der Garantiezeit die »gemäß den Kundendienst-Scheckheften vorgeschriebenen Überprüfungen« – selbstverständlich nur durch die Opel-Dienste – ausgeführt werden. Ferner erlischt jeder Garantieanspruch, wenn man die Betriebsanleitung nicht beachtet und das Auto unsachgemäß behandelt.

Falls nachträglich fremde Teile eingebaut wurden oder wenn eine nicht durch Opel autorisierte Werkstatt Veränderungen vornahm, die mit dem reklamierten Defekt in Zusammenhang stehen, sieht es böse aus. Sie dürfen mit Ihrem Opel auch keine Rallye fahren – dann ist die Gewährleistung dahin. Aber als Zweitbesitzer haben Sie gegen den Hersteller auch noch Ansprüche.

Schadenersatz

Sie können aber ausgesprochenes Pech haben und in einen Unfall verwickelt werden, weil ein Teil am Opel brach. Dann wird Ihnen nur dieses Teil ersetzt. Für den angerichteten Schaden kommt die Haftpflichtversicherung auf. Die Ihnen anderweitig entstehenden Kosten (Abschleppen, Unterbrechung der Geschäfts- oder Urlaubsreise usw.) können Sie jedoch vom Hersteller nicht zurückverlangen.

In jedem Fall wird die Opel-Dienststelle nach Schadenbehebung von Ihnen Geld verlangen, als hätten Sie überhaupt keinen Anspruch. Über diesen entscheidet allein das Werk, und in der Regel wird Ihnen erst danach der entsprechende Betrag gutgeschrieben oder erstattet.

Kulanz als Bonbon

Immerhin werden jene klar formulierten Bestimmungen, mit denen sich das Werk vor unberechtigten Forderungen schützen will, etwas milder ausgelegt, wenn es sich um eindeutige Ansprüche handelt. Kein Automobilwerk freut sich über die Verbreitung des schlechten Rufes, daß man ohne eigenes Verschulden draufzahlen mußte. Bei einem klaren Fall wird dann auch die obere Grenze von einem Jahr nicht so genau genommen. Oft kommt es freilich auf das persönliche Verhandlungsgeschick an.

Wahrscheinlich wird der Opel-Händler zu Ihrem Verbündeten, wenn er in Ihnen einen Dauerkunden sieht und die Hoffnung hat, daß Ihr nächstes Auto wieder ein Opel sein wird. Sie als Kunden behalten zu können, spornt die Werkstatt an, Ihre Ansprüche gegenüber dem Werk zu bekräftigen.

Großzügigkeit bei Garantieleistungen wird bei Opel wie bei anderen Autoherstellern so lange geübt, bis die Kinderkrankheiten des betreffenden Modells abgeklungen sind. Nur: Die Ascona-B-Modelle sind keine Neuschöpfungen von Grund auf, sondern die in ihnen vereinte Technik stützt sich auf Erprobtes, und von Kinderkrankheiten kann man bei ihnen nicht sprechen. Man sollte die Garantiezusage also nicht als selbstverständliche Gefälligkeit betrachten. Nur im äußersten Fall kann man noch bei einem etwas höheren Wagenalter als ein Jahr mit folgender Basis rechnen: Teilekosten zu Lasten von Opel, Arbeitskosten zu Lasten des Besitzers. Es lohnt sich daneben immer, auf eine schriftliche Vermerkung der Reklamation zu bestehen, wenn ein Schaden noch innerhalb der Garantiezeit geschieht, aber nicht gleich behoben werden kann oder noch eine Weile zu beobachten ist.

Was wird es wohl kosten?

Viele Autofahrer haben eine große Scheu vor den Fragen nach den Reparaturkosten. Niemand will seine Unkenntnis zugeben. Leute, die mit diplomatischer Unbekümmertheit erklären, daß sie so gut wie nichts vom Auto verstehen (obwohl sie vielleicht recht gut Bescheid wissen) und daher keine Ahnung hätten, wieviel

Geld sie zum Abholen des Wagens in die Tasche stecken müßten, sind oft besser dran. Machen Sie es wie letztere; diese oder jene eifrig angebotene Arbeit können Sie so abweisen und dabei manche Mark sparen.

Schriftlicher Kostenvoranschlag

Bei größeren Reparaturen sollten Sie sich – möglichst von verschiedenen Werkstätten – einen Kostenvoranschlag machen lassen. Dies kann durchaus in Form des Reparaturauftrages geschehen, auf dem zu den einzelnen Posten die Preise eingesetzt sind. Solche vorher im Auftrag festgelegten Preise dürfen bei Gesamtkosten unter 500 Mark um 20 % und bei höheren Kosten um höchstens 15 % überschritten werden. Entstehen jedoch höhere Kosten, muß die Werkstatt beim Auftraggeber rückfragen, ehe die Arbeiten ausgeführt und in Rechnung gestellt werden. Deshalb ist es wichtig, die eigene Telefonnummer oder Anschrift anzugeben.
Sie müssen auch wissen, daß es in der Reparaturbranche allgemein übliche »Geschäftsbedingungen für die Ausführung von Arbeiten an Kraftfahrzeugen« gibt. Sie hängen entweder irgendwo an der Wand, wo sie der Kunde lesen kann, oder sie stehen auf der Rückseite des Reparaturauftrages.

Offiziell keine Austauschteile

Für Aggregate, die erfahrungsgemäß nicht das ganze Autoleben aushalten, wie Motor, Getriebe, Kupplung, Hinterachse und dergleichen, hat Opel kein offizielles Austauschsystem. Es werden vom Werk nur neue Ersatzteile geliefert, die jeweils der neuesten Produktion entstammen. Dadurch können inzwischen eventuell vorgenommene Verbesserungen mit übernommen werden. Ähnlich wie bei Ford ist man im Haus Opel der Meinung, daß es bei den heutigen rationellen Produktionsverfahren preiswerter ist, Neuteile herzustellen, anstatt die notwendigen Arbeitskräfte an die Aufbereitung überholungsbedürftiger Altteile zu stellen. Das machen sich Spezialbetriebe zunutze (z. B. die darin führende Firma »Kolben-Motor«, Magstadt bei Stuttgart), die auf ihre Weise die ausrangierten Aggregate generalüberholen, und so kann es durchaus vorkommen, daß Ihnen Ihre Opel-Werkstatt, die mit solch einem Betrieb zusammenarbeitet – oder gar selbst Gebrauchtteile aufarbeitet –, bei Bedarf einen »Austausch-Motor« anbietet. Dagegen ist an sich nichts einzuwenden, nur muß man sich darüber klar sein, daß bei vorzeitig auftretenden Schäden nicht die Firma Opel in Rüsselsheim, sondern die betreffende Opel-Werkstatt bzw. deren Anlieferer Garantie leisten muß.

Der Teile-Motor

Mit dem Opel-Teile-Motor bietet sich eine weitere Besonderheit. Dabei handelt es sich um einen neuen, aber nur teile-weisen Motor. Ein solcher Motor besteht aus dem Zylinderblock mit kompletten Kolben, Pleuelstangen, Kurbel- und Nockenwelle einschließlich sämtlicher Lager, Ölpumpe, Kurbel- und Nockenwellenrad mit einem Satz Dichtungen. Der Teile-Motor wird von der Werkstatt durch Teile aus dem Alt-Motor wie Zylinderkopf, Ölwanne, Vergaser, Lichtmaschine, Anlasser usw. ergänzt. Es handelt sich also um kein einbaufertiges Aggregat. Stellt sich bei der Motor-Überholung bzw. dem Umbau vom Alt- auf den neuen Teile-Motor heraus, daß etwa die Lichtmaschine überholt oder gar durch eine neue ersetzt werden muß, dann werden die betreffenden Arbeiten und die benötigten Teile extra berechnet. Man kann also beim Manta im voraus den Preis für eine Motor-Überholung nur nach genauer Prüfung der Anbauteile bestimmen. Diese kann (einschließlich des neuen Teile-Motors) um 1000 Mark kosten, aber auch noch mehr, je nach dem Zustand der Anbauteile des Altmotors. Natürlich ist beim Manta auch nach herkömmlicher Art eine spezielle Reparatur des betreffenden Aggregates möglich, also beispielsweise Zylinder einschleifen, Ventile einschleifen, Kurbelwelle neu lagern, neue Kolben einbauen usw. Solche Arbeiten sind zwar billiger, rentieren sich aber tatsächlich nur, wenn der Motor noch keine zu hohe Kilometerleistung hinter sich hat. Sind auf dem Tacho vielleicht schon 80 000 km abzulesen, wird eine solche Reparatur nur noch selten sinnvoll sein, denn auch die anderen Motorteile sind inzwischen wahrscheinlich so weit abgenutzt, daß sie bald nach dem reparierten Teil den Geist aufgeben und die vorhergegangene Reparatur sinnlos machen. Man muß da schon einen Opel-Meister finden, zu dem man gutes Vertrauen haben kann und ihn jeweils um einen Rat fragen, der sich weniger danach orientiert, was in diesem Falle die Werkstatt verdienen könnte, sondern wie der Opel-Besitzer preiswert zu einem wieder vollwertigen Auto kommt.

Ersatzteile

Die Anzahl der Ersatzteile füllt einen dicken Katalog. Deshalb und wegen des ständigen Preisanstiegs hätte es wenig Sinn, hier eine Preisliste zusammenzustellen. Auch ist es mit dem einfachen Preis allein zumeist nicht getan. Sehr oft müssen neben dem defekten Teil noch die anschließenden oder mit diesem im Zusammenhang stehenden Teile ausgewechselt (und bezahlt) werden. Das gilt nicht nur für die Dichtungen, Schrauben und dergleichen, auch einzelne Bremsbeläge lassen sich nicht ersetzen, sondern es müssen alle Bremsbeläge zumindest einer Achse ausgewechselt werden. Ebenso kann man Zahnräder nur paarweise ersetzen. Wenn Sie beim Opel-Dienst Ersatzteile zum Selbsteinbau kaufen, müssen Sie sich erkundigen, ob auch irgendwelche Nachbarteile zu ersetzen sind. Man braucht keineswegs Hemmungen zu haben, in der Werkstatt nur einzelne Ersatzteile zu besorgen – man geht auch schnell mal zum Schuhmacher und holt ein paar Schnürsenkel, ohne gleich auch die Absätze der Schuhe erneuern zu lassen.
Gebrauchte, gut erhaltene Teile kann man wesentlich billiger vom seriös geführten Autofriedhof erstehen. Sie werden auch von Autowerkstätten, wenn mitgebracht, eingebaut, doch erstreckt sich auf sie natürlich keinerlei Garantie.
Für Ersatzteile und Zubehör, an der Autobahn gekauft, muß man gewöhnlich mehr bezahlen als an den Tankstellen in der Stadt oder auf dem Land. Der ADAC stellte einmal Preisaufschläge bis zu 22,2 % bei Autobahn-Tankstellen fest. Dagegen bezahlt man für Ersatzteile bei der in Not herbeigerufenen ADAC-Straßenwacht in jedem Fall Originalpreise.

Werkstattkosten

Außer den Preisen klettern auch Löhne und Gehälter, was sich auf den Stundenlohn in Reparaturwerkstätten niederschlägt. Werkstattpreise setzen sich zu fast einem Drittel aus dem Arbeitslohn des Mechanikers und zu knapp einem Viertel aus Lohnanteilen und Gehältern für die Beschäftigten in dem Betrieb zusammen, der Rest errechnet sich aus festen Kosten (Miete, Strom, Heizung usw.), Buchhaltung, Porto, Telefon, Abschreibungen, Steuern, Versicherungen und aus genau 10 % gesetzlich vorgeschriebenen sozialen Aufwendungen.
Die demnach von Werkstatt zu Werkstatt differierenden Arbeitskosten kommen zu den Ersatzteil- und Materialpreisen hinzu. Somit besteht eine Basis für die Kalkulation der Reparaturpreise, zumal Opel für alle häufiger vorkommenden Werkstattarbeiten sogenannte »Arbeitswerte« in einem Katalog festgelegt hat. Ein solcher Arbeitswert entspricht etwa 10 Minuten Arbeitszeit, d. h. eine Reparatur, für die 6 Arbeitswerte ermittelt wurden, soll von einer ordentlichen Werkstatt in einer Stunde erledigt sein. Wenn sie länger braucht, ist es ihr Schaden und umgekehrt ihr Gewinn. Insofern ist die Reparaturberechnung – wenigstens Opel-offiziell – überall gleich.
Ein Arbeitswert (abgekürzt: AW) kann in der einen Opel-Werkstatt mehr als in der anderen kosten. Vergessen Sie aber bei der Auftragserteilung nicht

– falls möglich – Ihre Telefonnummer anzugeben und zu erklären, man müsse Sie bei weiterreichenden Reparaturen zuvor fragen. Dann brauchen Sie keine Furcht vor umwerfend hohen Reparaturrechnungen zu haben. Reparaturen, die im Interesse der Verkehrssicherheit erforderlich sind – etwa ausgeleierte Lenkungsteile –, können Sie allerdings nicht ablehnen, wenn sie die Werkstatt gelegentlich anderer Arbeiten als dringend notwendig feststellt.
Zusätzlich wird man seit 1973 über das Kostengefüge mit Hilfe der Preisauszeichnung orientiert. Alle Handwerksbetriebe – und so auch Autoreparaturwerkstätten – müssen über die am häufigsten vorkommenden Arbeiten eine Preisliste in ihren Geschäftsräumen offenliegen haben. Man kann sich also ohne viel Fragerei über gewisse Kosten ein vergleichendes Bild machen und die Entscheidung, welchen Betrieb man aufsuchen will, fällt leichter. Wo allerdings qualitativ besser gearbeitet wird, das läßt sich aus solchen Preisauszeichnungen nicht entnehmen.

Unterschiede bei Preisen und Reparaturen

Erhebliche Preisunterschiede ergeben sich aus dem lokalen Sitz der Werkstätten. Während die Werkstattpreise ohnehin von Jahr zu Jahr klettern, wird man allein innerhalb einer Großstadt Preisschwankungen um 20 % feststellen können. Wesentlich billiger ist es in kleineren Städten und auf dem Land. Fallen am Auto größere Arbeiten an, so lohnt es sich immer, in die Provinz zu gehen, wo die Werkstatt wegen geringerer Unkosten weniger Geld fordert.
Es läßt sich nicht immer verhindern, eine überhöhte Rechnung präsentiert zu bekommen. In der Regel ist das Kraftfahrzeughandwerk aber um Seriosität bemüht. Die sinkende Inanspruchnahme der Werkstätten in den letzten Jahren, deren Gründe in der allgemeinen finanziellen Belastung des Autobesitzers zu suchen sind, führten dazu, daß auch Werkstätten um ihre Kundschaft werben.
Man kann andererseits nicht erwarten, in allen Reparaturwerkstätten eine gleich gute Arbeitsqualität vorzufinden. Was in Betrieb X vielleicht im Handumdrehen und sachkundig von geschultem Werkstattpersonal erledigt wird, nimmt womöglich im Betrieb Y mehrere Stunden in Anspruch, muß mit verhältnismäßig viel Geld bezahlt werden und hält dann gerade bis zum Abend.
Derartige Unwägbarkeiten bestehen natürlich kaum bei der Werkstatt, zu der man einen guten Kontakt unterhält. Dagegen birgt der Besuch eines fremden Reparaturbetriebes eine Reihe von Unsicherheitsfaktoren, die mit den Stichworten »Preiswürdigkeit« und »Arbeitsqualität« ganz einfach zu benennen sind.
Werkstätten haften schließlich für Folgeschäden, die sich aus falsch oder unsachgemäß erfolgten Reparaturen ergeben. Ein genereller Ausschluß der Haftung würde den Kunden rechtlos machen. (Urteil des Landesgerichts München I: 8 0 617/71.)
Von autorisierten Werkstätten kann auch die im Zweijahres-Turnus erfolgende TÜV-Prüfung vorgenommen werden. Nur sollte man bei entsprechendem Auftrag bedenken, daß die Werkstatt kein Wohltätigkeitsinstitut ist, sondern Geld verdienen will. Ein Blanko-Auftrag könnte also mit Arbeiten ausgenutzt werden, die mit der TÜV-Kontrolle wenig zu tun haben.

Die Kunst der Spezialisten

Selbstverständlich sind Opel-Werkstätten für alle an Ihrem Wagen einmal anfallenden Arbeiten zuständig. Deshalb gehört auch ein Anschriftenverzeichnis der Opel-Kundendienstbetriebe in das Handschuhfach Ihres Manta.
Ebenso müssen Sie wissen, wohin Sie sich bei einem Defekt des Vergasers wenden können, wenn sie glauben, die Sache läßt sich ohne die Mithilfe von Opel schneller bereinigen. Die Liste der Solex-Dienste, die für Vergaser und Benzinpumpen zuständig sind, schickt die Pierburg GmbH & Co. KG, Postfach 838,

4040 Neuss 13, auf Anforderung. Meistens verfügen Solex-Dienste auch über Motorprüfstände zur optimalen Einstellung der Vergaser-, Einspritz- und Zündanlage.
Das gleiche trifft auf die Elektrowerkstätten zu, innerhalb dieser den Bosch-Diensten eine besondere Bedeutung zukommt. Diese im ganzen Bundesgebiet anzutreffenden Vertretungen können nicht nur Ersatzteile wie Zündkerzen, Glühlampen, Unterbrecherkontakte oder größere Aggregate sofort liefern, sondern sie verfügen auch über Motortestgeräte und Fachkräfte, die mit Einstellarbeiten an Zündung, Vergaser und Einspritzanlage vertraut sind. Ein Adressenverzeichnis dieser Betriebe erhalten Sie über die Robert Bosch GmbH, Robert-Bosch-Platz 1, 7016 Gerlingen-Schillerhöhe.
Manchmal ist eine Spezialwerkstatt in der Lage, gezielter zu helfen. Einer Karosserie- oder Reifenwerkstatt, einer Autolackiererei oder -polsterei z. B. ist es gleichgültig, welches Markenzeichen der Wagen trägt. Auf ihrem Spezialgebiet sind solche Betriebe mit jedem Wagen vertraut und können zumeist besondere Wünsche leichter erfüllen.

Auch Tankstellen können helfen

Suchen Sie sich eine gut geführte Stammtankstelle, die nicht nur auf Selbstbedienung spezialisiert ist. Denn an SB-Tankstellen darf Ihnen, entsprechend den gesetzlichen Vorschriften, nicht geholfen werden, und dementsprechend ist dort auch zumeist nur jemand zum Kassieren da. An anderen Tankstellen, die (vielleicht neben einigen Selbstbedienungs-Zapfsäulen) auch Tankstellen-Service leisten, sind Sie mit kleineren autotechnischen Nöten besser aufgehoben, denn diese Tankstellen bieten in der Regel mehr als nur Benzin und Öl. An ausgewählten Tankstellen finden Sie auch Motor-Prüfgeräte zum Einstellen von Vergaser und Zündung. Freilich darf man von einer Tankstelle in fahrzeugtechnischer Hinsicht auch nicht zu viel erwarten. Regelrechte Reparaturen wird ein vernünftiger Tankstellenhalter schon von sich aus ablehnen.

Eigene Geschicklichkeit wird belohnt

Was man sich durch eigene Erfahrungen an handwerklichen Fähigkeiten beigebracht hat, bietet nicht nur die Chance, Geld zu sparen, sondern sogar zu »verdienen«. Das ist möglich, wenn etwa das Auto bei einem unverschuldeten Unfall beschädigt wurde und Sie es selbst reparieren. Dann muß die Versicherung des Schädigers neben dem Ersatz der Materialkosten Ihnen auch jenen Betrag auszahlen, den die Reparatur in einer gewerblichen Werkstatt gekostet hätte. Der Anspruch schließt die Mehrwertsteuer ein.
Die Versicherungen, durch ein Grundsatzurteil des Bundesgerichtshofes (Aktenzeichen VI ZR 46/72) an diesen Anspruch gebunden, zeigen sich schon deswegen bereitwillig dazu, weil sie in der Regel mit der dafür pauschalierten Abstandssumme meist Tagegelder für Mietwagen und dergleichen einsparen. Nicht begeistert von solcher Regelung sind verständlicherweise die Kraftfahrzeugwerkstätten, doch die Entscheidung liegt bei Ihnen.
Wenn allerdings Bremsen, Lenkung und Fahrwerkteile Ihres Manta in Mitleidenschaft gezogen sind, muß den Werkstätten beigepflichtet werden: Die für die Verkehrssicherheit entscheidenden Reparaturen sind immer Werkstattsache!

Selbsthilfe in der Mietwerkstatt

Vor allem in Großstädten haben sich etliche Autohobby-Mietwerkstätten angesiedelt, in welchen man gegen entsprechende Arbeitsplatzstandmiete (oft einschließlich Werkzeugbenutzung) selbst an seinem Manta bauen und basteln kann. Dort gibt es Hebebühnen, Montagegruben, Schweißgeräte, Schließwinkeltester und Stroboskoplampen, und einige Betriebe haben sogar Lackierkammern und einen hauptberuflichen Lackierer. Allerdings muß man diese

Werkstätten oft mühsam im Branchenverzeichnis des Telefonbuchs oder im Anzeigenteil von Tageszeitungen suchen, da es immer wieder Wechsel gibt, bekannte Werkstätten aufgeben und neue hinzukommen. Hier einige Adressen, die sich bisher als beständig erwiesen haben:

Anschrift	Name	Telefon	Arbeits-plätze
Ruhrstraße 48–56 2000 Hamburg 50 (Altona)	Auto-Selbsthilfe Fibler & Co.	8 50 11 51	25
Bornkampsweg 6 2000 Hamburg 50 (Altona)	Mach-es-selbst-Station Shell-Station F. Hofer	89 43 43	5
Fössestraße 105 a 3000 Hannover	SB-Autohobby-Center Siegfried Jetzkewitz	4 58 87 86	30
Halterner Straße 42 a 4370 Marl-Sinsen	Autoverwertung Fr. Schmidt	8 14 60	4
Genter Straße 13–15 5000 Köln	Autohobby-Mietwerkstatt	52 48 74	70
Färberstraße 7 5600 Wuppertal 2 (Barmen)	Autohobby-Mietwerkstatt	66 67 58	10
Nieder Kirchweg 113 6000 Frankfurt	Autohobby-Mietwerkstatt	39 92 92	65
Industriestraße 5 6500 Mainz-Mombach	Autohobby-Mietwerkstatt	68 20 66	35
Waldstraße 172 6800 Mannheim-Waldhof	Shell-Station Albrecht	75 31 28	6
Knorrstraße 133 8000 München 45	Shell-Hobby-Station Adolf Höhl	3 51 43 90	8

Pannenhilfe

Neben der schon erwähnten Zusammenstellung der Opel-Werkstätten kann man auch ein Heft mit Anschriften von Opel-Kundendienstbetrieben in Autobahnnähe erhalten, die außerhalb der üblichen Geschäftszeiten mit erweiterter Dienstbereitschaft aufwarten. Falls Sie also unterwegs mit Ihrem Wagen unverhofft in Not geraten, können Sie eine jener rund 500 Telefonnummern anwählen, die Ihrem Standort am nächsten ist, um Hilfe oder Rat zu erbitten.

Bei überraschenden Pannen finden Sie in diesem Handbuch eine Reihe von Hinweisen zur planmäßigen Störungssuche. Der »Entstörungs-Fahrplan« in der vorderen Buchklappe ist daher besonders wichtig. Hilflosigkeit unterwegs kann teuer werden. Mit einiger Umsicht wird man fast immer einen Weg finden, die nächste Werkstatt mit eigener Kraft anzusteuern, falls nicht gerade ein Unfall solche improvisierte Fortbewegung unmöglich macht.

Schließlich noch ein Tip zum Umgang mit diesem Buch: Der Rand der einzelnen Seiten bietet Platz für Notizen. Eigene und anderer Leute Erfahrungen auf einem bestimmten Sachgebiet sollten manchmal festgehalten werden. Gleiches gilt für Neuerungen und technische Änderungen am Wagen. An den Kapitelenden bietet sich meistens Raum dazu an, dort Wissenswertes über Veränderungen in der Serienproduktion nachzutragen, wie auch in den laufenden Neuauflagen zu diesem Buch dort Hinweise auf eventuell vorgenommene Verbesserungen an Ihrem Opel gegeben werden.

Das Instrumentarium

Wer sich mit dem Gedanken trägt, diese oder jene Wartungsarbeit selber auszuführen, muß im Besitz entsprechenden Werkzeugs sein. Mit der Zange, die vielleicht irgendwo »für den Hausgebrauch« bei Ihnen aufbewahrt wird, sind Sie dann ebensowenig bedient wie mit einem Rasierpinsel fürs Straßenkehren. Jede Art Arbeit verlangt eine andere Sorte Werkzeug, und für eine wirkungsvolle Selbsthilfe am Auto ist einiges vonnöten, das Sie sich wahrscheinlich erst anschaffen müssen. Ein solches Instrumentarium ist ganz gewiß dann nützlich, wenn unterwegs einmal ein kleiner Defekt zu beheben ist. Ohne den passenden Schraubenschlüssel müssen Sie vielleicht das Zehnfache der Kosten bezahlen, die dieser Schlüssel wert ist.

Empfehlenswerte Grundausrüstung

Gutes Werkzeug ist nicht billig, und Sie sollten aus diesem Grunde bestrebt sein, Ihr Geld zweckmäßig anzulegen. Es wäre ungeschickt, gleich ins nächste Kaufhaus zu laufen und zu besorgen, was man sieht. Deshalb soll Ihnen hier geholfen werden, sich zunächst das wichtigste und richtige Werkzeug anzuschaffen.
Kaufen Sie kein minderwertiges Werkzeug. Damit kann zur Not einmal ein Werkmeister hantieren – er weiß sich zu helfen. Aber ein Heimwerker, der damit nur nebenbei und ungelernt umgeht, ist mit schlechten Schraubenschlüsseln und verbogenen Schraubenziehern schnell mit seiner Kunst am Ende.
Wesentliche Arbeiten am Manta kann man durchführen, wenn man den heimischen Werkzeugschrank mit einer Ausrüstung auffüllt, wie sie sich aus der folgenden Liste ergibt. Anschließend ist die Verwendungsmöglichkeit einzelner Werkzeuge erläutert, wonach entschieden werden kann, welche Arbeiten man selbst ausführen möchte.

2 Doppel-Gabelschlüssel 9 × 10, 12 × 13
4 Gabel-Ringschlüssel SW 10, 15, 17, 19
2 Rohrsteckschlüssel SW 10, 15
2 Inbusschlüssel SW 8, 10
2 Schraubenzieher Größe 2 und 6 für Querschlitzschrauben
2 Schraubenzieher für Kreuzschlitzschrauben, verschiedene Größen
1 Vergaser-Schraubenzieher, kurze Form, für Querschlitzschrauben
1 Rohrzange, 240 mm lang
1 Kombizange, isolierter Griff
1 Seitenschneider
1 Schlosserhammer, 300 Gramm
1 Fühlerblattlehre, darin mindestens 0,05, 0,10, 0,20, 0,30, 0,40 mm
1 Flachmeißel und 1 Kreuzmeißel
1 Körner
1 Durchschläger, 3 mm
1 Satz Schlüsselfeilen, flach, dreikant, rund
1 Zündkerzenschlüssel SW 21

Bedeutung der Größen-angaben

In Deutschland werden Maschinenteile und Werkzeuge nach dem metrischen Maßsystem gemessen. Vielleicht wissen Sie, daß es Wagen gibt (vor allem englische und amerikanische), bei denen man mit unserem Werkzeug nicht viel ausrichten kann, weil in jenen Ländern bislang ein Maßsystem in Zoll üblich war. Allmählich bessert sich dieses Durcheinander: General Motors in Amerika beispielsweise hat seit Herbst 1976 alle Maße auf das metrische System umgestellt. Die Bedeutung dieses im ersten Augenblick vielleicht unerheblich erscheinenden Unterschiedes liegt für Sie als Opel-Besitzer einfach darin, daß Sie keine »englischen« Schraubenschlüssel verwenden dürfen, die nicht genau auf die Schrauben passen. Man beschädigt mit ihnen nur die Flanken von Schraubenköpfen und Muttern. Richtig passende Schraubenschlüssel lassen sich dann nicht mehr effektvoll ansetzen.
Bei Schraubenmuttern und Schrauben mit Sechskantkopf mißt man den Abstand der sich gegenüberliegenden Flanken in Millimeter oder Zoll und schreibt auf den passenden Schraubenschlüssel die entsprechende Schlüsselweite (Kurzbezeichnung SW). Ein Doppelgabelschlüssel – man nennt ihn auch vielfach Maulschlüssel – mit der Bezeichnung 9 × 10 hat also eine Gabel für eine 9 mm breite und am anderen Ende für eine 10 mm breite Schraube oder Mutter. Keine Maßangabe in Millimetern oder Zoll haben die für Opel typischen Vielzahnsteckschlüssel für die aus Platzersparnis verwendeten Innenzwölfkantschrauben, mit denen Zylinderkopf sowie weitere Motorteile befestigt sind. Die Größen der innenverzahnten Einstecköffnungen richten sich nach der Größe des Schraubengewindes. Das Gewinde dieser sogenannten XZN-Schrauben ist metrisch, wird also auch in Millimetern gemessen und trägt vor der Maßzahl dementsprechend die Bezeichnung »MW«. Zum Beispiel dient der Vielzahnsteckschlüssel MW 81 zum Abschrauben des Kettenrades, und der Schlüssel MW 110 ist für die Zylinderkopfschrauben vorgesehen.

Welches Werkzeug zu welchem Zweck?

Am Opel findet man zum Glück Schrauben und Muttern in geringer Größenwahl. Verschiedene davon sind ohne Umstände zu betätigen, andere weniger bequem, weil sie an schlecht zugänglicher Stelle sitzen. Davon hängt es ab, ob Maul- oder Ringschlüssel vernünftiger sind oder ob gar Rohrsteckschlüssel verlangt werden. Ringschlüssel sind den Maul-(Gabel-)Schlüsseln vorzuziehen, weil sie auf alle sechs Kanten einer Schraube gleichmäßigen Druck ausüben und dadurch wirkungsvoller und öfter umgesetzt werden können. Ringschlüssel sollen hochgekröpft und nicht zu lang sein, um auch bei engem Raum mit ihnen hantieren zu können. Bei Bedarf verlängert man sie (und vergrößert dadurch die Hebelwirkung), indem man ein zweites Werkzeug durch die Ringöffnung des anderen Endes hindurchsteckt.
Lassen wir einige Beispiele der unterschiedlichen Schraubengrößen folgen: Will man die Zylinderkopfhaube abnehmen, so braucht man dazu einen Rohrsteckschlüssel SW 10 – zur Not gelingt das auch mit einem Gabelschlüssel, aber dieser Behelf ist unpraktisch, weil man diesen Schlüssel zum Drehen der Schrauben dauernd absetzen und neu ansetzen muß. Anders verhält es sich mit den Muttern der Kipphebel, die man zum Einstellen der Ventile drehen muß: Hier mag ein Rohrschlüssel SW 15 praktischer erscheinen, doch gleiche Dienste leistet auch ein Ringschlüssel. Einen Ringschlüssel (SW 19) sollte man unbedingt zum Bewegen der Ölablaßschraube in der Ölwanne benutzen, ebenso zum Einstellen der Trommelbremsen (SW 17)! Hier läuft man sonst Gefahr, bei festsitzender Schraube mit einem Gabelschlüssel abzurutschen und die Flanken des Schraubenkopfes zu beschädigen.
Dagegen genügen durchaus Gabelschlüssel für die Batterieklemmen (SW 10),

für das Thermostatgehäuse oder das Schloß der Motorhaube (SW 13) und für die Entlüftungsnippel der Radbremsen (SW 9). Einen Inbusschlüssel SW 8 muß man zum Herausdrehen der Innensechskantschraube zur Kontrolle des Ölstandes in der Hinterachse haben. Die Einstellschrauben für die Regulierung der Scheinwerfer besitzen zwar einen griffigen Rand, zugleich sind sie aber für den Einsatz eines Inbusschlüssels SW 10 vorgesehen.
Statt der verschiedenen Schraubenzieher kann man sich auch einen Einsteckwerkzeugsatz mit entsprechenden Einstecklingen für Querschlitz- und Kreuzschlitzschrauben zulegen. Mit letzteren sind z. B. die Deckgläser der vorderen Blinkleuchten und verschiedene mit der Karosserie verbundene Teile befestigt. Den sogenannten Vergaser-Schraubenzieher, kurz und mit dickem Handgriff, braucht man oft für beengt sitzende oder für widerspenstige Schrauben, da er kräftig zu greifen ist. In gleicher Form gibt es ihn auch für Kreuzschlitzschrauben. Rohrzange, Kombizange (mit isoliertem Griff) und der Seitenschneider zum Abschneiden von Kabeln dienen als allgemeine Hilfswerkzeuge, ebenso Hammer, Meißel, Körner, Durchschläger und die feinen Feilen in verschiedenen Ausführungen. Die Fühlerblattlehre wird zum Messen des Ventilspiels, des Unterbrecher-Kontaktstandes und des Elektrodenabstandes gebraucht.

Ergänzung nach Wunsch

Wer oft an seinem Auto hantiert und vielleicht noch andere handwerkliche Ambitionen hat, kann die Werkzeugausrüstung natürlich noch vervollständigen. So führt die Ergänzung des Ringschlüsselsortiments zu mehr Freude bei der Arbeit. Noch universeller lassen sich sogenannte »Nüsse« einsetzen, die es in Sechskant- und Zwölfkant-Ausführung zu kaufen gibt. Diese Steckschlüsseleinsätze sollten Sie in der sechskantigen Ausführung kaufen; sie rutschen dann selbst auf stark verrosteten Schrauben nicht durch. Zu einem kompletten Schlüsselkasten gehören (neben den »Nüssen« in den gebräuchlichen Größen) ein Gelenkgriff, Verlängerungsstücke und eine vielzahnige Knarre (Hebel mit Drehsperre, den man nicht abzusetzen braucht).
Hierbei möchten wir noch die praktischen Vorsatzgeräte erwähnen, die sich mit wenigen Handgriffen an eine dazu vorgesehene Bohrmaschine koppeln lassen. Mit solchen Geräten – etwa von Bosch – kann man schleifen, polieren, Karosserieblech sägen, aber auch – mit zusätzlicher Hilfe eines kleinen Kompressors – spritzlackieren und sogar die Reifen mit Luft füllen.
Pflegen Sie Ihr Werkzeug und benutzen Sie es richtig. Ein jedes Werkzeug ist für einen bestimmten Zweck geschaffen. Ein Schraubenschlüssel ist kein Hammer und ein Schraubenzieher ist kein Meißel – mit dem Kamm rührt man auch nicht im Kaffee.

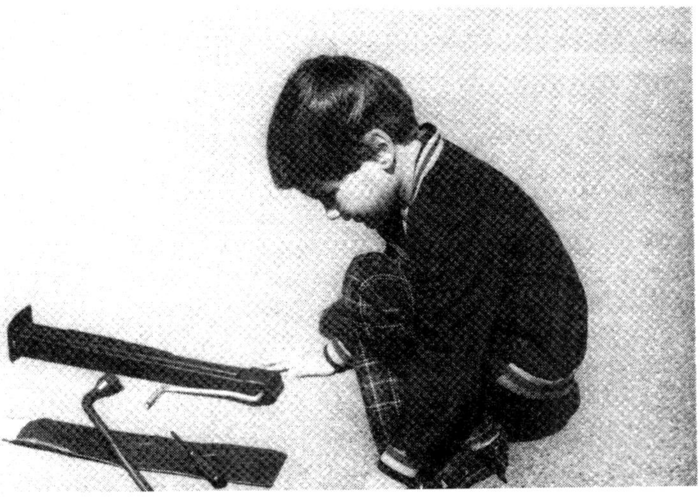

Der kleine Mann betrachtet verdutzt das Bordwerkzeug des Opel, denn sein Papi hat viel mehr Werkzeug, mit dem dieser oft hantiert. Im Opel-Werk erwartet man aber gar nicht, daß der Autobesitzer sich nur mit Radmutterschlüssel und Schraubenzieher zufriedengibt. Was an Werkzeug mitgeführt werden soll und was weniger dringend gelegentlich gebraucht wird, darüber geben die nachfolgenden Seiten Aufschluß.

Wenn man mit der Zange einer Schraube oder Mutter zu Leibe rückt, hat man vielleicht die Mutter gelöst, aber die Kanten der Zange haben die Ecken und Flanken der Befestigung derart beschädigt, daß später jeder Schraubenschlüssel abgleiten muß. Eine Zange ist zum Halten da, nur mit der Rohrzange darf, ihrem Namen gemäß, an Rohren und Wellen gedreht werden, aber auch nicht an Schrauben.
Schraubenzieher sollen eine gerade, aber nicht scharf geschliffene Klingenspitze habe, damit sie im Schraubenschlitz festen Halt findet, sich nicht herausdreht und den Schraubenkopf beschädigt. Mit einem Schleifstein kann man manches Werkzeug einsatzbereit halten, z. B. stumpfe Meißel schärfen, und er eignet sich auch zum Bearbeiten mancher Werkstücke.
Nach dem Gebrauch ist verschmutztes Werkzeug bald zu reinigen und leicht einzuölen, damit es durch Rost nicht unansehnlich wird. Man weiß ja nie, ob man es in den nächsten Tagen gleich wieder braucht. Zusätzliches Werkzeug, das man unterwegs im Wagen dabei haben will, wickelt man in alte Leinentücher und hält dieses Bündel mit einem Gummiring eines Einmachglases zusammen.

Hilfsmittel für die Wagenpflege

Verschiedene Hilfsgeräte, die in der Werkzeug-Grundausrüstung nicht fehlen dürfen, müssen Sie sich noch zusätzlich anschaffen. Immer wieder dienliche Hilfen sind folgende:

- Ölspritzkännchen,
- Reifendruckprüfer,
- Prüflampe,
- Fensterleder, 1. Qualität,
- Autoschwamm oder Waschhandschuh,
- Waschbürste mit Stiel.

Wie und wann diese Hilfsgeräte benutzt werden, das ist in den diesbezüglichen Kapiteln dieses Buches beschrieben.

Flüssige Hilfen

Rostlöser und Isolierspray

Als Rostlöser für festgerostete Schrauben haben sich beispielsweise »Caramba Rasant«, »LM Liqui Multi« von Liqui Moly, »Multigliss« von Molykote oder »mo-Schnellrostlöser« von Teroson sehr bewährt. Man muß nur ein wenig Geduld haben und die Flüssigkeiten lange genug einwirken lassen.
Mit diesen Rostlösern verwandt durch ihre außerordentliche Kriechfähigkeit sind die »Isoliersprays«. Vielfach sind die Rostlöser (z. B. alle oben genannten) zugleich solche Isoliersprays, die bei Feuchtigkeit in der Autoelektrik den feinen Wasserfilm unterwandern und dadurch verhindern, daß Batteriestrom über den leitenden Wasserfilm als Kurzschluß oder »Kriechstrom« abgeleitet wird. Zu den bereits genannten Rostlösern wären als Spezial-Isoliersprays beispielsweise zu nennen »Aral Intact« oder »4xSilikon-Spray« von Molykote.
Die Vielseitigkeit dieser Sprays erweist sich auch an den Türschlössern des

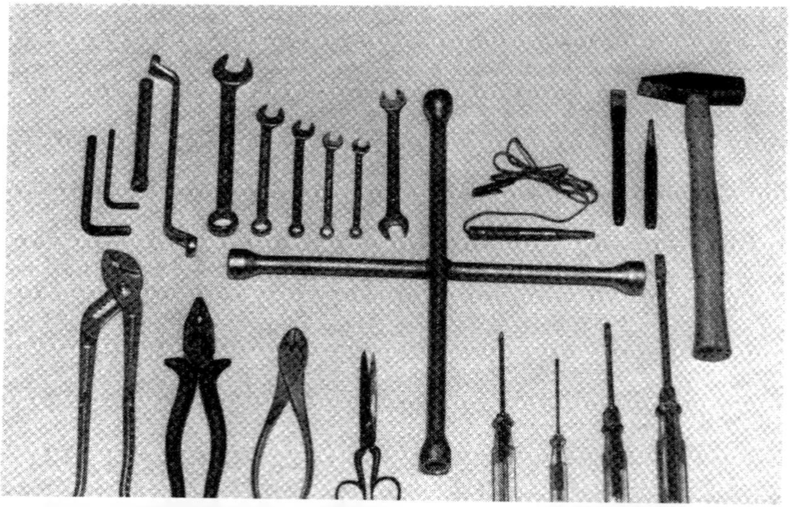

Welches Werkzeug man beim Umgang mit dem Manta gebrauchen kann, ist auf den voranstehenden Seiten aufgezählt. Dieses Bild zeigt eine etwas geänderte Zusammenstellung und enthält Inbus- und Rohrschlüssel, verschiedene Schraubenschlüssel, Prüflampe, Hammer, diverse Zangen und Schraubenzieher, Meißel und Körner. In der Mitte liegt ein Radkreuzschlüssel, den man mit beiden Händen bedienen kann.

Autos: Sie halten das Schloß als Schmiermittel leichtgängig und verhindern im Winter durch ihre Feuchtigkeitsverdrängung das Einfrieren.

Kaltreiniger und Motorschutzlack

Der Motorraum des Manta ist im Lauf der Zeit vom Straßendreck gezeichnet. Auch können die Motorteile ölverschmiert sein. Dagegen helfen sogenannte Kaltreiniger (etwa der »Spezialreiniger« von Aral). Damit werden die Teile eingestrichen oder eingesprüht; nach einigen Minuten kann man mit einem Pinsel den Schmutz abwaschen und anschließend mit Wasser abspritzen.
Damit es im Triebwerksabteil nach der Wäsche nicht zu Korrosionserscheinungen kommt, sollten sowohl der Motorraum als auch die Aggregate mit einem Motorschutzlack (z. B. »Plastglanz« von Teroson) eingesprüht werden. Damit ein wirklich ausreichender Schutz erreicht wird, verwenden Sie hierzu mindestens 600 g Sprühmaterial (gewöhnlich 2 Sprühdosen). Solcher Motorschutzlack übersteht auch mehrere Motorwäschen.

Spezial-Schmierstoffe

■ Haushaltsöl in kleinen Spritzkännchen ist dünnflüssiges Universalöl, das man überall verwenden kann, wo keine besonderen Schmieransprüche gestellt werden. Aber es hält Motorwärme aus, ist also beispielsweise zur Schmierung des Motorhaubenschlosses geeignet.
■ Graphitöl enthält den »Festschmierstoff« Graphit, der die Schmierkraft des Öls erhöht. Besonders gut ist die Graphitöl-Sprühdose von BP, die einen meterweiten nadelfeinen Ölstrahl versprüht und dadurch vor allem für schwer erreichbare Schmierstellen sehr geeignet ist.
■ Schmierstoff-Suspensionen liegen an der Grenze zwischen Öl und Fett und sind für seltener beanspruchte Gleitflächen (z. B. Sitzschienen, Heizungshebel) sehr vorteilhaft. Nach dem Auftragen bilden sie auf der behandelten Gleitfläche einen wachsähnlichen Schmierfilm, der auch gegen Rost schützt und erst bei Druckbeanspruchung flüssig wird (z. B. »MO-Gleitspray« von Teroson, »Paste U-n« von Molykote oder »LM Schmierfix« von Liqui Moly).
■ Heiß-Schrauben-Compound möchten wir nicht mehr missen, denn eine einmal damit eingeriebene Verschraubung rostet nie mehr und läßt sich auch nach Jahren wieder ohne weiteres lösen. Das gilt vor allem für Auspuffrohr-Verschraubungen und Federbeinhalterungen. Diese Spezialpaste gibt es in kleinen Tuben als »HSC-Paste« von Molykote, »Molykote 1000« und als »ASC-Paste« von Liqui Moly. Die Paste ist hitzefest bis über 1000° C!
■ Säureschutzfett, auch Polfett genannt, ist ein gegen elektrische Ströme, Säure und Feuchtigkeit isolierender Spezialschmierstoff, der vor allem die Batteriepole sauber hält. Konkurrenzlos ist hierbei »Ft 40 v 1« von Bosch.

Das sind Kleinteile, die man eigentlich immer im Auto mitführen müßte. Schrauben mit Muttern und Sicherungsringen, Unterlegscheiben, Karosserieschrauben und Dichtungsringe werden sehr schnell einmal benötigt. Ist man mangels dieser »Kleinigkeiten« auf die Werkstatt angewiesen, sind weit mehr Geld und Zeit erforderlich. Einige Ventilkappen und Ventileinsätze gehören ebenfalls ins Ersatzteilkästchen.

Ersatzteile bei Auslandsreisen

Es gibt Leute, die haben in ihrem Auto weder einen Reservekanister noch ein brauchbares Ersatzrad. Andere dagegen schleppen in ihrem Wagen dauernd ein ganzes Arsenal von Werkzeugen mit sich herum. Der Mittelweg ist hier meist goldene Richtigkeit. Was man mitnehmen sollte, sei hier genannt; vielleicht dient es mit dazu, anderen hilflosen Autofahrern unterwegs zu helfen:

- Reservekanister
- Abschleppseil
- Ersatzglühlampen
- Sicherungen
- Zündkerzen
- Rolle Draht
- Keilriemen
- Klebeband, Tesa-Film
- 2 m Elektrokabel (Zündkabel)
- 1–2 m benzinfesten Schlauch
- Alleskleber (UHU-Plus)
- Brettchen zum Unterlegen für Wagenheber
- Starthilfekabel

Dazu sollte man wissen, daß man auch auf der Autobahn (am äußersten rechten Fahrbahnrand) anhalten darf, um einem in Not geratenen anderen Autofahrer zu helfen.

Hilfsmittel für unterwegs

Irgendwann wird Sie der Weg ins Ausland führen. Opel unterhält zwar an vielen Plätzen einen Euroservice, aber es beruhigt doch, wenn man fern der Heimat einige Dinge bei sich hat, die man vielleicht gebrauchen kann. Sinnvolle Werkzeugwahl und die schon genannten Hilfen vorausgesetzt, wird man noch folgende Ersatzteile in Lappen wickeln und im Kofferraum unterbringen:

- 1 Zündspule
- 1 Satz Unterbrecherkontakte
- 1 Verteilerläufer
- 1 Kondensator
- 1 Schwimmer
- 1 Benzinpumpe
- 1 Reserveschlauch für Reifen
- 2 Reifenmontierhebel
- Reifenflickzeug
- Ventileinsätze für Reifen
- kräftige Fußluftpumpe
- einige Muttern, Schrauben und Sicherungsringe gängiger Größe
- Zylinderkopfdichtung

Außerdem kann man in Verlegenheit kommen und zusätzlich gebrauchen:

- Motoröl, Menge je nach geplanter Fahrtstrecke
- Flasche mit destilliertem Wasser (Ostblockstaaten!) für Batterie
- Handwaschpaste
- Handlampe

Alle Ersatzteile besitzen genaue Typenbezeichnungen, die Sie zumeist auf den Originalteilen an Ihrem Opel vermerkt finden. Allerdings ist bei Neukäufen zu überprüfen, ob dieses oder jenes Ersatzteil eine Veränderung erfahren hat, was durch technische Weiterentwicklung möglich ist. Der nächstgelegene Opeldienst kann Sie in solchen Fällen beraten.

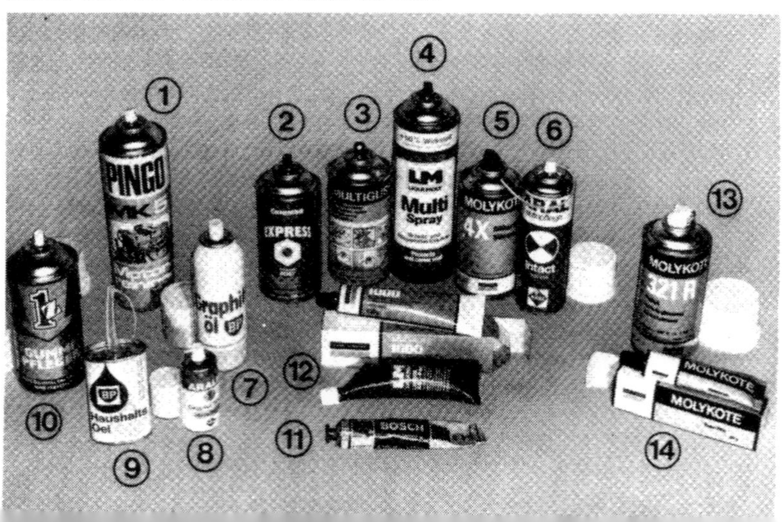

Flüssige und fette Spezialisten für die Fahrzeugpflege: 1 – Motorreiniger; 2 – besonders intensiver Spezial-Rostlöser; 3, 4, 5 – Mehrzweckspray zum Rostlösen, Schmieren und vielseitigen Anwendungsmöglichkeiten; 6 – Isolierspray; 7 – Graphit-Öl mit meterweitem, nadelfeinen Sprühstrahl für versteckte Schmierstellen; 8 – Graphitpuder als Trockenschmierstoff (verklebt nicht mit Staub); 9 – Haushaltsöl; 10 – Spezialspray zur Gummipflege; 11 – Batterie-Polschutzfett Bosch Ft 40 v 1; 12 – Heißschrauben-Compound, verhindert Festrosten von Schrauben; 13 – Gleitlack, ohne Schmierfilm; 14 – Festschmierstoff-Montagepaste (auch als Spray).

Verbundenheit

Stellen Sie sich bitte vor: Auf einmal ist die Reise wegen irgendeines Defekts am Wagen beendet. Das passiert gerade dann, wenn Sie es am wenigsten vermuten und wenn das Ziel noch ein ganzes Stück entfernt ist. Dann ist es für Sie nur ein geringer Trost zu wissen, daß es jedem Auto einfallen kann, irgendwann einmal zu streiken. Haben Sie ein Abschleppseil dabei?
Abschleppdienste arbeiten nämlich nach Gebührensätzen, die der schlechten Laune bei einer Panne auf den absoluten Nullpunkt verhelfen. Ein Abschleppseil schützt vor erheblichen Geldausgaben und vor der Sorge des Fortkommens in dem Fall, wenn Ihr sonst so treues Gefährt plötzlich nicht mehr weiter will.

Das eigene Seil

Das Leergewicht des Manta beträgt mit Schaltgetriebe um 900 kg und mit Automatik um 1000 kg (genaue Angaben in Fahrzeugschein). Zum Abschleppen dieser Autos braucht man also etwas Handfestes und keinen Bindfaden. Handelsübliche Abschleppseile sind unter der Voraussetzung geeignet, daß sie wirklich stabil sind. Hegen Sie dann noch eigene Hilfsabsichten, sollten Sie berücksichtigen, daß es Leistung und Gewicht Ihres Wagens zulassen, auch einmal einen »Straßenkreuzer« aus dem Graben zu ziehen.
Seile aus Perlon, Hanf und Stahl erhält man im Zubehörhandel; jede Sorte hat ihre Vor- und Nachteile. Perlonseile dehnen sich beim Schleppen und verhüten dadurch das beim Losfahren so lästige Anrucken. Aber Perlon ist hitze- und scheuerempfindlich: Karosseriekanten, Stoßstangen und heißer Auspuff machen ein solches Seil rasch wertlos, sofern es keine verschiebbaren Ledermanschetten hat. Haltbarer, preiswerter, aber auch dicker sind Hanfseile. Ein Seil aus Stahl ist spröde zu handhaben, und weil es überhaupt nicht nachgiebig ist, muß es unbedingt einen Rückdämpfer besitzen. Das ist eine Schraubenfeder oder ein Gummistück, das aus der Seilmitte eine dehnbare Schlaufe bildet. Stahlseile können am stärksten strapaziert werden.

Im Schlepptau

Unterhalb des Vorderbodens, verbunden mit dem Vorderachskörper, befindet sich die vordere Abschleppöse. Diese Öse ist groß genug, um jedes handelsübliche Seil hindurchziehen zu können. Bei einem Seil mit plumpem Verschluß muß man eine Schlaufe des Seils durch das Loch zwängen und das andere Seilende durch diese Schlaufe ziehen.
Keinesfalls darf man, vielleicht aus Bequemlichkeit, das Seil einfach um die Stoßstange schlingen. Nicht umsonst warnt Opel davor, das Abschleppseil an anderen Punkten als an der Öse anzubringen.
Es ist Vorschrift, das Seil zwischen beiden Wagen mit einer roten Fahne zu markieren und die Warnblinkanlage während der Schleppfahrt einzuschalten. Evtl. zusätzlich ein Warndreieck ins Rückfenster stellen.
Die hinter diesem Geleitzug fahrenden Verkehrsteilnehmer müssen sehen können, wann Sie bremsen. Also Zündung einschalten, sonst leuchten die Brems-

lichter nicht auf. Haben Sie jedoch einen längeren Weg in dieser für Sie benzinsparenden Weise des Autofahrens vor sich, dann ist es ratsam, das schwarze Kabel an der Zündspule zu lösen, damit sie sich nicht aufheizt und Schaden nimmt. Eingeschaltete Zündung verhindert zudem das Einrasten des Lenkschlosses, wodurch schon häufig Unfälle passierten. Zumindest also den Schlüssel auf Stellung 0 (Lenkung frei), besser noch auf I (Zündung eingeschaltet).

Abschleppen des Manta mit Automatik

Der Manta mit automatischem Getriebe darf nur bei der Wählhebelstellung »N« abgeschleppt werden. Dabei soll die Geschwindigkeit von 50 km/h nicht überschritten werden und die Schleppstrecke darf nicht mehr als 50 Kilometer betragen. Das hängt mit der Ölversorgung der Getriebeautomatik zusammen, deren Ölpumpe nur angetrieben wird, wenn der Motor läuft.
Ist das Ziel weiter entfernt, kann man 1 Liter des Öls für automatische Getriebe zusätzlich einfüllen, das dann später wieder abzulassen ist. Oder das Auto ist bei angehobener Hinterachse und mit in Geradeausstellung fixierten Vorderrädern rückwärts abzuschleppen. Das ist nur einem Abschleppdienst möglich und wenn ein Getriebeschaden vorliegt ohnehin nicht zu umgehen. Es sei denn, man trennt die Verbindung zwischen Getriebe und Hinterachse. Das ist auch erforderlich, wenn der Schaden an der Automatik liegt.

Fingerzeig: *Die Bremskraftunterstützung funktioniert nur bei laufendem Motor. Zum Abbremsen des geschleppten Wagens ist ein höherer Pedaldruck nötig.*

Einen anderen abschleppen

Hinten verfügt der Opel über zwei Ösen am Fahrzeugunterbau, unterhalb des Abschlusses der Karosserie. Das Seil muß in der gleichen Art wie vorne angebracht werden. Hoffen wir mit Ihnen, daß jener, der da weggezogen werden will, die primitivsten Regeln der Abschleppkunst beherrscht. Verabreden Sie mit ihm Handzeichen und Lichtsignale und denken Sie daran: Er muß bremsen. Bei einer Notbremsung müssen Sie versuchen, aus der alten Fahrspur herauszukommen. Dann reicht vielleicht noch der Bremsweg des Hintermannes, daß er nicht auf Sie auffährt, sondern noch etwas an Ihrem Wagen vorbeilenken kann.
Wenn möglich, läßt man die Beifahrer des abzuschleppenden Fahrzeugs in den Zugwagen umsteigen, weil dann das Anhängegewicht niedriger ist.

Anhängerbetrieb

Haben Sie geplant, an Ihrem Opel einen Anhänger mitzuziehen? Zunächst muß der Wagen eine vom TÜV zugelassene und in die Fahrzeugpapiere eingetragene Anhängerkupplung haben. Eine solche ist bereits ab Werk verfügbar.
Dann ist zu beachten, daß die Anhängelast ein bestimmtes Gewicht nicht überschreiten darf. In der Betriebsanleitung ist aufgeführt, wie schwer ein Anhänger im einzelnen Fall für die verschiedenen Manta-Typen höchstens sein darf. Dabei wird unterschieden, ob es sich um einen gebremsten oder ungebremsten Hänger handelt, ob im Wagen Schaltgetriebe oder automatisches Getriebe eingebaut ist, welche Hinterachsübersetzung der Wagen hat und schließlich, welche Steigungen jeweils erklommen werden dürfen. Lesen Sie diese Tabelle bitte genau, damit Sie später keinen Ärger bekommen.
Es ist nicht ratsam, die erlaubte Anhängelast vollständig auszuschöpfen. Der Wagen wird es Ihnen danken, wenn er auf der Urlaubstour nach Rimini nicht die Puste verliert. In jedem Fall lohnt sich der Einbau von verstärkten Hinterfedern, die Opel vorrätig hat. Sie verhindern das sonst starke Absinken des Wagenhecks durch den Druck auf die Anhängerkupnlung. Noch wirkungsvoller ist die auch nachträglich einzubauende Niveauregulierung, die Opel für die hier besprochenen Modelle seit August 1976 anbietet.

Eleganter Anzug

Die Karosserie des Manta B erhielt eine völlig neue Gestaltung, durch die sich das Auto von seinem Vorgänger wesentlich abhebt. Der Wagen ist äußerlich gewachsen und bietet mehr Innenraum, aus aerodynamischen Gründen wurde die Motorhaube tief heruntergezogen, und zur Verbesserung der Sicht verhilft eine großzügigere Verglasung.
Derartige Äußerlichkeiten müssen aber mit der immer stärker geforderten Sicherheit bei modernen Karosserien in Einklang gebracht werden. Opel schöpft im Bau von selbsttragenden Ganzstahl-Karosserien aus einer mehr als vierzigjährigen Erfahrung, von der auch der Manta profitiert. Dessen Blechkleid in der Form eines Coupés verbirgt als zusätzliche Sicherheitsleistung einen Überrollbügel und als aerodynamische Hilfe dient der Spoiler unter dem schräg abfallenden Wagenbug.
Dieser Spoiler (von englisch to spoil = verderben) verringert den Auftrieb, so daß auch bei hohen Geschwindigkeiten die Vorderachse zugunsten der Straßenlage gut belastet bleibt.
In der Ausführung der Berlinetta, was soviel wie »kleine Limousine« bedeutet, verfügt der Manta über eine reichhaltigere Ausstattung mit verstärkter sportlicher Note. Ob jedoch Luxus- oder Standardversion, die Karosserie ist im Aufbau die gleiche und sie offenbart sich ohne Geheimnisse, falls einmal eine kleine Reparatur nötig wird. Größere Schäden, etwa nach einem Unfall, sollten dagegen grundsätzlich in einem Betrieb mit fachlich geschultem Personal behoben werden, um die vorgegebene Sicherheit wiederherzustellen.

Was ist demontierbar?

Um der Karosserie maximale Stabilität zu verleihen, sind die einzelnen Teile elektrisch punktgeschweißt oder durch andere Schweißtechniken miteinander verbunden. Nur die vorderen Kotflügel machen eine Ausnahme, sie sind in ihrem gesamten Umfang festgeschraubt. Aber schon bezüglich der hinteren Seitenteile muß man bei Blechschäden mit kostspieligen Schweißarbeiten rechnen. Beim Manta lassen sich ohne übermäßig handwerklichen Aufwand die Türen, die beiden Hauben, die Fenster, die Scheinwerfer sowie die Stoßstangen ausbauen. Daneben können natürlich die Teile der Inneneinrichtung, die nicht zur eigentlichen Karosserie gehören, entfernt werden.

Klappergeräusche

Plötzlich kann es im Auto irgendwo klappern oder rasseln – ohne erkennbaren Einfluß. Das kommt sogar bei neuen Autos vor, wenn eine bei der Montage vergessene Schraube oder Scheibe hinter der Verkleidung herumrollt oder weil ein unbefestigtes Kabel ans Blech schlägt. Da die Karosserie wie ein Resonanzkörper wirkt, in dem sich die Akustik fortpflanzt, weiß man selten mit Sicherheit, wo es überhaupt klappert.
In der Geräuschgegend sind dann freihängende Kabel in ihre Halterung zu drükken oder mit Klebeband zu befestigen. Rasselt etwas herum, ist es vermutlich

eine Schraube oder Mutter. Wenn man sie nicht findet, ist nachzuprüfen, wo eine solche Befestigung fehlt; in der Nähe wird sich auch der Klappergeist aufhalten. Vorbeugend gegen Quietschgeräusche (oder versuchsweise) hilft es, alle in der Störgegend erreichbaren gegeneinander scheuernden Teile mit Glyzerin einzureiben oder zu beträufeln. Öl ist in diesem Fall nicht immer ratsam, denn sehr oft sind Gummiteile an der Quietscherei mitbeteiligt, die gegen Fett allergisch sind. Gelegentlich einer anderen Arbeit kann man sich davon überzeugen, ob gerade in der Nähe befindliche Schrauben und Muttern fest sitzen. Die Praxis lehrt, daß man bei allen normalen Wartungs- oder Instandsetzungsarbeiten an diesem oder jenem Teil des Wagens ohne große Umstände den jeweils passenden Schraubenschlüssel auf die nächsterreichbaren Schrauben setzen und prüfen kann, ob sich etwas lockerte. Aber man darf keinesfalls die Schrauben mit größter Gewalt nachziehen. Für viele von ihnen sind bestimmte Zugspannungen zum Festdrehen vorgeschrieben.

Karosserieschäden

Opel schirmt die Karosserie gegen Witterungseinflüsse für eine geraume Zeit ab. Die Oberfläche des Bleches ist phosphatiert, grundiert und erst danach mit Lack überzogen. Im Bereich des Unterbaus und der Einstiegträger werden verzinkte Bleche verwendet, und die Einstiegträger besitzen eine zusätzliche Rostschutzgrundierung und einen Wachsfilm. Letzteren findet man auch im Motorraum. Weitere Maßnahmen siehe Seite 52.

Hauben- und Türkanten sind immer besonders empfindlich, und dort eingetretene Lackschädigungen setzen sie der Korrosion aus. Wie bei fast allen anderen Wagen, ist das Karosserieblech unterhalb des vorderen Stoßfängers dem Aufprall hochgewirbelter Steine preisgegeben. Hierbei handelt es sich um direkt von außen einwirkende Schädigungen, die man bei rechtzeitigem Erkennen leicht beseitigen kann.

Gegen die Durchrostung von innen schützt eine rechtzeitig vorgenommene Hohlraumversiegelung am wirkungsvollsten (siehe Seite 53). Damit werden zugleich die Karosserienähte versorgt, die sich nach einigen Jahren Korrosionserscheinungen anfällig zeigen. Äußere Schönheitsreparaturen helfen kaum noch, wenn der Lack von innen erst einmal hochgedrückt wurde. Unzugängliche Rostnester können nur in einer Fachwerkstatt ausfindig gemacht, repariert und gegen neuen Befall behandelt werden.

In diesem Zusammenhang sind ein paar Angaben über Blechstärken von Interesse. Opel verwendet für die Karosserien Bleche zwischen 0,7 und 3,0 mm Stärke, bei Gewinde- und Verstärkungsplatten kommt man auf 10 mm. Wichtige Rahmenteile weisen Stärken von 1 bis 2 mm auf. Stirnwand, Boden und andere tragende Teile wie Radgehäuse sowie die tragenden Partien der Außenhaut haben Blechstärken von 0,8 bis 0,9 mm.

Seit 1980 hat Opel ein neues Reparaturverfahren entwickelt, das besonders bei Heckschäden angewendet wird. Dabei verhelfen auch im Flugzeugbau erprobte Zweikomponentenkleber zu kostengünstigen und zeitsparenden Reparaturen, denn die beim Schweißen hitzegefährdeten Teile wie Sitze, Scheiben, Dichtungen usw. brauchen nicht aus- und eingebaut zu werden. Der Klebstoff ist bezüglich der Festigkeit einer Punktschweißnaht ebenbürtig.

Die Reparaturen von Unfallschäden an mehreren, sich berührenden Karosserieteilen liegen hoch im Preis. Nicht jede Autowerkstatt ist immer in der Lage, größere Lack- und Karosserieschäden bestens zu beseitigen. Da bei einer Kollision gewöhnlich auch benachbarte Partien der direkt betroffenen Teile etwas abbekommen (oft nicht ohne weiteres erkennbar, sondern erst nach genauem Vermessen festzustellen), lohnen sich hausbackene Klempnerarbeiten eigentlich

nur nach leichten Beschädigungen. Opel schreibt entsprechend der notwendig werdenden Arbeiten unterschiedliche Schweißoperationen vor, der Korrosionsschutz muß erneuert werden und Dämpfungs- sowie Dichtungsmasse sind anzubringen. Die Kundendienstwerkstätten von Opel sind demnach für derartige Reparaturen prädestiniert.
Die Versicherungsunternehmen suchen in enger Zusammenarbeit mit den Autofirmen nach Wegen der Rationalisierung, um die Regulierung von Schadensfällen kostengünstiger zu gestalten. Sogenannte Abschnittsreparaturen führen zu Material- und Zeiteinsparungen und somit zu günstigeren Preisen. So werden nicht »großzügig« ganze Karosserieteile ersetzt, sondern nur Teile derselben: Wenn etwa bei einer Tür nur das Außenblech verbeult ist, wird sie deswegen nicht komplett ausgetauscht. Derartige Arbeiten – vor allem an tragenden Teilen – müssen natürlich stets im Hinblick auf Betriebssicherheit und Werterhalt ausgeführt werden.

Reparaturen am Unterbau

Die Karosserieteile erfüllen ihre stabilisierende Aufgabe nur gemeinsam mit dem Unterbau. Instandsetzungen am beschädigten Unterbau müssen unter allen Umständen sorgfältig erledigt und können nur von einem darauf eingerichteten Betrieb vorgenommen werden. Dort rettet man auch die computerberechneten Knautschzonen der Karosserie. Solche Opel-Dienste sind mit den dazu notwendigen Geräten ausgestattet, und man richtet sich bei diesen Arbeiten nach internen Anweisungen.
Besteht bei stark verunfallten Wagen der Verdacht auf Beschädigung der Bodengruppe, wird grundsätzlich eine Rahmenlehre in Anspruch genommen, um Abweichungen von vorgeschriebenen Maßen und Formen festzustellen. Träger und Rahmenteile werden nur mit Hilfe bestimmter Prüf- und Schweißarbeiten ersetzt. Träger sollen nur an den Original-Trennstellen ersetzt werden. Die Verbindungen sind punktzuschweißen. Neue Teile dürfen nicht stumpf angesetzt und autogen geschweißt werden, sondern sie sind mit U-Laschen an der Stoßstelle einzupunkten und unter Verwendung eines Lichtbogenschweißapparates zu befestigen. Es sollen Punktschweißelektroden mit möglichst kleiner Ausladung verwendet werden, um den Anpreßdruck so hoch wie möglich zu halten. Diese für den Autobesitzer üblicherweise wenig verständliche Anleitung soll Ihnen nahebringen, daß nach einer Beschädigung der Bodengruppe die Reparatur sehr gewissenhaft ausgeführt werden muß. Das muß nicht zuletzt im Hinblick auf ihre eigene Sicherheit beim später wieder aufgenommenen Betrieb geschehen – auch der TÜV erkennt bei der nächsten Untersuchung sehr schnell, ob die Arbeit fachmännisch ausgeführt wurde.

Schließt die Motorhaube nicht richtig, läßt sich ihr Schloß seitlich und in der Höhe verschieben, wenn man die beiden Schrauben SW 13 lockert. Die beweglichen Schloßteile sind gut mit Fett zu versorgen, und ebenfalls sollte man ab und zu etwas Öl an die Führung des Haubenzuges träufeln, der vom Bedienungshebel unter der Ablage am Armaturenbrett links heranführt.

Motorhaubenschloß überprüfen

Pflegearbeit Nr. 22

Die Haube über dem Motorraum ist hinten mit zwei Scharnieren angelenkt. Diese Art der Anbringung birgt die Gefahr, daß die Haube sich während der Fahrt öffnet, falls sie nicht richtig geschlossen wurde. Daher soll der Schloßmechanismus der Haube und ihre ordentliche Stellung alle 10 000 km kontrolliert werden, um einerseits stets des korrekten Verschlusses sicher zu sein, andererseits zu jeder Zeit die Haube umstandslos öffnen zu können.

Sollte der Haubenverschluß nicht richtig einrasten, müssen die Sechskantschrauben des Schlosses etwas gelockert werden, damit es sich entsprechend verschieben läßt. Danach sind die Schrauben wieder gut anzuziehen.

Das Haubenschloß muß leichtgängig bedienbar sein. Im Kapitel »Schmieren – was und wie« ist als Wartungsarbeit das Schmieren der Schlösser und Scharniere erwähnt, die mit der hier erwähnten Überprüfung verbunden werden sollte. Die beweglichen Teile des Schlosses sind mit Fett zu versorgen. Der Bowdenzug zur Schloßbetätigung bleibt auch ohne Schmierung beweglich; damit seine Hülle nicht zurückrutscht (und dann das Öffnen verhindert), ist auf festen Sitz der Halteschraube links vom Haubenschloß zu achten.

Die Kofferraumhaube

Die Scharniere der Kofferraumhaube sind ganz ähnlich wie bei der Motorraumhaube gestaltet: Das Scharnier dreht sich um einen Niet, der bei Austausch der Haube ausgebohrt und von einer Bundschraube mit Scheiben, Federring und Mutter ersetzt werden muß. Zwei Scharnierfedern heben beim Öffnen des Schlosses die Haube an.

Das Schloß im Kofferraumdeckel ist mit zwei Kreuzschlitzschrauben befestigt. Sein Gegenstück, die Schloßfalle, wird von einer Sechskantschraube gehalten. Dieses an der hinteren Innenwand des Kofferraums sitzende Schloßteil kann nach Lockern der Schraube in Höhe und Seite versetzt werden, falls der Kofferdeckel nicht exakt schließen sollte.

Die Auflagekante des Kofferraumdeckelausschnittes ist rundum mit einer Gummidichtung versehen, die das Eindringen von Staub und Wasser sowie das Klappern der Kofferraumhaube verhindern soll. Ist diese Gummidichtung beschädigt, muß sie ersetzt werden, sonst verschmutzt das Gepäck im Kofferraum. Dazu alte Dichtung herausreißen und Auflagefläche gut mit Gummilösungsmittel säubern, bis alle Klebestoffreste beseitigt sind. Die neue Dichtung und die Kofferraumdeckelkante werden auf ihren Auflageflächen mit Gummikleber eingestrichen. Nach entsprechender Trockenzeit Klebefläche flüchtig mit benzingetränktem Lappen überwischen und Gummidichtung rasch andrücken. Die beiden Enden der Gummidichtung sind ebenfalls zusammenzukleben. Kofferdeckel erst nach völliger Antrocknung schließen.

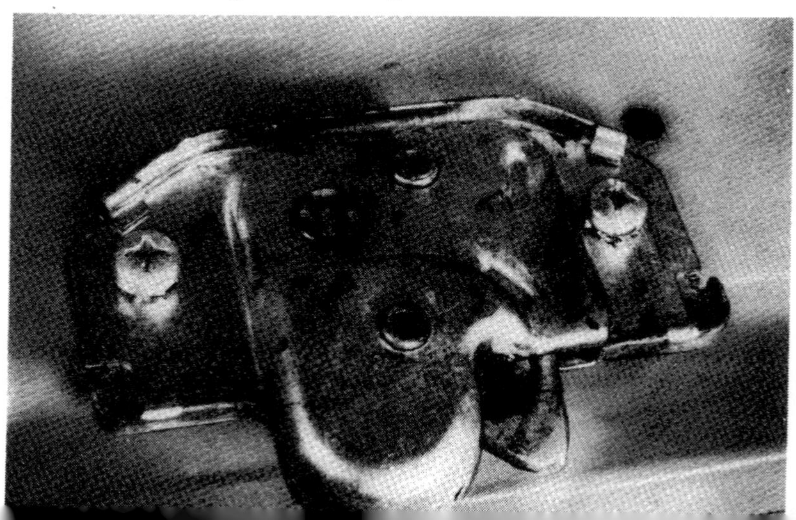

Das Schloß des Kofferraumdeckels ist mit zwei Kreuzschlitzschrauben befestigt. Der Durchmesser der Löcher für die Schrauben ist groß genug, um bei gelockerten Schrauben das Schloß seitlich und in der Höhe verschieben zu können. Auch dieses Schloß ist für gelegentliche Fettversorgung dankbar.
Die Schloßfalle des Kofferraumdeckels ist mit einer Sechskantschraube befestigt. Die Öffnung des Schraubenloches ist größer gestaltet und erlaubt ein Verschieben der Falle, wenn das Schloß nicht richtig schließen sollte. Außerdem kann man noch die Befestigungsschrauben an den Scharnieren der Haube lösen und die gesamte Haube somit justieren.

Die Stoßfänger

Die Stoßfänger, auch Stoßstangen genannt, sind aus einem Stück gefertigt, und sie besitzen in ihrer gesamten Länge eine Gummiauflage. Zum Lösen der Befestigungsschrauben braucht man einen Schraubenschlüssel SW 13, besser jedoch ist man mit einer Stecknuß bedient, die man mittels Ratsche bewegt. Vor dem Abschrauben des hinteren Stoßfängers muß zuerst die Kennzeichenleuchte ausgebaut werden, und dann löst man die Schrauben – ähnlich wie vorne – und mit ihnen die Halter.
Beim Lösen der letzten Halteschraube muß man aufpassen, daß der Stoßfänger nicht herunterfällt und womöglich die Karosserie zerkratzt. Beim Anbringen eines neuen Stoßfängers läßt man sich zweckmäßigerweise von einer zweiten Person unterstützen. Die möglicherweise vorhandene Nebelschlußleuchte wird anschließend befestigt und angeschlossen.

Die Türen

Wenn eine Tür beschädigt wurde, muß man sie ausbauen. Diese Arbeit erfordert aber besondere Werkzeuge und handwerkliche Erfahrung. Die Türscharnier-Spannhülsen müssen ausgebaut werden, und eventuell sind die Türscharniere zu richten. Der Niet der Türbremse ist abzuschleifen und später durch einen Halbrundniet zu ersetzen. Beim Tausch gegen eine sogenannte Rohbautür müssen alle (noch verwertbaren) Teile der alten Tür für die neue Tür übernommen werden, außer der Verkleidung also auch der Schließzylinder, die Türgriffe, Fensterheber und -scheibe, Fensterführungsschienen, Türbremse, Anschlagpuffer usw.
Vor Beginn dieser Arbeit sollte man den eigenen Ehrgeiz abwägen und den zeitlichen Vorteil berücksichtigen, der sich ergibt, wenn man die Werkstatt dazu beauftragt. Vielleicht findet man auch auf einem Autofriedhof eine passende Tür, die sich komplett leichter einbauen läßt und dann nur lackiert werden muß.

Tür justieren

Liegt eine Tür nach dem Einbau nicht flächenglatt zum Seitenteil oder zur unteren oder oberen Türleiste, dann müssen die Scharnierschrauben noch einmal etwas gelockert werden und in ihren Bohrungen so weit verschoben werden, bis die geschlossene Tür flächenglatt anliegt. Dieses Heimwerker-Justieren wird allerdings nicht ausreichen, wenn beispielsweise die Tür beim Öffnen auf den Bürgersteig gerammt wurde und durch den Anprall verkantet im Türausschnitt sitzt. Hierfür sind spezielle Richtwerkzeuge notwendig. Nach Reparatur und Einbau der Tür muß man noch die Einstellung des Gabelfallenschlosses überprüfen.

Türverkleidung ausbauen

Meistens lassen sich Arbeiten an einer Tür nur durchführen, nachdem ihre Innenverkleidung abgenommen wurde. Dieser Vorgang beginnt mit dem Ausbau der Fensterdrehkurbel. Dazu ist eine flache Türfederzange zwischen den Kurbelfuß und die darunterliegende Kunststoffscheibe zu zwängen und die Sicherungsfeder herauszudrücken. Mit etwas Geschick läßt sich diese offene Ringfeder an einem ihrer Enden auch mit einem sehr schmalen Schraubenzieher herausdrücken.
Anschließend löst man mit einem Schraubenzieher die Griffschale der Türschloßbetätigung. Beide Schrauben der Armstütze werden herausgedreht. Danach ist es möglich, die Verkleidung abzunehmen, die mit Klammern an drei Seiten (links, rechts und unten) auf dem Innenblech festgehalten ist. Bei noch gut erhaltenen Wagen genügt es dazu, seitlich hinter der Verkleidung dieselbe mit der Hand abzudrücken und aus ihrem oberen Halt herauszuziehen.
Bei älteren Autos können die Halteklammern verrottet sein und widersetzen sich der vorsichtigen Behandlung. Dann nimmt man einen Schraubenzieher zu Hilfe,

Die linke Tür des Manta ohne Innenverkleidung, die Regenschutzfolie ist nach oben geklappt. Mit den durchbrochenen Pfeilen wird auf die Befestigungsschrauben des Scherenhebers für das Fenster gezeigt, der weiße Pfeil deutet auf die Schraube der Fassungsschiene und die beiden schwarzen Pfeile zeigen auf die Schrauben der Anschlagkeile.

den man zwischen Türverkleidung und Türblech schiebt und in der Nähe der Klammern das Werkzeug als Hebel benutzt. Um den Lack der Tür nicht zu zerkratzen, hält man noch ein Stückchen Karton gegen das Türblech als Schutz. Hinter der Türverkleidung ist das Innenblech mit Kunststoffolie als Schutz gegen Feuchtigkeit verklebt. Man kann sie abziehen, denn die Klebemasse ist dauerplastisch. Beim Zusammenbau darf diese Folie (man kann als Ersatz auch jede Art wasserfeste Plastikfolie nehmen) auf keinen Fall vergessen werden, sonst dringt Regenwasser auf die Rückseite der Türverkleidung und läßt deren Material wellig werden. Wenn der dauerplastische Klebstoff beim Wiederankleben der Wasserabweisfolie nicht mehr hält, eignet sich statt dessen auch Gummikleber.

Fallfenster ersetzen

Dem Austausch des Fensters in der Tür muß der Ausbau der Innenverkleidung vorausgehen. Dann verfährt man folgendermaßen:
Oben am Türinnenblech, in den kleinen Montagelöchern, sind die beiden Befestigungsschrauben für die Ausschlagkeile herauszudrehen und die Keile zu entnehmen. Durch die vordere obere Montageöffnung wird die Befestigungsschraube der Fassungsschiene abgeschraubt. Danach dreht man die sechs Schrauben zur Befestigung des Scherenhebers heraus, dieser läßt sich anschließend durch die große Montageöffnung herausziehen. Jetzt kann man das Fenster aus dem Türschacht herausnehmen.
Der Einbau erfolgt in umgekehrter Reihenfolge. Bevor man die Anschlagkeile festschraubt, muß man das Fenster bei geschlossener Tür so weit hochkurbeln,

Soll die Fensterkurbel von ihrem verzahnten Sitz abgenommen werden, kann der findige Bastler auch ohne spezielle Federzange auskommen. Das Federende, das nur um 1 mm aus dem Führungsspalt herausragt, kann mit einem schmalen Schraubenzieher seitlich abgehebelt und nach oben gedrückt werden. Beim Aufsetzen ist die Feder mit ihren Einschnürungen auf die oberen Spaltenenden zu klemmen und wird erst heruntergedrückt, wenn die Kurbel richtig auf der Welle sitzt.

bis die Fensteroberkante am Wulst der Fensterdichtung anliegt. In dieser Stellung sind beide Anschlagkeile auszurichten. Die Laufrollen in der Fassungsschiene sollen geschmiert werden.

Front- und Heckscheibe

Das Einsetzen einer neuen Windschutz- oder Heckscheibe erfordert viel Geschicklichkeit und eine zweite Hilfskraft. Lassen Sie die Hände davon, ohne entsprechende Übung gelingt diese Arbeit nicht. Die Scheiben sind teurer als die Montage in der Werkstatt, und wenn sie dem Mann in der Werkstatt zerbrechen, muß er dafür aufkommen. Nach dem Einbau einer Windschutz- oder Heckscheibe muß Dichtungsmasse mit einer besonderen Druckpresse zwischen Gummifassung und Karosserierand gedrückt werden. Das kann auch nötig sein, wenn das Regenwasser am Rand der Windschutzscheibe ins Innere dringt.
Anstelle der Windschutzscheibe aus Einscheiben-Sicherheitsglas erhält man für den Manta auch eine solche aus Verbundglas. Auf Wunsch gibt es diese schon ab Werk ohne Aufpreis. Verbundglasscheiben sind gegen hochgeschleuderte Steine weniger empfindlich, während das vorgespannte Einscheibenglas bei Aufprall in zahllose Krümel zerfällt. Für diese Möglichkeit gibt es im Zubehörhandel aufblasbare Windschutzscheiben, die am Fensterrahmen festzukleben sind. Solche Notscheiben ermöglichen eine Weiterfahrt bei mäßigem Tempo und erlauben sogar die Tätigkeit der Scheibenwischer.

Rückwandklappe beim Manta CC

Die groß dimensionierte Rückwandklappe des Manta CC ist mit der Hecktür eines Kombiwagens vergleichbar. Vor ihrem Ausbau trennt man die elektrische Zuleitung für die heizbare Heckscheibe vom Anschluß am linken Rand der Klappe. Die Seilzüge für die Laderaumabdeckung werden oben ausgehängt. Um auch die beiden Gasdruckheber aushängen zu können, müssen zuvor die Plastikbefestigungskeile an der oberen Anbringung der Gasfedern mit einem Schraubenzieher herausgehebelt werden. Dann schließt man die Klappe, drückt im Wageninnern die beiden Plastikkappen über den Scharnieren im Dachhimmel aus ihren Sitzen und schraubt die Scharnierlager ab (Rohrschlüssel SW 13). Jetzt kann die Klappe herausgehoben werden. Der Einbau geschieht in umgekehrter Arbeitsfolge.
Sollte die Scheibe in der Rückwandklappe ersetzt werden müssen, kommt man aus Gründen, die im vorangegangenen Abschnitt erwähnt sind, um einen Besuch in der Werkstatt nicht herum.

Das Schiebedach

Falls der Wagen mit einem Stahlschiebedach ausgestattet ist, wie es ab Werk eingebaut sein kann, dürfte dessen Bedienung bekannt sein. Zum Öffnen dient

Das Ausstellfenster sollte man beim abgestellten Wagen nicht vergessen zu schließen. Sonst schraubt es womöglich ein Ganove los und angelt sich aus dem Wagen, was griffbereit herumliegt. Wenn die Fensterabdichtung nicht mehr die Nässe abhält, kann man passend geschnittenen Moosgummi auf die Dichtung kleben.

ein ausklappbarer Griff, der über Schubstangen und Führungswellen mit Stützhebeln das Dach entriegelt. Der Dachdeckel läßt sich nach hinten schieben, wenn man den Griff nach unten klappt, und zum Feststellen in jeder beliebigen Stellung drückt man den Griff in die Griffschale zurück.
Zum Ausbau des Dachdeckels bringt man den Griff in die nach unten gerichtete Stellung und schiebt das Dach zurück. Die Griffschale wird abgeschraubt und den Schiebedachhimmel klappt man an den Haltefedern nach unten. Der Himmel ist an beiden Dachseiten nach innen zu ziehen, um die darunter befindlichen hinteren Führungsplatten abschrauben zu können. Ebenso die vorderen Führungsplatten abschrauben, dann den Dachhimmel an den Haltefedern vorn wieder spannen. Der Deckel ist nun so weit nach vorne zu ziehen, daß die Vorderkante der seitlichen Gleitstücke sich auf gleicher Höhe mit der hinteren Rundung des Führungswulstes befinden. Aus dieser Stellung wird der Deckel von außen aus der Dachöffnung entnommen, wobei er zur einen Seite geschwenkt werden muß.
Den Einbau nimmt man in umgekehrter Reihenfolge vor. Die Gleitschienen im Dachrahmen müssen seitlich mit Wälzlagerfett leicht geschmiert werden. Im Betrieb ist jegliches Fetten zu unterlassen.

Die Sitze

Für die Modelle der B-Serie wurden neue Sitze entwickelt, die breiter als beim Vorgänger sind und eine Polsterung mit Vollschaummaterial besitzen. Beschädigung oder starke Verunreinigung des Bezugs können dazu zwingen, einen Sitz ausbauen zu müssen. Das wird auch der Fall sein, wenn man einmal einen sperrigen Gegenstand transportieren will.
Einen Vordersitz baut man aus, indem man die Befestigungsschrauben der beiden Haltebügel vom Wagenboden abschraubt. Dazu sind die hier teilweise übereinanderlappenden Teppichränder hochzuklappen. Danach wird der Arretierungshaken an der äußeren Sitzführungsschiene ausgehängt und gleichzeitig der Sitz nach außen gedreht.
Die hintere Sitzbank ist an zwei Stellen vorne mit einem Formdraht in hakenförmigen Halterungen fixiert. Um das Sitzpolster zu lösen, drückt man die Vorderkante der Sitzauflage links und rechts außen kräftig nach unten. Zugleich ist das Polster nach hinten zu schieben. Dabei kann es abgehoben werden. An den Radkästen ist je eine Haltezunge angebracht, die der Rücklehne unten Halt geben. Diese Blechlaschen sind aufzubiegen, dann kann man die Lehne nach oben drücken und aus den (in dieser Position noch nicht sichtbaren) Halterungen oberhalb der Radkästen aushängen. Der Einbau geschieht später in umgekehrter Arbeitsfoge.

Links: Hier wurde der Fahrersitz herausgenommen. Dazu muß man bei jedem der beiden Haltebügel zwei Schrauben herausdrehen, wodurch die vordere Sitzstütze frei wird. Danach ist die Sitzarretierung auszuhaken. Rechts: Bei dem ausgebauten Vordersitz ist ebenfalls zu erkennen, wie er befestigt wird.

Das Vollbad

Etliche Leute haben nur eine große Liebe – ihr Auto. Sie putzen und wischen an dem Gefährt herum, bis nicht nur der Schmutz, sondern eines Tages auch der Lack verschwunden ist. Andere dagegen vernachlässigen ihren vierrädrigen Diener so, daß er sich in eine rollende Blechmumie voller Schandflecken verwandelt. Sie sehen, beide Extreme führen zu nichts. Wichtig ist das Wie, die Methode der Reinigung. Oder deutlicher gesagt: Lieber einmal mit einem schmutzigen Wagen herumfahren und die Gelegenheit einer sorgfältigen und gründlichen Wäsche abwarten, als eben mal schnell mit einem feuchten Tuch übers Blech gehuscht.

Waschen zur rechten Zeit

Das Auto im strahlenden Sonnenschein zu säubern, ist der erste Fehler, den man begehen kann. So schnell, wie das Wasser durch die Sonnenstrahlen verdunstet, kann man es gar nicht trockenwischen. Zurück bleiben Kalk- und Wasserflecken, die gleichzeitig zu Verfärbungen des Lackes führen, denn Wassertropfen wirken in der Sonne wie in Brennglas. Solche Flecken im Lack können dann nur noch durch fleißiges Polieren entfernt werden.
Genauso verkehrt ist es, seinen Wagen bei Frostwetter zu waschen. Das Wasser verkriecht sich hinter Zierleisten und Karosseriespalten, wo es nicht trocknet. Hat die Außentemperatur den Gefrierpunkt unterschritten, löst das dann zu Eis gewordene Wasser verheerende Wirkungen aus. Da Eis mehr Platz braucht als Wasser, bekommt den so unterwanderten Karosserieteilen jene zerstörerische Kraft nicht gut. Das beginnt schon mit dem Angriff auf sonst harmlose Lackschäden, die sich unter der frostigen Einwirkung in ärgerliche Reparaturfälle verwandeln.
Wir wollen keineswegs vorschlagen, daß Sie den ganzen Winter mit einem schmutzigen Auto durch die Lande ziehen müssen. Gerade dann, wenn die Zeit der Auftausalze eingetreten ist, müssen Sie Ihrem treuen Freund einen Badetag gönnen. Jene Salze, die dem Verkehrsfluß dienen sollen, haben die Eigenschaften, an den Fahrzeugen anzutrocknen und Feuchtigkeit anzuziehen. Dabei greifen sie das Metall an und fördern die Rostbildung. Sorgen Sie nach der Reinigung im Winter für ein warmes Plätzchen, damit der Wagen gut trocknet: Er wird es Ihnen danken.

Viel Wasser

Zum Waschen brauchen Sie viel – sehr viel – Wasser. Haben Sie nicht genügend Wasser zur Verfügung, ist es vernünftiger, Sie lassen es sein.
Das Wasser muß den Schmutz aufweichen. Je mehr Wasser nachfließt, desto besser können Straßenstaub und Schmutz aufgeweicht werden. Benutzen Sie genügend Wasser, das die gröbsten Verunreinigungen abspült, sonst entstehen – durch die Schmutzpartikel – Schleifspuren, die wir ja vermeiden wollen. Anschließend ist nur noch wenig Mühe nötig, um den schon vorgeweichten Dreck restlos zu entfernen.

Nur der ununterbrochene Wasserfluß weicht den Schmutz auf, schwemmt ihn schon teilweise weg, ohne den Lack zu beschädigen. Reibt man dagegen den Schmutz mit wenig Wasser weg, werden zugleich Staub- und Sandkörnchen über den Lack geschmirgelt, die ihn zerkratzen und schließlich zerstören. Anfangs wird noch nicht sichtbar, was sich nach einer Reihe solcher Torturen offenbart: Bei schräg auffallendem Licht werden in Streifen und Kreisen verlaufende Schleifspuren erkennbar, Beweis für eine angegriffene Lackoberfläche. Neuer Lack ist noch sehr weich und gering widerstandsfähig. Er sollte am besten nur mit klarem Wasser, ohne irgendwelche Reinigungsmittel behandelt werden. Automatische Waschanlagen sind möglichst vom jungen Lack fernzuhalten, auch wenn sie noch so bequem sind.
Auch die sommerlichen Insektenfriedhöfe können Sie mit klarem Wasser entfernen. Drücken Sie nasses Zeitungspapier auf die besonders hartnäckigen Fliegenleichen und lassen Sie die ganze Sache eine Weile weichen, später kann man die verunzierten Flächen mühelos reinigen. Insektenreste auf der Karosserie lassen sich mit Natron (für 20 Pfennig aus der Drogerie) entfernen, das man in einem viertel Liter Wasser auflöst. Ein damit befeuchteter Schwamm oder Lappen läßt die Insektenleichen verschwinden. Der Laugenvorrat reicht für ein Jahr.

Mit Schlauch oder Eimer

Am vorteilhaftesten und bequemsten ist es, die Wagenwäsche mittels Schlauch auszuführen. Damit kann man die nötige Menge Wasser herbeischaffen. Vorsicht aber, daß der Wasserstrahl nicht zu hart herausgeschossen kommt. Er preßt Staub und Schmutz über den Lack, und Schleifspuren wären der böse Erfolg.
Ist kein Wasserhahn in der Nähe, wo ein Schlauch angeschlossen werden kann, muß das Naß in Eimern herbeigeschafft werden. Zwei Eimer sind besser als einer, weil das Wasser schneller verschmutzt, als dem Wagen und Ihnen lieb ist. Lassen Sie den Schwamm sich stets vollsaugen, aber wischen Sie damit nicht zu kräftig auf dem Lack herum. Festsitzender Dreck an Stoßstangen und Felgen kann man mit einer Bürste entfernen.

Automatische Waschanlagen

Während der Wäsche in einer automatischen Waschanlage rieseln 200 bis 250 Liter Wasser auf das Auto hernieder. Die rotierenden Waschbürsten sind zwar ziemlich weich, doch der Automat behandelt das verschmutzte Kraftfahrzeug ohne Gefühl. Die Zeit ist zu kurz, um den Schmutz weichen zu lassen, besonders wenn am Wochenende viele Wagen auf Abfertigung warten. Das beigemischte »konservierende« Wachs verhilft dann eher zum schnelleren Trocknen nach der Wäsche. Wenigstens ein frisch lackierter Wagen sollte vor solchen Prozeduren verschont bleiben.
In Tankstellen werden manchmal billige und scharfe Auto-Shampoos benutzt, da es schnell gehen soll und nicht viel kosten darf. Das bekommt dem Lack auf die Dauer nicht gut. Bei häufiger Benutzung von Schnellwaschstraßen empfiehlt sich öfters eine Behandlung mit lackkonservierenden Mitteln.
Nach der Wäsche kontrolliere man Außenspiegel und Antenne. Möglicherweise angebrachte Zusatzscheinwerfer haben manchmal ebenfalls ihre ursprüngliche Einstellung verloren.

Jung und schön

Die äußere Erscheinung eines jeden Autos wird unter Umständen nachhaltig Schaden erleiden, wenn man das erstbeste Pflegemittel anwendet. Einige der mit großem Aufwand angepriesenen Kosmetikartikel sind für das Blechkleid Ihres Wagens wirklich nur von Nutzen, sofern man sie richtig und nur dann anwendet, wenn es nötig ist. Die Wirkung mancher Wundertinktur ist sogar absolut zerstörend, obwohl der erste, oberflächliche Eindruck durchaus »glänzend« erscheint.
Solange das Auto noch jung und der Lack weich und widerstandslos ist, muß man erhöhte Vorsicht walten lassen. Alle Pflegemittel wirken dann aggressiv und schädigend. Wenn es aber im Laufe der Zeit nötig wird, dem auf natürliche Weise gealterten Lack neue Frische zu geben, dann muß man an die Mittel, die man anzuwenden beabsichtigt, strenge Maßstäbe anlegen. Bevor man sich nicht der schonenden Eigenschaften solcher Mittel völlig sicher ist, soll man ihren Gebrauch lieber unterlassen.
Die Wagenwäsche mit viel Wasser bleibt auch bei Ihrem Manta die beste Lackpflege!

Den Lack behüten

Auch daheim pflegt man die Möbel nicht mit Scheuerpulver. Ebenso muß man die Behandlung des Lackes mit Bedacht ausüben, obgleich die Lackierung im Werk sehr sorgfältig aufgebaut worden ist.
Die Ansprüche an den Lack sind gewaltig. Temperaturwechsel, Schmutz und Hagelkörner, »gesalzener« Schneematsch und Sonnenglut sollen keinerlei Spuren hinterlassen. Solche Strapazen macht kein Lack ewig mit.
Im Laufe des Autolebens verliert der Lack seine Elastizität, seine Poren erweitern sich, Feuchtigkeit dringt in die Farbschicht und zermürbt sie von innen. Kurz, er »altert«. Der in den heute üblichen Kunstharzlacken enthaltene Weichmacher, der für die Elastizität zuständig ist, verflüchtigt sich allmählich und die einzelnen Farbkörnchen liegen nicht mehr eingebettet im Lack, sondern stehen – mikroskopisch sichtbar – spröde ab. Der Lack ist stumpf geworden.
Erst dann, wenn die Lackoberfläche nach der Wäsche mit klarem Wasser stumpf bleibt, sollte die eigentliche Lackpflege einsetzen. Die Pflegemittel, die man jetzt braucht, müssen mit Überlegung ausgesucht und angewendet werden. Die dauernde Benutzung eines Poliermittels bedeutet, daß eines Tages die Lackschicht wegpoliert ist.
Je sparsamer man mit Pflegemitteln umgeht, um so länger hat man an dem Lack seines Autos Freude. Nur das Mittel, das gerade noch die erstrebte Wirkung zeigt, bedeutet Schonung und Erhaltung des Lackes.

Lackpflege stufenweise

Mit welchem Lackpflegemittel man das Auto behandeln soll, hat sich nach dem Zustand und dem Alter des Lackes zu richten. Die Güte eines solchen Mittels ist allein nicht von Ausschlag.

■ **Auto-Shampoo.** Nicht zu jeder Wagenwäsche benutzen, da fettlösend und Auslaugen des Lackes möglich.

■ **Waschkonservierer und Waschpolitur.** Zuerst mit klarem Wasser waschen, danach Konservierer anwenden und mit Watte nachpolieren. Häufige Anwendung führt zu einer schmierigen Wachsschicht, die mit mildem Lackreiniger entfernt werden kann.

■ **Spezialwaschmittel.** Dient zur Beseitigung von Flugrost und Zementstaub. Soll nur verwendet werden, wenn sehr viel fließendes Wasser zur Verfügung steht. Nie in der Sonne benutzen! Anschließend den Lack konservieren.

■ **Lackkonservierungsmittel.** Schutz für gesunden Lack über geraume Zeit. Probe machen: Wenn beim Blankreiben an der Watte Farbe zurückbleibt, handelt es sich um Poliermittel mit lacklösenden Bestandteilen.

■ **Lackpolitur und Schleifpolierpaste.** Politur nur bei stark verwittertem Lack und sehr sparsam gebrauchen. Greift die Lackschicht an. Praktisch zum Wegpolieren von Schrammen nach Streifberührung mit fremdem Fahrzeug.

■ **Poliermaschine.** Erlaubt keine »gefühlsmäßige« Behandlung des Lackes und kann Kratzer hinterlassen. Manuelle Bearbeitung ist vorzuziehen.

Opel-Pflegemittel für innen und außen

Opel-Dienste bieten ein reichhaltiges Programm mit wirksamen Mitteln an, die für die Wagenpflege bestimmt sind. Wenn sie teilweise auch um einiges mehr kosten als Produkte einschlägiger Hersteller, so kann man doch gewiß sein, mit ihnen keinen Schaden zu stiften. Wir schließen uns hier den Empfehlungen von Opel an und bringen nachstehend eine Zusammenfassung der wichtigsten Opel-Pflegemittel:

Opel-Bezeichnung	Opel-Katalog-Nr.	Anwendungsbereich
Autowachs	1 758 984	Zur vierteljährlichen Lackpflege, Winterschutz
Sprühwachs	1 758 986	Allgemeine Lackpflege, verhindert Anhaften von Teer
Universalpolish mit Silikon	1 758 869	Auffrischen ungepflegten Lackes. Nicht für Metalleffekt-Lack
Schnellreinigungspolish ohne Silikon	1 758 862	Auffrischen ungepflegten Lackes, anschließende Konservierung erforderlich. Nicht für Metalleffekt-Lack
Chrom-Polierpaste	1 758 923	Reinigen, Polieren und Konservieren von Chromteilen. Darf nicht auf lackierte Flächen geraten
Teerentferner und Lackpflege	1 758 900	Beseitigen von Teerflecken, Insekten und Baumausscheidungen
Reinigungs- und Frostschutzmittel	1 758 263	Beseitigen von Insekten und Abgasniederschlägen auf der Windschutzscheibe
Anti-Beschlag- und Entfroster-Spray	1 758 260	Verhindert Beschlagen und Vereisen der Scheiben
Kunstleder-Pflegemittel	1 760 040	Reinigen und Pflegen von Kunstleder
Innenreiniger	1 758 146	Entfernen von Flecken auf Stoffpolster und Kunstleder

Haushalts-spülmittel sind Gift für den Lack

Vollkommen falsch ist es, die Außenhaut des Wagens mit den bekannten (und sonst auch bewährten) Spülmitteln reinigen zu wollen. Das gilt auch dann, wenn sie »nebenbei« zur Autopflege empfohlen werden. Es ist selbstverständlich, daß solche Mittel tadellos reinigen, aber den Lack des Autos laugen sie aus und zermürben ihn bis auf den Grund. Bei Gegenständen mit strukturell undurchlässigen Oberflächen wie etwa Gläser und Kacheln können die alles reinigenden Flüssigkeiten keinen Schaden anrichten – der stets poröse Autolack reagiert auf sie jedoch mit Zerfall.

Lackschäden ausbessern

Schrammen im Lack oder Beulen im Blech sind weder selten noch ein Schicksalsschlag. Nach dem ersten Ärger, der solchem Mißgeschick folgt, sollte man systematisch vorgehen und die Lackschicht wieder in der alten Form aufbauen. Einfach mit der Sprühdose auf die Schadenstelle zu zielen verhieße nur eine oberflächliche Täuschung ohne Erfolg von Dauer.
Zuerst muß die Beule im Blech entfernt werden. Bei einer kleinen reicht ein normaler Hammer, womit man aber nicht wild drauflosschlagen darf. Mit vorsichtigen Schlägen erkundet man, wie das Blech reagiert. Umfangreichere Beschädigungen sind mit Handfaust, Gummihammer und Schlichthammer auszubeulen. Danach wird die Oberfläche gefeilt, und mit grobem Schleifpapier entfernt man alle alten Lack- und Grundierungsreste sowie eventuellen Rost. Praktisch ist dabei eine elektrische Bohrmaschine mit aufgesetzter Schleifscheibe.
Nun beginnt man mit dem Aufbau der Lackierung – und falls gar keine Beule vorhanden war, verfährt man ebenso wie folgt. Nach Entfetten des blanken Blechs wird die Grundierung (mit Pinsel oder per Sprühdose) aufgetragen. Trocknen lassen und vorhandene Unebenheiten mit Spachtel überziehen. Nitrospachtel in Dosen ist haltbarer als in Tuben, worin er schnell eintrocknet, es sei denn, man hebt die Tube in einem Gefäß mit Wasser auf. Außerdem muß sich die Grundierung mit dem Nitrospachtel vertragen können; andernfalls nimmt man Kunstharzspachtel oder den für größere Oberflächenvertiefungen gut geeigneten Plastik-Füller. Die Spachtelmasse zieht man schnell und gleichmäßig mit seinem Spachtelmesser über die Reparaturstelle und läßt sie härten.
Mit Schleifpapier, das über ein planes, handgroßes Brettstück gespannt ist, werden die Unebenheiten nach dem Trocknen glattgeschliffen. Meistens wird man kleinere Stellen nachspachteln müssen, also nochmals spachteln, trocknen lassen, schleifen. Wenn die Oberfläche dieser Ausbesserung zu der alten, angrenzenden Lackierung eine gleichmäßige Einheit bildet, darf immer noch nicht lakkiert werden. Jetzt ist mit sehr feinkörnigem, wasserfestem Schleifpapier die ganze Geschichte spiegelblank zu schleifen, damit alle Spuren der vorangegangenen Trockenschleifung verschwinden. Erst danach ist der Lack aufzutragen. Wer es erstklassig ausführen will, schleift nach Trockenzeit mit Wasser und 400er oder 600er Papier nochmals an und lackiert nochmals dünn über.
Sogar neue, unlackierte Karosserieteile sind gründlich mit Nitroverdünnung zu entfetten. Bevor man lackiert, soll man auch kleinste Transportschäden mit Grundierung, Füller oder Spachtel beseitigen.
Opel bezieht die Lacke für die Serienmodelle von verschiedenen Firmen (z. B. Bonaval, Lechler, Spieß & Hecker). Von ihnen gibt es Opel-Farben zur Nachlakkierung, jeweils mit der gleichen Kennummer. Diese Nummern sind auf den Etiketten der Farbtöpfe und auch auf Farbsprühdosen vermerkt und sie stimmen sogar bei Lacken unterschiedlicher Basis (Kunstharz, Nitro) überein. Dabei muß man wissen, daß eine Nitrolackierung mit Kunstharzlack ausgebessert werden kann, nicht aber umgekehrt, weil die Nitrokonsistenz lösend wirkt.

Vorbeugung

Mit sicherer Regelmäßigkeit beginnt nach den ersten kalten Nächten der Kummer mit müden Batterien, mit zugefrorenen Türschlössern, mit rostförderndem Eiswasser, mit glatten Straßen. Es bedarf nur ein wenig gezielter Umsicht, um manchem Wintertag seinen Schrecken zu nehmen. Ihr Manta ist – gleich nahezu allen anderen Autos heutzutage auch – von Haus aus dafür geeignet, bei frostklirrenden Nächten ebenso seinen Dienst zu verrichten wie unter lauter Frühlingssonne. Allerdings müssen Sie ein paar Kleinigkeiten dazutun, damit jene positiven Eigenschaften Ihres Autos auch zur Geltung kommen.
Deshalb sollte man sich einigen Ratschlägen nicht verschließen, die als Schutz vor Witterungsunbilden jedem Autofahrer und Autobesitzer empfohlen sind. Werden Sie befolgt, erreicht man das ersehnte Frühjahr mit einem Wagen, der keine »Frostbeulen« zurückbehielt.

Frostbeständige Kühlflüssigkeit

Immerhin haftet eine Werkstatt für den Schaden, der dadurch entstand, daß vor der Wintersaison kein Frostschutzmittel der Kühlflüssigkeit zugesetzt wurde. Garantiert keinen Ärger gibt es, wenn man sich rechtzeitig um den frostsicheren Zustand des Kühlwassers selber kümmert.
Klares Wasser sprengt bei Temperaturen unter dem Nullpunkt Kühler und Motorblock, denn Eis benötigt mehr Raum als Wasser, aus dem es sich bildet. Um das Freiwerden solcher Kräfte zu verhindern, muß man dem Kühlwasser ein Gefrierschutzmittel beimischen.
Das Kühlwassersystem der einzelnen Motortypen hat ein unterschiedliches Fassungsvermögen (siehe Seite 227). Damit die betreffende Menge auch Temperaturen bis zu – 20° C ohne einzufrieren übersteht, müssen zwei Fünftel davon durch handelsübliches Frostschutzmittel ersetzt werden. Eine Mischung im Verhältnis 1 :1 gestattet es sogar, den Wagen bis zu in unseren Breiten seltenen – 35° C draußen stehen zu lassen. Zur Aufbereitung des Frostschutzes genügt es aber nicht, etwa die entsprechende Menge Wasser aus dem Kühler abzulassen, oben das Gefriermittel einzufüllen und zu glauben, daß alles Nötige getan ist. Das kostbare Frostschutzmittel muß sich nämlich im Kühlsystem gleichmäßig verteilt haben, sonst friert das unvermischte restliche Wasser doch. Man muß den Motor also eine Weile laufen lassen – am besten ist es, das Mittel vor einer Fahrt einzufüllen. So sorgt die Wasserpumpe für eine gute Vermischung.
Opel empfiehlt den hauseigenen Kühlerfrostschutz, Katalog-Nr. 194 0681. Weil dieser (wie andere Markenmittel auch) auf das Kühl- und Heizungssystem schonend einwirkt, soll er das ganze Jahr über in dem Kreislauf verbleiben. Es wird behauptet, daß Frostschutzmittel mit der Zeit »altern« und ihre Schutzeigenschaft gegen Korrosion verlieren. Wir konnten das bislang jedoch nicht beobachten. Tatsächlich verhindert die Schutzfüllung aber die Bildung von Rückständen und Oxydation. An ihrer Stelle ist deshalb möglichst reines Wasser allein nicht zu verwenden.

Wenn man sich über die frostsichere Eigenschaft des Kühlmittels nicht im klaren ist, kann man den Kühlerinhalt an einer Tankstelle ausspindeln lassen. Ähnlich wie ein Säureheber zum Batterieprüfen (siehe Seite 168) gestaltet, zeigt bei jenem die Spindel an, bei welcher Temperatur das Kühlmittel gefrieren wird. Entsprechend muß Frostschutzmittel eingefüllt werden.
An einigen Tankstellen kann man Frostschutzmittel literweise aus dem Faß bekommen. Das ist etwa halb so teuer wie andere, in Dosen erhältliche Markenfrostschutzmittel. Zur Not mischt man selbst aus einem Teil Glyzerin, einem Teil Spiritus und zwei Teilen Wasser eine bis zu – 20° C frostsichere Kühlflüssigkeit, die allerdings den Nachteil hat, daß der Spiritus darin schneller verdunstet.

Frostschutz für den Scheibenwascher

Im Opel ist der Behälter für das Scheibenwaschwasser im Motorraum hinten links untergebracht. Wenn der Wagen über Nacht in der Kälte stand, dann ist darin klares Wasser garantiert zu Eis geworden.
Frostschutzmittel verhindern solche unliebsamen Überraschungen. An Tankstellen gibt es eine Fülle von Spezialmitteln, die man dem Scheibenwaschwasser auch an warmen Tagen beimischen kann. Einige von denen lösen nämlich sogar den Öldunst vorausgefahrener Qualmer auf der Windschutzscheibe auf. Von Opel gibt es das Reinigungs- und Frostschutzmittel Katalog-Nr. 175 8265, das im Mischungsverhältnis 1 : 10 Temperaturen bis – 5° C aushält, beim Verhältnis 1 : 5 bis – 9° C, 1 : 3 bis – 13° C und 1 : 2 bis – 18° C.
Billiger, jedoch von seinem typischen Geruch begleitet, ist Brennspiritus. Er wird im Verhältnis 1 : 1 dem Wasser im Scheibenwaschbehälter durch Schütteln desselben beigemischt und hält noch bei klirrendem Frost die Windschutzscheibe sauber. Die Scheibendichtung wird durch den Spiritus nicht angegriffen.

Reifen im Winter

Die geänderten Straßenverhältnisse im Winter verlangen eine aufmerksame und zurückhaltende Fahrweise. Die Verzögerung, die beim Bremsen auf schneebedeckter Fahrbahn erreicht werden kann, ist um rund das Doppelte geringer als auf nasser Fahrbahn, und auf einer mit Eis bedeckten Straße bietet sich so gut wie keine Haftung. Im Gefälle leidet die Verzögerung unter einer zusätzlichen Verzugsdauer, hervorgerufen von dem kräftiger als in der Ebene schiebenden Wagengewicht. Sicherheitsabstand ausreichender als sonst üblich einhalten!
Obwohl der Manta von den Hinterrädern angetrieben wird, ist er gut wintertauglich. Die Seitenführungskräfte, die zum Schleudern führen können, werden bei dieser Antriebsart zwar nicht wie beim Frontantrieb abgebaut, jedoch wird die Richtungsstabilität (nicht nur bei Glätte!) durch folgende Faktoren verbessert:

- Gleichartige Bereifung auf allen Rädern
- Richtiger Reifendruck
- Gutgängige Bremsen, richtige Qualität der Bremsbeläge
- Nicht scharf kuppeln oder voll beschleunigen
- Beim Bremsen auskuppeln.

Bedeutung und Nützlichkeit der von Opel ab Werk montierten Reifen sind im Kapitel »Räder und Reifen« besprochen. Hier soll neben der Erwähnung der Eigenschaften dieser Reifen im Winter auch das derzeitige Angebot beleuchtet werden, das von der Industrie speziell als Winterreifen entwickelt wurde.

Gürtelreifen besitzen beschränkte Wintereigenschaften

Opel hat die völlig winteruntauglichen Diagonalreifen für die Manta-B-Modelle glücklicherweise nicht mehr vorgesehen. Gürtelreifen kommen den Anforderungen im Winter um einiges näher. Diese Radialreifen warten auf Schnee mit einer relativ günstigen Griffigkeit auf, die sich durch ihren stabilen Laufgürtel, der die Auflagefläche nicht auf der Fahrbahn walken läßt, erhalten. Freilich ist

eine Mindestprofiltiefe von 4 mm für die Wintertauglichkeit – wie auch bei den anschließend besprochenen Haft-Reifen – erforderlich.
Schwierigkeiten an Steigungen lassen sich mildern, wenn man Unterlegmatten oder Sand zu Hilfe nimmt.
Falls Sie nicht gerade im Hochgebirge wohnen und den Opel zumeist im Stadtverkehr benutzen, müßten Sie den Winter eigentlich ohne spezielle Bereifung überstehen. Recht gute Eigenschaften besitzen die teilweise ab Werk montierten Stahlgürtelreifen Michelin zX, die bei besonnener Fahrweise sogar auf glattgefahrenem Schnee das Ziel erreichen lassen. Meist sind die Straßen danach wieder schnell geräumt.
Hoher lockerer Schnee – so selten solcher überhaupt zu bezwingen sein muß – stellt natürlich erhöhte Anforderungen. Dann kommt es oft nur auf die eigene Fahrkunst an, mit den Gegebenheiten fertig zu werden. Für extreme Fälle, zu denen auch das Bewältigen häufig auftretender »Eisbahnen« zählen mag, hält die Reifenindustrie Alternativen bereit. Man muß sich jedoch darüber im klaren sein: Winterreifen können auch nicht alles.

M + S-Haftreifen

Die früher einmal populär gewesenen M + S-Reifen mit grobstolligem Profil sind von der Entwicklung überholt worden. Mit jenen »Matsch- und Schnee-Reifen« konnte sich das Auto zwar in noch nicht hartgefahrenem Schnee vorarbeiten, aber auf nasser und vereister Straße war man mit ihnen noch schlechter dran als mit Sommerreifen.
Eine merkliche Verbesserung bieten die Haftreifen, die zugleich als Entschädigung für die in Verruf geratenen Spikereifen – über die noch anschließend geschrieben ist – dienen müssen. Ersatz dafür sind sie aber nicht, und verantwortungsvolle Reifenhersteller weisen darauf hin, daß diese M + S-Haftreifen auf Eisglätte nicht die Wirkung zeigen können, wie die seit April 1975 in Deutschland verbotenen Nagelreifen. Trotzdem ist es gelungen, durch hydrophile (wasserfreundliche) Laufflächenmischungen den Fahrbahnkontakt bei Glätte zu verbessern. In dem Temperaturbereich um 0° C allerdings befindet sich auf Eis ein dünner Wasserfilm, der ohne mechanische Hilfen (Sand, Spikes) die an sich schon unfreundliche Eigenart von Eis noch weitaus gefährlicher macht. Hier können auch die neuen Gummimischungen nur wenig ausrichten, sie zeigen aber auf Eis bei Temperaturen unterhalb – 5° C Spurtreue und Haftvermögen. Einige dieser Reifen beweisen ihr Können in lockerem und auf festgefahrenem Schnee. Das verdanken sie ihrer Profilgestaltung, bei der eine grobe Verzahnung der Profilstollen mit relativ breiten Zwischenräumen ihre Eignung für hohen Schnee heraufsetzt und bei Regen die Wasserverdrängung fördert. Zahlreiche lamellenartige Einschnitte dienen dabei der Griffigkeit auf glattgefahrenem Schnee.
Der Dunlop Ice Grip sowie der Firestone Town + Country, die in der gängigen Größe 165 SR 13 zur Verfügung stehen, seien hier als besonders geeignet erwähnt. Sie kommen den Eigenschaften des Manta-Fahrwerks speziell entgegen. Es ist nämlich festgestellt worden, daß Reifen gleicher Hersteller und gleicher Bauart bei verschiedenen Automodellen mit unterschiedlichen Eignungen aufwarten. Das trifft sogar dann zu, wenn man mehrere Reifendimensionen des gleichen Fabrikats gegenüberstellt. Somit ist es nur begrenzt möglich, Empfehlungen für Haftreifen, die sich bei anderen Autos bewährt haben, auf den Manta B auszudehnen.
Der vorgeschriebene Luftdruck muß bei M + S-Haftreifen um 0,3 bar erhöht werden. Schließlich verhalten sich Haftreifen auf trockener Bahn kaum schlechter als übliche Reifen. Das konnte man von Reifen mit Spikes nicht behaupten.

Spikereifen ohne Zukunft?

Wo die Benutzung von Spikereifen weiterhin gestattet ist, etwa in Österreich und in der Schweiz, muß man sich vor deren Anschaffung einige Für und Wider überlegen. Mit ihren spitzen Stacheln krallen sich diese Reifen in das Glatteis und verkürzen hier den Bremsweg erheblich. Auch auf frischem Schnee und in Matsch sind sie brauchbar. Auf trockener und durch Salz aufgetauter Straße verlängern die Spikes den Bremsweg. Die durch ihre Einwirkung hervorgerufenen Straßenschäden und deren Folgen bei Aquaplaning sind bekannt.
Wer Spikereifen benutzt, soll wissen, daß man – wenn schon – vier gleichwertige Reifen montieren muß. Die Fahreigenschaften dieser Reifen weichen beträchtlich von jenen der anderen Reifen ab. Bei nur zwei Reifen mit Spikes ergeben sich auf der Vorder- und Hinterachse völlig verschiedene Brems- und Führungseigenschaften, die in der Praxis kaum beherrschbar sind. Bei den möglicherweise im Ausland benutzten Spikereifen ist ein höherer Luftdruck – etwa 0,2 bar mehr – als bei üblichen Reifen einzuhalten.

Besondere Felgen im Winter

Beim Kauf besonderer Winterreifen ist es praktisch, auch gleich die dazu notwendigen zusätzlichen Felgen zu besorgen. Somit erspart man sich das Ummontieren der Reifen. Ohne Schwierigkeiten lassen sich während des Winters auch die ganzen Räder austauschen, wenn eine wochenlang anhaltende milde Witterungsperiode Schnee und Eis fernhält.
Dieses Auswechseln hat nicht nur bei den teuren Reifen mit Spikes – sofern ihre Benutzung nach 1975 noch erlaubt ist – seine Berechtigung, denn auf Straßen ohne typisch winterliche Bedeckung verschleißen sie nur sinnlos. Wegen der weniger abriebfesten Gummimischung nutzen sich auch die Haftreifen auf trockener oder nur nasser Fahrbahn schneller als Sommerreifen ab.
Die Anschaffung von drei zusätzlichen Felgen genügt bereits, denn als 4. Winterreifenfelge kann ohne weiteres die Felge des Ersatzrades benutzt werden. Da Reifenpannen heutzutage sehr selten sind, kann man als Ersatzreifen einen Winterreifen mit sich führen. Diesen läßt man dann den kurzen Weg bis zur nächsten Tankstelle laufen, was auch im Hochsommer möglich ist.

Reifendruck im Winter

Durch Luftdruckerhöhung von etwa 0,2 bar bei der konventionellen Bereifung wird eine zusätzliche Stabilisierung erreicht. Diese Tatsache sollte man sich im Winter zunutze machen, weil dadurch zugleich die Aufstandsfläche etwas verkleinert wird. Somit wird die Last, die je Quadratzentimeter auf den Boden (auf Schnee und Eis) drückt, erhöht. Die Profilstollen und -kanten können dann besser greifen. Die großen und schmalen Reifen an den alten Autos unserer Väter lieferten den Beweis dafür: Damals gab es weniger Kummer bei winterlichen Fahrten.
Natürlich ist für die Autobahnfahrt im Sommer die empfohlene Luftdruckerhöhung um 0,2 bar in dem eben erteilten Ratschlag schon inbegriffen. Ein Mehr von 0,4 bar im Winter wäre zuviel.

Gleitschutzketten

Alle winterlichen Erscheinungen auf der Straße werden am sichersten von »Schneeketten« gemeistert. Fachlich richtig heißen diese: »Gleitschutzketten«. Nicht nur im verschneiten Hochgebirge beweisen sie ihren größten Effekt, unübertroffen sind sie auch auf Glatteis und verharschtem Schnee.
Gleitschutzketten sind allerdings nicht sehr beliebt, weil sie je nach Straßenzustand auf- und abmontiert werden müssen. Man sollte das im Sommer ruhig einmal üben! Auf trockener oder nur nasser Straße nutzen sich die Kettenglieder sehr schnell ab. Daher kann es nur ratsam sein, die vorgeschriebenen 50 km/h bei montierten Ketten einzuhalten, sonst fliegen rasch die Fetzen. Die Ketten

Gleitschutzketten sollen stets nur auf den angetriebenen Rädern montiert werden. Hier handelt es sich um eine Spurkreuzkette von Erlau in symmetrischer Mittelspurausführung aus gehärtetem Stahl. Die Rundstahl-Kettenglieder sorgen für ausreichende Griffigkeit und Spurhaltung.
Zu Gleitschutzketten gehört als unvermeidbares Hilfsmittel eine Kombizange und eine Rolle besonders zäher Draht. Denn unterwegs passiert es leicht, daß etwa losgerissene Kettenglieder wieder eingehängt oder ersetzt werden müssen. Allerdings gibt es beispielsweise von Erlau Kettenglieder, -haken und -ringe als Ersatzstücke.

müssen zudem stramm sitzend montiert werden, damit sie während der Fahrt nicht im Radkasten anschlagen, andererseits müssen sie auf dem Reifen wandern können, also nicht zu fest spannen.

Es war früher ein guter Tip, sich für Fahrten in schneereiche Gebiete ein komplettes sechstes Rad anzuschaffen und dieses ebenso wie das bereits vorhandene Reserverad daheim in Ruhe mit Ketten zu versehen und mitzunehmen. Statt unterwegs umständlich Ketten zu montieren, wurden nur die Räder der Antriebsachse ausgewechselt.

In den letzten Jahren haben aber die Kettenhersteller praktische und fast narrensichere Montierhilfen entwickelt. Damit ist nun das Kettenauflegen leichter als das Auswechseln von Rädern geworden. Dennoch: Ein probeweises Auflegen der Ketten zu Hause nach der mitgelieferten Anleitung ist zu empfehlen. Im Schnee und mit kalten Fingern geht dann doch alles schwerer und man ist froh, wenn man die Montage schon beherrscht.

Wenn man noch von einem früheren Wagen solche Gleitschutzketten besitzt, die nicht auf die Reifen des gegenwärtigen Autos passen, so kann man sie kürzen oder verlängern lassen. Ebenso nehmen die Hersteller Reparaturen an gebrauchten Ketten vor. Die Lebensdauer der Ketten kann dadurch erhöht werden, daß man sie abwechselnd beidseitig benutzt.

Praktische Hilfen unterwegs

Im Winter braucht man unterwegs manchmal einige der hier genannten Utensilien, die kaum Geld kosten, aber gute Dienste leisten können.

■ Eis-Schaber, um vereiste Scheiben zu reinigen. Er muß aus Kunststoff sein, damit die Scheiben nicht zerkratzt werden. Man kann so ein Ding auch als »Teigschaber« – für die Kuchenteigschüssel – im Haushaltswarengeschäft kaufen.

■ Sandsäckchen, um an vereister Steigung eine Fahrbahn zum Anfahren streuen zu können. Am besten sind dichte Leinen- oder Kunststoffsäckchen mit möglichst scharfem Sand oder feinem Kies.

■ Schneeschaufel, um sich bei stärkerem Schneefall einen Weg bahnen zu können. Damit es ein auch wirklich brauchbares Gerät ist, möglichst eine breite Kohlenschaufel mit kurzem, abnehmbarem Stiel nehmen, damit man sich auch durch eine hohe Schneewehe graben kann. Zur Not kann man Schnee auch mit einer Radkappe wegschaufeln.

■ Anti-Beschlagtuch, mit dem die von innen beschlagene Windschutzscheibe und Heckscheibe abgerieben werden können. Die Imprägnierung, die das Beschlagen etwa für eine Woche verhindert, reicht in dem Tuch für eine Saison. Dann wird das Tuch ausgewaschen und als normales Staubtuch verwendet.
■ Zwei alte Teppichstreifen, jeweils einen halben Meter breit und mindestens 1,5 m lang aus einem alten Teppich oder Kokosläufer. Diese Stücke kann man zum Anfahren unter die Hinterräder legen, wenn es auf Glatteis nicht mehr weitergeht. Wichtig ist, daß an beiden Stücken jeweils eine starke Schnur befestigt ist. Damit wird der Teppichstreifen an die hintere Stoßstange angehängt, bevor man ihn vor den antreibenden Hinterrädern ausbreitet.
■ Sprühdose mit Klarsichtmittel gegen vereiste Windschutz- und Seitenscheiben. Man braucht es nur auf die obere Hälfte der Scheibe zu sprühen, weil es abläuft und dann auch den unteren Teil der Scheibe vom Eis befreit. Noch billiger ist Brennspiritus, den man in einer kleinen Plastikflasche mitführt.

Start bei strenger Kälte

Die Manta-Motoren springen auch bei Kälte zuverlässig an, egal, wie tief das Thermometer gesunken ist. Wenn aber Feuchtigkeit (Nebel) mit im Spiel ist, kann es zu Schwierigkeiten kommen, falls sich die Teile der Zündanlage in einem vernachlässigten Zustand befinden. Dann hilft nur sorgfältiges Trockenwischen der Zündleitungen und der Innenseite des Verteilerdeckels und das Einsprühen der offenliegenden Teile der Zündanlage mit Kontaktspray. Allein die serienmäßige Schutzkappe über dem Zündverteiler bietet schon einen sehr guten Schutz.
Allgemein sind bei Kälte folgende Ratschläge zu befolgen:
■ Falls Schaltgetriebe, Kupplungspedal treten (steifes Getriebeöl bremst).
■ Sprühflaschen (z. B. Startpilot) aus dem Zubehörhandel mit besonders leicht vergasbarem Anlaßstoff besorgen. Dieser wird – möglichst von zweiter Person – beim Anlassen in den Vergaserstutzen gespritzt (Luftfilterdeckel abnehmen). Auch Feuerzeugbenzin vergast sehr gut.
■ Um sorgfältige Vergasereinstellung bemüht sein.
■ Zündkerzen-Elektrodenabstand muß stimmen. Es kann helfen, die Kerzen herauszuschrauben und an Flamme oder Ofen zu erwärmen.
■ Zündleitungen, Zündspule und Verteiler peinlich sauber halten. Weißliche Schicht von Streusalz ist elektrisch leitend. Abwaschen und gut trocknen.
■ Batterie in beheiztem Raum aufbewahren und erst zum Start einsetzen.

Dünneres Motoröl bei Frost

Opfel empfiehlt allgemein für normalen Winterbetrieb HD-Öl SAE 20 W-20 und bei länger anhaltenden Temperaturen um – 20° C das Mehrbereichs-HD-Öl 5 W-30. Wer aus Kostengründen Einbereichsöl vorzieht, kann dafür das Öl SAE 10 W einfüllen. Diese Öle sollen der API-Norm SE oder CC entsprechen (siehe Seite 65). Das Öl 10 W ist im Opel freilich nicht für hohe Dauergeschwindigkeiten geeignet, weil es möglich ist, daß dessen Schmierfähigkeit durch die dann starke Beanspruchung aussetzt.
Dünneres Öl erleichtert das Anlassen und hat bei Kälte eine sofort einsetzende, bessere Schmierwirkung. Im Winter wird das Motoröl stark beansprucht, vor allem bei vielen Stadtfahrten. Man sollte dann rechtzeitig im Frühjahr einen Ölwechsel vornehmen. Im Kapitel »Schmieren – was und wie« können Sie mehr darüber erfahren.

Schutz für die Wagenunterseite

Um die Straßen eisfrei zu halten, greift man zum Streusalz. Die für den Augenblick erfreulich erscheinende Wirkung der Auftaumittel erweist sich für den Bauch der Autos auf die Dauer recht unerfreulich: Natriumsalze, bei tieferen

Temperaturen auch nötige Magnesiumflocken oder Kalzium, greifen ungeschütztes Blech an und beginnen ein höchst vernichtendes Werk. Auch angetrocknet schlummern ihre Kräfte nur, denn das nächste Spritzwasser mobilisiert die begonnene Korrosion erneut. Die Folge sind Durchrostungen, auch an für die Verkehrssicherheit wichtigen Stellen.
Gefährlich ist der Rost, der unentdeckt frißt, nämlich an unzugänglichen Stellen oder in Hohlräumen. Rechts am Wagen haben solche Rostnester die größere Chance zu entstehen, weil rechts der Straßenrand oft etwas abfällt und das Kondenswasser im Wagen entsprechend zu dieser Seite läuft. Manche Partien in modernen Autos lassen sich in der Herstellung nicht lackieren und nachträglich nur bedingt schützen, und wenn es sich dabei um Teile mit tragender Funktion handelt, ist ihre sorgfältige Behandlung besonders geboten. Wenn erst einmal Rost von innen nach außen durchgedrungen ist, hilft keine noch so große Anstrengung mehr zur Beseitigung der angerichteten Zerstörung.

Serienmäßiger Unterbodenschutz

Opel verwendet zur Verhinderung von Rost an gefährdeten Stellen der Autos verzinkte Blechteile. Als Schutz für den Unterboden erfolgt eine Behandlung des Unterbaus mit einer Schutzschicht auf Bitumen-Kautschuk-Basis im Schleuderbereich der Räder, die als einmalige Vorkehrung gedacht ist, also während des gesamten Autolebens halten soll. Die übrigen unteren Partien des Opels erhalten eine weit weniger ausdauernde Wachsschicht.
Den Unterboden sollte man vor dem nächsten Winter erneut behandeln. Dieser Opel-Empfehlung können wir hier nur beipflichten. Solch ein Saison-Unterbodenschutz reicht jedoch höchstens für einige Monate und kostet etwa 40 DM. Wenn Sie Ihren Wagen länger als 2 Jahre behalten wollen, wird diese Methode allerdings ziemlich teuer. Man kann aber auch den Unterbodenschutz regelmäßig kontrollieren und selbst nachbessern. Im Handel gibt es Sprühflaschen (Tectyl von Valvoline, Terotex von Teroson, Bostik M + S), die freilich relativ teuer (400–600 ccm rund 6 Mark) und nur zum Ausbessern gedacht sind. Es lohnt sich nicht, die ganze Unterseite des Opels damit zu behandeln.
Unterbodenschutzmittel in Sprühdosen enthalten allerdings Lösungsmittel, die den noch vorhandenen Schutz angreifen können. Deshalb nimmt man zum Nacharbeiten besser einen Unterbodenschutz zum Streichen (z. B. Terotex P) oder man läßt die Ausbesserung mit Kompressor und Sprühpistole vornehmen (z. B. Terotex hell).

Unterbodenschutz ausbessern

Wenn Sie einen Gebrauchtwagen erworben haben oder die eben erwähnten Arbeiten nicht in einer Werkstatt ausführen lassen möchten, müssen Sie den Unterbodenschutz vor dem Winter auf Beschädigungen untersuchen und gegebenenfalls nachbehandeln. Der TÜV handelt gnadenlos, wenn der Rost das Blech papierdünn werden ließ und Fahrzeugteile mit ehemals tragender Aufgabe nur noch von der danebenliegenden Metallumgebung festgehalten werden.
Wenn Ihr Wagen einen Vorbesitzer hatte, der sich nicht um die Rostvorsorge gekümmert hat, sollten Sie als erstes überlegen, wie lange Sie den Wagen behalten wollen. Sonst geben Sie Ihr Geld womöglich für den Nachbesitzer aus. (Der Einwand, ein Wagen mit Unterbodenschutz verkauft sich besser, gilt nicht, denn ein Käufer könnte auch vermuten, daß nur Rostschäden verdeckt werden sollen.) Ob sich Unterbodenschutz bei einem gebrauchten Auto überhaupt lohnt anzubringen, kann im Zweifelsfall nur eine qualifizierte Werkstatt feststellen.
Zur Auswahl stehen drei Arten von Unterbodenschutz: Saisonschutz, Langzeitschutz, Dauerschutz. Die beiden erstgenannten kommen in Frage, wenn Sie Ihren Wagen nach ein bis zwei Jahren verkaufen wollen. Der Saisonschutz hält,

wie sein Name sagt, höchstens eine Saison, womit die Wintersaison gemeint ist. Unter Umständen genügt schon eine Fahrt auf frisch mit Splitt gestreuter Straße, um den Schutz zu durchlöchern. Dann muß der Saisonschutz an den hart strapazierten Stellen nachgebessert werden. Die Summe solcher regelmäßigen Aufwendungen ist kaum billiger als ein Langzeitschutz. Dieser überdauert im Durchschnitt zwei Winter, wenn auch er gelegentlich ausgebessert werden muß. Allerdings muß vorher der Unterboden sauber entrostet und entfettet sein, sonst haftet der Bitumenschutz nicht. Bei einer stark verschmutzten Unterseite kommen also noch die Kosten für die Reinigung hinzu.

Dauerschutz wird mehrere Millimeter dick aufgesprüht und wirkt zugleich als Antidröhnmasse, er hängt dem Fahrgestell aber ein zusätzliches Gewicht von rund 15 kg an. Diese Behandlung kostet für den Opel etwa 200 Mark. Von Kontrollen nach der Winterperiode und eventuellen Nachbesserungen abgesehen, sind Sie dann aller weiteren Sorgen enthoben. Ein fachlich richtig angebrachter Dauerschutz ist billiger als ständiges Nachsprühen und hält etwa 5 Jahre.

Beim Auftragen jeglichen Unterbodenschutzes müssen Bremsanlage (Leitungen, Radbremsen), Lenkungsteile, Motor, Getriebe und Hinterachse abgedeckt werden. Nach dem Einsprühen ist sofort die Wirkung der Bremsen zu überprüfen und festzustellen, ob Sprühdunst auf die Bremsscheiben oder in die Bremstrommeln geraten ist. Bei mangelhafter Bremswirkung kann man versuchen, die normale Bremskraft wieder zu erreichen, indem man mit betätigten Bremsen und wenig Gas solange »schleicht«. (Das sollte man aber nicht auf öffentlicher Straße tun.) Ist dieses Experiment erfolglos, müssen die Bremsbeläge erneuert werden.

Zur Bearbeitung mit dem Konservierungsmittel darf das Auto nicht eiskalt durchgefroren sein. Man bringt es am besten am Abend vor dem Auftragen in die geheizte Werkhalle.

Nachkur der Hohlraumversiegelung

Auch die werksseitig versiegelten Hohlräume sollen alle zwei Jahre erneut konserviert werden, sonst kann der beste Unterbodenschutz den von innen auftretenden Rostfraß nicht verhindern. Kondenswasser und in die Hohlräume der Karosserie eingedrungenes Spritzwasser sammelt sich mit Vorliebe in bereits vorhandenen Schmutzdeponien. Solche »Rostnester« zeigen ihre unliebsamen Auswirkungen eines Tages in Form der vorher erwähnten Durchrostungen.

Bei einem älteren, wenig gepflegten Wagen hat eine erneute Hohlraumversiegelung selbstverständlich kaum noch Zweck: Das Rostverhütungsmittel würde sich nur auf den bereits vorhandenen Rostansätzen ausbreiten und könnte nicht verhindern, daß die Korrosion weiterdringt.

Wie im Abschnitt »Start bei strenger Kälte« bereits erwähnt, können Streusalzrückstände im Motorraum die Zündanlage verwirren und deren gute Funktion stören. Nach einer Fahrt über »gesalzene« Winterstraßen sieht es im Motorraum aber leider so aus wie hier gezeigt. Mit warmem Wasser läßt sich diese Verschmutzung entfernen.

Vom Selbermachen müssen wir abraten, denn außer entsprechenden Kenntnissen braucht man einen starken Kompressor und einen genauen Hohlraumkonservierungsplan. Suchen Sie deshalb einen Spezialbetrieb, der für seine Hohlraumkonservierung einen guten Ruf hat. Meist sind dies Lackier- oder Karosseriewerkstätten. Die Hohlraumversiegelung kostet für Ihren Opel zwischen 200 und 250 Mark. Allzu billige Angebote sind nicht empfehlenswert. Sprühpistole und Bohrmaschine genügen nicht, diese Arbeit fachgerecht auszuführen. Bekannte Firmen wie Dinol, Pingo, Teroson und Valvoline führen Hohlraumversiegelungen für gängige Autos in ihrem Programm. Eine Sonde mit Spreizlamellen, wie sie Teroson entwickelt hat, hält die Sprühdüse in den Hohlräumen in ausreichendem Abstand und ermöglicht eine gleichmäßigere Beschichtung.

Fingerzeige: *Die Gummileisten um die Türen reibt man intensiv mit Glyzerin oder man sprüht sie mit einem isolierenden Mittel wie »Türgummischutz« von Pingo ein. Dann können sie nicht einfrieren. Festgefrorene und aufgerissene Dichtleisten müssen in der Regel ersetzt werden.*
Das eingefrorene Türschloß öffnet man mit dem erhitzten Schlüssel, dessen Spitze über die Flamme des Feuerzeugs gehalten wurde. Das Festfrieren der Türschlösser verhindert Frostschutzmittel, das man an einem dünnen Draht hineinlaufen läßt, wenn man keine alte Injektionsspritze vom Hausarzt hat. Gleiche Dienste leistet Knochenöl, das die Sperren des Schlosses nicht verklebt. Bei der winterlichen Wagenwäsche überdeckt man das Schloß mit einem Streifen Tesa-Film.

Maßnahmen bei Stillegung

War es früher der Winter, der manchen Wagenbesitzer zum Stillegen seines Autos veranlaßte, sind heute eher Militärdienst oder Führerscheinentzug die Ursache, daß das Auto »eingemottet« und für einige Monate stillgelegt werden soll. Um den Fahrzeugzustand für die Dauer dieser Zwangspause zu erhalten, muß man die Betriebsbereitschaft des Wagens auf nachstehende Weise erhalten:

- Öl wechseln, Tank und Kühler ganz füllen.
- Motor warmlaufen lassen. Etwas Korrosionsschutzöl oder Petroleum in Vergaserstutzen sprühen oder in Kerzenlöcher gießen und Motor ohne Zündung (Verteilerkappe abnehmen) mit Anlasser durchdrehen.
- Motor (mit in Öl getränktem Lappen) luftdicht verschließen: Ansaugöffnung (Vergaserstutzten), Auspuff.
- Handbremse nicht anziehen. Kappe des Bremsflüssigkeitsbehälters mit Klebeband abdichten, da Bremsflüssigkeit wasseranziehend ist.
- Batterie ausbauen. Möglichst alle 4 Wochen aufladen lassen oder dorthin verleihen, wo sie benutzt wird.
- Schlösser mit Gefrierschutzmittel einspritzen.
- Scheibenwischerblätter aushängen.
- Blanke Teile mit Vaseline oder anderem säurefreiem Fett einreiben.
- Reifendruck regelmäßig kontrollieren (lassen).
- Alle 2 Monate Wagen bei eingelegtem großen Gang wenigstens 50 cm vom alten Platz wegschieben, um einseitige Reifenbelastung und Dauerbelastung einzelner Ventilfedern zu vermeiden.
- Bei Stillstand über 6 Monate Wagen hochbocken. Frei hängende Antriebsräder bei eingelegtem Gang gelegentlich gleichzeitig etwas drehen, damit einzelne Ventilfedern regelmäßig entlastet werden.
- Abstellplatz soll trocken sein und muß gelegentlich gelüftet werden. Heizung ist nicht erforderlich. Wagenfenster handbreit geöffnet lassen.

Terminpflege

Wenn das Kalenderblatt nicht rechtzeitig abgerissen wird, kann es oft zu unliebsamen Irrtümern oder zu weiteren folgenschweren Versäumnissen kommen. Täglich trifft man auf irgendwelche »Wartungen« – Vorkehrungen, damit dies und jenes seinen geplanten Gang nimmt. Somit ist es nur selbstverständlich, daß besonders die Funktion von technischen Gerätschaften, auf die man sich verlassen muß, regelmäßig überprüft wird.

Vorbeugen ist besser als heilen

Die hier am Rande vermerkte Weisheit gilt auch für das Automobil. Die Überprüfungen zur Einsatzbereitschaft des Wagens, die sich aus Funktionskontrollen sowie aus Pflege- und Einstellarbeiten zusammensetzen, sind Beiträge zur Fahrsicherheit und zum Werterhalt Ihres Autos. Folgt man den einzelnen Arbeitsanweisungen mit Sorgfalt, braucht man sich um den verkehrssicheren Zustand seines Autos keine weiteren Sorgen zu machen. Niemand ist aber gezwungen, deswegen festgelegte Termine einzuhalten. Andererseits bewahrt die Einhaltung der vom Werk festgelegten Intervalle eventuelle Ansprüche gegen den Hersteller.
Wie jedes Automobilwerk, hat Opel für seine Autos einen Fahrplan entwickelt, der im Kundendienst-Scheckheft zu Ihrem Wagen enthalten ist. Opel gehörte zu den ersten Autoherstellern, die dieses Scheckheftsystem einführten, um den Kunden in regelmäßigen Kontakt mit der Werkstatt zu bringen.
Auf der Rückseite des jeweiligen »Schecks« sind allerdings die einzelnen Arbeiten nur stichwortartig vermerkt, weil es sich dabei um Anhaltspunkte für die zu erledigenden Arbeiten in der Opelwerkstatt handelt. Diese Aufstellungen weisen in einigen Punkten auch auf Inspektionen hin, die einen anderen Opel-Typ betreffen und bei Ihrem Wagen nicht vorgenommen werden müssen. In anderen, wenigen Punkten sind mehrere Arbeiten versteckt, die wir an den betreffenden Stellen dieses Buches getrennt erläutern.
Bei näherem Blick auf die nachfolgende Pflegeliste werden Sie feststellen, daß viele Dinge mit wenigen Handgriffen zu erledigen sind. Bei etwas routinierter Beziehung zwischen Ihnen und dem Wagen können manche Punkte sogar während des Fahrens ausgeführt werden. In den einzelnen Kapiteln wird daneben noch verständlich erklärt, was über die Pflegearbeiten hinaus an dem Opel getan werden soll. Besondere Anforderungen ergeben sich dabei im Winter, unter dem die Autos am meisten leiden. Bei allen Wartungen gilt es den Zweck der Vorsorge zu erfüllen.

Das Inspektions-System

Die ersten Manta-B-Modelle wurden noch von einem Inspektionsprogramm begleitet, das nach der – auch heute ausgeübten Ablieferungsdurchsicht und kostenlosen 1000-km-Inspektionen – bei km-Stand 5000 eine Sicherheitsinspektion vorsah. Es folgten ab dem folgenden km-Stand 10 000 teils sich überschneidende Wartungsarbeiten.

Im Frühjahr 1976 wurde das Programm zum »Opel-Inspektionssystem '76« verfeinert, bei dem statt der Kilometerintervalle nun Zeitintervalle in den Vordergrund rücken. Das kommt den Wenigfahrern zugute. Fahrern mit hohen Kilometerleistungen wird – wie bislang – für alle 10 000 km eine Inspektion empfohlen. In jedem Fall sollen auf diese Weise zwei Inspektionen pro Jahr vorgenommen werden, wobei zugleich der Arbeitsaufwand gegen früher um 25 Prozent verringert ist.
Das Kundendienst-Scheckheft enthält ab 1976 wechselweise einen roten Scheck für die Sicherheitsinspektion und einen grünen für die Jahresinspektion. Jede Kontrolle soll spätestens 10 000 km nach der vorangegangenen erfolgen.
Wir haben nachfolgend einen Pflegedienstplan aufgestellt, der sich an die von Opel aufgestellten Richtlinien anlehnt, zugleich aber die im neuen System genannten Intervalle nicht berücksichtigt, wenn es sich um wichtige Überprüfungen handelt, die der Fahrer auch gemäß der Betriebsanleitung in kürzeren Abständen als erst nach jeweils 10 000 km vornehmen soll. Das bezieht sich auf die in unserem Pflegeplan mit den Nummern 1, 2, 4, 5 und 6 versehenen Kontrollen.
Die Wartungsarbeiten bei km-Stand 1000 haben wir in unserem Pflegeplan nicht aufgeführt, denn diese Inspektion sollte man – wie auch die übrigen Inspektionen im ersten Betriebsjahr – der Opel-Werkstatt überlassen. Eine der wichtigsten Gewährleistungsbedingungen ist sonst nicht erfüllt, wenn Garantieansprüche gestellt werden müssen. Bei fast jedem neuen Wagen ist dann noch dieses oder jenes zu beanstanden und von der Werkstatt beheben zu lassen.

Was kann man selber machen?

Vor jeder einzelnen Wartungsarbeit unserer Liste finden Sie einen oder mehrere Kennbuchstaben (S, T oder W), die Ihnen andeuten sollen, was Sie selbst machen können, was die Tankstelle erledigen kann und was der Werkstatt überlassen bleiben soll. Im einzelnen erläutert:

S = Selbst machen. Das sind Arbeiten, die man ohne Fachkenntnisse und besonderes Werkzeug selbst ausführen kann, nachdem man den entsprechenden Abschnitt dieses Buches gelesen hat.

S/T = Selbst machen oder Tankstelle. Auch hier sind keine besonderen Fachkenntnisse notwendig, aber vielleicht fehlt das entsprechende Gerät zur Ausübung dieser Arbeit. Die Tankstelle besitzt es.

S/W = Selbst machen oder Werkstatt. In diesen Fällen sind neben einfachen Fachkenntnissen etwas Geschick, Einfühlungsvermögen und zusätzliches, aber kein aufwendiges Werkzeug Voraussetzung.

T = Tankstelle. Der sparsame Mann überläßt diese Arbeit am besten der Tankstelle, obgleich er sie auch selbst ausführen könnte. Er spart dabei Zeit und Mühe, denn der Warenpreis, der bei dieser Arbeit entsteht, ist gleich, einerlei, ob man die Ware – in der Regel das Öl – selbst verarbeitet oder von der Tankstelle verarbeiten läßt.

W = Werkstatt. Diese Arbeit erfordert spezielle Fachkenntnisse sowie teure Meß- und Arbeitsgeräte, die nur die Fachwerkstatt besitzt.

Mit den aufgeführten Arbeiten ist jeder Opel-Dienst vertraut. Einzelne Arbeiten, die man nicht selber machen will, werden jedoch an einer guten Tankstelle oft schneller (auch samstags) ausgeführt, als dies in Werkstätten manchmal möglich ist. Es gibt allerdings auch einige Pflege- und Inspektionsdienste, die nur mit »W« gekennzeichnet sind. Sie bleiben »übrig«, wenn man selber pflegt oder die Tankstelle einige Wartungen übernehmen läßt. Man braucht sich keineswegs zu scheuen, seiner Werkstatt nur diese Arbeiten gesondert in Auftrag zu geben. Das ist immer noch billiger als ein kompletter Inspektionsdienst.

Wie man sieht, ist es kinderleicht, den Manta mit dem Bordwagenheber hochzuwinden. Zuvor sollte man jedoch einen kleinen Gang einlegen und die Räder der gegenüberliegenden Wagenseite mit Steinen sichern. Wenn man vorhat, sich unter das Auto zu begeben, muß man unter die angehobene Wagenseite unbedingt noch Böcke zur Sicherung stellen. Ohne einen solchen Schutz begibt man sich sonst in Lebensgefahr

Ihre Werkstatt wird es schnell herausbringen, wenn Sie mit einem stets gut gepflegten Wagen aufkreuzen und nur vereinzelte Aufträge erteilen, die Sie offensichtlich nicht selbst ausführen können. Man wird Ihre Haltung respektieren und Sie nach dem guten Zustand Ihres Opels einschätzen.

Was muß wann und wo gemacht werden?

			Seite
		Pflegearbeiten alle 500 km	
1.	S	Motorölstand kontrollieren	61
		alle 1000 km oder wöchentlich	
2.	S	Reifendruck messen	162
		bei km-Stand 10 000	
3.	S	Vergaserbefestigung prüfen	106
		alle 10 000 km	
4.	S	Batteriesäurestand kontrollieren	167
5.	S	Kühlmittelstand kontrollieren	90
6.	S	Bremsflüssigkeitsstand kontrollieren	145
7.	S T	Motoröl wechseln	62
8.	S T	Ölfilterelement erneuern	63
9.	S W	Getriebeölstand kontrollieren	68
10.	S W	Hinterachsölstand kontrollieren	69
11.	S W	Bremsanlage auf Dichtheit prüfen	146
12.	S W	Bremsleitungen und -schläuche prüfen	146
13.	S W	Belagstärke der Scheibenbremsen prüfen	149
14.	S W	Handbremseinstellung prüfen	155
15.	S W	Fuß- und Handbremse auf Wirkung prüfen	144
16.	S	Reifenzustand prüfen	162
17.	S	Radmuttern auf festen Sitz prüfen	161
18.	S	Funktion aller Leuchten prüfen	202
19.	S W	Scheinwerfereinstellung überprüfen	204
20.	S	Funktion des Scheibenwischers prüfen	218
21.	S	Funktion der Scheibenwaschanlage prüfen	221
22.	S	Motorhaubenschloß überprüfen	36
23.	S W	Probefahrt	10

			bei km-Stand 10000 und 20000, dann alle 20000 km	
24.	S		Keilriemenspannung prüfen	180
25.	S	W	Ventilspiel prüfen	80
26.	S	W	Leerlauf überprüfen	86 und 107; 121
27.		W	Abgaskontrolle	111; 121
28.		W	Vorspur nachmessen	138
29.		W	Unwucht der Vorderräder überprüfen	165
			alle 20000 km	
30.	S		Zündkerzen überprüfen	195
31.	S	W	Unterbrecherkontakte nachstellen	189
32.	S	W	Zündzeitpunkt überprüfen	191
33.	S		Kraftstoffanlage überprüfen	98 und 113
34.	S		Dichtheit des Kühlsystems überprüfen	91
35.	S		Heizerventil und Gasgestänge prüfen und ölen	70
36.	S		Schläuche und Schlauchverbindungen prüfen	90
37.	S	T	Auspuffanlage untersuchen	88
38.	S	W	Kupplungspedalspiel messen (nur Motor 12 und 12 S)	128
39.		W	Stoßdämpfer prüfen	140
40.	S	W	Belagstärke der Trommelbremsen prüfen	152
41.	S	W	Zustand des Handbremsseils überprüfen	155
42.	S	T	Gummibeläge des Lenkgetriebes überprüfen	143
43.		W	Traggelenkspiel prüfen	137
44.	S		Scharniere und Schlösser ölen	70
			alle 40000 km	
45.	S		Papierelement des Luftfilters wechseln	112; 121
46.		W	Ölwechsel mit automatischem Getriebe	69
47.	S	W	Kraftstoffilter wechseln (nur Motor 19 E bzw. 20 E)	122
			einmal jährlich	
48.		W	Bremsflüssigkeit wechseln	146

Der Pflegeplatz

Mittlerweile haben Sie vielleicht den Entschluß gefaßt, die Pflege Ihres Opels soweit wie möglich selbst in die Hand zu nehmen. Nun bleibt noch die Frage, wo man diese Veranstaltungen abhalten will. Eine Garage bietet sich wegen der darin meist ungenügenden Raumverhältnisse nicht oder nur bei ungünstiger Witterung als Arbeitsplatz an. Wegen des besseren Lichts ist ein Arbeitsplatz im Freien vorzuziehen, doch nicht jeder Fleck unter dem blauen Himmel erweist sich als brauchbar. Auf dem Rasen hat man wenig Freude: Die versehentlich herabgefallene Schraube bleibt verschwunden. Ähnlich ungeeignet ist die Nähe eines Wasserablaufs: Wie mit Zauberkraft zieht dieser metallene Kleinteile an. Gekiester Boden auf festem Untergrund ist schon eher in die Wahl zu ziehen, wenn vorher der Kies mit einem Drahtbesen geglättet wurde. Am besten ist natürlich ein ebener Zement- oder Asphaltboden.

Absolut festen Boden unter den Füßen zu haben ist besonders dann wichtig, wenn Sie an die Unterseite Ihres Opel heran wollen. Dann müssen Sie das Auto hochwinden und möglicherweise unterbauen. Hüten Sie sich davor, unter ein Auto zu kriechen, das nur vom Wagenheber hochgehalten wird! Der Wagenheber kann abgleiten oder umknicken. Das ist lebensgefährlich für den, der unter dem Auto liegt. Es ist also erforderlich, Böcke als Fangstützen unter dem Wagen zu plazieren. Das geschieht vorne am besten unter dem Profilachskörper und hinten unter dem Differentialgehäuse, wo man zum Schutz gegen Beschädigungen noch ein Holzbrett zwischen Stütze und Hinterachse schiebt.

Auf die Probe stellen

Die nach den Richtlinien des Opel-Kundendienstes vermittelten Arbeitsempfehlungen im vorangegangenen Kapitel bilden gewissermaßen die Stütze dieses Buches. Völlig unproblematische Kontrolldienste und Pflegearbeiten sind dabei mit »S« bezeichnet, was »Selbst machen« bedeutet und weder Fachkenntnisse noch spezielles Werkzeug erfordert. Mit diesen Arbeiten entlasten Sie Ihre Werkstatt für echte Reparaturarbeiten und ersparen sich selbst manche Mark. Außerdem gewinnen Sie zugleich ein sicheres Bild über den Zustand Ihres Autos.
Wie bereits angesprochen, hängt die Betriebssicherheit des Wagens aber auch von Kontrollen ab, die keinem Zeitplan unterworfen sind. Solche Überwachungen gehören zum Autobetrieb wie der tägliche Blick in den Briefkasten daheim und verursachen keinerlei Mühe, allenfalls der folgende Punkt 6 ist mit einigen Umständen verbunden. Der Griff nach dem Ölpeilstab ist ebensowenig als Arbeit zu bezeichnen wie das Abziehen der Batteriestopfen. Auch die Lichtanlage überwacht man unabhängig von der 10 000-km-Vorschrift, und den Reifendruck mißt man nicht auf »Befehl« der Betriebsanleitung, sondern vor allem, wenn es die Umstände erfordern.
Langjähriger Umgang mit Autos kann es vergessen lassen, daß man solche Kontrollen noch aufmerksamer durchführen soll, wenn man wenig fährt. Seltener Fahrbetrieb – etwa im Winter – erfordert erhöhte Aufmerksamkeit. Wer rastet – rostet. Das trifft auch für Ihr Auto zu.
Dieser kleine Wartungsdienst ist nachfolgend in Stichworten zusammengefaßt. Einzelheiten zu den verschiedenen Maßnahmen und das »Warum« sind auf jenen Seiten erklärt, die bei den betreffenden Kontrollen angegeben sind.

1. Motorölstand kontrollieren

Der Ölpeilstab befindet sich am Motor links vor dem Anlasser. Besitzt ringartigen Griff. Ölstand nur ermitteln, wenn Motor mindestens einige Minuten stillstand, sonst zu geringe Anzeige, weil noch Öl im Schmierungskreislauf.
Peilstab ganz herausziehen, mit sauberem Tuch (auch Papiertaschentuch, nicht Putzwolle oder faseriges Material) abwischen. Stab wieder bis zum Anschlag in Motor stecken und erneut herausziehen. Öl muß Peilstabspitze mindestens bis zum unteren Querstrich benetzen (siehe Seite 61).

2. Kühlflüssigkeitsstand kontrollieren

Das Kühlwasser durchfließt Motor, Heizanlage und Kühler. Der Flüssigkeitsspiegel soll bei kaltem Motor etwa 5 cm unter der Oberkante des Kühlereinfüllstutzens stehen. Andernfalls möglichst kalkarmes Wasser nachfüllen. Bei heißem Motor dabei den Motor laufen lassen und nur langsam eingießen. Nähere Hinweise auf Seite 90.

3. Keilriemenspannung prüfen

Der Keilriemen muß sich in der Mitte zwischen den beiden oberen Riemenscheiben bei mäßigem Daumendruck um etwa 10–15 mm durchdrücken lassen. Lokkerer Keilriemen rutscht, wird heiß und verschleißt bald. Zudem ungenügender Betrieb der Lichtmaschine. Zu strammer Keilriemen belastet Lichtmaschinenlager, erhöhte Abnutzung. Spannen des Keilriemens siehe Abschnitt »Keilriemenprobleme« Seite 179.

4. Säurestand der Batterie prüfen

Die 12-Volt-Batterie sitzt im Motorraum hinten rechts. Verschlußleisten (oder -stopfen) herausziehen. Inwendig müssen alle Zellen von Batteriesäure bedeckt sein. Andernfalls ergibt sich Leistungsschwund und vorzeitige Alterung. Wie auf Seite 167 beschrieben, nur destilliertes Wasser (kein Leitungswasser, keine Batteriesäure) nachfüllen. Säurestand bei entsprechender Batterie von außen erkennbar, bei nicht durchsichtiger Batterie ist Soll-Stand der Säure von ca. 10 mm über Zellenplatten mit schmalem Pappstreifen leicht nachmeßbar. Nicht mit Metall (Werkzeug) nachmessen, Kurzschlußgefahr.

5. Bremsflüssigkeitsstandkontrollieren

Der Bremsflüssigkeitsbehälter befindet sich im Motorraum links. Die Prüfung ist öfter als alle 10 000 km vorzunehmen. Durchscheinendes Material des Behälters ermöglicht den Inhalt zu erkennen. Flüssigkeitsspiegel soll die Marke »MAX« nicht überschreiten und darf nicht unter »MIN« absinken. Nur spezielle Bremsflüssigkeit nachfüllen, niemals Öl. Beachte Seite 145.

6. Zustand der Bremsleitungen prüfen

Fehlt auffällig viel Bremsflüssigkeit, den Zustand der Bremsleitungen besonders sorgfältig prüfen, irgendwo muß sie ausgetreten sein. Auto hochbocken oder über Pflegegrube fahren. Bremsleitungen und -schläuche müssen trocken und dürfen nicht aufgequollen sein. Vergleiche Seite 146. Schwarzer Schmutz deutet auf Undichtigkeit, auch feuchtdunkle Stellen an der Bremstrommel. Radbremszylinder undicht? Anschlußstellen nicht mit Schraubenschlüssel nachziehen (Verdrehen der Leitung), bald Werkstatt aufsuchen. Scheuerstellen (durch Schneeketten)?
Kein Benzin, Petroleum, Dieselkraftstoff oder Fett und keine Farbe an die Bremsschläuche bringen. Beim Einsprühen Fahrwerkteile abdecken.

7. Reifenluftdruck nachmessen

Nachprüfung etwa einmal pro Woche. Nur am kalten Reifen Luftdruck messen, da während zügiger Fahrt der Druck sich durch Erwärmung erhöht. Diesen gesteigerten Luftdruck nicht ablassen, da für Fahrbetrieb bereits einkalkuliert. Für Ihren Wagen zutreffender richtiger Luftdruck ist der Tabelle auf Seite 227 zu entnehmen. Für flotte Autobahnfahrt die Werte um 0,2 bar erhöhen.

8. Scheibenwaschbehälter nachfüllen

Der Vorratsbehälter der Scheibenwaschanlage hängt im Motorraum hinten links. Inhalt im Winter frostgefährdet. Aber bei Matsch ist Scheibenwascher wichtig (bis – 15° C wirken Auftausalze). Geeignete Frostschutzmischungen siehe »Winterschutz«-Kapitel Seite 47. Mischung vor Einfüllen gut durchschütteln, sonst friert Wasseranteil trotzdem. Im Sommer empfiehlt sich Beimischung von Reinigungsmittel gegen Dieselqualm.

9. Lichtanlage prüfen

Eigentlich sollte man vor jeder Fahrt prüfen, ob alle Lampen funktionieren: Scheinwerfer-Fernlicht, -Abblendlicht, -Standlicht; Rücklichter, Bremslichter, hintere Kennzeichenbeleuchtung, Blinker, Lichthupe. Am besten: Helfer geht um Wagen, während Lampen nacheinander geschaltet werden. Andernfalls: Widerschein der Lampen auf heller (Garagen-)Wand kontrollieren. Bei Störung: Stichwortverzeichnis dieses Buches gibt Seite an, wo Fehlerbeseitigung beschrieben ist.

Ein bißchen schlüpfrig

Teile, die sich bewegen und zugleich berühren, reiben gegeneinander und erzeugen dadurch Widerstand, Wärme und Verschleiß. Derartige Kraftverschwendungen vermeiden Öle und Fette, die sich allen Bewegungen und den vorhandenen Oberflächen anpassen. Die Entscheidung, ob Öl oder Fett geeigneter ist, hängt von der Geschwindigkeit der gleitenden Teile und von den auftretenden Temperaturen und Drücken ab. Ferner sind äußere Einwirkungen (Wasser, Schmutz) zu berücksichtigen und eventuell notwendige Kühlung heiß werdender Teile, Abdichtung gegen Gase, Beseitigung von Abriebteilen und Verbrennungsrückständen.
Hunderterlei Sorten von Fetten und Ölen sind auf unterschiedliche Aufgaben abgestimmt. Welche Schmiere die besten Voraussetzungen für die einzelnen beweglichen Teile und Stellen im Manta am vorteilhaftesten schafft, das vermittelt dieses Kapitel.

Motorölstand kontrollieren

Pflegearbeit Nr. 1

Alle 500 km nachzukontrollieren, ob noch genügend Öl im Motor enthalten ist – das erscheint manchen Leuten unnötig. Zumal wenn sie noch vom letztenmal zu wissen glauben, daß am Ölpeilstab »voll« abzulesen war.
Tun Sie es trotzdem! Irgendwo kann inzwischen eine undichte Stelle am Motor entstanden sein (z. B. durch nachlässig eingedrehte Ölablaßschraube oder durch nicht richtig eingedrückten Ölpeilstab), die den lebenswichtigen Saft langsam entweichen läßt. Dann haben Sie das Nachsehen. Natürlich sind diese Beispiele die Ausnahme, aber eine bewährte Regel sagt: »Vertrauen ist gut – Kontrolle ist besser.«
Morgens vor dem Start ist die genaueste Kontrolle möglich. Dann hat sich über Nacht das Öl vollkommen in der Ölwanne gesammelt. Wird jetzt der Ölpeilstab herausgezogen, läßt sich daran der Ölstand genau ablesen. Dabei behalten Sie sogar saubere Hände.

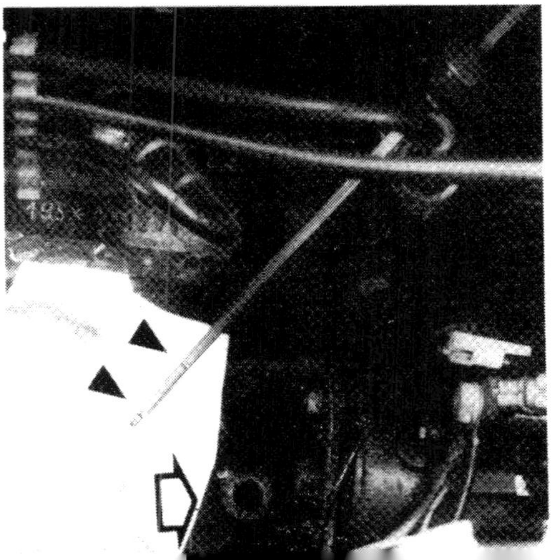

Motoröl soll nachgefüllt werden, wenn der Ölstand bis zur Minimum-Marke abgesunken ist. Die Füllmenge zwischen Minimum- und Maximum-Markierung auf dem Peilstab beträgt bei den 1,2-Liter-Motoren 1 Liter Öl und bei allen anderen 1,5 Liter Öl.
Zuviel eingefülltes Öl wird außerdem über die Motorentlüftung angesaugt und verklebt die Bohrungen im Vergaser. Ebenso erhöht ständiges Nachfüllen bis zur Maximum-Marke den Ölverbrauch, hat also keinen Sinn und schadet nur dem Geldbeutel. Nach der Ölstandsprüfung muß der Peilstab fest in das Peilstabloch am Motor gedrückt werden, sonst tritt bei laufendem Motor Öl aus. Ergebnis: Ölverlust und ölverschmierter Motorraum.

Für die Kontrolle unterwegs braucht man einen sauberen Lappen, den man am besten hinter dem Scheibenwaschwasserbehälter oder in der Nähe des Bremsflüssigkeitsbehälters festklemmt. Dort ist er dann bei Bedarf zur Hand. Mit ihm wischt man das vom Öl benetzte Ende des Ölpeilstabes ab, drückt den Stab wieder bis zum Anschlag in den Motor und zieht ihn erneut heraus. Bei warmem Motor ist erst dann zu erkennen, wie weit das Öl im Motor reicht.
Am unteren Ende besitzt der Ölstab zwei Einkerbungen: Die untere bedeutet »Nachfüllen«, und die obere zeigt »Voll« an. Wenn das Öl den Stab dazwischen benetzt, stimmt der Ölstand. Erst dann, wenn der Ölpegel bis zur unteren Marke abgesunken ist, muß Öl nachgefüllt werden.
Wenn der Wagen auf schrägem Boden steht, dann hat es keinen Sinn zu versuchen, den Ölstand nachzumessen. Die Ölkontrolle muß bei waagerecht stehendem Fahrzeug vorgenommen werden, weil ein (auch an manchen Tankstellen anzutreffender!) nur wenig abschüssiger Untergrund genügt, das Kontrollresultat zu verfälschen.
Unterwegs, während einer Reise, soll man den Ölstand erst überprüfen, nachdem der Motor einige Minuten still gestanden hat. Das Öl muß im Motor abgelaufen sein und sich in der Ölwanne gesammelt haben. Andernfalls käme man vielleicht zu dem Schluß, es würde Öl fehlen, und man wäre geneigt, unnötigerweise Öl nachzufüllen. Was man zu beachten hat, wenn tatsächlich Bedarf an Öl vorliegt, ist auf Seite 67 im Abschnitt »Unterwegs Öl nachfüllen« beschrieben.

Motoröl wechseln

Pflegearbeit Nr. 7

Gemäß den im Kundendienst-Scheckheft angegebenen Intervallen ist das Motoröl alle 10 000 km zu wechseln. Opel empfiehlt sogar, diesen Wechsel bei »schweren« Betriebsbedingungen, also bei überwiegenden Fahrten in der Stadt oder in staubigen Gegenden, in kürzeren Abständen vorzunehmen. Allerdings zwingen nur sehr krasse Bedingungen zu solchem Verhalten, etwa dann, wenn der Opel als Botenfahrzeug von Haus zu Haus benutzt wird. An warmen Sommertagen mag das noch angehen, aber winterliche Temperaturen verschlechtern solche Bedingungen für den Motor erheblich.
Heutige HD-Öle besitzen andererseits derartige Qualitäten, daß ihre volle Schmierkraft auch bis zu 15 000 km erhalten bleiben kann. Das setzt voraus, daß der Wagen flott gefahren und nicht mit unterkühltem Motor gequält wird.
Nach 10 000 km ist das Öl so weit »gealtert«, daß es seine Funktion nur noch unvollkommen erfüllt. Häufige Kurzstreckenfahrten fördern Verunreinigungen, versetzt mit Kraftstoffkondensaten, die der schmierenden Eigenschaft des Öls abträglich sind. Altes Öl verbraucht sich schneller. Erhöhter Ölverbrauch kann daran liegen, daß man schon häufig neues Öl zum alten hinzugeschüttet hat. Ein

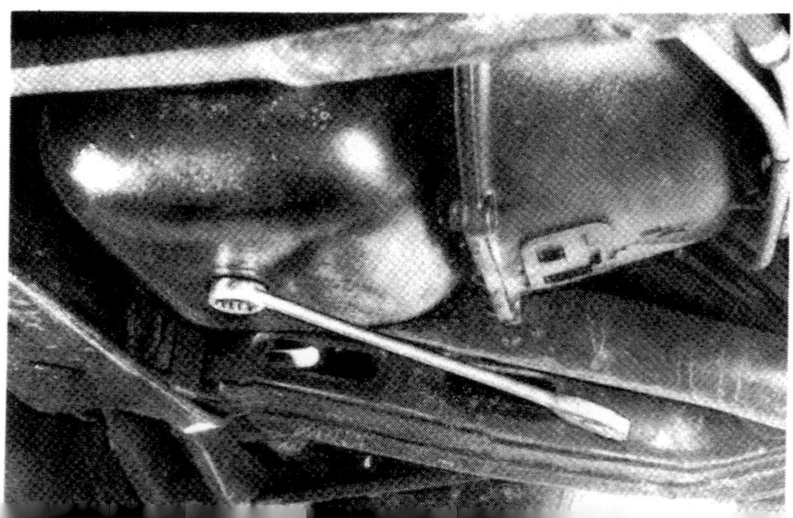

Hat man keine Grube zur Verfügung, sollte der Wagen zum Ablassen des Motoröls möglichst allseitig gleichmäßig hochgebockt sein. Wagen zur Sicherung abstützen! Die Ölablaßschraube befindet sich an der Unterseite der Ölwanne, sie kann nur mit einem Ring-(oder Gabel-)schlüssel SW 19 herausgedreht werden. Beim Hineindrehen der Schraube darf keine Gewalt angewendet werden, damit man das Gewinde nicht beschädigt. Altes Öl verbraucht sich schneller. Erhöhter Ölverbrauch kann daran liegen, daß man schon häufig neues Öl zum alten hinzugeschüttet hat. Ein Ölwechsel kann den Verbrauch wieder sinken lassen, wenn der Motor sonst noch in Ordnung ist.

Ölwechsel kann den Verbrauch wieder sinken lassen, wenn der Motor sonst noch in Ordnung ist. Günstig ist es natürlich, wenn man den Ölwechsel dem Wandel der Jahreszeiten anpassen kann, um die für Sommer und Winter geeigneten Ölsorten zu verwenden.
Der früher nach den ersten 1000 km vorgenommene Ölwechsel beim neuen Motor ist weggefallen. Der erste Ölwechsel erfolgt bei km-Stand 10000.

Ölfilterelement wechseln

Pflegearbeit Nr. 8

Zugleich mit jedem Ölwechsel soll das Ölfilterelement ausgewechselt werden. Bei den Opel-Motoren ist es in den sogenannten Hauptstrom des Motoröls geschaltet. Dieser Wechselfilter kann nicht mit Benzin oder anderen Mitteln gereinigt werden. Er sitzt – in Fahrtrichtung gesehen – vorne unten am Motor, bei den 1,2-Liter-Motoren links, bei den anderen rechts.
Ein altes Filterelement läßt sich selten mit Händekraft losdrehen. In der Werkstatt benutzt man dazu einen speziellen Bandschlüssel, es geht aber auch mit einem alten Keilriemen oder Ledergurt. Man schlingt den Riemen einmal um das Filtergehäuse, dreht die Enden mit einer Rohrzange fest und gleichzeitig damit das Gehäuse los.
Bei dem neuen Filter muß der Dichtring vor dem Ansetzen leicht mit Abschmierfett eingestrichen werden. Zwar nimmt man in der Werkstatt dazu Öl, aber bei der anschließenden Sichtprüfung am laufenden Motor, ob nämlich der Filter wirklich dicht sitzt, kann abtropfendes Öl fälschlich als austretendes Öl angesehen werden, und man zieht ihn dann noch fester an. Das Filterelement darf aber beim Anschrauben nur mit der Hand festgedreht werden. Jedes Festziehen mit irgendeinem Werkzeug ist verboten und kann dazu führen, daß sich die Patrone später nicht mehr lösen läßt.
Folgende Ölfilter erhält man bei Opel-Diensten oder im Zubehörhandel:

- AC SD
- Bosch 0 451 102 001
- GUD Z 35
- Hengst H 90 W
- Mann W 712
- PM/Purflux LS 155
- Purolator PC 20
- Tekalemit FB 2063
- oder die bei Fram wie auch bei Knecht unter der Bezeichnung »Opel« geführten Ölfilter.

Der Stückpreis liegt etwa bei 6 Mark. Ölfilterelemente mit gleichem Markennamen, aber anderen Kennziffern, sind nicht verwendbar.

Fingerzeig: *Handprobe am Ölfilter bei heißgefahrenem Motor zeigt, ob das Öl auch richtig durch diesen Filter zirkuliert. Sie muß gleich warm wie der Motorblock sein. Ein verschmutztes oder verstopftes Filter wird sich kühler anfas-*

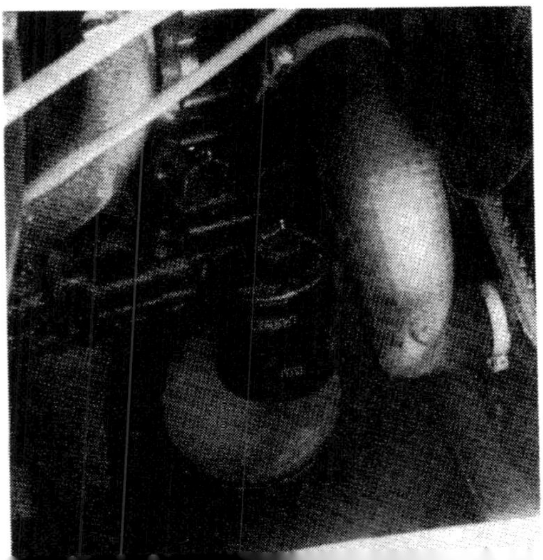

An das Ölfilterelement kommt man am besten von unten heran. Wenn der Wagen eine Abdeckschürze besitzt wie im Bild, schraubt man den Filter von oben los und entnimmt ihn durch die Öffnung des Bleches. Anschließend soll man den Flansch säubern, wobei man feststellen kann, ob der Gummidichtring noch am Filterflansch klebt. Nach dem Filterwechsel läßt man den Motor zur Dichtheitsprobe kurz laufen und zieht dann den Filter mit der Hand noch etwas fester an.

sen, weil der Ölstrom über das Kurzschlußventil fließt. Dann wird der Motor mit ungefiltertem Öl versorgt, und ein Filterwechsel ist dringendst geboten.

Ölwechsel-probleme

Ölwechsel kann man in der Opel-Werkstatt oder an einer Tankstelle vornehmen lassen oder daheim machen. Bei Opel sagt man allerdings, daß der Ölwechsel alle 10 000 km oder zweimal jährlich zum Wartungsdienst gehört. Im allgemeinen ist die Tankstelle aus einigen besonderen Gründen vorzuziehen:

1. Das Motoröl soll warm gewechselt werden, damit es restlos mit allem Schmutz gut abläuft. In Werkstätten muß der Wagen oft lange warten, inzwischen wird der Motor wieder kalt. An Tankstellen hat man für diese Arbeit oft schon nach wenigen Minuten Zeit.

2. Das alte Öl aus dem Motor kann man nicht zum Kuchenbacken verwenden. In die Kanalisation schütten oder im Garten vergraben oder verbrennen darf man es auch nicht, weil dies wegen Umweltverschmutzung Strafe kostet. Bei den Tankstellen ist das Altöl jedenfalls besser aufgehoben. Dort kriegt man es aber nicht immer abgenommen, wenn man sich dort sonst nicht sehen läßt und es einfach hinbringt. Will man es jedoch unbedingt selber machen, dann werden benötigt:

■ Ein neues Ölfilterelement (siehe vorstehenden Abschnitt).
■ Zwischen 2,75 und 3,8 Liter Motoröl, je nach Motortyp (siehe Seite 227: »Füllmengen«). Die verwendbaren Ölsorten finden Sie in der Tabelle auf Seite 65.
■ Ring- oder Gabelschlüssel SW 19 zum Betätigen der Ablaßschraube.
■ Gefäß zum Auffangen des Altöls.

Die Arbeit verläuft folgendermaßen: Hat man keine Grube, muß der Wagen allseitig gleich hoch aufgebockt werden, damit der Motor sich in waagerechter Stellung befindet und das Öl vollkommen auslaufen kann. Dann Wanne oder sonstiges Gefäß zum Auffangen des Altöls unterschieben. Ablaßschraube öffnen (Vorsicht bei heißem Öl) und Öl auslaufen lassen. Danach Ablaßschraube wieder festdrehen, aber nicht »anknallen«.

Nun wird das frische Motoröl oben in den Einfüllstutzen auf dem Zylinderkopfdeckel eingefüllt. Ganz zum Schluß wird nach einigen Minuten noch einmal der Ölmeßstab gezogen, denn sicher ist sicher. Es soll nämlich schon vorgekommen sein, daß oben das Öl eingefüllt wurde und unten die Ablaßschraube noch gar nicht drin war. In diesem Zusammenhang ist es interessant zu wissen, wieviel Einfüllmenge die Differenz zwischen oberer und unterer Meßmarke am Ölpeilstab ausmacht. Bei den 1,2-Liter-Motoren ist es genau 1 Liter und bei den größeren Motoren 1,5 Liter.

Gleichzeitig mit dem Ölwechsel muß das Ölfilterelement erneuert werden, wie es im vorangegangenen Abschnitt beschrieben wurde.

Öl absaugen?

Wirbt Ihre Tankstelle mit Ölwechsel zur Selbstbedienung mit einem Ölabsauggerät und bietet sie dazu preiswertes »Öl zum Mitnehmen« an, so ist das eine preisgünstige Ölwechselmöglichkeit. Der alle 10 000 km vorgeschriebene Ölfilterwechsel darf natürlich auch beim Ölabsaugen nicht vergessen werden.

Allenfalls bei einem außerplanmäßigen Ölwechsel zwischen den Intervallen, wie er bei winterlichem Kurzstreckenbetrieb anzuraten ist, braucht das Ölfilter nicht gewechselt zu werden.

Verwendbare Ölsorten

Opel schreibt als Kraftfahrzeughersteller für die Motoren Qualitäts-HD-Öle vor, überläßt es aber dem Wagenhalter, sich selbst von dieser Qualität zu überzeugen. An sich ist diese Bezeichnung »HD-Öl« eine veraltete Qualitäts-Klassifizierung, die international nicht mehr allgemein verwendet wird. Hierzulande gehört sie noch zum gängigen »Auto-Deutsch«, auch wenn »HD« in Wirklichkeit gut amerikanisch »Heavy Duty« (= schwere Beanspruchung) bedeutet. Die Buchstaben »HD« geben aber keine echte Garantie mehr dafür, ob das betreffende Motoröl auch wirklich den Anforderungen des Motors und der Fahrweise seines Besitzers gerecht wird.

Deshalb gibt es heute neuere Leistungsnormen für Motorenöle, die vom »Amerikanischen Petroleum-Institut« (API) festgelegt sind, international anerkannt werden und in vielen Ländern allgemein gebräuchlich sind. Darum ist es ärgerlich, daß sich die Mineralölfirmen in der Bundesrepublik weitgehend scheuen, diese auch für den hiesigen Autofahrer wichtigen Bezeichnungen zu benutzen. Wir fanden sie bislang nur bei Agip und Shell (früher auch bei Aral).

Besser ist es also, wenn auf der Öldose oder dem Ölkanister, den Sie erwerben wollen, nicht nur »HD« aufgedruckt, sondern eine der folgenden Bezeichnungen zu finden ist.

- »API-Service SE« oder »SF«.
- »API-Service CC« (an sich für Dieselmotoren im mittleren und schweren Betrieb, kann aber auch problemlos in Benzinmotoren gefahren werden).
- »MIL-L-2104 B« (US-Militär-Spezifikation, die »API-Service CC« entspricht).
- »MIL-L-46 152« (US-Militär-Spezifikation mit noch höheren Qualitätsmerkmalen als »API-Service SE oder CC«).

Motoröl, das keine dieser Bezeichnungen trägt oder nur mit den geringwertigen API-Normen »API-Service SA, SB, SC, SD, CA, CB« oder den Schwerst-Diesel-Normen »API-Service CD« oder »Serie-3-Öl« (zu scharf legierte Öle) gekennzeichnet ist, sollten Sie für Ihren Manta nicht nehmen.

Die Ölsorten mit den nachfolgend genannten Viskositätsbezeichnungen entsprechen den Opel-Empfehlungen (der Begriff »Viskosität« wird im nächsten Abschnitt erläutert).

Bezeichnung	Viskosität für den Sommer	Viskosität für den Winter	Viskosität für länger anhaltende Temperaturen um −20°C
Einbereichsöl	SAE 30	SAE 20 W-20	SAE 10 W
Mehrbereichsöl	SAE 10 W-40 SAE 10 W-50 SAE 15 W-40 SAE 15 W-50 SAE 20 W-40 SAE 20 W-50	SAE 10 W-40 SAE 10 W-50 SAE 15 W-40 SAE 15 W-50 SAE 20 W-40 SAE 20 W-50	SAE 5 W-30

Eine bindende Preisangabe für diese Öle kann hier nicht gemacht werden, weil je nach Ölmarke unterschiedliche Beträge gezahlt werden müssen. Einbereichsöle sind billiger als Mehrbereichsöle. Während erstere etwa zwischen 4,50 DM und 6,50 DM je Liter differieren, schlagen die – gleichfalls unter bekannten Markennamen angebotenen – Mehrbereichsöle teilweise ganz erheblich teurer zu Buche, so gegewärtig von 7,50 DM bis 10 DM. Noch kostspieliger sind vollsynthetische Öle, etwa Mobil SHC 20 W-50 für fast 15 Mark. In Supermärkten, Kaufhäusern und von Versandfirmen gibt es oft billige Motorenöle zu kaufen. Die Bezeichnung »HD« sollte, da sie keine anerkannte Norm mehr ist, in diesem Falle nicht genügen. Es können zwar trotz niedrigen Preisen einwandfreie Motorenöle sein, aber Sie sollten dann nur zugreifen, wenn Sie eine der oben empfohlenen API- oder MIL-Klassifikationen darauf finden. Wir haben noch nie gehört, daß Ölhersteller minderwertige Öle mit guten Qualitätsklassifizierungen offerieren – die Konkurrenz überwacht sich gegenseitig sorgfältig. Dagegen sind Hinweise, wie »Erfüllt alle Anforderungen der Motorenhersteller« oder »Von allen großen Autowerken anerkannt« für sich allein noch keine Qualitätsbeweise.

Temperaturbereiche

In der vorangegangenen Aufstellung geben Spalte 2 bis 4 die Viskosität, die Zähflüssigkeit des Öls, durch Zahlenwerte an. Sie resultiert aus der Fähigkeit des Öls, schneller oder langsamer aus einem Röhrchen gleichen Durchmessers zu fließen und wurde von der amerikanischen **S**ociety of **A**utomotive **E**ngineers genormt. Die Bezeichnung der Zähflüssigkeitsklassen erfolgt deswegen mit »SAE« und einer vereinbarten Zahl. Je kleiner diese Zahl, desto dünnflüssiger ist das Öl. Das »W« am Schluß bedeutet zusätzlich »Winter«. Es ist gleichfalls dünnflüssiges Öl, das für die kalte Jahreszeit vorgesehen ist. SAE 20 und SAE 30 (ohne »W«) sind Sommeröle, ihre Dickflüssigkeit macht sie für winterliche Temperaturen im Opel ungeeignet, zumal dickes Öl im froststarren Motor den Anlaßvorgang erschwert.
Natürlich können solche Einbereichsöle in den Temperaturbereichen, für die sie vorgesehen sind, die entsprechenden Bedingungen erfüllen, für den strengen Winter eignen sie sich aber nicht.
Natürlich muß man nicht bei jedem Witterungswechsel auch einen Ölwechsel vornehmen. Es genügt, wenn man sich grob nach den Jahreszeiten richtet, und es schadet keinesfalls, wenn man bei der ersten Frühlingssonne noch das Winteröl im Motor hat.

Mehrbereichsöle

Motoröle mit den Bezeichnungen wie SAE 10 W-40 oder SAE 20 W-50 haben den Vorteil, in der Zeit des Winter- oder Sommerhalbjahres über im Motor Dienst tun zu können. Solche Mehrbereichsöle können immer dann verwendet werden, wenn Öle der Klasse SAE 10 W oder SAE 20 W für den Winter empfohlen sind und wenn das gleiche Öl auch im Sommer gefahren werden möchte. Sie sind aber auch am teuersten. Somit ist es Ihr Geld, das Sie in Mehrbereichsöl nur dann gut anlegen, wenn Sie mit Ihrem Opel so wenig fahren, daß der nächste Ölwechsel bestimmt in jene Jahreszeit fällt, für welche eine andere Ölviskosität vorgeschrieben ist.
Genaugenommen handelt es sich bei den Mehrbereichsölen um dünnflüssige Öle, denen spezielle chemische Zusätze beigegeben sind. Sie »quellen« bei höheren Temperaturen, verhindern also, daß das Öl bei höheren Temperaturen zu dünnflüssig wird, wodurch es seine Schmierfähigkeit verlieren könnte. Man sollte es sich gut überlegen, ob das Mehrbereichsöl in jedem Fall rentabel ist. Man darf auch nicht immer auf den Mann an der Tankstelle hören, der natürlich lieber das Öl verkauft, bei dem er eine höhere Verdienstspanne hat.

Ölverbrauch

Neue Autos haben einen höheren Ölverbrauch als solche, die in ihrem besten Alter stehen. Nach den ersten 5000 bis 8000 km hat sich der Verbrauch gewöhnlich eingependelt und bleibt dann vorläufig konstant. Bei gut eingefahrenem Manta verbraucht dessen Motor auf 1000 km im Schnitt 0,5 Liter Öl.
Ab 60 000 km, bei beginnender Alterung des Motors, steigt der Verbrauch allmählich an und liegt später etwa bei knapp 1 Liter auf 1000 km. Leichter Mehrverbrauch über diesen Angaben ist ohne Belang und rührt meistens von unterschiedlichen Fahrbedingungen her. Bedenklich aber ist es, wenn diese Werte

etwa um 50 % überschritten werden. Vermutlich ist dann aber der Motor undicht: Beachten Sie Ölspuren am Motor und darunter den Standplatz des Autos! Wenn Ihnen jemand begegnet, der da behauptet, der Motor seines Wagens brauche kein Öl, so können Sie ihn bewundern, aber zu glauben brauchen Sie ihm nicht. Denn das gibt es nicht, weil Motoröl unter Aufopferung seiner selbst schmiert.
Dagegen kann häufiger Kaltstart, unterkühltes Fahren und dauerndes Fahren mit gezogener (oder verklemmter) Starterklappe vortäuschen, daß der Motor kein Öl verbraucht. Vorsicht! In solchem Fall ist das Öl durch Kraftstoffteile und Kondensate verdünnt – ein Ölwechsel ist dringend fällig.

Unterwegs Öl nachfüllen

Lesen Sie zu diesem Abschnitt ruhig noch einmal den auf Seite 61 beschriebenen Handgriff »Motorölstand kontrollieren«. Was dort geschrieben steht, müßte hier eigentlich wiederholt werden, denn das Ablesen des Ölstandes sollte niemals leichtfertig oder oberflächlich ausgeführt werden.
Muß man wegen Ölverbrauch Motoröl nachfüllen, ist es im Grunde egal, welcher Ölmarke Sie sich zuwenden. Alle qualifizierten Ölsorten und -marken lassen sich (bis auf einige sehr teure Spezial- und Rennöle) untereinander mischen. Diese Mischbarkeit ohne schädliche chemische oder sonstige Folgen ist eine Grundordnung der internationalen Ölnormen. An Tankstellen erzählt man es manchmal anders.
Es empfiehlt sich sogar, beim eventuell notwendigen Nachfüllen bei hartem Frost das dünnere Winteröl SAE 10 W zum »20er«-Öl im Motor zu nehmen. Ein Mehrbereichsöl erhält man zwar dadurch nicht, aber die Ölfüllung ist den Starttemperaturen besser angepaßt.
Skeptiker beruhigen ihr Gefühl, wenn sie zum Nachfüllen die gleiche Marke nehmen, die zum Ölwechsel gewählt wurde. Unter Vorlage der Quittungen kann man dann bei einem überraschenden Motorschaden bei der treu beanspruchten Ölfirma reklamieren und feststellen lassen, ob vielleicht mit dem Öl etwas nicht stimmte. Das ist zwar äußerst selten der Fall, aber bei solchen Ausnahmen zeigen die Mineralölfirmen auch zweifellos Kulanz.
Nachfüllen von Öl ist tatsächlich erst dann notwendig, wenn der Ölstand bis zur Minimum-Marke abgesunken ist. Zu höher Ölstand ist unnütz. Im Kurbelgehäuse kommt es zu Schaumbildung, die Zündkerzen verrußen, die Leistung fällt ab, das Öl wird sinnlos verbraucht. Zu viel eingefülltes Öl wird außerdem über die Entlüftungsleitung vom Motor abgesaugt und verklebt dabei die Bohrungen im Vergaser.

Fingerzeige: *Hochwertiges Öl wird schon nach kurzer Laufzeit dunkel. Das beweist, daß es richtig »arbeitet« und allen anfallenden Schmutz in der Schwebe hält. Es ist jedoch kein Zeichen zum Ölwechsel.*
Geld läßt sich sparen, wenn beispielsweise nach 1000 km der nächste Ölwechsel fällig wäre und der Ölspiegel steht an der Minimum-Marke. Anstatt nun einen Liter teures Öl in den Motor zu geben, das alsbald doch wieder rausfließen muß, ist es besser, den ganzen Ölwechsel einfach vorzuverlegen. Die fehlenden 500 oder 1000 km können Sie beim nächsten Ölwechsel dann wieder zulegen, denn im heutigen Motoröl stecken noch durchweg Reserven.
Von etlichen Firmen werden Zusatzmittel zum Motoröl angeboten. Sie kosten Geld – und bringen nichts. Opel lehnt bei Verwendung solcher Zusatzmittel sogar ausdrücklich alle Garantieansprüche ab und steht auf dem Standpunkt, daß die Ölzusätze – zumeist Molybdändisulfid, das wir im Abschmierfett durchaus zu schätzen wissen – nutzlos wären.

Getriebeölstand kontrollieren

Pflegearbeit Nr. 9

Schaltgetriebe

In halber Höhe des Getriebegehäuses sitzt – in Fahrtrichtung rechts – eine Schraube mit Innensechskant SW 8, die nach Herausschrauben eine Kontrollöffnung für den Getriebeölstand bietet. Natürlich darf der Wagen bei dieser Kontrolle nicht schräg stehen. Reicht bei waagerecht aufgebocktem Auto der Ölstand bis zur Unterkante der Einfüllöffnung – man kann das mit einem Finger fühlen –, ist alles in Ordnung. Die Kontrollschraube darf aber danach nicht zu fest eingedreht werden, sonst leidet das Gewinde.

Wenn man Ölmangel vermutet, ist von eigenhändigem Nachfüllen abzuraten. In der Regel fehlt nur eine geringe Menge oder gar nichts. Fehlt eine größere Menge, dann dürfte irgendwo das Gehäuse undicht sein, was schon äußerlich an Ölschmutzkrusten erkennbar ist. Zum Abdichten aber ist die Werkstatt zuständig, und Nachfüllen besorgt auch besser eine Tankstelle. Diese Sicherheitskontrolle sollte alle 10 000 km stattfinden. Die erforderliche Ölsorte ist im übernächsten Abschnitt genannt.

Automatisches Getriebe

Sollten Sie einen Manta mit dieser Bedienungserleichterung besitzen, dann lesen Sie bitte den Abschnitt auf Seite 131, wo auch die Behandlung der Getriebeautomatik ausführlicher beschrieben ist. Hier sei nur darauf hingewiesen, daß der Ölstand am Peilstab bei warmem Motor zwischen den Markierungen »ADD« und »F« abzulesen sein muß. Die Abkürzungen bedeuten »Nachfüllen« und »Voll«. Bei der Prüfung muß der Motor warmgefahren sein (dann ist auch das Getriebe warm), was üblicherweise erst nach 15 Minuten Fahrt geschehen ist. Sodann muß der Motor in Wählhebelstellung P oder N laufen. Diese Kontrolle sollte man aus Sicherheitsgründen immer zusammen mit der Kontrolle des Motorölstandes vornehmen.

Vorgeschriebene Ölsorten

Ob Schalt- oder Automatikgetriebe – im Bedarfsfall muß das genau richtige Getriebeöl eingefüllt werden.

Zum Nachfüllen im Schaltgetriebe dient das Getriebeöl SAE 80, das auch zu einer eventuellen Neubefüllung – nach Getriebereparatur – verwendet wird. Das Öl soll dem Opel-Kennzeichen M 15/1 oder M 75, Katalog-Nr. 1940750, entsprechen.

Für das automatische Getriebe ist das handelsübliche Spezialöl mit der Bezeichnung »Dexron B . . .« (und einer nachfolgenden Nummer) zu benutzen. Bei Opel wird dieses Öl unter der Katalog-Nr. 194 0691 geführt.

Ölwechsel im Schaltgetriebe?

Im Gegensatz zu vielen anderen Personenwagen ist beim Schaltgetriebe des Opel kein regelmäßiger Ölwechsel vorgeschrieben. Deshalb besitzen diese Ge-

Der Getriebeölstand wird an der Einfüll- und Kontrollöffnung mit dem Zeigefinger geprüft. Die Einfüllschraube läßt sich mit Maul- oder Ringschlüssel lösen. Zeigefinger in die Öffnung stecken: Reicht der Ölstand bis zur Unterkante der Einfüllöffnung (man fühlt das mit dem Finger), ist die Sache in Ordnung. Kontrollschraube wieder eindrehen, jedoch nicht zu fest »anknallen«.

Hinten im Motorraum ragt der Öleinfüllstutzen mit dem Meßstab für das automatische Getriebe senkrecht nach oben. Bei der Ölstandskontrolle muß der Wagen eben stehen, der Motor im Leerlauf laufen und das Öl seine normale Betriebstemperatur haben. Dabei muß der Wahlhebel auf »P« oder »N« stehen. Die Höchstgrenze, durch die obere Markierung auf dem Meßstab angegeben, darf beim Nachfüllen des Öls nie überschritten werden. Auf peinlichste Sauberkeit ist zu achten, und zum Abwischen des Meßstabes nur faserfreie Lappen verwenden! Die Pfeile im Bild zeigen die im Text beschriebenen Marken »ADD« und »F«.

triebe auch keine Ölablaßschraube. Beim Nachfüllen muß das Öl seitlich in die weiter oben erwähnte Kontrollöffnung gedrückt werden, was mittels Schlauch und passend gebogenem Mundstück passiert. Zum Selbermachen braucht man dann noch eine Plastikflasche, die man zusammendrücken und auf diese Weise das Öl einpumpen muß. Damit ist freilich eine ziemliche Geduldsprobe verbunden, weil das Öl recht dickflüssig ist. Erwärmt läßt sich das Getriebeöl leichter einfüllen.
Ein Ölwechsel wird normalerweise nur gelegentlich einer Getriebereparatur ausgeführt, wenn das Gehäuse geöffnet werden muß. Da eine solche Arbeit in der Werkstatt vorgenommen wird, erfolgt dort auch die Neubefüllung.

Ölwechsel im automatischen Getriebe
Pflegearbeit Nr. 46

Zum Ölwechsel im automatischen Getriebe, den die Betriebsanleitung alle 40 000 km vorschreibt, sind 2,5 Liter des schon erwähnten Spezialöls erforderlich. Wenn das Auto unter erschwerten Bedingungen läuft, etwa als Taxi oder als Zugwagen mit Anhänger, so sollte die vorgegebene Wegstrecke zum Ölwechsel nur zur Hälfte ausgenutzt werden.
Diese Pflegearbeit muß der Werkstatt vorbehalten bleiben, da mit ihr sachkundig zu erledigende Vorkehrungen verbunden sind. Ölwanne und Bremsband-Servodeckel müssen abgeschraubt werden, außerdem ist das Ölsieb zu ersetzen. Beim Zusammenbau sind verschiedene neue Dichtungen nötig, die einzelnen Schrauben müssen mit bestimmten Anzugsmomenten festgedreht werden, und überhaupt kann man ohne spezielles Werkzeug nicht viel ausrichten. Es bleibt dies also eine Arbeit für den Fachmann.

Lenkgetriebe schmieren?

Hatten Sie inzwischen schon nach irgendeinem Hinweis auf die Fett- oder Ölversorgung des Lenkgetriebes bei Ihrem Opel gesucht? Von dieser Arbeit sind Sie befreit, weil Ihr Auto mit einer wartungsfreien Zahnstangen-Lenkung ausgerüstet ist. Natürlich ist da auch Fett mit im Spiel, aber so ohne weiteres kann eine eventuell fehlende Menge nicht nachgemessen werden, und einfach nachfüllen, wie das bei anderen Lenkgetrieben möglich ist, geht dabei auch nicht. Auf den Seiten 141–143 finden Sie alles, was Sie über die Lenkung wissen müssen.

Hinterachsölstand kontrollieren
Pflegearbeit Nr. 10

Jeweils nach 10 000 km Laufstrecke soll der Ölstand in der Hinterachse geprüft werden. Dazu steht der Wagen am besten unbeladen auf seinen Rädern über einer Grube. Für Tankstelle oder Werkstatt ist die Kontrolle eine kurze Arbeit. Wer es selbst machen will, braucht dazu einen Inbusschlüssel SW 8 für die Innensechskantschraube an dem rückwärtigen Gehäusedeckel des Differentials. Wie

Zur Kontrolle des Ölstandes in der Hinterachse wird die Kontrollschraube mit dem Inbusschlüssel SW 8 herausgedreht. Das Öl soll bis zur Unterkante dieser Einfüllöffnung stehen. Bei eventuellem Ölverlust muß die verantwortliche undichte Stelle an der Hinterachse ausfindig gemacht werden.

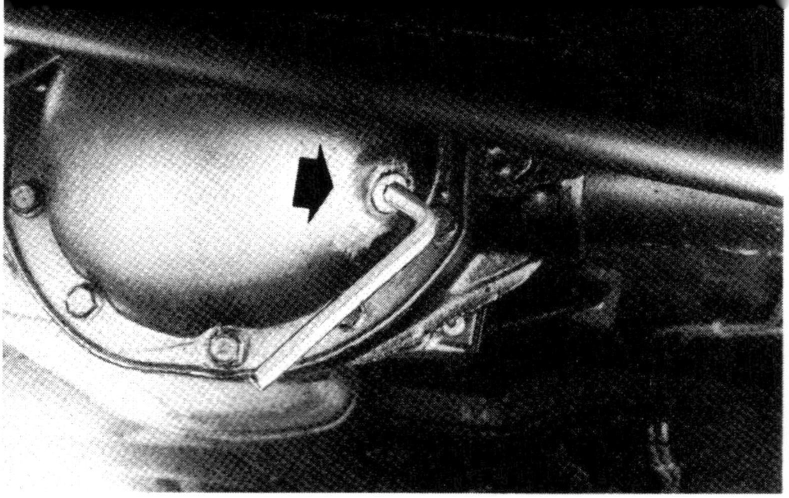

beim Schaltgetriebe ist alles in Ordnung, wenn das Öl bis zur Einfüllöffnung steht.
Wagen mit üblicher Hinterachse besitzen eine Befüllung mit Spezial-Hinterachsöl SAE 90. Dieses Öl ist auch später nur zu verwenden, da es besonders druckfest und für dieses Hinterachsgetriebe am geeignetsten ist. Opel-Werkstätten führen das Spezial-Hinterachsöl unter den Katalog-Nrn. 19 42 380 und 19 42 382. Im Zweifelsfalle sollte man bei Opel nachfragen, ob ein eventuell woanders ausgesuchtes Höchstdruckschmieröl zulässig ist.
Beide Öle sind – gegenüber der alten Gepflogenheit beim Manta A – für Hinterachsen mit oder ohne Sperrausgleichgetriebe verwendbar. Dagegen kann das bei Opel-Diensten vorrätige Öl M 12 auch in dieser Hinterachse ohne Sperrausgleichgetriebe nachgefüllt werden.
Wenn das Hinterachsgehäuse nicht zu einer Reparatur geöffnet werden mußte, braucht ein Ölwechsel nicht stattzufinden. Die Füllmenge für die einzelnen Modelle ist dem Kapitel »Technische Daten« zu entnehmen.

Heizerventil und Gasgestänge prüfen und ölen

Pflegearbeit Nr. 35

In Abständen von 20 000 km soll die Kolbenstange des Heizerventils geölt werden. Das Ventil sitzt links vom Gebläse, hinten zwischen Motor und Spritzwand. Man läßt einen Helfer den Heizungshebel im Wagen öffnen und schließen und ölt dann am Ventil dort, wo sich etwas bewegt. Zugleich ist auch der Bowdenzug zu schmieren, da bei dieser Hin- und Herbewegung das Schmiermittel in die Ummantelung des Zuges dringt. Auch im Sommer ist gelegentlich einmal der Heizungshebel zu betätigen. Das hält das Heizerventil einsatzbereit und man hat die Gewißheit, daß man im Winter nicht frieren wird.
Im gleichen Zuge kümmert man sich darum, daß die Lagerstellen und Gelenke des Gasgestänges leicht beweglich sind. Sie sind mit einigen Tropfen Öl zu schmieren. Übermäßige Schmutzkrusten sollte man freilich vorher entfernen, oder sieht Ihr Opel unter der Haube immer recht adrett aus? Für das Schmieren der Gelenke kann man auch Fett verwenden, am praktischsten ist jedoch Graphitöl aus der Spraydose (z. B. von BP). Einer weiteren Erläuterung zum Ölen bedarf es hierbei sicher nicht.

Türscharniere und Schlösser ölen

Pflegearbeit Nr. 44

Scharniere und Türschlösser, die nicht quietschen oder klemmen sollen, brauchen nach 40 000 km ein wenig Fett. Man kann auch Motoröl dazu nehmen. Wichtig ist, daß Sie sich nicht später Hände oder Kleidung beschmutzen, wenn Sie einmal an diese Schmierstelle streifen. Öl ist also vielleicht günstiger – es darf sogar Fahrradöl oder »Haushaltsöl« sein, wie man es in kleinen Spritzkänn-

chen zu kaufen bekommt. Vorher muß man die alten Fett- und Ölreste um die Scharniere, Verschlüsse und an den Türschließkeilen wegwischen und danach noch einmal das überschüssige Öl.
Lediglich die Schloßzylinder, also die Innenteile der Türschlösser, sind etwas anspruchsvoller. Werden sie mit Fett vollgepreßt, ist der Türschlüssel stets schmierig und verschmutzt die Jackentasche. Besser ist nach unseren Erfahrungen ein Rostlöser-Isolierspray, wie z. B. »4 x Silikon-Spray« von Molykote oder »Caramba Super«. Diese Sprays verdrängen gleichzeitig auch Feuchtigkeit, so daß im Winter das Schloß nicht einfrieren kann.
Entgegen den Empfehlungen einiger anderer Automobilhersteller kann man für Opel-Türschlösser auch den Fest-Schmierstoff Graphit verwenden. Hierzu ist der Schlüssel in das Graphit zu stecken, mehrmals im Schloß hin- und herzudrehen und zuletzt sauber abzuwischen. Zum Beispiel bekommt man »Teroson-Spezial-Graphit« für 3 Mark in kleinen Dosen im Zubehörhandel.
Für die beiden Haubenverschlüsse kann man Vaseline oder ein anderes zähes Fett nehmen, das gerade zur Hand ist. Desgleichen eignet sich Fett auch besser für die Türspanner und für die Fensterheber – sollten Sie einmal die Innenverkleidung der Türen entfernt haben.

Das steht nicht in der Betriebsanleitung

An Ihrem Opel gibt es noch einige weitere Stellen, wo sich etwas bewegt und im Laufe der Zeit ölhungrig wird. Für den Fall, daß Sie an den hier nachfolgend erwähnten Teilen irgendeine kleinere Arbeit vornehmen, geben wir einige Tips, dort gleichzeitig für etwas Schmierung zu sorgen, wo es inzwischen nötig geworden ist. Im Prinzip ist es dabei gleichgültig, ob Fett oder Öl verwendet wird.

Scheibenwischergestänge

Unermüdlich müssen die Scheibenwischer für freie Sicht sorgen, wenn das Wetter es befiehlt, und das ein ganzes Autoleben lang. Irgendwann findet sich bestimmt einmal die Gelegenheit, hier ölend nachzuhelfen. Klappen Sie die Motorhaube auf und schalten Sie Zündung und Wischerschalter ein, dann sehen Sie unterhalb der Windschutzscheibe, was sich bewegt. Einige Tropfen Öl auf diese Gelenkstellen und auf die Buchsen der Scheibenwischerlager erleichtern dem Scheibenwischermotor sein Wirken.

Starterzug

Die 12 N-, 12 S- und 16 N-Motoren besitzen Vergaser mit Starterzug. Dieser Bowdenzug gehört eigentlich noch zum Vergaser, wird aber bei dessen Pflege leicht vergessen. Behandeln Sie ihn mit Öl, haben Sie nicht eines Tages den Zugknopf in der Hand. Außerdem wird durch die Leichtgängigkeit des Zuges gewährleistet, daß er beim Einschieben die Starterklappe im Vergaser richtig öffnet.

Zündverteiler

Ein nicht unwichtiger Punkt ist es, den Zündverteiler mit Fett zu versorgen. Man soll nicht meinen, bei Opel hätte man diesen Hinweis übersehen. Da aber die Unterbrecherkontakte alle 20 000 km nachgestellt werden sollen (siehe Seite 189) und dies meist durch eine Werkstatt geschieht, sorgt man dort ohnehin für Fettzufuhr. Es ist dann angebracht, das Gleitstück des Unterbrecherhebels und den Unterbrechernocken leicht einzufetten, ebenso wie das Hebellager des Unterbrechers. Hierzu bedient man sich des Bosch-Spezialfettes FT 1 v 4, wovon eine kleine Tube etwa 60 Pfennig kostet.
Die gleitenden Teile der Fliehgewichte benetzt man etwas mit Kugellagerfett. Auf den Schmierfilz am oberen Ende der Verteilerwelle träufelt man etwa alle 10 000 km ein paar wenige Tropfen Motoröl, die ruhig vom Ölpeilstab stammen können. Dazu ist der Verteilerläufer abzuziehen.

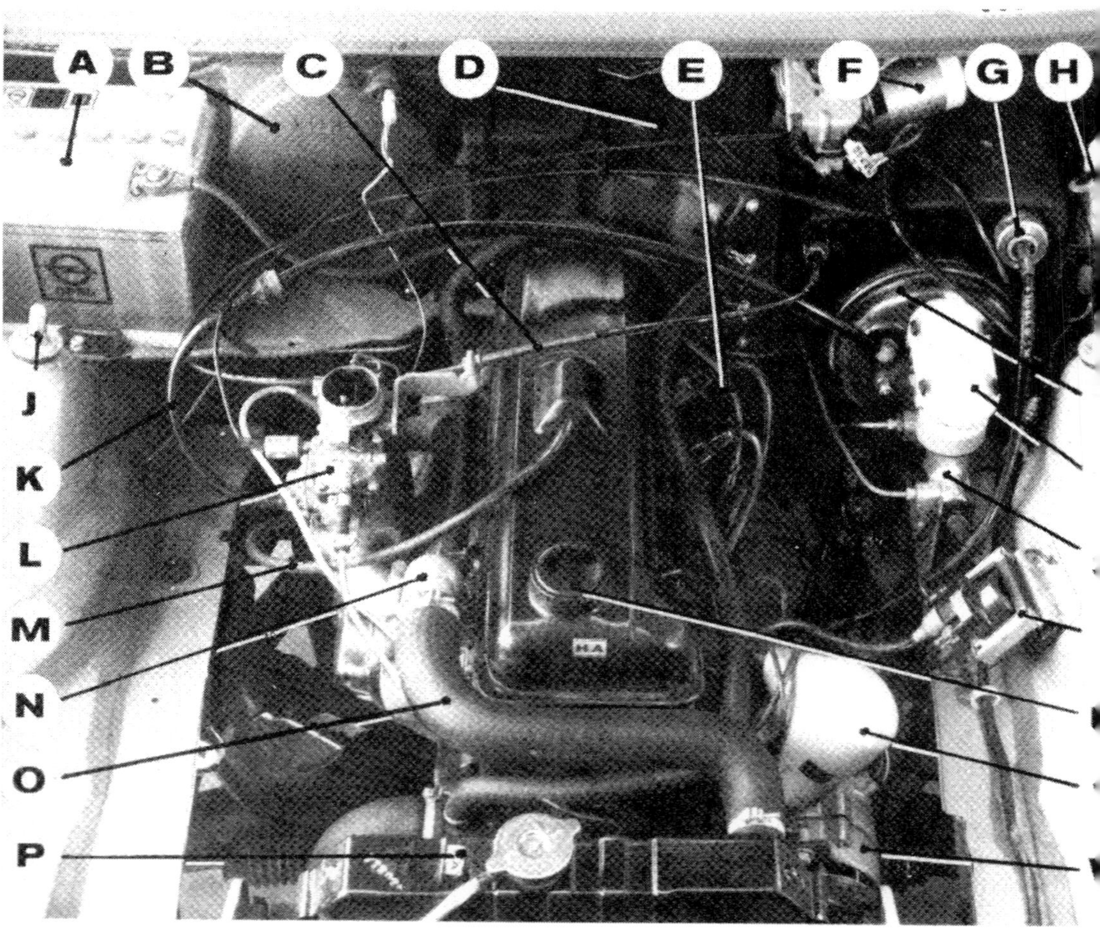

Welche Teile kennen Sie?

Wenn Sie die Motorhaube Ihres Opel geöffnet haben und sich vor das Auto stellen, gewinnen Sie den hier gebotenen Anblick. Dieses Bild hilft Ihnen, wichtige Teile im Motorraum zu erkennen und sich ihren Platz einzuprägen. Um keine Zweifel aufkommen zu lassen: Es handelt sich um den Motor 16 mit Vergaser Solex PDSI.
Im einzelnen sind bezeichnet: A – Batterie, B – Gehäuse für Gebläse, C – Gaszug, D – Gehäuse für Heizung, E – Zündkerzenkabel, F – Scheibenwischermotor, G – Kupplungsseilzug, H – Scheibenwaschwasserbehälter, J – obere Befestigung des rechten Stoßdämpfers, K – Unterdruckschlauch für Servobremse, L – Vergaser (Filtergehäuse abgenommen), M – Entlüftungsschlauch, N – Gehäuse für Thermostat, O – Heißwasserschlauch, P – Kühler, Q – Servobremse, R – Bremsflüssigkeitsbehälter, S – Hauptbremszylinder, T – Zündspule, U – Öleinfüllstutzen auf der Zylinderkopfhaube, V – Zündverteiler, W – Drehstromlichtmaschine.

Triebhaftes

Der ab 1976 geltende Wartungsplan von Opel sieht nur noch zwei Kontrollen vor, die das Manta-Triebwerk direkt (und keine angeschlossenen Aggregate) betreffen. Das bedeutet noch keine absolute Sorglosigkeit. Aber wir meinen, doch von weiterem Fortschritt in der Zuverlässigkeit sprechen zu können.

Bewährtes Konzept

Für die Manta-B-Modelle, die im August 1975 die Baureihe A des gleichen Namens ablösten, stehen Motoren zweierlei Bauart zur Verfügung. Der kleinere Motortyp mit 1,2 Liter Hubraum versieht in Gestalt verschiedener Varianten im Opel Kadett treue Dienste, das andere Triebwerk hat engste verwandtschaftliche Merkmale zu den Motoren des Opel Rekord, trotz teilweise vorhandener Abweichungen in Hubraum und Leistung.
Selbstverständlich läßt sich eine direkte Abstammung von den Vorgängermotoren des Ascona A und Manta A herleiten – beide waren, auf den jeweiligen Typ bezogen, vollkommen identisch, wie dies auch für die Motoren in der B-Reihe untereinander zutrifft. Die Änderungen gegenüber den früheren Motoren geschahen im wesentlichen im Blick auf bleiärmeren Kraftstoff und wegen der Abgasentgiftung. Schon im Januar 1975 warteten die A-Modelle mit entsprechenden Modifikationen auf, die teilweise zu verringerter Leistung führten.
Diese Änderungen drücken sich bei den einzelnen Motor-Typen in neu gestalteten Brennräumen aus, was Hand in Hand mit reduzierten Verdichtungsverhältnissen geht. Die Nockenwellen wurden geändert und die Ansaug- und Abgaswege erfuhren eine Überarbeitung, schließlich mußten auch die Abstimmung der Vergaser und die Arbeit der Zündverteiler auf die neuen Betriebsverhältnisse ausgerichtet werden.
Die Manta-Motoren werden in vier Größen hergestellt: Es gibt Hubräume von 1,2, 1,6, 1,9 und 2,0 Liter. Die erste Version ist in zwei Leistungsstufen, die zweite in zwei, die dritte in drei Spielarten und die vierte in zwei Ausführungen vorhanden. Wegen der erwähnten Ähnlichkeit untereinander und zu den Motoren anderer Opel-Typen profitiert man als Manta-Besitzer im Fall einer Reparatur von der Routine des Werkstattpersonals, das mit diesen Konstruktionen seit Jahren vertraut ist. Kinderkrankheiten, wie die Schwächen neu entwickelter Motoren bezeichnet werden, kennt man nicht.

Steckbrief der Motoren

Eingangs des voranstehenden Abschnittes ist von zwei Bauarten die Rede, deren Unterschied zunächst erklärt werden soll und der sich nur sekundär in der Motorgröße ausdrückt. Als Merkmal des kleineren Triebwerks dient die seitlich liegende Nockenwelle und mit ihr der Ventiltrieb über Stoßstangen und Kipphebel. Die Kurzbezeichnung für einen derartigen Motor lautet OHV (englisch für »over head valve« = Über-Kopf-Ventile). Alle anderen Motoren besitzen eine hochgelegte Nockenwelle mit direkt über Kipphebel betätigten Ventilen. Diese Bauart heißt CIH (»camshaft in head« = Nockenwelle im Kopf).

Als weiteres sei eine Erläuterung zu den Hubraumdaten gegeben, die bei jedem Auto von Interesse sind und von denen sich wesentliche Einflüsse auf Leistungsfähigkeit und Lebensdauer – natürlich in Verbindung weiterer Merkmale – ablesen lassen. Die Hubraumangabe errechnet sich aus der Bohrung (dem Durchmesser) eines Zylinders und aus dem Hub (dem Weg der Auf- und Abbewegung) eines Kolbens in diesem Zylinder. Der ermittelte Wert wird mit der Anzahl der Zylinder multipliziert und ergibt den Gesamthubraum eines Motors.
Die OHV-Motoren haben eine Bohrung von 79 mm und einen Hub von 61 mm. Beide Motoren – sie tragen die Kennzeichnungen 12 N und 12 S – besitzen daher den gleichen Hubraum von rund 1,2 Liter. Die CIH-Motoren verfügen nur gemeinsam über einen gleichen Kolbenhub von 69,8 mm, während bei ihnen die unterschiedlichen Zylinderbohrungen von 85, 93 und 95 mm zu verschiedenen Hubräumen führen, nämlich 1,6 Liter bei den Typen 16 N sowie 16 S, 1,9 Liter bei den Typen 19 N, 19 S sowie 19 E und 2 Liter beim Typ 20 S und 20 E. Weil der Kolbenhub bei allen Motoren wesentlich kleiner als die Zylinderbohrung ist, besitzen diese Vierzylinder-Reihenmotoren einen sogenannten Kurzhubcharakter: Eine solche Eigenheit ermöglicht höhere Drehzahlen als bei Langhubern und wirkt sich in einem geringeren Grad der Abnutzung aus.
Der Block der Vierzylindermotoren ist aus Grauguß gefertigt. Ebenso besteht der Zylinderkopf aus (chromlegiertem) Grauguß, im Gegensatz zu den heute häufig anzutreffenden Leichtmetallköpfen bei anderen Herstellern. Die Kennzeichnung eines Zylinderblocks erfolgt durch die erhaben gegossenen, seitlich angebrachten Zahlen 12, 16, 19 oder 20, die einen Hinweis auf den Hubraum geben.

Der Kurbeltrieb

Bei den 1,2-Liter-Motoren ist die Kurbelwelle dreifach, bei den übrigen fünffach gelagert. Jedes Pleuel mit Kolben stützt sich also bei den größeren Motoren links und rechts auf ein Hauptlager ab. Ein derart auf Sicherheit ausgelegter Kurbeltrieb könnte theoretisch höhere Drehzahlen als vorgeschrieben verkraften, doch die somit verborgene Reserve kommt der Lebensdauer zugute. Andererseits sind dem Ventiltrieb, der noch besprochen wird, in seinem Arbeitstempo Grenzen gesetzt. In diesem Zusammenhang sei aber darauf hingewiesen, daß man das Triebwerk durch Gasgeben bei niedrigen Touren quält. Dann zeigt sich eines Tages schaltfaules Fahren auf der Werkstattrechnung, z. B. durch Verschleiß der Kurbelwellenlager (hohe Belastung bei niedrigen Drehzahlen zerquetscht das Ölpolster in den Lagern).
Wie üblich, besitzen die Kolben je drei Kolbenringe. Diese sind in Aussparungen – Nuten – im oberen Drittel des Kolbens elastisch eingebettet und drücken federnd gegen die Zylinderwand. Die beiden oberen Verdichtungsringe (bei Opel als »Rechteckring« und »Minutenring« bezeichnet) verhindern, daß das Gasgemisch aus dem Verbrennungsraum am Kolben vorbei nach unten dringt, und der untere Ölabstreifring läßt das Schmieröl nicht aus dem Kurbelgehäuse nach oben steigen. Dieser untere Ring ist beim CIH-Motor eine sogenannte PC-Kombination, die aus zwei Zwischenringen und einem Stahlbandring besteht. Von der Ringkombination wird erwartet, daß sie sich federstramm, aber völlig klemmfrei, in ihrer Nut bewegen läßt.
Jeder Kolben ist über Kolbenbolzen und Pleuelstange mit der Kurbelwelle verbunden. Demontierte Kolben und Kolbenbolzen des OHV-Motors sind nicht mehr verwendbar. Neuteile liefert Opel als Ersatzteile. Ihr Zusammenbau kann nur in einer Werkstatt erfolgen. Dort erwärmt man die Pleuelstange auf 280° C in einem Elektroofen, wonach der Kolbenbolzen eingepreßt wird. Ersatzpleuel gehören der höchsten Gewichtsklasse an und müssen in ihrem Gewicht durch Abschleifen der beiden Gewichtszapfen den eventuell in Gebrauch bleibenden

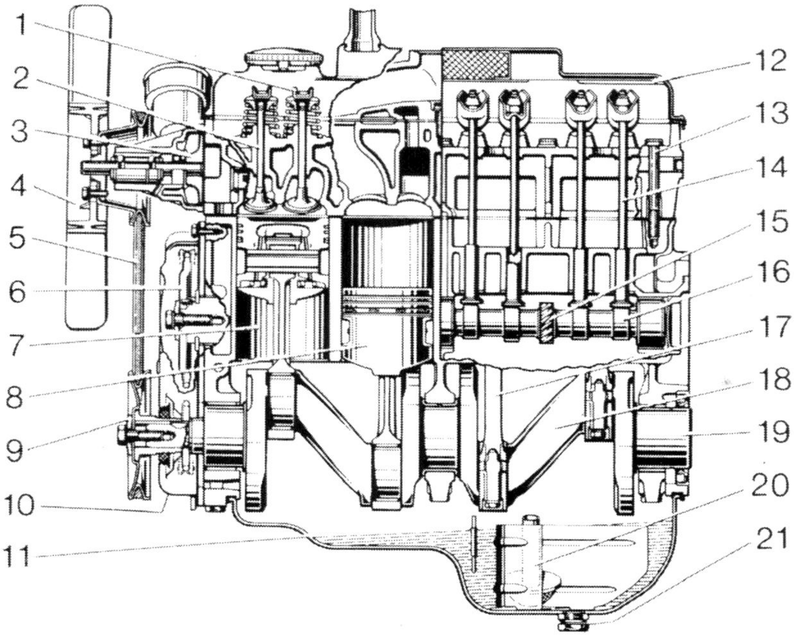

Dieses wie das nächste Schnittbild offenbaren das Innenleben des 1.2-Liter-Motors. Bei der Seitenansicht bedeuten:
1 - Kipphebel, 2 - Ventil, 3 - Wasserpumpe, 4 - Ventilator, 5 - Keilriemen, 6 - Steuerrad für die Nockenwelle, 7 - Zylinder, 8 - Kolben, 9 - Riemenscheibe auf der Kurbelwelle, 10 - Steuerdeckel, 11 - Ölwanne, 12 - Zylinderkopfhaube, 13 - Zylinderkopfschraube, 14 - Ventilstößel, 15 - Zahnrad für Antrieb von Zündverteiler und Ölpumpe, 16 - Nocken, 17 - Pleuel, 18 - Kurbelwelle, 19 - Kurbelwellenlager, 20 - Saugrohr der Ölpumpe, 21 - Ölablaßschraube.

Pleuelstangen angepaßt werden. In einem Motor darf der Gewichtsunterschied der Pleuelstangen höchstens 4 g betragen. Ausfräsungen am Kolbenboden für die Ventile sind der Anlaß für Einbauvorschriften, die auch mit der Ölversorgung zusammenhängen. Danach muß z. B. im CIH-Motor die Kerbe am Kolbenbolzen nach vorn, das Ölspritzloch am Pleuel zur Krümmerseite und die Kerbe im Pleuelstangendeckel nach hinten zeigen.

Auf dem Kurbelgehäuse sind Richtzahlen angebracht, die der Werkstatt über die tatsächliche Zylinderbohrung in hundertstel Millimeter Auskunft geben. Die Kolben verfügen auf ihrem Boden über gleiche Richtzahlen. Das zu wissen ist bei der Ersatzteilbeschaffung, bei Montagearbeiten und Motorüberholungen wichtig. Ab Werk beträgt das Kolbeneinbauspiel, also die Differenz zwischen Kolbendurchmesser und Zylinderbohrung, bei den 1.2-Liter-Motoren 0 mm; das bedeutet, daß Zylinderbohrung und Kolben auf hundertstel Millimeter den gleichen Durchmesser aufweisen müssen. In den größeren Motoren hingegen ist bei gleicher Richtzahl der Kolbendurchmesser immer um $^{3}/_{100}$ mm geringer als die Bohrung. Wenn die Zylinder anläßlich einer Motorüberholung ausgeschliffen werden, sind entsprechende Kolben zu verwenden.

Äußerst differenziert behandelt man auch die Kurbelwellen- und Pleuellagerzapfen. Die Einhaltung dieser in Tabellen bei Opel festgelegten Schleifmaße hat ganz erheblichen Einfluß auf die Gesundheit des Motors. Zur Überholung der sich gegeneinander bewegenden Flächen (Kurbelwelle in den Hauptlagern, Pleuelstangen auf den Lagern der Kurbelwelle) stehen entsprechende Lagerschalen außer in der Normalgröße in zwei Untermaßstufen zur Verfügung.

Das Haupt- und Pleuellagerspiel kann mit dem Maßmittel Plastigage von der Firma Ern, Motorenteile KG, Schinkelstraße 46–48, 4 Düsseldorf, zuverlässig gemessen werden. Dieser verformbare Plastikfaden mit kalibriertem Druchmesser wird axial zwischen Wellenzapfen und Lagerschale gelegt, und nach Anziehen der Lagerdeckelschrauben verformt sich der Faden je nach Größe des vorhandenen Lagerspiels auf eine bestimmte Breite. Durch Anlegen der mitgelieferten Meßskala können an dem flachgedrückten Faden das Lagerspiel und die Ovalität festgestellt werden.

Schnittbild des 1,2-Liter-Motors, von vorn gesehen.
Die Zahlen bedeuten:
1 - Vergaser, 2 - Ventil,
3 - Zündkerze, 4 - Kolben,
5 - Kurbelwelle, 6 - Ausgleichsgewicht der Kurbelwelle, 7 - Ölwanne, 8 - Kipphebel,
9 - Stößel, 10 - Zündverteiler,
11 - Nockenwelle, 12 - Antrieb des Zündverteilers,
13 - Antrieb der Ölpumpe,
14 - Ölfilter.

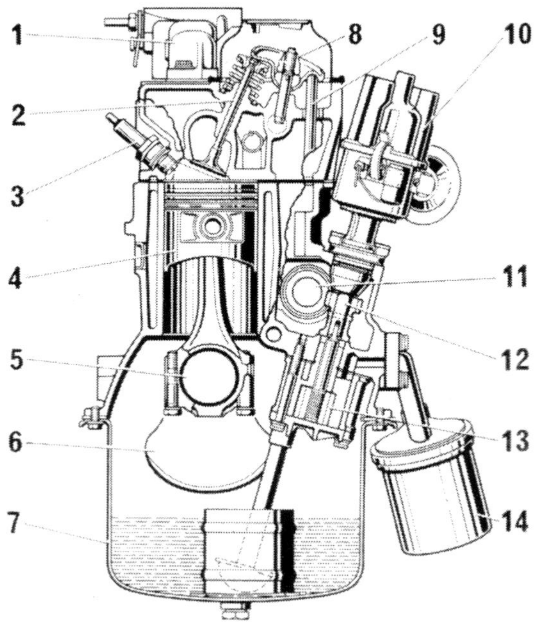

Lagerschäden

Wegen des Kurzhubcharakters ist die Kolbengeschwindigkeit – bei gleicher Umdrehungszahl der Kurbelwelle – gegenüber langhubigen Motoren geringer. Obwohl dadurch der schützende Ölfilm zwischen Kolben und Zylinderwand weniger beansprucht und der Verschleiß reduziert wird, können trotzdem Lagerschäden durch Ölmangel und Überbeanspruchung auftreten. Dies sind Beschädigungen der Gleitflächen zwischen Pleuel und Kurbelwelle, in fortgeschrittenem Stadium sogar zwischen Kurbelwelle und Motorgehäuse, also der Hauptlager. Schaltfaules Fahren, lang anhaltende Vollgasfahrten oder ständiges scharfes Ausfahren der Gänge führt zu allmählich eintretenden Lagerschäden. Nicht beachteter Ölmangel dagegen läßt Lagerschäden plötzlich entstehen.
Lagerschäden künden sich mit wärmer werdendem Motor (Öl wird flüssiger) durch Klopfen an, das allmählich zum lauten Hämmern wird. Ob überhaupt ein Lager (meistens Pleuellager) schadhaft ist und um welches es sich handelt, ist folgendermaßen festzustellen: Bei Leerlauf nacheinander die Kabel von den Zündkerzen abziehen und wieder aufstecken. Läßt das Klopfen bei einem der abgezogenen Kabel nach, liegt der Lagerschaden an diesem Zylinder vor. Ein anderer Test besteht darin, mit langem Schraubenzieher oder Metallstab gegen den Zylinderkopf nahe der Zündkerzen zu drücken und ein Ohr auf das Ende des Werkzeugs legen. Das Resonanzgeräusch zeigt das defekte Lager an.
Mit einer sehr verhaltenen Fahrweise kann man trotz »ausgelaufenen« Lagers noch die rettende Werkstatt, ja sogar den Heimatort über Hunderte von Kilometern anlaufen. Dazu die Zündkerze des betreffenden Zylinders ausschrauben, damit Arbeit und weitere Beanspruchung durch Kompression bei diesem Zylinder fortfallen. Falls sich Wasser im Motoröl befindet (milchiges Aussehen): Öl wechseln. Denn der Lagerschaden kann auch durch Ölverdünnung eingetreten sein, wenn bei undichter Zylinderkopfdichtung das Kühlmittel in den Ölkreislauf gelangte. Die Leistung der drei noch arbeitenden Zylinder darf nicht ausgeschöpft werden, deshalb auch nur langsam beschleunigen. Im 4. Gang kann das Tempo etwa 60 km/h betragen. Aus dem offenen Kerzenloch entweicht dabei ein pfeifendes Knallen, das von den Kompressionsbemühungen des mitlaufenden Kolbens herrührt. Diese Geräusche sind unerheblich. Stand und Temperatur von Kühlwasser und Motoröl müssen laufend überwacht werden.

Die Ventilsteuerung

Im Zusammenhang mit den auf die Motorbauart hinweisenden Bezeichnungen (OHV und CIH) wurde auf die Unterschiede im Ventiltrieb hingewiesen. In beiden Motortypen hängen die Ventile im Zylinderkopf schräg nach unten in die Verbrennungsräume. Sie sollen Frischgas herein- und verbranntes Gas herauslassen, was sie durch Öffnen und Schließen bewerkstelligen. Das Veranlassen dieser Arbeit im richtigen Moment wird Steuern der Ventile genannt und von den oval geformten Nocken der Nockenwelle bestimmt.

Stoßstangen, die bei den 1,2-Liter-Motoren wegen der seitlich unten im Motorblock liegenden Nockenwelle erforderlich sind, konnte man bei den 16- und 19-Motoren einsparen. Hier liegt die Nockenwelle im Zylinderkopf. Ihre Nocken wirken auf kleine Stößel und heben die Kipphebel an. Das andere Ende eines Kipphebels – in beiden Motoren gleichermaßen vorhanden – drückt regelmäßig auf ein Ventil, und dadurch entsteht eine Öffnung des Verbrennungsraums. Zu jedem Zylinder gehören zwei Ventile: Das Einlaßventil ist für die Zufuhr des vom Vergasser bereiteten zündfähigen Gasgemischs zuständig, das vom niedergehenden Kolben angesaugt wird, und das Auslaßventil sorgt für eine Ausgangsöffnung für das verbrannte Gas, das der nach oben drückende Kolben ausstößt. In den Motoren mit 1,2 Liter und 1,6 Liter Hubraum wirken Nockenwellen mit drei Lagern, während die 1,9-Liter- und 2-Liter-Triebwerke viermal gelagerte Nockenwellen besitzen. Die Nockenwellenlager werden ab Werk nur vorgebohrt geliefert und müssen bei Ersatz der Welle in der Werkstatt auf den jeweiligen Lagerzapfendurchmesser aufgerieben werden.

Der Antrieb der Nockenwelle erfolgt beim OHV-Motor durch eine einfache, bei den CIH-Motoren durch eine endlose Duplex-Rollenkette ohne Kettenschloß. Letztere wird im Steuergehäuse von zwei Gleitbahnen geführt (lange Gleitbahn auf der Zugseite, kurze gebogene Gleitbahn auf der Schubseite). Für straffen, spielfreien Sitz der Rollenketten sorgt jeweils ein Kettenspanner. Eine Nachprüfung des wartungsfreien Spanners sollte aber einer Werkstatt überlassen bleiben, weil hierbei bestimmte Meßwerkzeuge benötigt werden und das Gehäuse gegen Beschädigungen sehr empfindlich ist.

Zum Auswechseln von Kette und Steuerrädern muß der Motor ausgebaut werden. Es ist schon vorgekommen, daß die Rollenkette bei Reparaturen auf einem der beiden Steuerräder um einen Zahn versetzt montiert wurde. Dann stimmen die Ventilöffnungszeiten nicht, worunter Beschleunigung und Spitze leiden. Bei der Montage der beiden Zahnräder, über die die Kette läuft, müssen die Markierungen auf diesen Steuerrädern sich genau gegenüberstehen.

Die aus Stahlblech gepreßten Kipphebel wurden erstmals beim Kadett-A-Motor verwendet und erprobt. Ihre Herstellung ist billiger. Durch ihr geringeres Gewicht werden – unterstützt durch den Wegfall von Stoßstangen im CIH-Motor – leichteres Hochdrehen und höhere Drehzahlen des Motors ermöglicht.

Bei den höher beanspruchten Auslaßventilen ist die Sitzfläche mit einer Kobalt-Chrom-Nickel-Legierung gepanzert, die Tellerstirnfläche sowie die Sitzfläche sind »alitiert«. Letzteres bedeutet eine Anspritzung der Ventile mit Aluminium, das bei Erwärmung im Betrieb in den Ventilstahl eindringt und als Wärmeableiter dient. Neben dieser Kühlung der Ventile wird zusätzlich vermieden, daß Zunderbildung und Korrosion durch Bleiablagerung (wegen bleifreiem Kraftstoff in letzter Zeit ohnehin geringer) die Ventile und ihren Sitz beeinträchtigen. Die Auslaßventile aller besprochenen Motoren verfügen über Ventildrehvorrichtungen (»Roto Caps«), die unter den Ventilfedern liegen. Deren sinnreiches System, basierend auf Federn und Kugeln, dreht das Ventil bei jedem Hub um einen kleineren Betrag weiter. Auf diese Weise vermeidet man, daß sich die Sitzfläche einschlägt und undicht wird, wodurch Kompressionsverluste eintreten.

Das Schließen der Ventile wird von den Ventilfedern bewirkt, die den Ventilteller fest in den Sitz drücken und das Entweichen der Verbrennungsgase verhindern. Je nach Motortyp kommen Ventilfedern mit unterschiedlichen Eigenschaften der Belastbarkeit zur Verwendung.

Etwas über Drehzahlen

Zu jedem Motor gehört eine bestimmte Nenndrehzahl, ab deren Bereich er zugleich seine höchste Leistung erreicht. Dreht man über diese Drehzahl hinaus, fällt die Leistungskurve nach einem flachen Verlauf wieder ab.

Auf ebener Straße und im obersten Gang kann der Motor nicht überdreht werden. Dies ist aber in kleineren Gängen (beim Beschleunigen) und im Gefälle ohne weiteres möglich. Als Warngerät gibt es dafür nur den Drehzahlmesser, den die SR-Modelle und der Manta GT/E besitzen und der bei anderen Wagen als Zusatzgerät nachträglich eingebaut werden kann. Überdrehzahlen machen sich mit einem unüberhörbaren Brummen des Motors bemerkbar. Solche Geräusche stammen von den in Schwingungen geratenen Teilen der Ventilsteuerung, vor allem von den Ventilfedern. Diese sind es auch, denen in der Fahrpraxis eine Drehzahlgrenze gesetzt ist. Die in die Opel eingebauten Drehzahlmesser brauchen deshalb nicht dauernd ängstlich beobachtet zu werden, ob man vielleicht gerade den ersten Warnsektor bei 5750 min^{-1} überschreitet.

Im Alltagsbetrieb genügt es, wenn man folgendes über die Drehzahlverhältnisse der Manta-Motoren weiß:

Motor	Nenndrehzahl	Maximal zulässige Dauerdrehzahl	Kurzzeitig zulässige Drehzahl
12 N	5400	5800	6100
12 S	5400	5800	6100
16 N	5000	6000	6150
19 N	4800	6000	6150
19 S	4800	6000	6150
19 E	5400	6000	6150
20 S, 20 E	5400	6000	6150

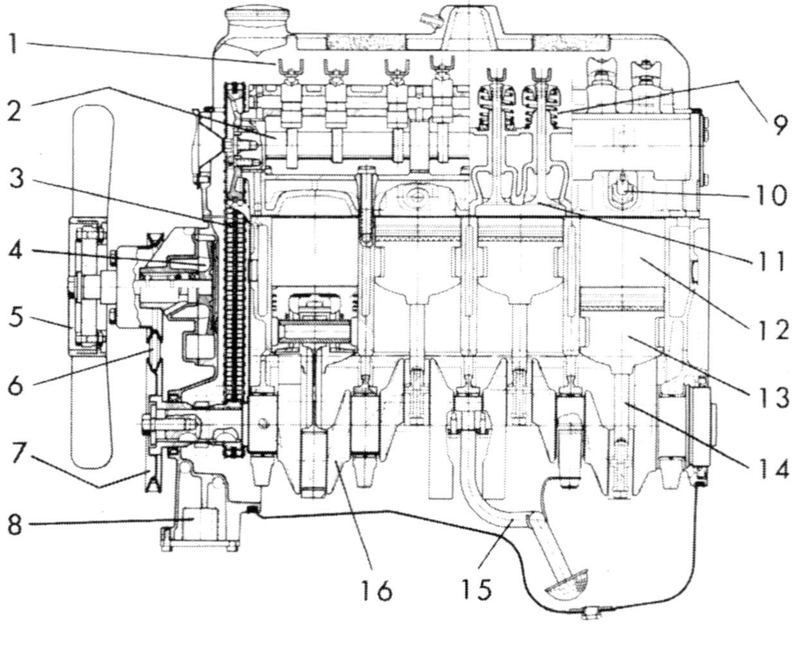

Im Schnittbild ist der hier gezeigte 1,9-Liter-Motor mit dem 1,6-Liter-Motor nahezu identisch. Bei dieser Seitenansicht bedeuten: 1 - Kipphebel, 2 - Nockenwelle, 3 - Steuerkette, 4 - Wasserpumpe, 5 - Ventilator, 6 - Keilriemen, 7 - Riemenscheibe der Kurbelwelle, 8 - Ölpumpe, 9 - Ventilfeder, 10 - Zündkerze, 11 - Ventil, 12 - Zylinder, 13 - Kolben, 14 - Pleuel, 15 - Ölansaugrohr mit Ölsieb in der Ölwanne, 16 - Kurbelwelle.

Die durch den roten Bereich im Drehzahlmesser gebotene Grenze ist selbstverständlich keine Barriere, hinter der das endgültige Aus lauert, sondern lediglich eine Sicherheitsvorkehrung. Der Ventiltrieb verkraftet noch mehr (etwa 6500 min^{-1}), aber das dann eintretende Ventilschnattern sollte doch als Alarmsignal aufgefaßt werden. Bei einem nicht exakt vorhersehbaren kritischen Drehzahlwert können die Kipphebel oder Ventilfedern brechen.
Sollte man dabei noch Glück haben, weil nur ein Kipphebelbruch vorliegt, wird das betreffende Ventil nicht mehr bewegt und der dazugehörige Zylinder hat keine Leistung mehr, was natürlich einen merkbaren Leistungsschwund gibt. Im Notfall sind die zerbrochenen Metallteile im Ventilkammerraum herauszusuchen. Danach kann man mit mäßiger Fahrt eine Werkstatt ansteuern.
Aber auch eine gebrochene Ventilfeder muß nicht gleich das Ende der Reise bedeuten, auch wenn kein Opel-Service in der Nähe ist. Voraussetzung ist natürlich, daß das betreffende Ventil nicht im Zylinder zerstört wurde. Man kann dann die Kraft der gebrochenen Ventilfeder provisorisch nutzbar machen, indem man zwischen die beiden (gebrochenen) Federteile eine Stahlscheibe legt.

Die Einlaufzeit

Umständliche Einfahrregeln früherer Jahre werden von Opel wie auch von anderen Autofirmen nicht mehr erteilt. Doch in den Betriebsanleitungen sind (hoffentlich beachtete) Hinweise gegeben, aus denen hervorgeht, daß der Besitzer eines jungen Manta nicht von Anfang an das Gaspedal strapazieren soll.
Moderne Herstellungsverfahren bieten die Gewähr, daß die Teile im Motor, die sich gegeneinander bewegen, ausreichend zueinander passen. Von der Konstruktion her wurden Einlauftoleranzen berücksichtigt, und dauerhafte Materialien sind für hohe Beanspruchung ausgelegt. Eine solche Belastbarkeit wird noch von der Chemie unterstützt, die in Form von Zusätzen in den heutigen Ölen mehr Sicherheitsreserven bietet, als noch vor einigen Jahren üblich war.
Diesen Pluspunkten steht aber gegenüber, daß ein neuer Motor tatsächlich erst laufen lernen muß. Der Vorführwagen, mit dem der Vertreter die lobenswerten Eigenschaften demonstrierte, war ganz gewiß nicht frisch aus der Fabrik gekommen und hatte sich an sein Dasein längst gewöhnt.
In den Betriebsanleitungen ist angegeben, daß man anfangs nur 75 % der Höchstgeschwindigkeit ausschöpfen soll. Als Besitzer eines Wagens mit Dreh-

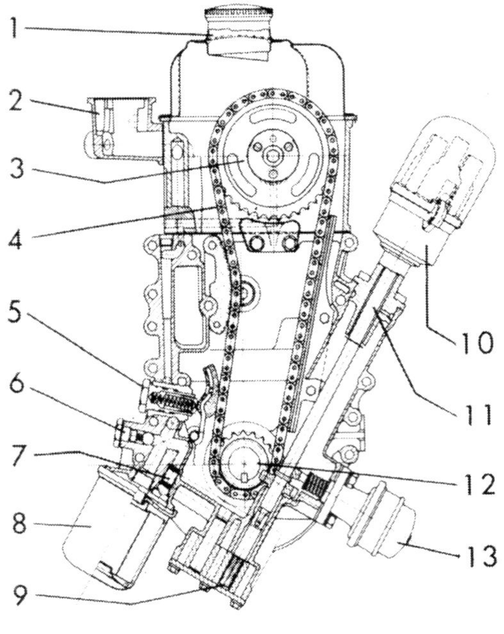

Beim gleichen Motor wie nebenstehend, in der Ansicht von vorn, bedeuten die Zahlen: 1 - Öleinfüllstutzen, 2 - Kühlwasseranschluß, 3 - Steuerrad für Ventiltrieb, 4 - Steuerkette, 5 - Kettenspanner, 6 - Ölpumpendruckventil, 7 - Ölfilter-Kurzschlußventil, 8 - Ölfilter, 9 - Ölpumpe, 10 - Zündverteiler, 11 - Verteilerwelle, 12 - Kurbelwelle, 13 - Benzinpumpe.

zahlmesser hat man einen weiteren Hinweis: Sein Zeiger soll sich während der ersten 1500 Kilometer möglichst nur im Bereich zwischen 1500 min^{-1} und 4000 min^{-1} bewegen. Erst nach mehr als 1500 zurückgelegten Kilometern kann man allmählich der Höchstgeschwindigkeit näher kommen, und erst nach 2000 km darf man längere Vollgasstrecken fahren.

Fahren Sie die Maschine gemächlich warm (wenn Sie wissen wollen, wann »warm« ist: Die Thermometernadel hat die Hälfte der Anzeige erreicht, oder kurz die Heizung anstellen – Sie werden es spüren). Danach kann flotter beschleunigt werden, denn das Auto soll nicht mit viel Gas bei wenig Drehzahl gequält werden. Das heißt ganz einfach: Nicht schaltfaul fahren. Lassen Sie den Motor richtig drehen, damit er später gut laufen kann. Sie müssen nicht »schleichen«.

Die ersten 2000 Kilometer sind sehr bald zurückgelegt. Am besten eignen sich dazu längere Fahrten auf Landstraßen. Benutzt man jedoch die Autobahn, dann ist die Fahrweise so einzurichten, wie sie über Land mit Kreuzungen und Ortsdurchfahrten ausfallen würde. Also mit wechselnden Geschwindigkeiten fahren und Höchstdrehzahlen vermeiden, dazwischen auskuppeln und dem Motor für einige hundert Meter Leerlauf gönnen, was bergab gelegentlich möglich ist.

Nachstehende kleine Regeln können dazu dienen, die Lebensdauer des Motors zu verlängern:

- Erst voll Gas geben, wenn die richtige Betriebstemperatur erreicht ist.
- Nach Kurzstreckenbetrieb (Stadtverkehr) auf langer Strecke nicht gleich Vollgas geben.
- Nach Fahrt auf Autobahn oder über Gebirgspaß Motor nicht sofort abstellen, sondern eine Weile leerlaufen lassen.
- Ventilspiel regelmäßig prüfen und einstellen (siehe unten).
- Ölfilter und Luftfilter regelmäßig wechseln (siehe Seite 63 und 111).
- Frostschutz als Kühlmittel laufend verwenden, reines Wsser im Kühlkreislauf wegen Korrosion und Rückstandsbildung vermeiden.

Ventilspiel prüfen

Pflegearbeit Nr. 25

Diese Kontrolle soll alle 20 000 km vorgenommen werden, nachdem sie auch bei dem km-Stand 10 000 ausgeführt wurde. Die erste Einstellung des Ventilspiels findet anläßlich der 1000-km-Inspektion statt. Beim 2-Liter-Motor mit Hydro-Stößeln braucht das Ventilspiel nicht geprüft zu werden.

Gemessen und eingestellt wird bei warmgefahrenem Motor. Die Kühlwasseranzeige muß sich also etwa in der Mitte der Skala befinden.

Bei den Motortypen 12 N und 12 S hat das Ventilspiel der Einlaßventile 0,15 mm und das der Auslaßventile 0,25 mm zu betragen. Dazu ist es nötig, die Reihenfolge der Ventile zu kennen. Sie lautet von vorn oder von hinten gezählt (A = Auslaß, E = Einlaß): A–E–E–A–A–E–E–A. Die gleiche Folge findet sich auch bei den anderen Motoren bis einschließlich 1,9 Liter Hubraum, doch ist sie bei diesen ohne Belang, weil das Ventilspiel ihrer Einlaß- und Auslaßventile mit 0,30 mm gleich groß ist. Das Spiel wird mit einer Fühlerblattlehre gemessen.

Die Kontrolle läßt sich bei abgenommener Zylinderkopfhaube durchführen, und dazu ist es vorab nötig, das Luftfiltergehäuse abzubauen. Wie das geschieht, ist auf Seite 112 vermerkt.

Die Zylinderkopfhaube des 1,2-Liter-Motors ist mit vier Schrauben SW 10 befestigt, bei den anderen Motoren sind sechs dieser Schrauben herauszudrehen. Man schraubt sie mit einem Rohrschlüssel los. Die dabei frei werdenden länglichen Zwischenstücke sind dazu da, die Haube zwecks guter Dichtung gleichmäßiger anzupressen. Vorn und hinten hat die Haube an ihrem Rand Aussparungen für einen breiten Schraubenzieher; falls sie festgebacken sein sollte, muß man mit diesem Werkzeug nachhelfen.

Das Ventilspiel wird geprüft, indem eine Fühlerblattlehre zwischen Ventilschaft und Kipphebel geschoben wird. Im linken Bild ist das Prüfen beim 12 S-Motor zu sehen, das rechte Bild zeigt die gleiche Arbeit am 19 S-Motor. Das Nachstellen – Vergrößern oder Verringern des Spiels – geschieht mittels eines von oben auf die Einstellschraube gesetzten Steckschlüssels. Diese Schraube ist selbstsichernd. Bei den 1.6- und 1.9-Liter-Motoren liegt, wie man im rechten Bild sieht, die Steuerkette offen. Bei laufendem Motor ist unbedingt darauf zu achten, daß man der dann umlaufenden Kette – auch mit dem Rockärmel – nicht zu nahe kommt: Akute Unfallgefahr!

Quer über die CIH-Motoren verläuft der Gaszug zum Vergaser. An der Halterung für diesen Zug ist die Mutter auf dem Endstück loszudrehen (sie bleibt auf dem Zugdraht hängen), dann kann man das Gewindestück nach links aushängen. Der Entlüftungsschlauch ist vom Dom der Haube abzuziehen.

Nachdem die Zylinderkopfhaube abgenommen ist, sieht man den Ventiltrieb. Auf der linken Motorseite werden die in ihrer Mitte schwenkbar gelagerten Kipphebel gegen die Enden der Ventilschäfte gedrückt. Hier ist die Stelle, wo das Spiel zwischen den Teilen des Ventiltriebs gemessen wird.

Das Ventilspiel kann nur bei einem geschlossenen Ventil überprüft werden, denn dabei sind Stoßstangen bzw. Stößel, Kipphebel und Ventil entlastet. Die einfachste Möglichkeit, um festzustellen, welche Ventile geschlossen sind: Großen Gang einlegen und den Wagen langsam und ruckfrei schieben. Das funktioniert bei den Mittelklassemotoren ganz gut. Zur Erleichterung kann man die Zündkerzen herausschrauben. Dabei muß man aufpassen, wenn sich die Ventile des 1. Zylinders (vorn) überschneiden, sich gegenläufig bewegen. In dieser Stellung kann das Ventilspiel beim 4. Zylinder gemessen werden. Zum Messen des anderen Ventilpaares muß der Wagen um eine volle Umdrehung des Keilriemenrades auf der Kurbelwelle weitergeschoben werden. Überschneiden sich die Ventile des 3. Zylinders, werden die des 2. Zylinders eingestellt und umgekehrt. Bei geschlossenen Ventilen macht sich das zu messende Spiel insofern bemerkbar, als ihre Kipphebel mit der Hand etwas bewegbar sind.

Gemessen wird so: Mit dem entsprechenden Blatt der Fühlerlehre fährt man zwischen Ventilschaft und Kipphebel. Zur genauen Messung ist es besser, das Lehrenblatt zu schieben statt zu ziehen. Noch einmal wiederholt: Ventilspiel bei den Motoren 12 N und 12 S für Einlaß 0,15 mm, für Auslaß 0,25 mm; bei den Motoren 16, 19 N, 19 S und 19 E mißt man alle Ventile mit dem 0,30-mm-Blatt. Das Fühlblatt soll mit leichter Reibung, ohne zu klemmen, den Spalt durchgleiten können. Geht das nicht oder zu leicht, weil das Spiel zu groß ist, muß nachgestellt werden. Dazu dreht man mit einem Rohrschlüssel SW 15 die Einstellmutter auf dem Kipphebel. Sie ist durch Kunststoffeinsatz selbstsichernd, weshalb eine Kontermutter entfällt. Geübte Leute schieben währenddessen die Fühlerlehre hin und her und können rasch feststellen, wann das erforderliche Spiel erreicht ist.

Wurden alle acht Ventile überprüft bzw. eingestellt, kann man die vorher abgebauten Teile wieder anbringen. Die Deckeldichtung muß erneuert werden, wenn sie beschädigt ist. Die Deckelschrauben befestigt man ohne Gewalt, sonst verzieht sich der Deckel und die Dichtung wird zerquetscht.

Der abgebildete CIH-Motor mit 1,9 l Hubraum, auf den ersten Blick an dem Vergaser Zenith INAT erkenntlich, sieht unter der Zylinderkopfhaube aus wie das 1,6-Liter-Triebwerk. Im Bild vermerkt ist die Reihenfolge der Einlaßventile (E) und der Auslaßventile (A), die bei allen in diesem Buch besprochenen Motoren die gleiche ist. Diese Reihenfolge muß beim Einstellen der Ventile bei den 1,2-Liter-Motoren beachtet werden, weil deren Ventilspiel im Gegensatz zu den oben genannten Motoren für Einlaß und Auslaß unterschiedlich ist.

In den Opel-Werkstätten wird das Ventilspiel bei laufendem Motor überprüft. Nicht nur, weil man dabei Zeit spart, sondern weil bei stehendem Motor nicht die Garantie gegeben ist, daß die Ventile an das Meßblatt anschlagen. Ebenso kann man es daheim machen. Allerdings verspritzt die Steuerkette bei laufendem CIH-Motor Öl, außerdem ist eine laufende Kette unfallträchtig. Um sich davor zu schützen, schneidet man aus Blech oder Pappe ein etwa 25 × 7 cm großes Stück, setzt es halbkreisförmig in die Öffnung über die Kette und befestigt es provisorisch mit den beiden vorderen Haubenschrauben.
Zur Spielmessung nimmt man das entsprechende Blatt der Fühlerlehre und steckt es bei jedem Ventil zwischen Kipphebel und Ventilschaft. Jedesmal, wenn der Kipphebel hochgeht, läßt es sich dazwischenschieben. Es ist ohne Bedeutung, wenn der Kipphebel das Lehrenblatt kurz einklemmt.
Falls ältere Motoren ausgeschlagene Gleitflächen zwischen Kipphebel und Ventilschaft besitzen, verhindert das, daß sich das Lehrenblatt einwandfrei hindurchschieben läßt. Mit einer feinen Feile müssen dann die Kipphebelflächen geglättet werden, wozu die Kipphebel abzuschrauben sind.

Warum Ventilspiel?

Der Begriff »Ventilspiel« taucht bei allen technischen Daten und Anweisungen auf. Wie wichtig ist es eigentlich? Es ist von lebenswichtiger Bedeutung für die Lebensdauer der Ventile und damit für die gleichbleibende Motorleistung. Zwischen den Teilen der Ventilbetätigung – also Nocken, Stößel, Kipphebel und Ventilschaftende – muß etwas Luft oder »Spiel« vorhanden sein, damit die unterschiedlichen Wärmedehnungen ausgeglichen werden können.
Man sollte sich bei der Kontrolle des Ventilspiels nicht auf sein Ohr verlassen, um etwa das Klappern bei zu großem Ventilspiel zu erkennen. Was man nicht hört und was wesentlich kritischer ist: Zu kleines Ventilspiel. Es bedeuten:
Zu kleines Ventilspiel: Gefahr, daß Ventile und Ventilsitze verbrennen (Ventile liegen nicht satt auf Ventil-Sitzung auf, wodurch Kühlung ungenügend), Verziehen der Ventile, schlechte Leistung durch verringerte Kompression, veränderte Steuerzeiten.
Zu großes Ventilspiel: Schlechtere Zylinder-Füllung, also geringere Leistung, Veränderung der Steuerzeiten, ungleichmäßiger Lauf, höherer Verschleiß, größeres Geräusch.

Die Hydro-Stößel

Bei den hydraulischen Stößeln, die in den ab 1977 gebauten Modellen mit 2-Liter-Motor verwendet werden, handelt es sich um mehrteilige, zusammengesetzte Stößel, die in der Hauptsache aus Gehäuse und Kolben bestehen. Ihr Auf-

bau ist mit einem ölgefüllten Stoßdämpfer für die Radaufhängung zu vergleichen. Diese Stößel sind an den Ölkreislauf des Motors angeschlossen und erhalten so das zu ihrer Funktion erforderliche Drucköl. Sie sichern ein spielfreies Arbeiten der Ventilsteuerung unter allen Betriebsbedingungen und gleichen auch die Längenänderung aus, die durch Temperaturschwankungen und Verschleiß auftreten. Ein Nachstellen des Ventilspiels ist daher nicht erforderlich. Jedoch muß eine Grundeinstellung der Stößel durchgeführt werden, wenn der Zylinderkopf oder die Kipphebel (oder natürlich auch die Stößel allein) ausgebaut waren.
Es können aber auch Funktionsstörungen bei den Hydro-Stößeln vorkommen:

- Hartes Klopfgeräusch. Meist hervorgerufen durch Verharzung oder Verkohlung, aber auch durch verklemmte Schmutz- oder Metallteile;
- Mäßiges Klopfgeräusch. Wenn bei normalem Öldruck das nachgeführte Öl zu schnell zwischen Stößelkolben und -gehäuse abläuft oder wenn die im Stößel befindliche Rückschlagventilkugel einen undichten Sitz hat; bei falscher Grundeinstellung;
- Allgemein lauter Mechanismus. Zumeist ungenügende Ölzufuhr oder falsche Einstellung;
- Zeitweilige Klickgeräusche. Wahrscheinlich: Kleinstes Schmutzteilchen klemmt kurzzeitig zwischen Sitz und Kugel des Rückschlagventils; Kugel ist unrund; falsche Einstellung;
- Drehzahl-Leistungsverlust. Die Ursache liegt vermutlich an übermäßigem Leckverlust (zu schneller Ölabfluß); oder Kolben preßt im Gehäuse; oder das Rückschlagventil ist undicht; oder eine Verschmutzung ist eingetreten, oder die Einstellung stimmt nicht.

Die ordnungsgemäße Arbeit der Hydro-Stößel kann man ohne weiteres selbst prüfen: Man setzt bei laufendem Motor den Finger auf den Ventilfederteller. (Keine Angst, es passiert Ihnen nichts!) Schließt der Hydro-Stößel weich, arbeitet er richtig. Verspürt man dagegen bei jedem Schließen einen harten Stoß, dann ist die Funktion fehlerhaft.
Zum Auswechseln eines Hydro-Stößels muß der betreffende Kipphebel ausgebaut werden. Der neue Stößel sollte vor dem Einsetzen für eine Stunde in fri-

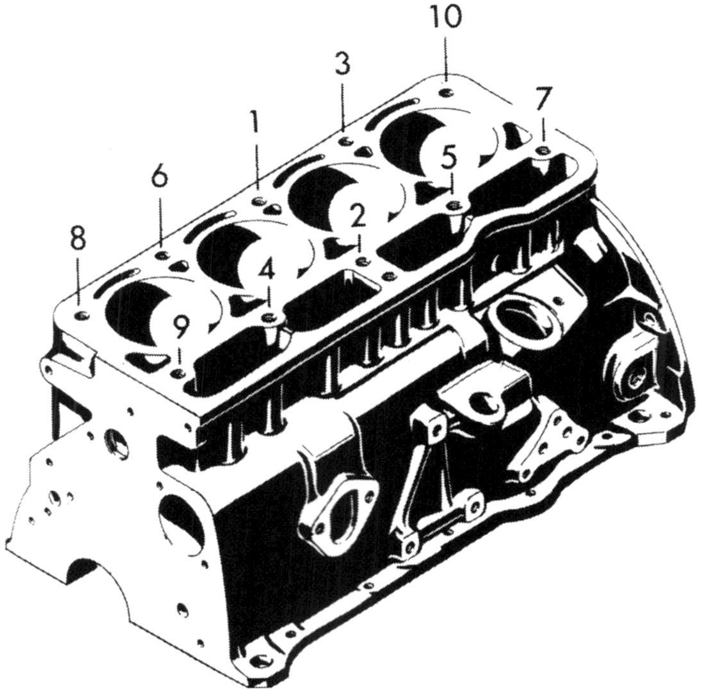

Um den demontierten Zylinderkopf des 1,2-Liter-Motors wieder aufzuschrauben, sind die Zylinderkopfschrauben in der Reihenfolge der Zahlen nacheinander anzuziehen, und zwar hintereinander in zwei Arbeitsgängen. Beim erstenmal alle Schrauben bei kaltem Motor mit 4,5 kpm festziehen, und beim Einstellen der Ventile soll dieser Wert von 4,5 kpm (Meterkilogramm nach Drehmomentschlüssel) nochmals kontrolliert werden.
Im Unterschied zu dem hier abgebildeten 1,2-Liter-Motor müssen die Zylinderkopfschrauben der Motoren 16, 19 und 20 – ebenfalls zweimal – mit 10 kpm angezogen werden. Die Anzugsreihenfolge ist die gleiche wie hier gezeigt.

sches Motoröl gelegt werden, dann ist er voll betriebsbereit. Die Grundeinstellung erfolgt bei stehendem Motor, der warm oder kalt sein kann. Der Kolben des betreffenden Zylinders muß dabei auf dem oberen Totpunkt stehen. Die Einstellmutter am Kipphebel ist zurückzudrehen, bis Spiel vorhanden ist, und danach wird sie wieder angezogen, daß kein Spiel mehr zwischen Ventil, Kipphebel und Stößel besteht. Nun ist die Mutter um eine volle Umdrehung weiter anzuziehen: Das Ventilspiel ist fixiert.
Eine Nachstellung der Stößel kann bei warmem, laufendem Motor vorgenommen werden. Wie eben beschrieben, ist die Einstellmutter zu lösen, bis der Kipphebel klappert, und dann wieder anzuziehen, bis dieses Klappern gerade aufhört. Danach wird die Mutter langsam viermal um eine Viertelumdrehung weiter angezogen, und jedesmal ist dazwischen eine kleine Pause einzulegen. Bis der Motor jeweils wieder rund läuft, vergehen etwa 10 Sekunden. Diese stufenweise Einstellung ist erforderlich, um Beschädigungen im Stößel zu vermeiden.

Zylinderkopf ausbauen

Praktisch veranlagte Leute werden sich für diese Arbeit interessieren, die z. B. für Arbeiten am Ventiltrieb oder zum Säubern der Brennräume von Rückständen nötig wird. Hier das Wichtigste dazu in Stichworten:
Beim OHV-Motor Minuskabel von der Batterie abklemmen, Kühlwasser ablassen (siehe entsprechende Kapitel). Alle Zusatzteile demontieren (Luftfilter, Zylinderkopfhaube, Auspuff- und Saugrohr, Vergaser, Lichtmaschine, Schäuche usw.). Luftrichter vom Kühler lösen und über den Ventilator hängen, danach Kühler ausbauen, Ventileinstellmuttern so weit lösen, daß sich die Stoßstangen herausziehen lassen. Sie müssen vor dem Abnehmen des Zylinderkopfes entnommen werden, damit sie nicht in die Ölwanne fallen. 10 Zylinderkopfschrauben herausnehmen und Zylinderkopf abheben.
Zum Wiederaufbau benützt man in der Werkstatt zwei ca. 40 mm lange Führungsstifte, hergestellt aus Zylinderkopfschrauben, deren Kopf auf die Gewindestärke seitlich rundgeschliffen wurde. Sie werden in den Motorblock geschraubt, dienen dem paßgerechten Aufsetzen des Zylinderkopfes und müssen danach mittels Klemmschraubenzieher wieder herausgeschraubt werden. Eine neue Zylinderkopfdichtung verwenden. Die rechte hintere Zylinderkopfschraube ist vor Auflegen des Zylinderkopfes in ihre Bohrung zu stecken, sie kann später nicht mehr eingesteckt werden. Alle Zylinderkopfschrauben sind mit 45 Nm (4,5 kpm) in der auf der Abbildung gezeigten Reihenfolge anzuziehen. Anschließend sind die Stößelstangen einzustecken, die Kipphebel zu befestigen und die Ventile einzustellen. Das Ventilspiel soll bei 80° C Kühlmittel- und 60–80° C Öltemperatur geprüft werden. Nach 1000 km Fahrstrecke müssen die Zylinderkopfschrauben nochmals mit 45 kpm nachgezogen werden, und das Ventilspiel ist erneut zu kontrollieren.
Nach den entsprechenden, vorbereitenden Demontagen bei den CIH-Motoren sind die Auspuffflanschschrauben mittels 13-mm-Gelenkschlüssel herauszudrehen. Vorn am Zylinderkopf Verschlußdeckel für Nockenwelle (Vielzahnstiftschlüssel) und mit gleichem Schlüssel Nockenwellenrad abschrauben. 10 Zylinderkopfschrauben lösen. Für die linken Schrauben Nockenwelle so drehen, daß runde Aussparungen in dieser senkrecht stehen. Zylinderkopf mit Nockenwelle und Krümmer abnehmen. Beachten: Kopf nicht auf Dichtfläche ablegen, da sonst Ventile beschädigt werden. Daher vorn und hinten Holzstücke unterlegen. Beim Wiedereinbau neue Kopfdichtung verwenden (sie muß für den Motorentyp passen!), Gummiring für den Wasserkanal in die Aussenkung des Steuergehäuses legen, Dichtungsmasse zwischen Steuergehäuse und Motorblock aufbringen. Beim Aufsetzen des Zylinderkopfes darf kein Kolben im oberen Totpunkt

stehen. Nockenwelle mit Aussparung senkrecht stellen und Ventileinstellmuttern lösen, um Berührung der Ventile mit den Kolben zu vermeiden. Kopfschrauben auf 100 Nm anziehen. Ventile einstellen. Nach 1000 km Fahrstrecke sind die Zylinderkopfschrauben zu lösen und – bei warmem oder kaltem Motor – erneut mit 100 Nm festzuziehen.

Ventile einschleifen

Mit dem Einschleifen der Ventile begegnet man dem Nachlassen der Leistung bei höherem Motoralter. Dabei wird der Ventilkegel mit Schleifpaste bestrichen und das Ventil in seine Führung im Zylinderkopf – dieser ist ausgebaut – gesteckt. Das Ventil schleift man mit einem Spezialhandgriff unter leichtem Anziehen und wechselweisem Hin- und Herdrehen auf seiner Sitzfläche ein.
Der Kegelwinkel aller Ventilsitze soll 45° betragen, bei den Ventiltellern beträgt der Winkel 44°. Um die vorgeschriebene Breite der Sitze von 1,25–1,5 mm bei den Einlaßventilen und 1,60–1,85 mm bei den Auslaßventilen zu erreichen, bedient man sich zwei verschiedener Fräser, einmal mit 20° und einmal mit 75°.
Ersatzventile sind mit Übergrößen der Ventilschäfte erhältlich. Entsprechend sind im Bedarfsfall die Ventilführungen aufzureiben.

Kompressionsdruck messen

Bei Verdacht auf verringerte Motorleistung ist zu prüfen, ob die Kompression in den Zylindern noch hoch genug ist, genauer, ob Kolbenringe und Ventile gut abdichten. Voraussetzung: Ventilspiel ist richtig eingestellt.
Zur Prüfung wird ein Kompressions-Druckschreiber benutzt, in den Meßkärtchen eingelegt werden (man kann auch einen Druckprüfer mit Skala und Zeigerausschlag benutzen). Der Druckschreiber wird auf das Zündkerzenloch gesetzt. Der Motor soll betriebswarm sein. Ein Helfer drückt das Gaspedal ganz durch, damit die Zylinder ihre größte Füllung erhalten und dreht den Motor mit dem Anlasser mehrmals durch. Für jeden Zylinder zeichnet der Druckschreiber eine Kurve auf das gewachste Papier, deren Endpunkt den höchsten Druck anzeigt. Wichtig für den gesunden Motor ist nicht die absolute Höhe des Druckes, sondern dessen Gleichmäßigkeit bei allen Zylindern. Druckunterschiede bis zu 0,5 kp/cm² sind unerheblich, sie sollen aber nicht mehr als 1 kp/cm² betragen. Die Messung bei warmem Motor ist aussagekräftiger als bei kaltem Motor, da bei diesem die Abdichtung durch die Kolbenringe und das Öl noch unvollkommen ist. Motoren in tadellosem Zustand werden eine Kompression von 13 kp/cm² besitzen. Über 10 kp/cm² stellt noch eine gute Kompression dar, unter 7 kp/cm² deutet auf schlechten Motorzustand hin.
Vergleichbar sind nur Messungen, die mit demselben Meßgerät ausgeführt sind, da diese voneinander immer etwas abweichen. Lassen Sie sich das Meßkärtchen geben und schreiben Sie sich zu Vergleichszwecken Datum und km-Stand auf. Bosch hat einen Kompressionsverlust-Tester entwickelt, mit dem man sowohl den Kompressionsdruck als auch den Druck-Verlust messen kann.
Zu niedriger Druck kann von Schäden an den Ventilen herrühren, z. B. durch verbranntes Auslaßventil (durch zu knappes Ventilspiel) oder klebendes (hängendes) Ventil wegen zu viel Rückstandsbildung am Ventilschaft und in dessen Führung, ferner von Kolben- und Kolbenringverschleiß oder festsitzenden Kolbenringen, unrunden Zylindern, Folgeerscheinungen von Kolbenklemmern. Außerdem kann auch die Zylinderkopfdichtung verbrannt oder undicht sein.
In den weitaus meisten Fällen liegt mangelnder Kompressionsdruck vor und damit verringerte Motorleistung an undichten Ventilen. Zusätzliche Kontrolle: Einträufeln von Öl ins Kerzenloch. Ist der Druck nach nochmaligem Motordurchdrehen immer noch mangelhaft, sind die Ventile undicht, insbesondere die Auslaßventile. Undichte Auslaßventile kann man auch am Blasgeräusch im

Auspuffkrümmer erkennen, ebenso wie undichte Einlaßventile durch ein solches typisches Geräusch im Vergaser bzw. Saugrohr vermutet werden müssen. Eine undichte Zylinderkopfdichtung macht sich durch Luftblasen im Kühlwasser und manchmal dort auch durch Ölspuren bemerkbar.
In Opel-Werkstätten mißt man ergänzend auch den Motor-Druckverlust mittels Druckverlust-Tester und Preßluft. Dabei läßt sich mit ziemlicher Sicherheit feststellen, ob der in einem Zylinder (durch das Kerzenloch) eingepreßte Druck in das Saugrohr, in den Auspuff, in das Kurbelgehäuse, in den Kühlmittelkreislauf oder in einen benachbarten Zylinder entweicht. In der genannten Reihenfolge deutet das auf Defekte an Einlaßventil, Auslaßventil, Kolbenring(en) oder Zylinderkopfdichtung.

Die Steuerung

Unter dem Begriff »Steuerung« versteht man die Regelung für den Gemischeinlaß in die Verbrennungsräume und für den Auslaß der verbrannten Gase. Diese von den Ventilen übernommene Arbeit, bei den 1,2-Liter-Motoren von der Nockenwelle und bei den übrigen von der Kurbelwelle bewirkt, muß in genau bestimmten Abläufen geschehen und zugleich mit der Zündung Hand in Hand gehen, was durch den direkten Antrieb des Zündverteilers von der Nokkenwelle gegeben ist. Wenn die dabei mitwirkenden Teile ausgebaut, ersetzt oder während einer Reparatur in ihrer Stellung verändert werden, müssen sie wieder in die richtige Position gebracht werden. Das kann jede Opel-Werkstatt, wenn es nötig werden sollte. Schon geringe Abweichungen in der Steuerung verursachen Leistungsabfall und möglicherweise Zerstörungen im Motor. Als Eigenpfleger kommen Sie kaum in die Verlegenheit, sich derart mit der Mechanik des Motors auseinandersetzen zu müssen. Doch in einigen, vor allem östlichen Ländern ist der Opel-Service nur dünn verteilt. Der Mechaniker eines völlig markenfremden Betriebes weiß im Ernstfall mit den nachfolgenden Angaben genug anzufangen, damit Sie mit Ihrem Wagen wieder gut heimkehren können. Braucht tatsächlich nur die Steuerung korrigiert oder kontrolliert zu werden (die Montage der einzelnen Bauteile bedarf spezieller Kenntnisse), so gibt die nachfolgende Aufstellung über die Steuerzeiten Aufschluß:

Motor	12 N, 12 S	16 N, 16 S, 19 N, 19 S	19 E	20 S	20 E
Einlaß öffnet vor o. T.	46°	44°	44°	32°	34°
schließt nach u. T.	90°	86°	88°	90°	88°
Auslaß öffnet vor o. T.	70°	84°	84°	72°	74°
schließt nach u. T.	30°	46°	48°	50°	48°

Anschließend müssen die Ventile wieder eingestellt werden, wie es bereits beschrieben wurde. Ferner ist die Einstellung des Zündverteilers zu prüfen und gegebenenfalls zu berichtigen.

Leerlauf überprüfen

Pflegearbeit Nr. 26

Wenn der Motor ohne Betätigung des Gaspedals läuft, spricht man von Leerlauf. Dabei sollte sich die Kurbelwelle in Drehzahlen für eine Motorleistung bewegen, die gerade zur Überwindung der inneren Reibung und zum Antrieb der Nebenaggregate ausreicht. Der Leerlauf darf nicht so niedrig sein, daß der Motor nur stotternd läuft und er soll auch nicht so schnell sein, daß bei Standlauf das Kühlwasser zu heiß wird.
Beeinflußt wird der Leerlauf von der Vergasereinstellung (siehe Kapitel »Vergaser-Praxis«) und von der Einstellung der Zündung (siehe Kapitel »Die Zündanla-

ge«), aber auch sekundär durch die Außentemperatur. Bei korrekter Einstellung von Vergaser und Zündung und in betriebswarmem Zustand soll die Leerlauf-Drehzahl bei den Manta-Motoren zwischen 800 und 850 min^{-1} (Umdrehungen pro Minute) betragen, wobei im Falle eines eingebauten automatischen Getriebes der Wählhebel sich in »N«-Stellung befinden muß.
Bei Wagen mit eingebautem Drehzahlmesser ist man möglicherweise in der Lage, die Leerlaufdrehzahl selbst festzustellen. Ohne dieses Instrument sollte man die Prüfung, die im Inspektionsdienst bei 10 000 und 20 000 km, dann alle weiteren 20 000 km vorgeschrieben ist, in der Werkstatt vornehmen lassen. Dort schließt man einen transportablen Drehzahlmesser an den Motor an und korrigiert gegebenenfalls an Vergaser oder Zündung den Leerlauf. Diese Überprüfung ist nicht bedeutungslos, denn zu hoher Leerlauf wirkt sich auf den Benzinverbrauch und auf die Abgaszusammensetzung (CO-Messung beim TÜV!) ungünstig aus. Siehe außerdem Seite 107.

Das Schmiersystem

Im Motor muß das Öl zu einer ganzen Reihe von Schmierstellen geführt werden. Damit es dorthin gelangt, wird es durch zwei ineinanderkämmende Zahnräder der Ölpumpe unter Druck gesetzt. Diese Pumpe wird im OHV-Motor über die Zündverteilerantriebswelle von der Nockenwelle angetrieben, bei den CIH-Motoren von der Kurbelwelle. Sie saugt jeweils das Öl am tiefsten Punkt der Ölwanne an, immer mit der Geschwindigkeit (Umdrehungszahl) der Kurbelwelle. Damit wird deutlich, daß das Schmierpolster in den Lagern um so kräftiger ist, je schneller sich die Kurbelwelle dreht, und daß demnach schaltfaule Fahrer die Kurbelwellenlager schädigen.
Im Leerlauf (Heißleerlauf) soll der Öldruck nicht weniger als 0,5 kp/cm^2 ausmachen, und bei Betriebstemperatur und ab 2000 U/min sollte er nicht unter 2,0 kp/cm^2 absinken. Zur Öldruckkontrolle ist auf Seite 215 mehr gesagt.
Die Ölpumpe schmiert sich selbst und ist wartungsfrei. Es kann aber vorkommen, daß sich die Pumpenräder nach längerer Laufzeit in den Pumpendeckel eingelaufen haben. Dann ist das Höhenspiel dieser Zahnräder zu prüfen. Die Stirnflächen der Zahnräder dürfen höchstens bis zu 0,10 mm über der Deckelanlagefläche hervorstehen. Außerdem ist der Pumpendeckel zu erneuern. Zwi-

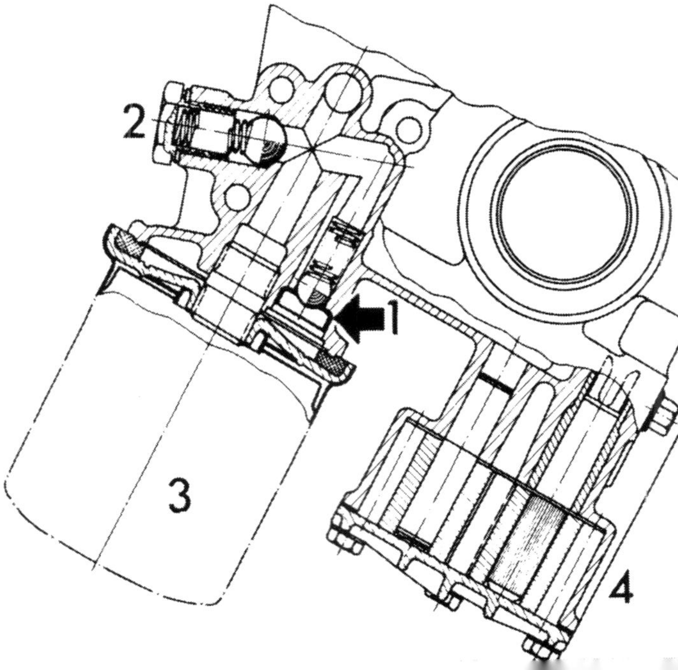

Die Zeichnung zeigt: 1 - Kurzschlußventil, 2 - Überdruckventil, 3 - Ölfilter, 4 - Ölpumpe. Soll das Kurzschlußventil ersetzt werden, ist das Filtergehäuse abzuschrauben und die Ventilhülse vorsichtig mit einem Dorn herauszukanten. Nach Ausblasen mit Preßluft müssen Kugel und Feder erneuert und die neue Ventilhülse mit passendem Dorn eingetrieben werden. Dabei muß die offene Hülsenseite nach unten zeigen.

schen den Pumpenrädern darf das Zahnflankenspiel 0,10 bis 0,20 mm betragen. Die angegebenen Werte beziehen sich auf die Pumpen aller Motoren.
Der von der Ölpumpe geförderte Ölstrom wird zuerst durch den Ölwechselfilter geschickt. Dann strömt das Öl über eine Hauptleitung zu den Kurbelwellenlagern – von wo aus auch die Pleuellager versorgt werden – und hinauf zu den Lagern der Nockenwelle. In den 1,2-Liter-Motoren führt diese Druckleistung auch zum Ventilmechanismus. Dann fließt das Öl durch Bohrungen im Motor wieder in die Ölwanne zurück. Bei laufendem Motor spritzt aus den Kurbelwellen- und Pleuellagern Öl, das zum Schmieren der Kolbenlaufbahnen dient.

Die Ölventile

Bei abgeschraubtem Ölfilterelement wird das Ölfilter-Kurzschlußventil zugängig, wo es außermittig von unten im Flansch für den Filter sitzt. Es öffnet bei verstopftem Filter den Weg für den Ölfluß, der dann allerdings ungefiltert durch den Motor geschickt wird. Bei einer Überholung des Motors sollte das Ventil kontrolliert werden. Man kann die Ventilhülse mittels Dorn aus der Bohrung hebeln und den Kanal ausblasen. Neue Feder mit Kugel einsetzen und die neue Hülse – offene Hülsenseite nach unten – mit passendem Dorn eintreiben.
Recht vorn am Geräteträger des CIH-Motors befindet sich eine Sechskantverschlußschraube, hinter der das Druckregelventil für die Ölpumpe sitzt. Dort sorgt eine federbelastete Kugel dafür, daß zuviel gefördertes Öl in die Saugleitung zurückfließt. Leuchtet bei genügender Ölmenge im Motor dennoch das Öldruckwarnlicht auf, muß dieses Ventil untersucht werden. Feder und Ventilkugel sind auf Klemmfreiheit und Schmutzteilchen zu überprüfen. Die Kugel ist beim Zusammenbau durch einen leichten Schlag über einen Messingdorn in ihrem Dichtsitz zum einwandfreien Tragen zu bringen.

Die Auspuffanlage

Pflegearbeit Nr. 37

Für den Abzug der im Motor verbrannten Gase sorgt die Auspuffanlage, deren einzelne Teile noch zur Schalldämpfung herangezogen werden. Im einzelnen besteht diese Anlage beim Manta aus dem Auspuffkrümmer, dem sich das vordere Auspuffrohr anschließt, unter dem Wagenboden folgt der erste, vordere Schalldämpfer und nach einem gebogenen Zwischenrohr der hintere Schalldämpfer, der zum Auswechseln vorgesehen ist. Die Anlage weist bei den einzelnen Motortypen Abweichungen voneinander auf.
Die Anbringung der gesamten Anlage ist eindeutig und es bedarf hier keiner weiteren Erklärung zur Montage.
Festgerostete Auspuffschrauben sind ein Greuel. Wenn man die Gewinde der neuen Schrauben mit HSC-Paste von Molycote oder ASC-Paste von Liquy-Moly bestreicht, hat man später keinen Ärger damit.
Eine defekte Aufhängung kann provisorisch mit starkem Draht repariert werden, doch muß man dann die elastischen Aufhängungsteile möglichst bald ersetzen. Besonders diese soll man sich gelegentlich einmal ansehen, denn sie sind äußeren Einflüssen ausgesetzt, zu denen auch die Erschütterungen und Vibrationen des normalen Fahrbetriebs zu zählen sind.
Desgleichen kontrolliert man regelmäßig den Zustand der gesamten Auspuffleitung. Spätestens bei der nächsten TÜV-Untersuchung fallen Sie mit einem durchgerosteten Auspuff auf.

Gutes Klima

Bei ihrer Arbeit erzeugen Verbrennungsmotoren Wärme, die sich nicht aufstauen darf. Um zu verhindern, daß der Motor in kürzester Zeit zerstört würde, muß die bei der Verbrennung entstehende Wärme abgeleitet werden. Wie bei sehr vielen Autos, geschieht das auch beim Opel durch Wasser.
Die Kühlung mittels Wasser ist konstruktiv leichter zu beherrschen als die Luftkühlung. Allerdings gehört zur Wasserkühlung auch die Mithilfe von Luft, die während der Fahrt – wenn dem Motor Leistung abverlangt wird – der Kühlung des Wassers und des Motoröls zusätzlich dient. Ein wassergekühlter Motor ist aber auch leiser als ein luftgekühlter, und schließlich kann die vom Wasser aufgenommene Wärme recht einfach den Innenraum heizen.

Die Kühlanlage

Wassergekühlte Automobilmotoren moderner Bauart besitzen ein Kühlsystem, das bei Betriebstemperatur einen Überdruck entstehen läßt. Dieser Überdruck reicht beim 12 N- und 12 S-Motor bis ca. 0,87 bar und bei den anderen Motoren bis 1,15 bar. Dadurch ist der Siedepunkt des Kühlmittels auf etwa 110° C angehoben. (Der Ausdruck »Kühlmittel« wird verwendet, weil sich im Kühlkreislauf kein reines Wasser, sondern eine Mischung aus Korrosions- und Frostschutzmittel und Wasser befinden soll.) Die Energie im Kraftstoff wird bei dieser höheren Temperatur wirtschaftlicher ausgenutzt.
Um dieses für den Motor angenehme »Betriebsklima« möglichst dauernd zu erhalten, tun drei wichtige Teile des Kühlersystems das ihre dazu: der Kühlerverschlußdeckel reguliert den Druck, der Thermostat sorgt nach dem Start baldigst für angemessen gleichbleibend hohe Betriebstemperatur, der Ventilator fächelt dem Motor Frische zu. Beim GT/E sorgt eine automatisch arbeitende Kupplung des Ventilators für dessen Lauf nur bei Bedarf, wegen Geräuschminderung sind die Flügel des Lüfterrades asymmetrisch angeordnet.
Die Wasserpumpe, über den Keilriemen angetrieben, zwingt das Kühlmittel in einen ständigen Kreislauf. Hat es sich im Wassermantel des Motors, der um die Zylinder gelegt ist, erwärmt, fließt es zum Kühler. Zusätzlich zum Fahrtwind kann noch der Ventilator Luft durch den Kühler anziehen, so daß gekühltes schweres Wasser von unten wieder zum Motor geschickt wird. Vom Zylinderblock gelangt das Kühlmittel in Kanäle des Zylinderkopfes, wo Zündkerzen und Ventilsitze gekühlt werden. Dann läuft das Kühlmittel erneut in das Kurbelgehäuse, wo es die Zylinder in ihrem gesamten Umfang umspült. Wie noch beschrieben wird, kann der Thermostat dafür sorgen, daß das Kühlmittel auf einem kürzeren Weg gleich wieder zum Motor zurückfließt, ohne durch den Kühler zu gelangen.
Zusätzliche Schlauchleitungen verbinden das Kühlsystem mit der Heizanlage. Diese Einrichtung wird ebenso bei geschlossenem Thermostat gespeist, also während der Anwärmeperiode, wenn der Kreislauf noch kurzgeschlossen ist. Anders als beim Manta A mit 16 S- und 19 S-Motor mit Vorwärmung des Vergasers durch Wasser geschieht dies jetzt elektrisch.

Kühlmittelstand kontrollieren

Pflegearbeit Nr. 5

Im Kühler des Manta soll das Kühlmittel bis etwa 5 cm unter der Oberkante des Einfüllstutzens stehen. Dabei ist der Wasserkasten (bei geöffnetem Kühlerstutzen sichtbar) noch mit Flüssigkeit bedeckt. Es ist falsch, mehr Wasser oder Kühlmittel einzufüllen, weil sich der Inhalt bei Erwärmung ausdehnt. Dabei ergießt sich der Überschuß durch das Druckventil der Verschlußkappe oder durch das Überlaufrohr ins Freie.
War mehr als ein Liter in die Kühlanlage nachzufüllen, stellt man den Heizungshebel auf »warm« und läßt den Motor laufen, damit vorhandene Luftblasen aus dem Kühlsystem herausgedrückt werden. Im Kühler ist der Kühlmittelstand dabei zu beobachten und eventuell nochmals zu ergänzen. Wichtig: Kaltes Wasser nur bei abgekühltem Motor nachgießen, sonst können Wärmespannungen Zylinderblock oder Zylinderkopf verziehen. Ein heißer Motor kann durch kaltes Wasser buchstäblich zerspringen. Warmes Wasser darf man natürlich jederzeit nachfüllen. Die Füllmenge ist den einzelnen Motortypen entsprechend unterschiedlich groß, siehe dazu Seite 227.

Das Kühlmittel

Die Kühlanlage enthält eine Dauerfüllung, die nur zum Teil aus reinem Wasser besteht. Wichtige Bestandteile dieser Flüssigkeit sind korrosionsverhütende und vor Frost schützende Mittel. So wird vor allem der Kühler vor chemischen Anfressungen und Rost behütet. Ferner verhindert ein kalkbindendes Mittel die Bildung von Kesselstein, der die Kühlwirkung herabsetzen würde. Das beigefügte Frostschutzmittel (allgemein Äthylenglykol, auf Alkoholbasis) kann schließlich noch als Schmiermittel für die Wasserpumpe wirken.
Der werksseitig eingefüllte Dauerschutz hält das Kühlmittel bis etwa – 30° C flüssig. Näheres über Frostschutzmittel im Kühlsystem ist auf Seite 46 gesagt. Dort wird auch erwähnt, daß die konservierende Dauerfüllung möglichst nicht durch reines Wasser ersetzt werden soll. Mußte unterwegs einmal Wasser nachgegossen werden, muß spätestens vor Einsetzen der kalten Jahreszeit die Kühlerfüllung ausgespindelt werden, um die eventuell notwendige Menge Frostschutzmittel zu ermitteln. Das macht jede Tankstelle.
Gute Erfahrungen wurden mit dem im Handel befindlichen Mehrzweck-Kühlwasserzusatz »5 in 1« gemacht. 100 ccm dieses Mittels mit Dicht-, Korrosionsschutz- und Schmierwirkung ohne Gefahr von Verstopfungen müssen dem heißen Kühlwasser bei laufendem Motor zugeführt werden. Danach sollte man sofort eine Fahrt von wenigstens 15 Minuten Dauer unternehmen. Das Mittel verträgt sich einwandfrei mit Frostschutzzusätzen.

Wasserschläuche und Schlauchverbindungen prüfen

Pflegearbeit Nr. 36

Die Ursache von ständigen Wasserverlusten ist zu erforschen. Vorbeugend kontrolliert man von Zeit zu Zeit die Anschlüsse der Kühlwasser- und Heizungsschläuche. Auch durch Alterung porös gewordene Schläuche können wasserdurchlässig werden und sogar (durch den bestehenden Druck im geschlossenen Kühlsystem) platzen. Damit man nicht von solchen Pannen überrascht wird, prüft man durch Kneten der Schläuche, ob sie verhärtet sind. Wird kein Dauerfrostschutz verwendet, quellen die Wasserschläuche im Laufe der Jahre auf.
Zum Austausch erhält man beim Opel-Service die passenden, gebogenen Formschläuche. Vor dem Auswechseln muß natürlich das Wasser abgelassen werden. Eventuell vorhandene Frostschutzfüllung fängt man auf und füllt sie nach der Reparatur wieder ein, womit man sich unnötige Geldausgaben erspart. Die Schlauchschellen lassen sich, wenn man sie vorher vorsichtig gelöst hatte, wieder verwenden.
Wenn unterwegs der Zeiger im Fernthermometer plötzlich ins rote Feld tritt, ist vermutlich ein spröde gewordener Wasserschlauch geplatzt (oder der Keilrie-

men ist gerissen, siehe Seite 179). Dann muß die Fahrt sofort unterbrochen und der Schaden behoben werden, damit kein Motordefekt eintritt. Sollte der zerrissene Schlauch nicht gleich ersetzt werden können, rettet vielleicht ein festes Klebeband die Situation, das man mehrfach stramm um das gereinigte und außen getrocknete Schlauchstück wickelt. Dann fehlendes Wasser nachgießen.

Dichtheit des Kühlsystems überprüfen

Pflegearbeit Nr. 34

Diese Wartung geht mit der eben erwähnten Hand in Hand. Dabei untersucht man vor allem an den Schlauchanschlüssen, ob dort Kühlmittel ausgetreten ist. Durch Augenschein kann man sich ferner davon überzeugen, ob der Kühler dicht ist. In der Werkstatt wird der Kühler dahingehend noch intensiver in der Weise geprüft, wie es im noch folgenden Abschnitt »Der Kühler« beschrieben ist. Undichtigkeiten können auch an dem angeschlossenen Heizsystem auftreten. Ähnlich wie ein Defekt am Kühler möglich ist, kann der Heizkörper (Wärmetauscher) die Ursache von Wasserverlust sein. Dieses Gerät muß dann ausgewechselt werden.

Kühlflüssigkeit wechseln

Bei Arbeiten an der Kühl- und Heizungsanlage (oder wenn das Auto ohne Frostschutzfüllung im Winter stillgelegt wird) muß das Kühlmittel abgelassen werden. Um es später wieder verwenden zu können, fängt man es in einem Behälter auf, den man unter den unteren Schlauchanschluß am Kühler aufstellt.
Dort ist die Schlauchschelle zu lösen und der Schlauch ist vom Kühlerstutzen abzuziehen. Festgebackene Schlauchenden lassen sich bei vorsichtiger Handhabung mit einem Schraubenzieher lösen, indem man mit dem Werkzeug zwischen Schlauch und Stutzen fährt. Durch Abziehen dieses Schlauches gelangt nicht das gesamte Kühlmittel aus dem Kühlsystem, doch reicht die Arbeit bis hierhin aus, falls nicht auch der Motor demontiert werden muß.
Zum vollständigen Ablassen des Kühlwassers aus dem Motor ist die Ablaßschraube, die beim OHV-Motor rechts vorn und beim CIH-Motor rechts hinten sitzt, herauszudrehen. Das ist ein Sechskantstopfen, der sich am besten mit einem Gelenkschlüssel drehen läßt.

Der Kühler

Senkrecht angebrachte dünnwandige Rohre in großer Anzahl verbinden den oberen und unteren Wasserkasten des Kühlers. Zur Vergrößerung der Kühlfläche dienen waagerecht angeordnete Bleche zwischen den Röhrchen.
Wagen mit automatischem Getriebe besitzen im unteren Wasserkasten des Kühlers einen Wärmetauscher. In ihm wird das Getriebeöl, das sich bei Fahrtbeginn langsamer erwärmt als das Kühlmittel, schneller warm. Später wird das heiße Getriebeöl gekühlt.

Der Kühlerverschluß des Opel darf in keinem Fall gegen einen anderen, vielleicht passenden Verschlußdeckel eingetauscht werden. Links im Bild befindet sich die Leitung, die als Überlaufrohr dient. Ein abgenommener Deckel muß beim Aufsetzen wieder bis zum Anschlag festgedreht werden, damit das Kühlsystem luftdicht verschlossen ist.

Undichtheiten des Kühlers kann die Werkstatt mit einem Kühlerprüfgerät ermitteln. Dazu muß der Motor im Leerlauf laufen und der Heizungshebel auf »warm« stehen. Das Gerät wird statt des Verschlußdeckels auf den Einfüllstutzen gesetzt und bringt in das Kühlsystem einen Druck bis zu 1,5 bar (Drücke darüber gefährden die Lötstellen). Undichte Stellen zeigen sich an ausfließendem Kühlmittel. Fällt dagegen der von der Meßuhr angezeigte Druck ohne Austritt von Kühlmittel ab, deutet dies auf einen Defekt im Motor (beschädigte Zylinderkopfdichtung, Gehäuseriß).

Die Lamellen des Kühlers sind besonders eng und mangels Ziergitter tritt schnell eine äußere Verschmutzung speziell durch Insektenleichen ein. Die Kühlwirkung wird dadurch erheblich beeinträchtigt. Durchblasen mit Preßluft oder Wasserstrahl von der Rückseite her schaffen dann kaum Abhilfe, gleichzeitiges Benutzen einer harten Bürste ist erfolgversprechender. Notfalls muß der Kühler ausgebaut und eventuell sogar ersetzt werden.

Abdichtende Reparaturen sind in Eigenarbeit nicht möglich; im Handel erhältliche Kühlerdichtungsmittel sorgen nur für vorübergehende Abdichtung. Unterwegs tut es zur Not auch Kaugummi, sofern der Motor nicht zu heiß gefahren wird und das Loch nicht zu groß ist. Der schadhafte Kühler muß ausgebaut und in einer Fachwerkstatt repariert werden. Größere Reparaturen lohnen sich finanziell meistens nicht – ein neuer Kühler ist dann billiger.

Der Kühlerverschluß

Der Verschlußdeckel des Kühlers besitzt einen Renkverschluß und schließt den Kühler nach außen vollkommen ab. Die tellerförmige Druckplatte am Fuß des Deckels preßt sich durch Federdruck auf den Innenrand des Stutzens. Diese Druckplatte sorgt als Sicherheitsventil für Druckausgleich, wenn die Temperatur etwa 110° C überschreitet und wenn der Innendruck des Kühlsystems höher als die Federkraft ist. Dieser Druck liegt dann beim 1,2-Liter-Motor zwischen 0,7 und 0,9 bar, bei den anderen Motoren zwischen 1,0 und 1,15 bar. Nach Öffnung entweicht die Flüssigkeit oder deren Dampf durch den seitlich abzweigenden Schlauch ins Freie.

Umgekehrt kann der durch Abkühlung entstehende Unterdruck ausgeglichen werden. Damit sich die Schläuche des Kühlsystems nach Abstellen und Abkühlen des Motors nicht zusammenziehen, verfügt die Verschlußkappe noch über ein Unterdruckventil, das bei Unterdruck von 0,06 bis 0,1 bar öffnet und Luft von außen nachströmen läßt.

Wegen dieser genau abgestimmten Ventilkräfte darf der Kühlerverschlußdeckel gegen keinen anderen, zufällig passenden ausgetauscht werden. Eine Ersatzkappe kauft man am sichersten in einer Opel-Werkstatt.

Der auf der nächsten Seite besprochene Thermostat sitzt bei den 1,6- und 1,9-Liter-Motoren in dem links abgebildeten Gehäuse vorn rechts am Motor. Zum Auswechseln des Thermostats sind die beiden Gehäuseschrauben herauszudrehen, dann kann das Gerät aus dem Gehäuseoberteil herausgenommen werden (Bild rechts). Beim Motor 19 E muß anschließend Kühlmittel nachgefüllt werden.

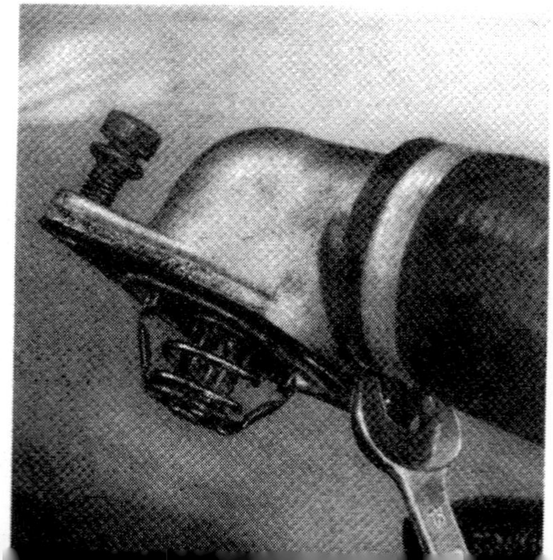

Beim heißen Motor öffnet man die Verschlußkappe nur unter großer Vorsicht, da der unter Druck stehende Dampf die Hand verbrühen könnte. Besser ist es, den Motor vor dem Abdrehen des Verschlusses etwas abkühlen zu lassen.
Gelegentlich reinigt man das Innere der Kühlerverschlußkappe von Rückständen, die sich dort ablagern. Dadurch ist man der Freigängigkeit der Ventile gewiß.

Der Thermostat

Dieses wichtige Gerät regelt die Förderung des Kühlwasserumlaufs in Abhängigkeit von der Temperatur. Der Thermostat bewirkt mit seiner Arbeit, daß bei kaltem Motor nur ein Teil des Kühlmittels auf kurzem Weg zirkuliert, wodurch es sich sehr schnell erwärmt. Das Kühlmittel fließt dabei aus dem Zylinderkopf über die Wasserpumpe wieder zurück in den Zylinderkopf. Wird das Wasser wärmer, öffnet der Thermostat den Zugang vom Kühler, und zwar nicht sofort voll, sondern es läßt eine von der Temperatur abhängige Wassermenge hindurch. So mischt sich warmes mit kaltem Wasser. Bei voll geöffnetem Thermostat ist der kurze Weg geschlossen und nur der Kreislauf durch den Kühler frei.
Die Arbeit des Thermostats ist vor allem im Winter wichtig. Sein Öffnungsbeginn liegt bei 87° C, beim Motor 19 E um 80° C. Die volle Öffnung ist bei zusätzlichen 15° C erreicht. Durch diese Wirkungsweise bleibt der Motor weitgehend innerhalb der günstigen Betriebstemperatur, was dessen Lebensdauer (sonst chemische Kaltkorrosion) und der Schmierfähigkeit des Öls (Ölschlammbildung) zuträglich ist, und auch die Heizung gibt dann schneller Wärme ab. Man kann im Winter die Arbeit des Thermostats unterstützen, wenn man die Heizung erst nach Erreichen der Betriebstemperatur einschaltet.

Thermostat auswechseln

Beim 1,2-Liter-Motor sitzt der Thermostat im oberen Hals der Wasserpumpe vorn am Zylinderkopf. Zu seinem Ausbau ist es nötig, das Kühlmittel teilweise abzulassen (möglichst zur Wiederverwendung auffangen). Dann wird die Schlauchschelle gelöst und der Schlauch nach oben gedrückt. Mit Hilfe eines Schraubenziehers hebelt man die wellenförmige Spannfeder aus der Ringnut. Beim Einbau eines neuen Thermostats soll ein neuer Gummidichtring verwendet werden, auf dem er einwandfreien Sitz hat. Der Richtungspfeil auf dem Steg des Reglers muß beim Einbau nach oben zeigen.
Die anderen Motoren haben das Thermostatgehäuse rechts vorn am Zylinderkopf. Gegenüber den vorangegangenen 16- und 19 S-Motoren befindet sich beim Manta B die Dichtfläche der beiden Gehäuseteile in einer Höhe mit dem Kühlerverschluß, so daß beim Thermostatwechsel kein Kühlmittel abgelassen werden muß und solches auch nicht verlorengeht. Das trifft allerdings nicht für den Motor 19 E zu, wo das Gehäuse unterhalb des Kühlmittelniveaus sitzt.
Zum Ausbau des Thermostats dreht man die beiden Schrauben SW 13 heraus. Wenn das obere Gehäuseteil festsitzt, drückt man vorsichtig einen Schraubenzieher in den Rand beider Dichtflächen und dreht das Werkzeug etwas. Die Dichtung soll besonders unterwegs nicht zerstört werden, wenn keine neue zur Hand ist. Der Thermostat sitzt im oberen Gehäuseteil.
Wird ein Thermostat defekt, geht er bedauerlicherweise in Schließstellung und die Wassertemperatur und damit die Temperaturanzeige steigen während der Fahrt schnell an. Auch kann irgendein Fremdkörper, z. B. ein Sandkörnchen, zwischen Ventil und seinem Sitz hängenbleiben, und der Thermostat öffnet nicht mehr ganz. Das Wasser beginnt zu kochen. Abhilfe unterwegs: Thermostat ausbauen. Man kann auch ohne ihn fahren.
Vorsichtige Leute beschaffen sich einen Ersatz-Thermostat und führen den im Wagen mit. Er nimmt kaum Platz weg.

Die Wasserpumpe

Der ständige Kreislauf des Kühlmittels wird von der Wasserpumpe erzwungen. Diese Pumpe sitzt vorn oben am Motor und wird über den Keilriemen durch die Kurbelwelle angetrieben. Dabei bewegt sich zugleich der Ventilator.
Stellen sich bei der Wasserpumpe Störungen ein, wird sie undicht. Am mahlenden oder heulenden Geräusch erkennt man, daß die Lager schadhaft sind. Dann muß sie repariert oder ausgewechselt werden. Kontrolle: Keilriemen abnehmen und Motor laufen lassen. Ist das Geräusch verschwunden, kommen als Störenfriede nur die Wasserpumpe oder die Lichtmaschine in Frage.
Arbeiten an der Wasserpumpe überläßt man der Werkstatt. Wenn sie von einem praktisch veranlagten Heimwerker wohl ausgebaut werden kann, so braucht man zu ihrer Überholung doch besondere Werkzeuge, die man nicht zur Verfügung hat, und neue Dichtungen.

Die richtige Keilriemenspannung

Auf der Seite 179 ist alles Wissenswerte über den Keilriemen und seine richtige Spannung erklärt. Es sei hier jedoch eindringlich darauf hingewiesen, daß man bei Weiterfahrt mit gerissenem Keilriemen, also ohne Wasserpumpenantrieb, zumindest eine durchgebrannte Zylinderkopfdichtung riskiert. Eine solche ist bei laufendem Motor an Luftblasen im Kühlwasser und Brandgeruch aus dem Einfüllstutzen erkennbar. Bedenkliches Stadium: Kühlwasserstand fällt, da Wasser in den Motor dringt. Besser ist also, einen Ersatzriemen mitzuführen.

Überhitzter Motor

Auf der Skala des Fernthermometers kann man ablesen, wann es dem Motor zu heiß wird. Diese Meldung kommt von dem Thermofühler, der beim 12 N- und 12 S-Motor vorn auf dem Zylinderkopf und bei den anderen Typen unten am Thermostatgehäuse sitzt (siehe Seite 217). Im Manta GT/E sitzt der Thermofühler vor dem Thermozeitschalter.
Neben den eben geschilderten Anzeichen bei durchgebrannter Zylinderkopfdichtung ist dafür noch die weiße, allmählich stärker werdende Dampfwolke, die der Wagen nachzieht, ein untrügliches Merkmal. Dann ist ein Werkstattbesuch überfällig. Die defekte Kopfdichtung kann auch von nicht sachgemäß angezogenen Zylinderkopfschrauben verursacht sein. Wenn sich der Zylinderkopf dabei verzogen hat, muß der Kopf plangeschliffen werden.
Die Anzeige ist auch bei niedrigen Außentemperaturen von Bedeutung: Es kann sein, daß der Thermostat seine Aufgabe nicht mehr erfüllt und geöffnet ist, wodurch das Kühlmittel nur den großen Kreislauf durch den Kühler durchläuft und übermäßig gekühlt wird, so daß der Motor nicht die nötige Betriebstemperatur erreicht. Aber auch bei einwandfreien Verhältnissen mahnt die Temperaturanzeige vor übermäßiger Belastung, weil der Motor erst voll ausgedreht, also belastet werden soll, wenn er seine Betriebstemperatur erreicht hat. Natürlich ist die Anzeige von Übertemperaturen wichtiger. Man sollte es besser gar nicht zu einer möglichen Überhitzung kommen lassen und bei hohen Außentemperaturen Dauervollgas anderen überlassen.
Bei drohender Überhitzung steht ein weiterer »Kühler« durch die Heizung zur Verfügung. Mit ihrer Hilfe kann eine momentane Übertemperatur (Paßfahrt im Sommer in Kolonne) wieder gesenkt werden. Dazu den linken Hebel der Heizungsschaltgruppe ganz nach oben schieben, den rechten Hebel bis zur Mitte schieben und Gebläse einschalten. Umgekehrt tut es dem Motor im Winter gut, wenn man nach dem Start die Heizung erst bei Betriebstemperatur einschaltet.

Heizung und Lüftung

Im wesentlichen besteht die Heizung aus folgenden Teilen:
- Wärmetauscher unter dem Armaturenbrett mit Lufteinlaß vor der Frontscheibe, über zwei Wasserschläuche mit dem Kühlsystem verbunden.

■ Gebläse mit zwei Geschwindigkeiten, das durch die Lamellen des kühlerähnlichen Wärmetauschers Frischluft schickt, wobei diese erwärmt wird.

■ Luftaustrittsöffnungen am Armaturenbrett sowie Fußraumbelüftung für kalte und erwärmte Luft, zwei weitere Luftdüsen für den Eintritt ungeheizter Frischluft in der Mitte der Instrumententafel.

■ Bedienungshebel am Armaturenbrett.

Einige Worte zur Arbeitsweise. Der Heizungshahn wird stufenlos mehr geöffnet, je weiter man den linken Heizungshebel nach oben schiebt. Dabei fließt warmes Kühlwasser durch den Wärmetauscher, die hindurchstreichende Luft nimmt diese Wärme auf und strömt in den Innenraum. Durch die Stellung des Betätigungshebels rechts wird die Menge der Luft bestimmt. Verstärkte Heizwirkung erhält man durch Einschalten des Gebläseschalters. Das Gebläse vermehrt den Luftdurchsatz durch den Wärmetauscher; falls der Motor seine Betriebstemperatur noch nicht erreicht hat, wird allerdings mehr Luft in das Wageninnere geblasen, als sich erwärmen kann. Andererseits muß man im Stand oder bei langsamer Fahrt zur Heizung ebenfalls das Gebläse einschalten, da dann die Frischluftzufuhr, die sonst durch den Wärmetauscher zieht, kaum vorhanden ist.

Störungen an der Heizung

Auch im Sommer ist es ratsam, gelegentlich den linken Heizungshebel zu bedienen, damit man sich davon überzeugen kann, daß man im Winter nicht frieren wird. Wenn nämlich das Heizungsventil über längere Zeit hinweg überhaupt nicht bewegt wird, kann es vorkommen, daß es sich durch Rückstände in der Kühlflüssigkeit zusetzt oder aber sich wegen Korrosion der mechanischen Bedienungsübertragung nicht mehr bewegen läßt.

Wenn der Gebläsemotor beim Einschalten nicht läuft, ist zuerst die Sicherung Nr. 5 zu überprüfen. Liegt dort und an den angeschlossenen Kabeln kein Defekt vor, wird man um die Demontage des Gebläses nicht herumkommen. Dazu ist die Batterie auszubauen, dann zieht man den weißen Kabelanschluß oben von der Verkleidung des Gebläses im Motorraum ab. Die vier Sicherungsscheiben, die dem Geräuschisolationsdeckel an der Spritzwand Halt geben, lassen sich mit einem Schraubenzieher abhebeln. Nachdem die Geräuschisolation abgenommen wurde, sind die Halteklammern des jetzt freigelegten Gehäusedeckels über die Haltenasen zu heben, dann kann man auch diesen Deckel entnehmen. Der Gebläsemotor wird schließlich von nur einer Schraube festgehalten und läßt sich nach Herausdrehen derselben in Richtung Motorraum aus seinem Sitz ziehen. Beim Opel-Dienst oder in einer Werkstatt für Autoelektrik kann der Gebläsemotor geprüft werden.

Wenn der Heizkörper ersetzt werden soll, genügt es, eine Wanne unter die Schlauchanschlüsse zu stellen, die zwischen Motor und Servobremse an der Spritzwand mit dem Heizkörper verbunden sind. Die beiden Schlauchklemmen werden gelöst, das auslaufende Kühlmittel aufgefangen und die Schlauchenden möglichst nach oben gedrückt und dort mit Draht festgebunden. Oben und unten ist der Heizkörper mit je einer Kreuzschlitzschraube befestigt. Hat man diese herausgedreht, läßt sich der Heizkörper aus seinem Gehäuse ziehen. Vor dem Einbau des neuen Wärmetauschers müssen an dessen Schmalseiten – oben und unten – Dichtungsstreifen angebracht werden.

Oberhalb des Heizkörpers befindet sich die Mischluftklappe. Die Klemmschraube für den Bowdenzug muß fest angeschraubt sein. Eine lockere Schraube macht das Betätigen der Klappe unmöglich.

Kanalsystem

Wie üblich, beginnt auch beim Manta die Kraftstoffanlage mit dem Tank. Sie setzt sich über die Kraftstoffleitung, in deren Verlauf eine mechanische (beim GT/E eine elektrische) Pumpe angeordnet ist, zum Vergaser oder zur Einspritzanlage fort. Schäden an dieser Versorgungsleitung kommen normalerweise nicht vor, aber es kann dennoch nützlich sein, über die Stationen, die der wahrhaft kostbare Stoff durchfließt, Bescheid zu wissen.

Der Tank

Im Manta ist der Tank zwischen Rücklehne der hinteren Sitzbank und Kofferraum stehend über der Hinterachse untergebracht. Sein Einfüllstutzen mündet unterhalb des rechten hinteren Dachpfostens und wird von einem Deckel mit Renkverschluß abgeschlossen. Anstelle dieses Deckels, der den Tankinhalt nicht vor Diebstahl schützt, gibt es bei Opel auch abschließbare Deckel.
Ein verlorengegangener Tankdeckel soll nur durch einen Original-Deckel ersetzt werden. Nach Opel-Tradition paßt der Verschlußdeckel für den Öleinfüllstutzen in der Zylinderkopfhaube auch für den Tankverschluß. Geht letzterer verloren, z. B. wenn er nach dem Tanken nicht wieder aufgesetzt wurde, kann man ohne Gefahr für die Ventilkammer den Ölstutzen-Verschlußdeckel verwenden. Den Ölstutzen verschließt man derweilen mit einem festen Papierballen und nicht mit einem Lappen, da letzterer leicht fasert. Trotzdem sollte man den Ersatz des Tankdeckels nicht hinausschieben.
Das Fassungsvermögen des Tanks beträgt bei allen Modellen 50 l. Mit einer Tankfüllung kommt man also unter normalen Bedingungen rund 400 km weit (Benzinverbrauch siehe Seite 12). Damit man nicht von plötzlichem Benzinmangel überrascht wird, ist der Tank mit dem Kraftstoffanzeiger verbunden, dessen Zeiger den vorhandenen Vorrat angibt und beim Stand auf dem linken Teil der Skala die baldige Leere ankündigt.
Nicht nur, weil es strafbar ist, wegen Benzinmangels auf der Autobahn liegenzubleiben, sollte man sich einen Reservekanister zulegen. Auch die Kraftstoffanzeige könnte einmal ausfallen oder eine zielstrebig angesteuerte Tankstelle ist womöglich gerade geschlossen. Der (hoffentlich stets gefüllte) Kanister braucht nur über ein Fassungsvermögen von 5 l zu verfügen; damit kommt man weit genug, und ein solcher Kanister, der übrigens ein Zulassungszeichen tragen muß, beansprucht auch im Gepäckraum wenig Platz. Manche Kanister können zusammen mit dem Haltegurt für das Reserverad so befestigt werden, daß sie nicht im Kofferraum herumschleudern.
Wenn man den Wagen für längere Zeit abstellt, sollte der Tank möglichst gefüllt sein. Das verhindert die Bildung von Kondenswasser. Wasser läßt den Tank rosten, und diese Verunreinigungen können die Arbeit der Benzinpumpe und des Vergasers stören. Außerdem ist Wasser dem Zinnspritzguß des Vergasers unzuträglich, weil sich dann Absonderungen bilden, die ebenfalls die Düsen und Bohrungen verstopfen können.

Die Kraftstoffpumpe

Die gute alte Benzinpumpe, die man zerlegen, reparieren und wieder hübsch zusammenbauen konnte, wurde bei Opel schon im Kadett C von einer Einheitspumpe abgelöst, an deren Innereien man nicht mehr herankommt. Seit 1971 bauen einige Autowerke eine solche einfachere Kraftstoffpumpe mit Blechoberteil ein, und auch Opel bedient sich für verschiedene Typen dieser Neuerung. Das Arbeitsprinzip dieser »Blechpumpe« bleib das gleiche wie früher: Sie saugt das Benzin vom Tank her durch die Kraftstoffleitung an und sorgt für die wohldosierte Zufuhr zum Vergaser hin. Weil das Benzin trotz des Filtersiebes im Tank noch Verunreinigungen mit sich führen kann, die im Vergaser zu Verstopfungen der Düsen beitragen können, ist im Pumpenoberteil – wie früher auch – ein Kraftstoffsieb installiert. Weiterhin ist die Möglichkeit gegeben, dieses Sieb zu reinigen.

Da die Ventile in der Pumpe nur eingepreßt sind, kann es vorkommen, daß sie sich aus ihrem Sitz lösen. Dann ist die Arbeit der Pumpe gestört. Manchmal hilft leichtes Klopfen an das Pumpengehäuse, aber gewöhnlich muß die Pumpe ersetzt werden. Eine Ersatzpumpe im Kofferraum, besonders bei Auslandsreisen, ist eine recht gute Versicherung.

Beim Manta sitzt die Kraftstoffpumpe links am Motor, wo sie recht gut zugänglich ist. Mit einem Schraubenzieher wird die Schlitzschraube auf dem Blechdekkel gelöst, worauf das Kunststoffsieb zu entnehmen ist. Das Sieb reinigt man in einem Napf mit Benzin und bläst es sauber. Nochmals: Ein weiteres Demontieren der Pumpe ist nicht möglich.

Besteht der Verdacht, daß die Pumpe nicht mehr ordnungsgemäß Kraftstoff fördert, wird zur Kontrolle der Anschluß der Kraftstoffleitung zum Vergaser gelöst. Zum Auffangen des auslaufenden Benzins einen saugfähigen Lappen unter den gelösten Anschluß legen. Dann dreht man den Motor mit dem Anlasser durch und beobachtet, ob aus dieser nun offenen Leitung Benzin heraussprudelt. Läuft der Kraftstoff nur in einem mageren Rinnsal oder eventuell in unregelmäßigen Abständen, dann muß die Pumpe ausgetauscht werden.

Zur Demontage vom Motor löst man Saug- und Druckschlauch an der Pumpe und zieht die Schläuche ab. Der vom Tank heranführende Schlauch wird abgeklemmt (Schlauch knicken und Wäscheklammer hinter dem Knick anklemmen oder Schlauch nach Lösen desselben mit Kugelschreiber o. ä. verstopfen). Danach schraubt man die beiden Schrauben SW 11 los, mit der die Pumpe befestigt ist. Zwischen Pumpe und Motor sitzen drei Dichtungen: eine Papierdichtung, eine Steinasbestdichtung und eine weitere Papierdichtung. Neue Papierdichtungen gibt es zusammen mit der neuen Benzinpumpe, und beim Anbau ist darauf zu achten, daß die dicke Asbestdichtung zwischen die Papierdichtungen an-

Die Benzinpumpe, vorn am Motor unten links, ist eine sogenannte Blechpumpe. Funktioniert sie nicht mehr, kann sie nur noch ausgetauscht werden. Wie bei früheren Kraftstoffpumpen ist es aber weiterhin möglich, das unter dem Deckel (1) sitzende Filtersieb (3) zu reinigen. Dazu wird die Schlitzschraube auf der Deckelmitte abgeschraubt und der Deckel kann abgenommen werden. Damit aus der Leitung vom Tank kein Kraftstoff ausfließt, knickt man den Schlauch ab. Zwischen Deckel und Gehäuse (2) dient ein elastischer Ring als Dichtung. Dichtmasse ist nicht erforderlich.

geordnet wird. Eine neue Pumpe kostet rund 40 Mark; beim Kauf ist der Wagentyp anzugeben.

Kraftstoffanlage kontrollieren

Teil der Pflegearbeit Nr. 33

Der Kraftstoff muß den Weg vom Tank zum Vergaser störungsfrei durchfließen können. Üblicherweise ist dies auch der Fall, aber es schadet nichts, wenn man sich gelegentlich (der Opel-Plan sieht Intervalle von 20 000 km vor) davon überzeugt, daß das teure Naß nicht irgendwo auf die Straße rinnt. Vordringlich sieht man sich dazu den Verlauf der Kraftstoffleitung und die Anschlüsse an der Benzinpumpe vorn unten am Motor an. Bei Feuchtigkeit ermittelt man durch Geruchsprobe, ob es sich um auslaufenden Kraftstoff handelt.
Zu dieser Arbeit gehört es auch noch, die Dienstbereitschaft des Vergasers zu überprüfen. Wie man hierbei vorgeht, ist im Abschnitt »Vergaser und Düsen reinigen« auf Seite 113 beschrieben.

Die elektrische Kraftstoffpumpe

Im Manta GT/E wird der Kraftstoff von einer Rollenzellenpumpe gefördert, angetrieben durch einen permanent erregten Elektromotor. In dem Pumpengehäuse ist exzentrisch eine Läuferscheibe angeordnet, die an ihrem Umfang Metallrollen besitzt. Diese Rollen werden im Betrieb von der Zentrifugalkraft nach außen gepreßt und dienen dabei als Dichtung. In den Hohlräumen zwischen den Rollen wird der eingedrungene Kraftstoff durch die Umdrehung des Pumpenläufers in die Druckleitung gefördert.
Obwohl der Elektromotor von Kraftstoff umgeben ist, besteht keine Explosionsgefahr, weil es sich dabei nicht um ein zündfähiges Gemisch handelt.
Beim Einschalten der Zündung läuft die Pumpe nur durch Betätigung des Startschalters. Wenn der Motor angesprungen ist, erhält die Pumpe ihren Strom über das elektronische Steuergerät. Mit dieser Sicherheitsschaltung will man vermeiden, daß bei einem eventuell defekten Einspritzventil der betreffende Zylinder mit Kraftstoff volläuft, wenn die Zündung eingeschaltet ist. Um bei allen Betriebszuständen des Motors den Druck im Kraftstoffsystem aufrechterhalten zu können, fördert die Pumpe mehr Benzin als der Motor benötigt.
Die Kraftstoffpumpe ist am Wagenboden oberhalb der Hinterachse angebracht. Eine defekte Pumpe muß ausgetauscht werden. Bevor man die beiden an der Pumpe angeklemmten Kabel löst, muß die Batterie abgeklemmt werden. Danach bereitet es keine Schwierigkeiten, die Pumpe abzubauen. Bei der neuen Pumpe ist auf guten Sitz der Schlauchanschlüsse zu achten. Erst nach Herstellung der Kabelanschlüsse darf die Batterie wieder an das Bordnetz angeschlossen werden (siehe auch Bild Seite 122).

Funktionsprüfung der elektrischen Pumpe

■ Sicherung Nr. 11 überprüfen.
■ Bei stehendem Motor den Mehrfachstecker am Luftmengenmesser (Bild Seite 121) abziehen. Im Stecker die Kontakte 36 und 39 (sind eingeprägt) mit Draht überbrücken. Zündung einschalten: Die Pumpe muß summen.
■ Am Gehäuse des Luftmengenmessers den Luftschlauch abnehmen. Stauscheibe im Gehäuse zurückdrücken und Zündung einschalten (lassen), dabei soll die Pumpe anlaufen. Zugleich muß das Hauptrelais für die Anlage klicken.
Als Notbehelf zum Weiterkommen kann man die Kontakte 36 und 39 innerhalb des Steckers überbrücken, wozu die Schutzhülle abzuziehen ist. Dann den Stecker wieder anschließen.
Defekte Rückschlagventile (auch: »Druckhalteventile«) in der Pumpe führen zu Heißstartschwierigkeiten. Bei deswegen abfallendem Druck in der Leitung zu den Einspritzventilen bilden sich Dampfblasen. Man kann dann nur die Abkühlung des Motors abwarten und später die Werkstatt aufsuchen.

Küchenhilfe

Vergaser sind dazu da, dem Verbrennungsmotor die Nahrung zuzubereiten. Die Bauart eines Vergasers muß dem Charakter des Motors angepaßt sein, für den er bestimmt ist. So kommt es, daß vielerlei Vergasertypen anzutreffen sind. Weil man sich dennoch um eine gewisse Vereinheitlichung bemüht, gibt es verschiedene Autos mit gleichen Vergaserkonstruktionen, die sich nur in geringen Details voneinander unterscheiden.
Für den Manta sind vier voneinander abweichende Vergaser vorgesehen. Wir schlagen Ihnen vor, die auf den Vergaser in Ihrem Auto besonders bezogenen Ausführungen der folgenden Seiten mit Farbstift zu markieren. So haben Sie im Bedarfsfall einen genauen Überblick. Wenn Sie sich darüber hinaus etwas Ruhe gönnen und Aufbau und Arbeitsweise eines Vergasers studieren – wie es Ihnen hier geboten wird –, so können Sie eines Tages von diesem Wissen profitieren.

Welcher Vergaser ist eingebaut?

Für die Modelle Manta 12 N und 12 S wie auch für die ab August 1976 gebauten Typen 16 (N) und 19 (N) sind Einfach-Fallstromvergaser bestimmt. Der nur ein Jahr lang hergestellte Typ 16 S besitzt einen Fallstrom-Stufenvergaser, und ebenfalls mit je einem solchen, jedoch anderer Bauart, sind die Motoren 19 S und 20 S bestückt. Die sechs zuerst genannten Vergaser werden von der Pierburg GmbH & Co. KG, Postfach 838, 4040 Neuss 13, hergestellt, und der Vergaser GMF stellt eine Entwicklung von General Motors in Frankreich dar. Das muß man wissen, wenn einmal Ersatzteile benötigt werden, die man natürlich auch über Vertragswerkstätten der DVG (Solex) und bei den Opel-Diensten erhalten kann. Technische Daten zu den Vergasern finden Sie auf Seite 224, hier folgt die Aufschlüsselung der Typenbestückung:

Manta 12	Vergaser Solex	35 PDSI
Manta 12 S	Vergaser Solex	35 PDSI
Manta 16	Vergaser Solex	35 PDSI
Manta 16 S	Vergaser Solex	32/32 DIDTA-4
Manta 19	Vergaser Solex	35 PDSI
Manta 19 S	Vergaser Zenith	35/40 INAT
Manta 20 S	Vergaser GMF	Varajet II

Was sich im Vergaser tut

Es ist Aufgabe des Vergasers, Kraftstoff und Luft in ein entflammbares »Gemisch« zu verwandeln, also eine Flüssigkeit mit einem Gas zu mischen. Dieses Verhältnis darf nicht zu fett (zuviel Benzin) und nicht zu mager sein. Die Menge und die Zusammensetzung des Gemischs müssen sich regulieren lassen, wodurch man Geschwindigkeit und Leistung des Wagens bestimmen kann. Verschiedene gesonderte Einrichtungen im Vergaser verhindern eine Veränderung der Benzin-Luft-Menge durch äußere Einflüsse. Leerlauf und Vollast, plötzlicher Gaswechsel, Steigungen und Gefälle, niedriger Luftdruck (Gebirge) und Hitze oder Kälte dürfen sich auf die Arbeitsweise des Vergasers nicht auswirken.

Wichtige Vergaserbegriffe

Schwimmergehäuse: Behälter, in dem die Höhe des Benzinstandes reguliert wird, um jederzeit den erforderlichen Vorrat bereitzuhalten. Der darin befindliche Schwimmer betätigt bei wechselndem Niveau ein Nadelventil und regelt dadurch den Zufluß des von der Kraftstoffpumpe geförderten Benzins.

Schwimmernadelventil: Größe und Gewicht sind auf die Förderleistung der Kraftstoffpumpe abgestimmt. Ein größeres Nadelventil als vorgesehen läßt zuviel Kraftstoff hindurch, weil sich der Pumpendruck eher durchsetzen kann. Ein kleineres Nadelventil ist als Behelf möglich, doch später bleibt die Nadel hängen, da sie sich wegen zu starken Schwimmerauftriebs rasch einschlägt. Die Stärke des Dichtrings vom Schwimmernadelventil bestimmt das Schwimmerniveau.

Außen- und Innenbelüftung der Schwimmerkammer: Die Außenbelüftung ist für Leerlauf, die andere für Betrieb bei gestiegener Drehzahl bestimmt.

Hauptdüse: Regelt mit genau gemessener Bohrung den Kraftstoffdurchfluß vor der Gemischbildung aus dem Schwimmergehäuse. Eingeschlagene Nummern geben die Düsengröße an, ihre Durchflußrichtung vom Kopf zum Gewindeteil kennzeichnet sie als sogenannte X-Düse (Null-Düse mit entgegengesetzter Druchflußrichtung). Der Bohrungsdurchmesser sagt nichts über die Druchflußmenge aus, bei Solex werden Hauptdüsen nach Luftdurchsatz bemessen.

Luftkorrekturdüse: Sieht ähnlich aus wie Hauptdüse. Dem von der Hauptdüse kommenden Kraftstoff wird durch sie eine bestimmte Menge Luft zugeführt. Die Luftkorrektur soll im oberen Drehzahlbereich (bei hohem Durchsatz) die zwangsläufig eintretende Verfettung des Gemischs wieder abmagern. Sie wirkt zusammen mit dem Mischrohr.

Mischrohr: Nimmt Benzin und Luft entgegen und führt diese vorgemischt in den Austrittsarm im Saugkanal. Bei steigender Drehzahl soll es das Mischungsverhältnis Kraftstoff/Luft nahezu konstant halten. Die Bohrungen im Mischrohr sowie deren Anzahl, Größe und Reihenfolge sind für den Motortyp bedeutungsvoll.

Leerlaufdüse: Sie liefert dem Leerlaufsystem eine stets gleichbleibende Kraftstoffmenge zur Aufbereitung des Leerlaufgemisches.

Lufttrichter: Sitzt im Saugkanal des Vergasers und beeinflußt durch seine maßlich festgelegte Einschnürung im Zusammenhang mit der Motordrehzahl die Luftgeschwindigkeit und gleichzeitige Luftmenge, die zur Bildung des Gemischs notwendig wird.

Beschleunigungspumpe: Erhöht zur Erzielung besserer Beschleunigung den Anteil des Kraftstoffs am Gemisch. Das geschieht in einer kleinen Druckpumpe

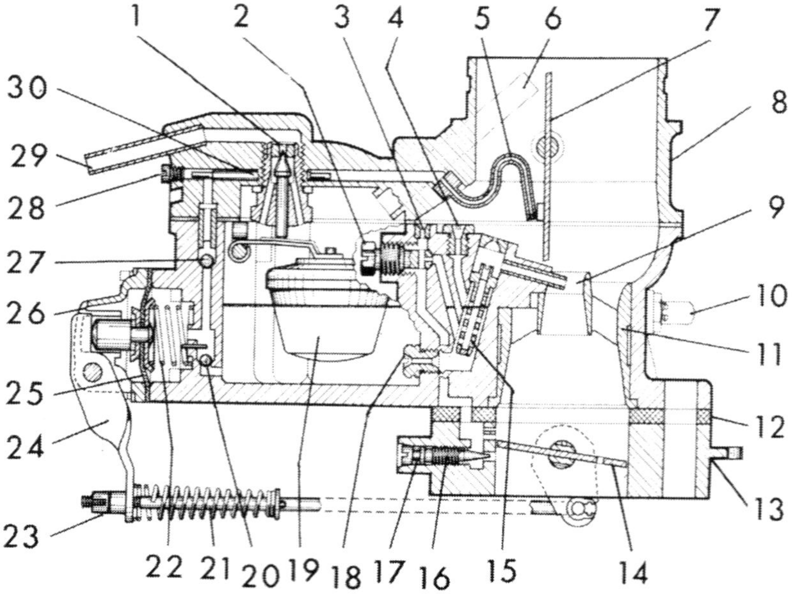

Schemabild des Solex-Fallstromvergasers 35 PDSI: 1 - Schwimmernadelventil, 2 - Leerlaufdüse, 3 - Leerlaufluftbohrung, 4 - Luftkorrekturdüse, 5 - Einspritzrohr, 6 - Schwimmerkammer-Belüftung, 7 - Starterklappe, 8 - Vergaserdeckel, 9 - Austrittsarm mit Vorzerstäuber, 10 - Anschlußrohr für Zündverstellung, 11 - Lufttrichter, 12 - Isolierdichtung, 13 - Drosselklappenteil, 14 - Drosselklappe, 15 - Mischrohr, 16 - Leerlaufgemisch-Regulierschraube, 17 - 0-Ring, 18 - Hauptdüse, 19 - Schwimmer, 20 - Kugelventil, 21 - Pumpenstange mit Druckfeder, 22 - Membranfeder, 23 - Einstellmutter, 24 - Pumpenhebel, 25 - Pumpenmembrane, 26 – Membranpumpengehäuse, 27 - Kugelventil, 28 - Verschlußschraube, 29 - Kraftstoffzufluß, 30 - Füllstift.

am Vergaser beim Durchtreten des Gaspedals. Ohne die Pumpe würde beim plötzlichen Gasgeben das trägere Benzin nicht schnell genug abgesaugt werden können und der Luftanteil würde sich ungünstig erhöhen.
Drosselklappe: Spricht direkt auf die Betätigung des Gaspedals an und reguliert den Vergaserdurchlaß, also die Gemischmenge. Von der Stellung der Drosselklappe ist die Leistung des Motors direkt abhängig.

Vergaser Solex 35 PDSI

Dieser Fallstrom-Vergaser verfügt über eine von Hand zu betätigende Starteinrichtung (Choke). Er besitzt ein sogenanntes Zusatzgemischsystem, das die Nachverstellung der Leerlaufdrehzahl ermöglicht, ohne daß die Gemischzusammensetzung beeinflußt wird. Dadurch wird der vom Gesetzgeber vorgeschriebene Anteil schädlicher Abgase im Leerlauf in angemessenen Grenzen gehalten. Teilweise noch heute bezeichnet man dieses Zusatzgemischsystem nicht ganz korrekt als Umgemischsystem.
Die Vergaser, die sich schon bei früheren Opel-Modellen bewährt haben, findet man bei fast allen deutschen Autos mit Motoren bis zur Mittelklasse.
Der Vergaser besteht aus drei Hauptteilen:

- Drosselklappenteil
- Vergasergehäuse mit Schwimmerkammer und Düsen
- Vergaserdeckel mit Starterklappe.

Im Drosselklappenteil ist die Drosselklappenwelle mit der Drosselklappe untergebracht, die über Gelenke und einen Seilzug mit dem Gaspedal verbunden ist. An dem einen Ende der Drosselklappenwelle sitzen eine Rückholfeder und ein Übertragungshebel, in dem die Pumpenstange für die Beschleunigungspumpe eingehängt ist. Auf der anderen Seite der Welle befinden sich der Anschlaghebel, der Übertragungshebel und eine Hülse mit einer Segmentscheibe. Im Drosselklappenteil sitzt ferner die verplombte Leerlaufgemisch-Regulierschraube. Ein Schlauch verbindet das Gehäuse mit den Zusatzgemischkanälen.
Das Vergasergehäuse vereinigt Mischkammer und Schwimmerkammer. Am Boden der Schwimmerkammer, in der ein Schwimmer hängt, sitzt die Hauptdüse und daneben das Ventil für die Anreicherung. Außen an der Schwimmerkammer ist die Beschleunigungspumpe angebracht, die aus Hebel, Hebelachse, Deckel, Feder und Membrane besteht. In der Mischkammer sind Lufttrichter, Vorzerstäuber, Luftkorrekturdüse und Leerlaufdüse untergebracht.
Auf dem Gehäuse ist der Vergaserdeckel festgeschraubt. An der Schwimmerkammer sitzen das Steigrohr des Zusatzgemischsystems, der Anreicherungskolben und der Kraftstoffanschluß. In den Deckel ist von unten das Schwimmernadelventil eingeschraubt. Im Mischkammerteil des Deckels sind das Einspritzrohr der Beschleunigungspumpe eingepreßt, ferner das Rohr für die Vollastanreicherung und das Schwimmerkammerbelüftungsrohr. Die Starterklappenwelle trägt die Starterklappe, verbunden mit dem Starterzug.

Vergaser Solex 32/32 DIDTA

Größere Motorleistung erfordert einen aufwendigeren Vergaser, wie er sich in diesem Fallstrom-Stufenvergaser anbietet. Er ist ebenfalls von früheren Opel-Modellen bekannt. Gewissermaßen sind hierbei zwei Vergaser zu einer Einheit gebracht worden, wobei jedoch die eine Hälfte nur in Abhängigkeit der anderen Hälfte (Stufe) arbeitet. Die Zahlen in der Vergaserbezeichnung bedeuten, daß die Saugkanäle einen gleich großen Durchmesser aufweisen.
Auch dieser Vergaser setzt sich aus drei Hauptteilen zusammen:

- Drosselklappenteil
- Vergasergehäuse
- Vergaserdeckel.

Die beiden Saugkanäle des Vergasers sind als 1. und 2. Stufe ausgebildet, die hintereinander durch je eine Drosselklappe geöffnet werden und gemeinsam im Saugrohr münden. Die Drosselklappe der 1. Stufe wird durch den Drosselhebel geöffnet, der über das Vergasergestänge mit dem Gaspedal in Verbindung steht und somit vom Fahrer unmittelbar betätigt wird. Dagegen hat der Fahrer auf die Drosselklappenstellung der 2. Stufe keinen direkten Einfluß. Sie öffnet sich selbsttätig durch Unterdrucksteuerung, wenn der Motor bei voll geöffneter 1. Drosselklappe etwa die halbe Höchstdrehzahl erreicht hat.
Solange der Unterdruck im Saugkanal der 1. Stufe einen bestimmten Wert nicht übersteigt, ist die Herstellung des Kraftstoff-Luft-Gemisches auf die 1. Stufe beschränkt. Wenn die Drosselklappe der 1. Stufe voll geöffnet wird und der Unterdruck eine bestimmte Größe erreicht, wird er über eine besondere Unterdruckdose auf die Drosselklappe der 2. Stufe wirksam. In der Unterdruckdose wird durch den Unterdruck eine Membrane angezogen, die ihre Bewegung über eine Verbindungsstange zum Mitnehmerhebel der 2. Stufe überträgt. Die Rückwärtsbewegung der Drosselklappe 2. Stufe wird durch eine Zugfeder erzwungen.
Im übrigen ist der Aufbau der beiden Stufen mit dem vorher beschriebenen Vergaser vergleichbar. Jedes der beiden Systeme des Vergasers enthält je einen kompletten Düsensatz. Die Startbereitschaft des Motors wird durch eine elektrisch beheizte Startautomatik unterstützt.

Vergaser Zenith 35/40 INAT

Dieser äußerlich von dem eben erwähnten stark abweichende Vergaser ist ebenfalls ein Fallstrom-Stufenvergaser. Man findet ihn in leicht abgewandelter Bauart außer bei Opel-Sechszylindermotoren auch noch in einer Reihe von BMW-, Mercedes-Benz- und Peugeot-Modellen.
Das typische Erkennungsmerkmal des Vergasers ist seine runde Gestalt, und er besteht aus vier Hauptteilen:

- Drosselklappenteil
- Schwimmergehäuse
- Düsenblock (»Platineblock«)
- Vergaserdeckel.

Er hat zwei Saugkanäle, die als 1. und 2. Stufe hintereinander geöffnet werden. Jede Stufe besitzt eine Drosselklappe; die 1. Stufe wird über das Vergasergestänge (Gaspedal) geöffnet, die 2. Stufe durch Unterdruck, der in beiden Luft-

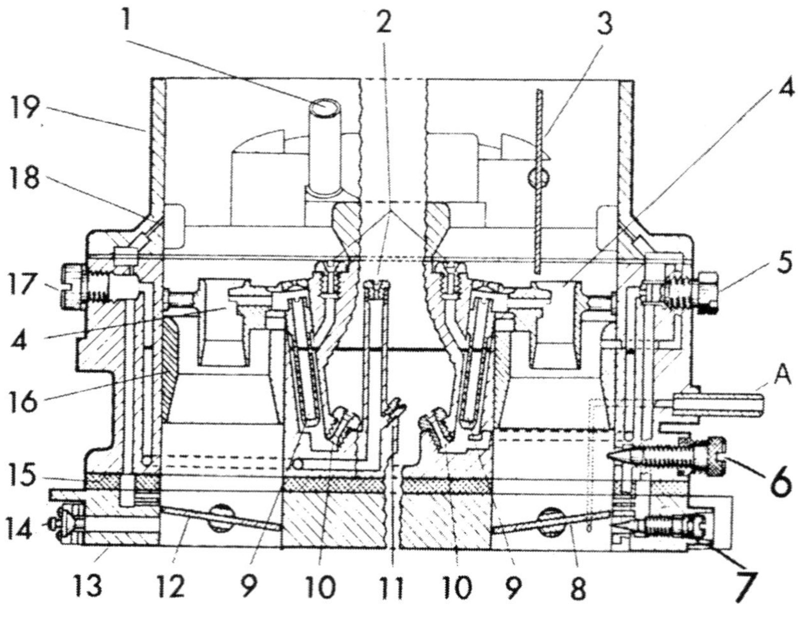

Ein Schnitt durch den Vergaser 32/32 DIDTA-4 zeigt: 1 - Belüftungsrohr für Schwimmerkammer, 2 - Luftkorrekturdüsen, 3 - Starterklappe, 4 - Austrittsarm mit Vorzerstäuber, 5 - Leerlaufdüse, 6 - Umluft-Regulierschraube (zum Verstellen der Drehzahl), 7 - Leerlaufgemisch-Regulierschraube (für die Einhaltung des CO-Wertes), 8 - Drosselklappe der 1. Stufe, 9 - Mischrohr, 10 - Hauptdüse, 11 - Übergangsdüse 2. Stufe, 12 - Drosselklappe der 2. Stufe, 13 - Drosselklappenteil, 14 - Leerlaufventil, 15 - Isolierdichtung, 16 - Lufttrichter, 17 - Verschlußschraube, 18 - Ausgleichsbohrung, 19 - Vergaserdeckel; A - Anschlußrohr für die Zündverstellung.

trichtern entnommen wird. Unterdruck, der an der Drosselklappe auftritt, dient – wie bei den beiden anderen Vergasern – zur Zündverstellung.
Der Zenith-Vergaser besitzt im Gegensatz zu den Solex-Vergasern mit auswechselbarem Lufttrichter im Gehäuse eingegossene Lufttrichter. Die beiden Hauptdüsen sitzen unterhalb der Luftkorrekturdüsen zwischen den zwei Saugkanälen. Der Kraftstoff gelangt durch die Leerlauftauchdüse zu einem Scheitelpunkt über dem Kraftstoffniveau, wo er sich an der Leerlaufluftbohrung mit Luft zu einem Gemisch vermengt. Der Gemischausfluß kann, wie üblich, durch die Leerlaufgemisch-Regulierschraube dosiert werden.
Eine elektrisch beheizte Startautomatik, die durch Niedertreten des Gaspedals eingeschaltet wird, ist seitlich am Vergaser befestigt. Dabei steht die Starterklappenwelle unter der Spannung einer spiralförmigen Bimetallfeder. Zu dieser Einrichtung gehört die Unterdruckmembrane (schräg sitzende runde Dose).

Vergaser GMF Varajet II

Seit Produktionsbeginn des Rekord E wird dieser neue Register-Vergaser wie bei jenem auch beim 2-Liter-Motor des Manta eingesetzt. Er besteht aus drei Hauptteilen:
- Drosselklappenteil
- Schwimmergehäuse
- Vergaserdeckel.

Auch hier sind zwei Saugkanäle, jedoch mit größerem Durchmesser der 2. Stufe, vorhanden. Die 1. Stufe besitzt drei konzentrisch angeordnete Lufttrichter und die 2. Stufe eine federbelastete Luftklappe (Stauklappe). Die Schwimmerkammer hat einen massiven Kunststoffschwimmer, und ein oben angeordnetes Füllstück begrenzt ihre Fassungsmenge.
Das Leerlauftauchrohr versorgt über einen Verteilerkanal auch das Umgemischsystem für die übrigen Betriebszustände. Siehe auch Bild Seite 110.

Start

Solex PDSI. Normalerweise steht die Starterklappe offen. Sie wird nur zum Anlassen des kalten Motors mittels Starterzug geschlossen. Bei dieser Betätigung wird zwangsläufig über verschiedene Hebel die Drosselklappe etwas geöffnet. Durch die im Motor ansaugenden Kolben entsteht ein Unterdruck, der aus dem Austrittsarm Kraftstoff saugt. Dabei vollführt die Starterklappe ein schnelles Spiel zwischen Öffnen und Schließen (sie ist frei beweglich gelagert) und ermög-

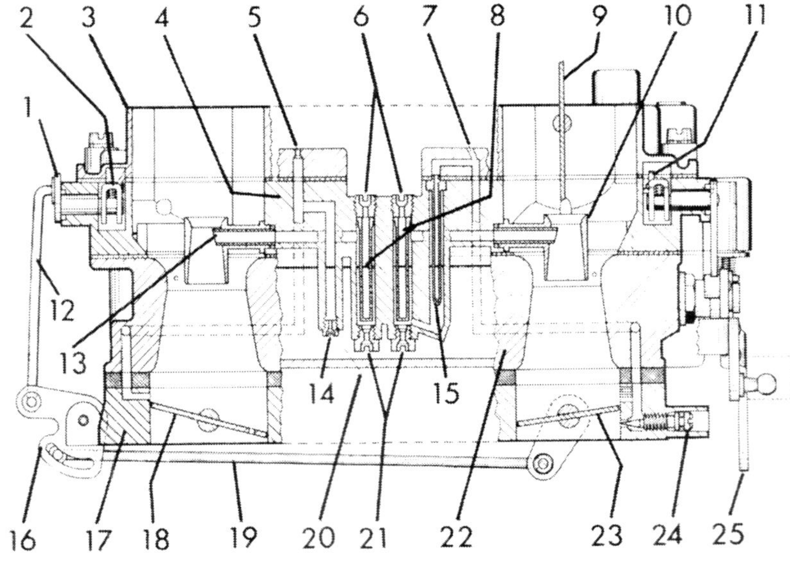

Vergaser Zenith 35/40 INAT: 1 - Anschlaghebel, 2 - Pumpenhebel, 3 - Vergaserdeckel, 4 - Platineblock, 5 - Bohrung für Ausgleichsluft 2. Stufe, 6 - Luftkorrekturdüsen, 7 - Leerlaufluftbohrung 1. Stufe, 8 - Mischrohre, 9 - Starterklappe, 10 - Vorzerstäuber, 11 - Pumpenhebel, 12 - Verbindungsstange, 13 - Austrittsarm, 14 - Übergangsdüse, 15 - Leerlauftauchrohr, 16 - Übertragungshebel, 17 - Drosselklappenteil, 18 - Drosselklappe 2. Stufe, 19 - Pumpenverbindungsstange, 20 - Schwimmerkammer, 21 - Hauptdüsen, 22 - Schwimmergehäuse, 23 - Drosselklappe 1. Stufe, 24 - Leerlaufgemisch-Regulierschraube, 25 - Betätigungshebel.

Links: Der weiße Pfeil zeigt auf die Umgemisch-Regulierschraube am Zenith-Vergaser INAT, die zum Einstellen des Leerlaufs dient. Nur diese Schraube darf verdreht werden, wenn unterwegs einmal eine Korrektur notwendig wird.
Rechts: Der gleiche Vergaser besitzt im Wagen mit automatischem Getriebe einen Gestängedämpfer (schwarzer Pfeil).

licht die erforderliche Luftzufuhr. Diese »halbautomatische« Starterklappe wird, wenn der Motor angesprungen ist, so weit geöffnet (Starterknopf einschieben), daß der Motor noch sicher durchläuft. Ist der Motor erwärmt, wird der Knopf ganz zurückgeschoben. Vergißt man das, ergibt sich übermäßiger Benzinverbrauch. Bei warmem Motor darf die Starterklappe nicht betätigt werden.

Solex DIDTA. Hier steht die Starterklappenwelle unter der Spannung einer spiralförmigen Bimetallfeder, die auf Temperaturunterschiede anspricht. Bei kaltem Motor ist die Starterklappe je nach Außentemperatur mehr oder weniger geschlossen. Mit Erwärmung der Feder läßt ihre Schließkraft nach, die Starterklappe öffnet sich und bei Betriebstemperatur ist der Lufteinlaß ganz frei.

Die Startautomatik ist elektrisch beheizt und sie erhält ihren Strom über die Sicherung Nr. 4. Einige der vorangegangenen Manta-A-Modelle verfügten über eine wasserbeheizte Startautomatik, die durch das Kühlwasser in den Genuß von Speicherwärme kam. Die elektrische Vorrichtung bringt es mit sich, daß auch nur nach kurzzeitiger Unterbrechung des Motorlaufs die Starterklappe wieder weitgehend in die Ausgangsstellung zurückfällt.

Das Öffnen der Starterklappe wird dadurch gefördert, daß sie ungleich große Flügel hat – ihr schwererer Flügel öffnet abwärts. Wenn die Starterklappe (auch Luftklappe genannt) geschlossen ist, wird die Drosselklappe der 1. Stufe zwangsläufig etwas offengehalten. Beim Anlassen entstehender Unterdruck kann dadurch Kraftstoff in ausreichender Menge ansaugen.

Dieser Unterdruck und die Bimetallfeder, die das Öffnen und Schließen der Luftklappe veranlassen, bringen die Luftklappe zum Flattern. Mit zunehmender Erwärmung gibt die Luftklappe einen größer werdenden Querschnitt frei, der Luftanteil des Startgemischs wird größer und das Gemisch magert sich ab. Dabei gleitet der Anschlaghebel in der Dose der Startautomatik von Stufe zu Stufe und die Drosselklappe schließt weiter bis zur Leerlaufstellung.

Da die Unterdruckmembran mit der Luftklappenwelle in Verbindung steht und der unterhalb der Drosselklappe entnommene Unterdruck zu dieser Membran geführt wird, zieht bei hohem Unterdruck (und geschlossener Drosselklappe) die Membran an, wodurch die Luftklappe etwas geöffnet wird. Diese Luftzugabe wirkt einer Überfettung des Startgemischs entgegen.

Zum Starten des kalten Motors ist das Gaspedal einmal niederzutreten, dadurch verstellt sich die Stufenscheibe entsprechend der Dehnung der Bimetallfeder der Startautomatik.

Zenith INAT und **GMF VARAJET.** Für diese Vergaser ist das beim Vergaser Solex DIDTA Gesagte sinngemäß zutreffend.

Bei geschlossener Drosselklappe – wenn das Gaspedal nicht berührt wird – dreht der Motor im Leerlauf. Dabei wird aus dem Mischrohr kein Kraftstoff abgesaugt, weil wegen der geschlossenen Drosselklappe im Saugrohr kein Unterdruck herrscht. Das Leerlaufsystem des Vergasers verhindert jedoch, daß der Motor mangels Kraftstoff abstirbt. Diese Leerlaufversorgung geschieht unterhalb der Drosselklappe, wo sich die Auslauföffnung für das Leerlaufgemisch befindet. Stufenvergaser haben diese Bohrung nur in der 1. Stufe. Die Leerlaufgemisch-Regulierschraube sitzt bei jedem Vergaser seitlich am Saugkanal etwas unter der Höhe der Drosselklappenwelle. Das Leerlaufgemisch entsteht aus Kraftstoff, der aus der Hauptdüse stammt, und aus der über besondere Bohrungen aufgenommenen Luft. Es wird durch die Leerlaufdüse in vorbestimmter Menge dem Motor zugeführt.

Leerlauf

Übergangsbohrungen, die oberhalb der geschlossenen Drosselklappe liegen (Bypass-Bohrungen), beziehen eine Kraftstoff-Luft-Emulsion aus dem Leerlaufsystem. Wird die Drosselklappe etwas geöffnet, dienen die Bohrungen der Verbesserung des Übergangs vom Leerlauf auf das Hauptdüsensystem.

Normalbetrieb

Beim Tritt auf das Gaspedal wird die Drosselklappe entsprechend der Pedalstellung geöffnet. Mit zunehmender Öffnung der Drosselklappe steigt der durch die Kolben des Motors wirksame Unterdruck im Saugrohr. Der im Normalbetrieb erforderliche Kraftstoff wird von der Hauptdüse geliefert (siehe Schnittzeichnungen). Die Hauptluft wird über den Lufttrichter zugeführt. Mit steigendem Unterdruck sinkt der Kraftstoffstand im Mischrohr, das seinerseits von der Luftkorrekturdüse die notwendige Ausgleichsluft erhält. Die Luft vermischt sich in den kleinen Bohrungen des Mischrohrs mit dem nachfließenden Kraftstoff. Die Zusammensetzung des hier entstehenden Gemischs entspricht nahezu über den ganzen Drehzahlbereich den Bedürfnissen des Motors.

Beschleunigung

Beim Vergaser Solex PDSI ist die Beschleunigungspumpe seitlich am Schwimmergehäuse angeschraubt, bei den beiden anderen Vergasern steht die Unterdruckdose der Pumpe separat und schräg vom Vergaser ab. Die plötzlich geöffnete Drosselklappe soll der Beschleunigungspumpe genügend Kraftstoff liefern und den in solchem Fall zögernden Nachschub von dem Hauptdüsensystem überbrücken. Im Arbeitsraum der Beschleunigungspumpe befindet sich aus der Schwimmerkammer angesaugter Kraftstoff. Wird die Drosselklappe geöffnet, überträgt sich diese Bewegung auf den Pumpenhebel, der die Membrane der Pumpe nach innen drückt. Dadurch wird Kraftstoff durch das Einspritzrohr in die Mischkammer gespritzt, wobei sich die Menge nach dem Pumpenhub richtet. Ein Rückschlagventil verhindert, daß beim Einspritzen zugleich Benzin in die Schwimmerkammer zurückfließt. Ein weiteres Ventil am Pumpenauslaß verhindert beim Saughub das Einströmen von Luft aus der Mischkammer.
Menge und Dauer des Kraftstoffzusatzes sind vom Pumpenhub, von der Kalibrierung des Einspritzrohres und des Überdruckventils sowie von der Kraft des Druckhubes abhängig.

Vollast

Bei Vollgas benötigt der Motor eine zusätzliche Kraftstoffversorgung. Sie muß selbsttätig einsetzen, wenn der Unterdruck des Motors den normalen Wert überschreitet. Dann wird unmittelbar von der Schwimmerkammer der Kraftstoff zum Einspritzrohr geführt, das bei den Vergasern in unterschiedlicher Form in den Ansaugkanal oberhalb des Lufttrichters gerichtet ist.
Damit bietet sich auch die Möglichkeit, bei hohen Drehzahlen ein normales Mischungsverhältnis beizubehalten, so daß der Motor noch Höchstleistung ab-

Start-Automatik am Zenith-Vergaser INAT. Die elektrisch aufheizbare Spirale dehnt sich bei Wärme aus und bewegt die im Gehäuse nach oben weisende Zunge weiter. Diese Zunge wirkt über Hebel auf die Starterklappe. Durch Verdrehen des Gehäusedeckels in Pfeilrichtung wird das Gemisch angereichert; dazu muß man die drei Deckelschrauben lockern.
Weißer Pfeil: Umgemisch-Regulierschraube.

geben kann. Unter solchen Bedingungen ist der Kraftstoffverbrauch an sich hoch, die ausreichend fettere Mischung wirkt sich jedoch auf den Konsum senkend aus.
Wenn die Stauklappe der 2. Stufe des Vergasers Varajet öffnet, bewegt sie eine konische Vollastnadel in einer Düsenblende. Dadurch wird der Blendendurchmesser zunehmend freigegeben und entsprechend Kraftstoff zugesetzt.

Vergaserbefestigung prüfen

Pflegearbeit Nr. 3

Nach den ersten 10 000 km schreibt der Opel-Inspektionsplan eine Überprüfung der Befestigungsschrauben des Vergasers am Ansaugkrümmer vor. Auch später sollte man sie hin und wieder kontrollieren, obgleich dies nicht besonders vorgeschrieben ist. Allerdings muß man die Muttern nicht jedesmal noch fester »anknallen«, aber mit einem angesetzten Schraubenschlüssel stellt man leicht fest, ob da etwas locker ist. Ohne das Luftfiltergehäuse abzunehmen, wird man an diese Befestigungsschrauben freilich kaum herankommen (siehe dazu Seite 112).
Bei dieser Gelegenheit kann man auch prüfen, ob die Vergaserdeckelschrauben locker sind. Dies ist leicht zu ermitteln, wenn man vorsichtig am noch montierten Luftfilter wackelt und dabei seitlich beobachtet, ob sich diese Bewegung auf den Vergaserdeckel überträgt. Wenn ja, Luftfilter abnehmen und die Schlitzschrauben mit einem Schraubenzieher festdrehen.

Blick auf den Vergaser Solex 35 PDSI. Die Pfeile sind auf die sechs Befestigungsschrauben des Vergaserdeckels gerichtet.
S - Starterklappe, deren Stellung man auch bei montiertem Luftfiltergehäuse beobachten kann. T - farbiges Typenschild, der »Ausweis« des Vergasers.

Leichte Verdrehung

Das vorangegangene Kapitel sollte Ihnen so viel Selbstvertrauen schenken, daß Sie den Mut aufbringen, sich etwas näher mit dem Vergaser zu befassen. Zum Verstehen der Zusammenhänge können die schematischen Darstellungen und Abbildungen dieser beiden Kapitel so viel Hilfe leisten, daß man einige wichtige Handgriffe, die zur Kontrolle oder Wartung nötig sind, ohne weitere Kenntnisse vornehmen kann.

Probieren Sie einmal folgenden Handgriff: In Fahrtrichtung hinten am Vergaser sitzt der Drosselklappenhebel, der von dem Gaszug bewegt wird, wenn man mit dem Fuß Gas gibt. Um ihn sicher zu finden, lassen Sie jemand im Wagen auf das Gaspedal treten, damit Sie sehen können, was sich am Vergaser bewegt. Starten Sie den Motor. Drückt man nun mit der Hand den Hebel in die gleiche Richtung, wie eben festgestellt, läuft der Motor schneller. Das ist Gasgeben mit der Hand. Die Drosselklappe wird von einer Rückholfeder wieder in ihre Ausgangsstellung zurückgeholt. Auf diese einfache Weise kann man mit dem Vergaser zur Kontrolle umgehen, wenn sich im Motorlauf Störungen ergeben. Im Stand darf man den Motor aber nicht zu hoch drehen lassen, damit sich keine Schäden an der Triebwerksmechanik ergeben.

Leerlauf überprüfen

Pflegearbeit Nr. 26

Warum muß der Leerlauf überprüft und möglicherweise eingestellt werden? Er bleibt auch bei richtiger Einstellung selten konstant, ändert sich mit den äußeren Temperaturschwankungen und verstellt sich durch Motorvibrationen oder leichtes Einschlagen der Anschlagschraube am Drosselklappenhebel.

Opel sieht diese Wartung bei km-Stand 20 000 und für alle weiteren 20 000 km vor, nachdem auch bei der 1000- und bei der 10 000-km-Inspektion diese Kontrolle vorgenommen wurde. Es empfiehlt sich zumindest zu Beginn der warmen und der kalten Jahreszeit, den Leerlauf zu überprüfen. Im Sommer kann man den Leerlauf geringfügig reduzieren, das spart Benzin. Durch eine etwas fettere Einstellung kann man eventuell die Startfreudigkeit erhöhen.

Die Leerlaufeinstellung ist nicht nur wegen ihres Einflusses auf den Gesamtverbrauch wichtig (bei zu hohem Leerlauf kann sich ein Mehrverbrauch bis zu 1 l/100 km ergeben). Vielmehr vermehrt ein falscher Leerlauf den Ausstoß giftiger Abgase, wogegen einschlägige Vorschriften erlassen wurden. Schließlich senkt zu hoher Leerlauf auch die Bremswirkung des Motors.

Vor der Einstellung des Vergasers muß einwandfrei feststehen, daß die Zündanlage sich in tadellosem Zustand befindet. Außerdem muß das Ventilspiel genau stimmen. Bei der Einstellarbeit muß der Luftfilter aufgebaut bleiben, weil sonst die Werte verfälscht werden. Der Motor soll seine Betriebstemperatur erreicht haben. Bei Wagen mit automatischem Getriebe ist die Wahlhebelstellung »N« einzulegen.

Durch die Einstellung werden die Drehzahl des Motors und die Menge des Kraftstoffanteils reguliert. Früher konnte ein geübter Praktiker die Leerlaufein-

Bei allen Vergasern kann man mit der Hand Gas geben. Hier wird das am Vergaser Zenith INAT demonstriert, indem man bei laufendem Motor das Gelenk, mit dem das Ende des Gaszuges verbunden ist, nach oben drückt.

stellung mit dem Schraubenzieher und mit Hilfe seines Gehörs vornehmen. Heute bleibt, wie Sie sehen werden, seine Tätigkeit stets ein Behelf, da die korrekte Feinabstimmung im Zusammenwirken mit der Zündung nur mittels elektronischem Testgerät oder Drehzahlmesser mit Abgas-Meßgerät möglich ist. Zunächst folgt die Einstellung mit Drehzahlmesser und CO-Tester, wie sie eigentlich der Werkstatt vorbehalten bleiben soll, anschließend wird die herkömmliche Methode beschrieben, die nur als unvollkommener Ersatz dafür verstanden werden will. Die nachfolgend genannten Einstellschrauben sind auf den Abbildungen dieser beiden Kapitel bezeichnet.

Leerlauf mit Hilfe von Instrumenten einstellen

Alle im Manta möglichen Motoren sollen im Leerlauf mit 800 bis 850 min^{-1} drehen. Der CO-Anteil im Abgas soll 1,5 bis 2,5 Vol.-% betragen, ausgenommen die 1,2-Liter-Motoren mit 2,5 bis 3,5 Vol.-%. Je nach den ihnen zugeordneten Anleitungen sind der transportable Drehzahlmesser und der CO-Tester anzuschließen.

Vergaser Solex PDSI. Weicht die Drehzahl vom Sollwert ab, ist die Umgemisch-Regulierschraube langsam in entsprechender Weise zu drehen. Wenn der CO-Anteil zu hoch liegt, muß versucht werden, durch Drehen der Gemisch-Regulierschraube den Wert zu senken. Durch Nachregulieren an der Umgemisch-Regulierschraube können noch Verbesserungen erzielt werden, aber die Leerlaufdrehzahl darf dadurch nicht negativ beeinflußt werden.

Sollten mit diesen Maßnahmen weder Leerlauf noch Abgas gefügig werden, ist am Vergaseranschluß für Zündunterdruck ein Unterdruckmeßgerät anzuschlie-

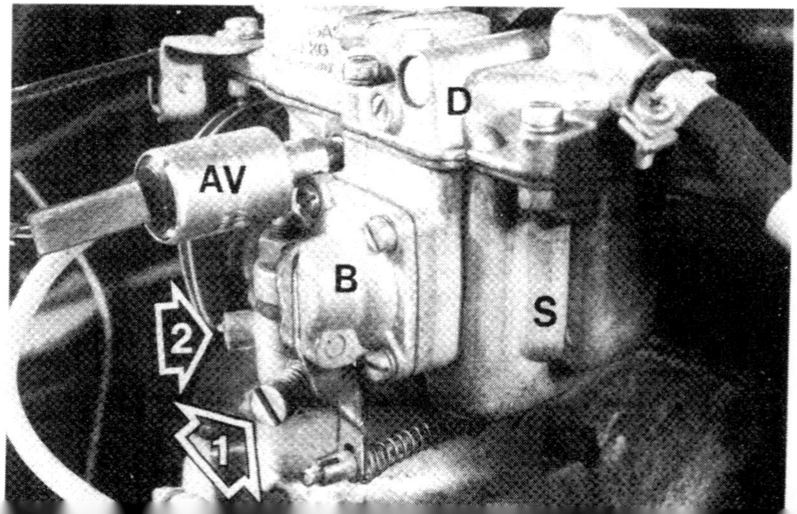

Vergaser Solex PDSI. 1 - Umgemisch-Regulierschraube zur Einstellung der Leerlauf-Drehzahl. 2 - Gemischregulierschraube, an der man den CO-Gehalt im Abgas reguliert. AV - Abschaltventil, das elektromagnetisch arbeitet und bei ausgeschalteter Zündung den Kraftstoffzufluß unterbricht; es wird statt der Leerlaufdüse eingesetzt und verhindert das »Nachdieseln« des Motors. B - Beschleunigungspumpe; D - Vergaserdeckel; S - Schwimmerkammer.

Vergaser Solex 32/32 DIDTA. 1 - Umluft-Regulierschraube zum Einstellen des Leerlaufs. 2 - Gemischregulierschraube zum Regulieren des CO-Wertes im Abgas. 3 - Drosselklappenanschlagschraube, plombiert, die in der Werkstatt bei am Vergaser angeschlossenem Unterdruckmeßgerät betätigt wird, wenn eine Einstellung allein durch Drehen der erstgenannten Schrauben nicht möglich ist.
Generell gilt für jeden Vergaser, daß die zur Regulierung der Leerlaufdrehzahl dienenden Umgemisch- bzw. Umluft-Regulierschrauben nur vorsichtig zu drehen sind. Oft genügt nur eine viertel Umdrehung, um den Motorlauf zu verbessern.

ßen (Schlauch zum Zündverteiler abziehen). Bei geschlossener Drosselklappe hat die Messung bei den 1,2-Liter-Motoren 1 bis 10 mm Hg (0,1 bis 1,2 kPa) zu ergeben, bei den übrigen 1 bis 15 mm Hg (0,1 bis 2,0 kPa). Andernfalls muß die Anschlagschraube für den Verbindungshebel an der Starterklappe gelöst werden, bis sich ein Spiel zwischen Schraube und Hebel ergibt. Die Schraube nicht mit der Drosselklappenanschlagschraube verwechseln, von der die Plastikkappe zu entfernen ist und die dann so verstellt werden muß, bis sich möglichst ein Mittelwert der Unterdruckangabe einstellt.
Jetzt können durch Nachregulieren von Gemisch-Regulierschraube und Umgemisch-Regulierschraube der CO-Wert und die Drehzahl korrigiert werden. Die vorher gelöste Anschlagschraube ist an dem Verbindungshebel zur Starterklappe spielfrei – bis zu einer ersten Berührung – beizudrehen. Die Drosselklappenanschlagschraube wird neu verplombt.
Vergaser Solex DIDTA. Entsprechend der eben erteilten Beschreibung dient die Umluft-Regulierschraube zum Einstellen der Drehzahl, und mit der Gemisch-Regulierschraube kann der CO-Wert einreguliert werden.
Werden einer der beiden vorgegebenen Werte oder beide zusammen nicht erreicht, ist ebenfalls das Unterdruckmeßgerät anzuschließen. Der Unterdruck-Sollwert lautet 1 bis 15 mm Hg (0,1 bis 2,0 kPa). Bei Abweichung davon ist die Plastikkappe der Drosselklappenanschlagschraube abzunehmen und diese Schraube zu justieren, bis der Unterdruckwert (Mittelwert) erreicht wird. Die beiden anderen, vorher genannten Schrauben sind zur Nachregulierung von Drehzahl und Abgaswert erneut zu betätigen. Die Drosselklappenanschlagschraube muß wieder plombiert werden.
Vergaser Zenith INAT. Mit der Umgemisch-Regulierschraube wird die Motordrehzahl eingestellt. Für den CO-Wert ist die rechts davon befindliche Gemisch-Regulierschraube verantwortlich. Die erstgenannte Schraube kann zur Nachregulierung erneut verdreht werden.
Kann kein befriedigendes Ergebnis erreicht werden, ist durch Anschließen eines Unterdruckmeßgerätes am Stutzen für den Zündunterdruck festzustellen, ob 1 bis 15 Hg (0,1 bis 2,0 kPa) vorhanden sind. Andernfalls muß nach Entfernen der Plastikkappe die Drosselklappenanschlagschraube entsprechend verstellt werden. Beide vorher betätigten Schrauben sind danach so zu drehen, daß die Werte von Drehzahl und CO-Anteil der Vorschrift entsprechen. Abschließend ist eine neue rote Plastikkappe auf der Drosselklappenanschlagschraube zu fixieren. Die Farbe der Sicherungskappen gibt Auskunft darüber, ob sie vom Hersteller, im Werk oder in einer Werkstatt aufgesetzt wurden.

Leerlauf ohne Instrument einstellen

Zufolge einer vorerst nur in der Bundesrepublik gültigen Vorschrift sind die Drosselklappenanschlagschraube und die Leerlaufgemisch-Regulierschraube mittels Sicherungskappen plombiert, um Einstellarbeiten außerhalb der Werkstatt zu verhindern. Das hat nichts mit einer gezielten Arbeitsbeschaffung für die Reparaturbetriebe zu tun, vielmehr lassen es die strengen Abgasvorschriften nicht zu, daß die vom Werk fixierte Vergasereinstellung in Unordnung gebracht wird. Heutige Vergaser sind mit sehr genauen Einstellungen versehen und erfüllen ihre Aufgabe nur, wenn jene nicht unkundig verändert werden. Manche Vergaser lassen sich nach einer erfolgten »Bastel-Einstellung« in der Werkstatt überhaupt nicht mehr regulieren und müssen dem Vergaserhersteller zur Justierung eingesandt werden – die möglicherweise entstehenden Kosten sind hoch.
Die nachstehend gegebenen Vorschläge sollen demnach nur im Notfall befolgt werden, etwa dann, wenn bei einer Reparatur durch fachlich nicht geschulte Monteure im Ausland ein Fortkommen mit dem Wagen gesichert sein muß. In der Heimat ist aber bald ein Opel-Dienst oder ein Solex-Dienst in Anspruch zu nehmen, denn bei der nächsten TÜV-Prüfung fällt die vorgenommene Manipulation bestimmt auf.

Die erwähnten Plastikkappen können mittels Zange oder Schraubenzieher abgenommen werden, wobei man sie zerstört. Neue Sicherungskappen sind nur in der Opel-Werkstatt oder bei der Solex-Vertretung erhältlich – dort aber kümmert man sich zuvor um die richtige Vergasereinstellung.

Nun zur aushilfsweisen Einstellung: Der Motor muß seine Betriebstemperatur erreicht haben. Standlauf genügt dazu nicht, vielmehr soll man den Wagen warmfahren.

Allgemein kann man die Einstellung wie folgt vornehmen:

■ Warmen Motor im Stand laufen lassen. Drosselklappenschraube mit dem Schraubenzieher so weit herumdrehen (Drosselklappe schließen), bis der Motor gerade noch rund läuft.

■ Leerlaufgemisch-Regulierschraube etwas nach links oder rechts drehen, um eine Dosierung von Kraftstoff und Luft zu finden, die für diese Drosselklappenstellung den schnellsten und gleichmäßigsten Leerlauf ergibt.

■ Drosselklappenschraube möglichst noch bis zur niedrigsten gleichmäßigen Leerlaufdrehzahl herausdrehen. Falls vorher ein sehr schneller Leerlauf eingestellt war, kann jetzt ein nochmaliges Regulieren an der Leerlaufgemisch-Regulierschraube und abschließend an der Drosselklappenschraube nötig sein.

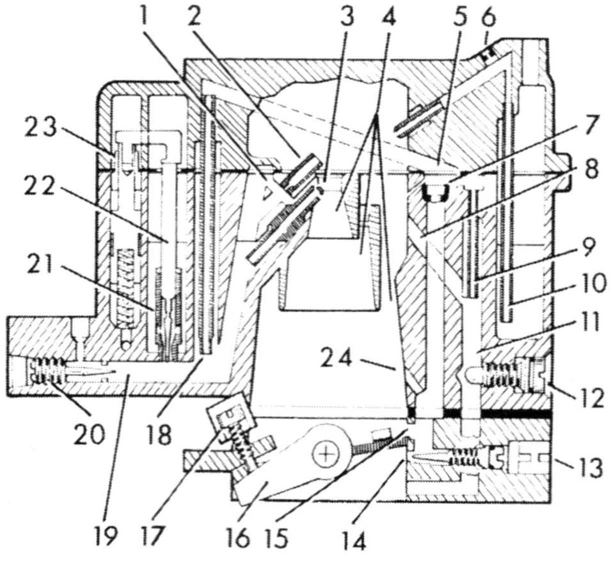

Schnitt durch den Vergaser Varajet, 1. Stufe. 1 – Luftbohrung, 2 – Luftblende, 3 – Gemischaustrittrohr, 4 – dreifach konzentrische Lufttrichter, 5 – Verteilerkanal, 6 – Luftdüse zum Anreicherungsaustrittrohr, 7 – Leerlaufdüse, 8 – Luftbohrung, 9 – Umgemischdüse, 10 – Tauchrohr für Vollastanreicherung, 11 – Umgemischkanal, 12 – Umgemisch-Regulierschraube zur Korrektur der Drehzahl ohne Veränderung der Abgasemission, 13 – Gemisch-Regulierschraube, durch Kunststoffkappe versiegelt, 14 – Gemischaustritt, 15 – By-pass-Schlitz, 16 – Betätigungshebel für Drosselklappe, 17 – Drosselklappenanschlagschraube, versiegelt, 18 – Tauchrohr für Leerlaufsystem, 19 – Hauptkraftstoffkanal, 20 – Teillastventil, versiegelt, 21 – Hauptdüse, 22 – Teillastnadel, 23 – Unterdruckkolben, 24 – By-pass-Luftbohrung.

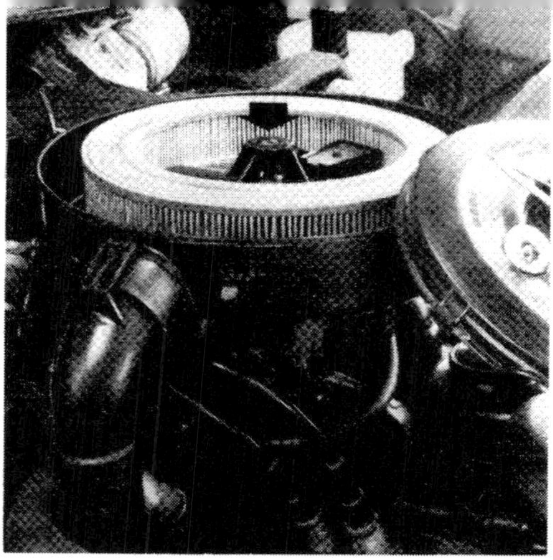

Das Auswechseln des Papierelements im Luftfiltergehäuse ist problemlos. Links: Vergaser Solex PDSI, der Pfeil zeigt auf den Sitz der Befestigungsschraube für den Filterdeckel.
Rechts: Vergaser Zenith INAT, Pfeile zeigen auf die Verschlüsse am Filtergehäuserand.

Man kann auch zuerst die Leerlaufdrehzahl etwas erhöhen; mit der genannten Methode läßt sich aber ein etwas geringerer Kraftstoffverbrauch erzielen.
Wenn das Leerlaufsystem verstopft ist, bleibt das Verstellen der Leerlaufgemisch-Regulierschraube möglicherweise ohne Wirkung. Wenn die Leerlaufdüse verstopft ist, bleibt der Motor bei losgelassenem Gaspedal stehen: Düse reinigen, manchmal hilft auch kräftiges Gasgeben oder während der Fahrt im niedrigen Gang plötzliches Weglassen von Vollgas.

Abgasmessung bei der TÜV-Kontrolle

Die Anforderungen des TÜV bezüglich der Emissionswerte im Abgas sind nicht übermäßig streng. Bei den hier voran beschriebenen Einstellarbeiten können sie durchaus erreicht werden. Vor der CO-Messung, die den Anteil von Kohlenmonoxyd aufzeigt, braucht man deshalb keine Angst zu haben. Die geforderten Werte, nämlich 4,5 plus maximal 1,0 Vol.-Prozent CO, können bei den von Opel eingebauten Vergasern weitgehend eingehalten werden.
Vor der Messung beachte man: Der Motor soll möglichst eine halbe Stunde warmgefahren werden. Ein Wagen, der viel im Stadtverkehr gefahren wird, ist zur Reinigung seines innerlich verschmutzten Motor 100 bis 150 km weit zügig zu bewegen. Beim TÜV soll man den Motor dann aber nicht im Leerlauf tuckern lassen, sonst waren die Vorbereitungen umsonst.
Werden die vorgeschriebenen Werte trotzdem nicht erreicht, sind Ventilspiel, Schließwinkel (wird im Zündungskapitel erklärt), Zündzeitpunkt und Elektrodenabstand der Zündkerzen zu prüfen. Fällt danach der CO-Test immer noch negativ aus, ist erst dann die Vergasereinstellung zu kontrollieren. Die Reihenfolge der hier aufgezeigten Vorkehrungen muß unbedingt befolgt werden, weil der Erfolg sonst zweifelhaft bleibt. Man vermeide in jedem Fall ein »versuchsweises« Korrigieren am Vergaser.

Fingerzeig: *Von der Werbung angepriesene Vergaser-Zusatzgeräte bringen Nachteile im Fahrbetrieb, besonders jedoch den Kraftstoffverbrauch und die Abgasvorschriften betreffend, mit sich. Wartungs- und Reparaturarbeiten nimmt an derart manipulierten Vergasern keine seriöse Werkstatt vor.*

Abgaskontrolle

Pflegearbeit Nr. 27

Wegen der gültigen Gesetze hat Opel vorgesehen, regelmäßig die Auspuffgase auf ihren CO-Gehalt zu prüfen. Hierzu bedient man sich in der Werkstatt eines CO-Testers und stellt gegebenenfalls den Vergaser ein. Die Arbeit wird in Verbindung mit der Leerlaufüberprüfung vorgenommen.
Da man als Privatperson normalerweise nicht über einen CO-Tester verfügt,

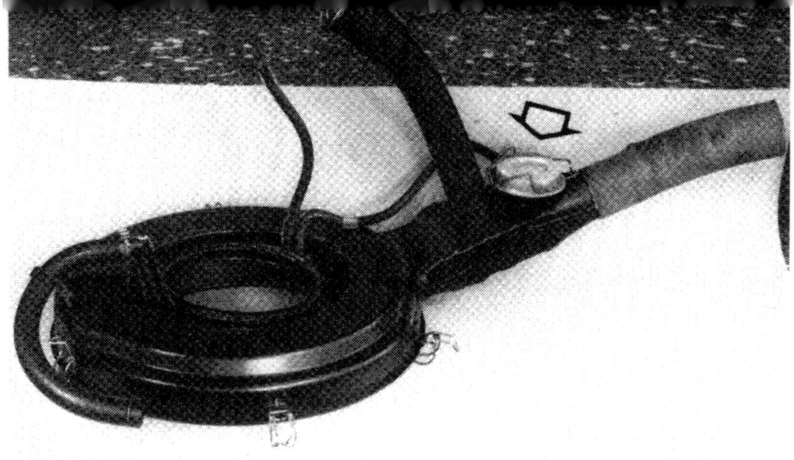

Die Unterseite des zum Motor 19 S gehörenden Luftfiltergehäuses. Die Unterdruckmembrane (Pfeil) betätigt eine in dem Ansaugstutzen untergebrachte Luftklappe, die je nach Außentemperatur für eine Zufuhr kühler oder vorgewärmter Ansaugluft sorgt. Bei den anderen Motoren muß diese Umstellung von Hand vorgenommen werden. Die Motoren 16, 16 S und 19 besitzen ein ähnliches Luftfiltergehäuse wie im Bild; anstelle der Unterdruckdose befindet sich seitlich am Schnorchel ein Hebel für die Luftklappe und die aufgeprägten Worte »Sommer«/»Winter« geben Hinweis auf die gewünschte Stellung des Hebels. Motoren 12 und 12 S siehe Bild unten.

bleibt es einem nur übrig, deswegen eine Werkstatt aufzusuchen. Spätestens bei der TÜV-Kontrolle, zu der das Auto alle zwei Jahre vorgeführt werden muß, wird der CO-Gehalt amtlicherseits geprüft. Um nicht beanstandet zu werden, empfiehlt es sich also, vor dieser Kontrolle den hier angeführten Test, der weiter vorn beschrieben wurde, vornehmen zu lassen. Der hier vorangegangene Abschnitt enthält dazu noch einige Tips.

Papierelement des Luftfilters wechseln

Pflegearbeit Nr. 45

Obwohl die Filterhersteller das nicht gerne wissen wollen und kürzere Wechselintervalle empfehlen, sieht der Opel-Wartungsplan einen Wechsel des Luftfilterelements nur für alle 40 000 km vor.
Luftfilter halten Verunreinigungen von der »Atmungsluft« des Motors fern. Vom Motor über den Vergaser angesaugt, würden sie in den Ölkreislauf gelangen und auf den geschmierten Gleitbahnen wie Schmirgel wirken. Gleichzeitig dämpft der Luftfilter die Geräusche der Ansaugluft. Ein verschmutztes Papierelement läßt dem Motor zuwenig Verbrennungsluft zukommen und den CO-Gehalt der Auspuffgase ansteigen.
Diese Filter dürfen nicht mit Feuchtigkeit in Berührung kommen. In Ermangelung eines neuen Filters kann man den alten einigermaßen reinigen. Auf einer festen Unterlage ausklopfen (ohne ihn zu verbiegen), an der Tankstelle mit Preßluft (notfalls mit Fahrradpumpe) den Luftstrahl zunächst an den äußeren Filterflächen vorbeistreichen lassen, danach von innen nach außen durchblasen.
Einen neuen Filtereinsatz erhält man bei Opel-Dienststellen und in Zubehörgeschäften unter Angabe des Fahrzeugtyps nebst Baujahr desselben.

Das Luftfiltergehäuse

Die drei besprochenen Vergaser haben leicht unterschiedliche Luftfiltergehäuse, angepaßt an die Starterklappenstutzen (Lufteinlaß).
Bei allen Vergasern ist der Gehäusedeckel von einer oben in der Mitte sitzenden Schraube mit Scheibe befestigt, außerdem sorgen Schnappverschlüsse am Gehäuserand für guten Sitz des Deckels. Nach Lösen dieser Befestigungen läßt sich der Deckel abheben. Das Papierelement für die Luftfilterung liegt danach offen und kann entnommen werden.
Bei den Vergasern PDSI und DIDTA ist das Gehäuse durch eine weitere Schraube auf dem Vergaser festgehalten. Am erstgenannten Vergaser muß zum Abnehmen des Filtergehäuses die nach vorn gerichtete Schlitzschraube gelokkert werden, die von der rechten Wagenseite aus direkt an der Unterseite des Gehäuses mit einem langen Schraubenzieher erreichbar ist. Dadurch löst man das Spannband. Beim DIDTA-Vergaser ist diese Halteschraube zum Motor hin

gerichtet, zweckmäßigerweise sucht man sie mit Hilfe eines kleinen Spiegels. Der Zenith-Vergaser besitzt keine weitere Befestigungsschraube für das Filtergehäuse.
Wenn das Luftfiltergehäuse völlig vom Motor entfernt werden soll, muß man die an der Unterseite angeschlossenen Schlauchverbindungen für die Rückführung der Kurbelgehäuseentlüftung und Abgase abziehen.

Sommer- und Winterbetrieb

In der kalten Jahreszeit soll dem Motor vorgewärmte Ansaugluft zugeführt werden. Das ist im Sommer wegen der dann günstigeren Außentemperatur nicht erforderlich. Der Lufteinlaßschnorchel des Filtergehäuses ist zu diesem Zwecke mit einer Umschaltvorrichtung versehen, die es in dreierlei Ausführungen gibt: Bei den Motoren 12 und 12 S kann der rechts in das Gehäuse mündende Schnorchel nach Abheben der Sperrklinke einmal in die senkrechte Stellung (durch den Auspuffkrümmer vorgewärmte Luft) und zum anderen in die nach vorn gerichtete Position (Außenluft) gebracht werden. Die Luftfilter der Motoren 16, 16 S und 19 verfügen über einen starren, schräg nach vorn gerichteten Lufteinlaß mit einer Klappe im Schnorchel. Die dort aufgeprägten Begriffe »Sommer« und »Winter« geben Hinweis auf die erforderliche Klappenstellung. Beim Motor 19 S wird die Vorwärmung automatisch von einer Unterdruckmembran an der Schnorchelunterseite geregelt.

Vergaser und Düsen reinigen

Teil der Pflegearbeit Nr. 33

Störungen im Vergaser rühren meistens von Verschmutzungen in seinem Inneren her, die sich schon dann auswirken können, wenn sie noch recht minimal erscheinen. Bei neuen Vergasern treten bisweilen Unstimmigkeiten auf, die auf nicht entfernte Fremdkörper bei der Produktion oder auf dort zurückgebliebenes Konservierungsfett zurückzuführen sind. Derartige Rückstände verklemmen die Schwimmernadel und setzen im Laufe des Betriebes Düsen und Bohrungen zu. Ferner hat Wasser im Benzin die Eigenschaft, Absonderungen von dem Zinkguß (Zinkkarbonat) des Vergasergehäuses zu erzeugen.
Öldämpfe, die über die Kurbelgehäuseentlüftung in den Vergaser geleitet werden, bereiten ebenfalls Verunreinigungen, insbesondere, wenn man aus vermeintlichem Sicherheitsbedürfnis zu viel Öl in den Motor füllte. Die Summe der hier aufgezählten Einflüsse kann zu merklichen Einbußen in der Leistung des Motors führen. Deshalb sollte man bestrebt sein, je nach Fahrstrecke alle ein bis zwei Jahre für eine Reinigung des Vergasers zu sorgen.
Es sei hier nicht unbedingt dazu geraten, den Vergaser komplett zu zerlegen, um ihn zu säubern. Die Demontage verlangt viel Aufmerksamkeit, und der Zusammenbau müßte womöglich mit Hilfe eines herbeigeholten Fachmannes erfolgen. Man kann aber den vom Luftfilter kommenden Lufteinlaß vom Vergaser abbauen und sich ansehen, was man sich weiter getraut abzuschrauben. Auf den Bildern dieser beiden Kapitel sieht man, welche Düsen verhältnismäßig leicht zugänglich sind und welche Vergaserteile ohne spätere Komplikationen gelöst werden können. Zu beachten ist, daß kein Teil verlorengeht oder vertauscht wird, keine Dichtung beschädigt ist und daß bei der ganzen Prozedur nichts in den Vergaser hineinfällt, was dann an der Drosselklappe vorbei im Ansaugkrümmer verschwindet und somit beim Lauf des Motors in den Verbrennungsraum geraten würde.
Weiter läßt sich – unabhängig vom Vergasertyp – generell sagen:

- Ausgebaute Vergaserteile in Kraftstoff oder Spiritus reinigen. Die Teile auf sauberes Tuch legen.
- Düsen, Bohrungen und Schwimmerkammer mit mäßigem Preßluftdruck ausblasen, auch Handluftpumpe ist geeignet. Düsen können notfalls mit dem Mund

durchgeblasen werden. Besser eignet sich das Ventil am (sauberen) Reserverad. Drückt man die herausgeschraubte Düse in das Ventil, pustet die aus dem Reifen entweichende Luft alle Fremdkörper fort. Auf keinen Fall mit hartem Draht reinigen, geeignet ist jedoch eine Borste aus einer Bürste. Düsen sind aus weichem Metall (Messing), daher nicht zu fest einschrauben.

■ Drosselklappenwelle auf zu großes Spiel an den Lagerungen untersuchen. Dort könnte Nebenluft eindringen und Start und Leerlauf verschlechtern.

■ Die Spitze der Leerlaufgemisch-Regulierschraube darf keine Druckstellen aufweisen oder gar verbogen sein. Sonst auswechseln.

■ Den Schwimmer kontrolliert man, ob er dicht ist (schütteln und gegen das Ohr halten). Eventuell in heißes Wasser legen und auf Blasen achten. Die Schwimmerachse muß gut gängig sein.

■ Im Vergaserdeckel, von unten eingeschraubt, befindet sich das Schwimmernadelventil. Beim Vergaser Varajet hängt es in der Schwimmerkammer. Die Ventilnadel muß einwandfrei beweglich sein. Gegen sie drückt von unten der Hebel des Schwimmers. Undichtes oder hängendes Schwimmernadelventil liefert dem Vergaser zuviel Kraftstoff: Erhöhter Verbrauch, Vergaser läuft über. Ventil austauschen, neues Ventil mit neuem Dichtring einschrauben.

Fingerzeig: *Nach einem Motorbrand (Kabelbrand) ohne weitere Folgen sind die Staubrückstände durch Feuerlöschmittel aus dem Luftfilter, Vergaser und Ansaugrohr peinlich genau zu entfernen. Andernfalls kann es zu Schäden im Motor kommen, da die Löschmittel in Verbindung mit Feuchtigkeit das Metall angreifen.*

Die Beschleunigungspumpe

Die Bedeutung dieser Einrichtung wurde auf Seite 105 erwähnt. Auf der Verbindungsstange zwischen dem Betätigungshebel und dem Pumpenhebel sitzt eine lange Schraubenfeder, deren Stärke und Spannung für die Pumpenarbeit wichtig ist. Mit der Mutter am Ende dieser Stange kann man die Federspannung und den Pumpenhub einstellen. Die Spannung speichert die vom Hebel übertragene Kraft und verzögert deren Wirkung.

Die Startautomatik

Die Vergaser Solex DIDTA und Zenith INAT besitzen eine elektrisch beheizte Startautomatik, siehe auch Seite 104.

Automatisch ist an dieser Startvorrichtung nur, daß sich die im Vergasereinlaß befindliche Starterklappe, die bekanntlich in geschlossenem Zustand für fetteres Gemisch sorgt, von allein wieder öffnet. Statt von Hand eine Starthilfe zu ziehen, muß man aber vor dem Start mit dem Fuß das Gaspedal einmal durchtreten,

Startschwierigkeiten können sich ergeben, wenn beim Vergaser mit Startautomatik die Starterklappe nicht mehr richtig geöffnet oder geschlossen wird. Beispiel: Bei warmem Motor ist die Starterklappe in nur halb geöffneter Stellung hängengeblieben und der Motor springt nicht an. Abhilfe: Luftfilterdeckel abnehmen, Starterklappe mit Werkzeug offen halten lassen und starten. Wenn man das ohne Hilfsperson bewerkstelligen muß, eignet sich dazu ein Taschenmesser mit nur halb geöffneter Klinge, um den abgewinkelten Messergriff auf der Innenseite des Filtergehäuses so plazieren zu können, daß das Messer nicht beim Starten durch Öffnen der Drosselklappe in den Ansaugkanal rutscht. Bild: Vergaser Solex DIDTA.
Eine solche Fehlfunktion der Starterklappe muß die Werkstatt abstellen.

Die Startautomatik wurde 1976 modifiziert. Deren geänderte Bimetallfeder bewirkt einen größeren Luftdurchsatz und bessere Gasannahme. Sowie jedoch die Startautomatik ausgeschaltet ist, läuft der Motor noch nicht bei voller Betriebstemperatur und das Gaspedal muß noch für einige Minuten behutsam bedient werden.

damit die Klappe ausrastet und sich schließt. Hat man den Verdacht, daß der Motor auf Grund einer Störung der Automatik schlecht anspringt oder mit zu fettem Gemisch läuft, dann kann es sein, daß die Klappe hängt, also nicht mehr einwandfrei gängig ist und nicht ganz schließt oder öffnet. Zur Prüfung den Deckel des Luftfilters abnehmen. Gasgestänge so einstellen, daß es etwa Halbgas entspricht, und vorsichtig von Hand probieren, ob die Klappe gut beweglich ist (nur in bestimmten Stellungen des Gaspedals ist die Klappe nicht gesperrt). Es kann sein, daß sich auf der Klappe bzw. an ihrer Welle Ablagerungen aus der in das Luftfilter geführten Kurbelgehäuse-Entlüftung gebildet haben. Diese mit Spiritus entfernen.

Zur genauen Funktionskontrolle: Vor dem Kaltstart Luftfilter abnehmen. Stellung der Starterklappe beobachten, sie wird jetzt noch senkrecht stehen, wenn das Gaspedal noch nicht berührt wurde. Dann Gaspedal einmal durchtreten. Nun wieder die Stellung der Klappe ansehen. Sie muß den Vergasereinlaß geschlossen haben.

Wesentliche Teile der Automatik sind das Automatikgehäuse und das mit Schrauben darauf aufgesetzte trommelförmige Federgehäuse. Eine Markierung oben auf beiden Teilen soll übereinstimmen (Mittelstellung). Wenn die Startautomatik aber zu früh oder zu spät öffnet, kann auf Grund einer Überprüfung (möglichst Werkstatt) ein Abweichen von dieser Stellung notwendig sein.

Störungsbeistand
Vergaser

Kommt es zu Schwierigkeiten beim Motorlauf, so liegt die Ursache nur in seltenen Fällen an einer Fehlfunktion des Vergasers. Störungen an der Zündanlage sind (bei allen Autos) häufiger. Man vergewissere sich, daß Zündzeitpunkt, Unterbrecherkontakte, Zündkerzen und Kabelanschlüsse in Ordnung sind. In der folgenden Tabelle sind die Möglichkeiten aufgeführt, die zu Störungen am Vergaser Ihres Manta Anlaß sein können.

Die Störung	– ihre Ursache	– ihre Abhilfe
A Motor springt nicht an (siehe auch vordere Buchklappe)	1 Zündung nicht einwandfrei	Kontrollieren (siehe Kapitel Zündanlage und vordere Buchklappe)
	2 Tank leer	Auftanken
	3 a) Kraftstoffweg im Vergaser nicht in Ordnung	Prüfung: Zuleitung am Vergaser abziehen, Verteilerfinger entfernen, Motor stromlos starten. Kein Kraftstoff: Siehe unter Kraftstoffpumpe
	b) Leerlaufdüse verschmutzt	Herausschrauben, reinigen
	c) Bohrungen im Vergaser verstopft	Vergaser zerlegen, reinigen
	d) Vergaser läuft über (Motor ersoffen durch zuviel Gasgeben oder Schwimmer klemmt oder undicht)	Gegen Schwimmergehäuse klopfen. Evtl. Vergaserdeckel abnehmen. Schwimmer überprüfen. Beim Starten Vollgas.
	e) Stufen-Vergaser: Schwimmerkammerbelüftung schaltet im Stand nicht ein	Prüfen, ob Mitnehmerhebel für Belüftungsventil Feder auf Gestänge bei geschlossener Drosselklappe etwas anhebt. Mitnehmerhebel einstellen
	f) Startautomatik versagt (Klappe schließt nicht).	Vor dem Start Gaspedal zwei- bis dreimal durchtreten

Die Störung	– ihre Ursache	– ihre Abhilfe
B Kraftstoffverbrauch zu hoch	1 Fehlerhafte Flanschdichtungen	Nachprüfen Eventuell auswechseln
	2 Undichter Schwimmer	Auswechseln
	3 Schwimmernadelventil schließt nicht	Säubern Eventuell auswechseln
	4 Düsen stimmen nicht	Auswechseln (siehe Technische Daten)
	5 Leerlaufgemisch zu fett (bei Vergaser Solex DIDTA)	Gemisch-Regulierschraube etwas eindrehen (Leerlauf muß sauber bleiben)
	6 Leerlaufdüse locker	Kontrollieren, eventuell anziehen
	7 Leerlauf zu hoch	Einstellen
	8 Startautomatik: Starterklappe hängt	Luftfilter abnehmen: Funktion der Klappe prüfen
C Leerlauf ungleichmäßig, Motor bleibt stehen	1 Leerlauf zu fett oder zu mager	Richtig einstellen
	2 Leerlaufsystem verstopft (Verstellen der Gemischschraube ohne Einfluß auf Drehzahl)	Leerlaufdüse herausnehmen, reinigen. Anschließend Leerlauf einstellen
	3 Stufen-Vergaser:	
	a) Schwimmerkammerbelüftung schaltet zu spät auf Innenbelüftung um oder	Mitnehmerbügel nachbiegen
	b) Heißleerlaufventil öffnet falsch	Auswechseln
D Motor bleibt bei höheren Drehzahlen stehen, wenn langsam Gas gegeben wird	1 Hauptdüse verstopft	Herausschrauben, reinigen
E Ungleichmäßiger Lauf und Auspuffrußen bei niedriger Leerlaufdrehzahl, stärkeres Rußen bei höherem Leerlauf	1 zu hoher Druck auf Schwimmernadelventil	Kraftstoffpumpendruck prüfen lassen
	2 Schwimmernadelventil schließt nicht	Ventil prüfen, evtl. erneuern
	3 Schwimmer undicht	Auswechseln
F Ungleichmäßiger Lauf bei Vollgas Aussetzer, Patschen, Leistung fällt ab	Nicht ausreichende Kraftstoffzufuhr	Hauptdüse reinigen, Kraftstoffpumpensieb und Schwimmerventil reinigen, Druck der Kraftstoffpumpe kontrollieren lassen
G Schlechte Übergabe beim Gasgeben	1 Beschleunigungssystem arbeitet nicht	Luftfilter abnehmen; prüfen, ob eingespritzt wird, wenn Gasgestänge betätigt wird
	2 Pumpenkanal oder Einspritzrohr verstopft	Reinigen
	3 Membrane defekt	Auswechseln
	4 Falscher Leerlauf	Richtig einstellen

Programmierter Mixer

Für die Gemischaufbereitung in den Motoren 19 E und 20 E sorgt ein elektronisches Einspritzsystem von Bosch. Diese »L-Jetronic« stellt eine Weiterentwicklung der ausschließlich elektronisch arbeitenden »D-Jetronic« dar. Sie zeichnet sich durch günstige Beeinflussung des Kraftstoffverbrauchs und durch geringen Ausstoß schädlicher Abgase aus. Daneben gewinnt der Motor durch die Einspritzanlage spürbar an Leistung. In sehr ähnlicher Form findet der 1,9-Liter-Einspritzmotor noch im Opel Kadett GT/E Verwendung.
Das Prinzip der elektronisch gesteuerten Benzineinspritzung hat in der im Manta vorhandenen Anlage einen bemerkenswerten Reifegrad erreicht. Störungen an ihr sind kaum häufiger als bei herkömmlichen Vergaseranlagen, und sollte es tatsächlich einmal zu einem Defekt kommen, so darf man getrost auf rasche Hilfe durch Opel-Werkstätten oder Bosch-Dienste vertrauen.
Jedoch hat auch der aufgeschlossene Autofahrer durchaus eine Chance, bei Unregelmäßigkeiten sein Auto wieder mobil zu machen. Bis zu einer gewissen Grenze – gezogen durch fachliche Schulung, Erfahrung und spezielle Prüfgeräte – ist Selbsthilfe an der Einspritzanlage nicht unmöglich.

Arbeitsweise

Wie bei einem Vergasermotor wird die Ansaugluft zuerst von dem Luftfilter gereinigt. Dann jedoch gelangt die Luft zu dem Luftmengenmesser – dem wichtigen Steuerteil –, wo die Menge der angesaugten Luft mit einer bestimmten Kraft auf die bewegliche Stauklappe wirkt. Dabei bewegt sich diese Klappe entgegen der Rückstellkraft einer Feder. Um ein gutes Übergangsverhalten beim Betrieb von geschlossener zu geöffneter Klappe (und umgekehrt) zu erzielen, ist noch eine Kompensationsklappe mit Spalt zu einem Dämpfungsvolumen vorhanden. Die jeweilige Stellung der Stauklappe wird von einem Potentiometer registriert und entsprechend in elektrische Spannung umgesetzt. Dieses Spannungssignal gelangt zum Steuergerät.

Die wichtigsten Aggregate der L-Jetronic sind hier aufgereiht:
1 - Elektronisches Steuergerät, 2 - Luftmengenmesser, 3 - Kraftstoffpumpe, 4 - Drosselklappenschalter, 5 - Einspritzventile, 6 - Kraftstoffilter, 7 - Zusatzluftschieber, 8 - Druckregler, 9 - Startventile, 10 - Thermozeitschalter, 11 - Temperaturfühler.

Beim Blick in den Motorraum des Manta GT/E fällt sofort das parallel zum Motor angeordnete Sammelsaugrohr auf.
1 - Zusatzluftschieber,
2 - Einspritzventile,
3 - Zweifachstecker des Thermozeitschalters,
4 - Kaltstartventil,
5 - Leerlauf-Regulierschraube am Drosselklappenstutzen.

Das Verhältnis der Zusammensetzung von Kraftstoff und Luft kann unabhängig davon an einem Bypass eingestellt werden, durch den ein kleiner Teil der angesaugten Luft an der Stauklappe vorbeigeleitet wird.
Aus dem Luftmengenmesser gelangt die Ansaugluft an der Drosselklappe vorbei in den Saugverteiler. Von diesem führt zu jedem Zylinder ein eigenes Saugrohr. Jedem Zylinder ist ein elektromagnetisches Einspritzventil zugeordnet, das durch elektrische Impulse vom Steuergerät betätigt wird.
Alle vier Einspritzventile sind elektrisch parallel geschaltet, was bedeutet, daß sie gleichzeitig – zweimal pro Nockenwellenumdrehung – spritzen. Der Einspritzzeitpunkt wird direkt vom Unterbrecherkontakt des Zündverteilers ausgelöst (an dem sonst auch vorhandenen Kabel zwischen Klemme 1 der Zündspule und Verteiler zweigt ein Kabel zum Kabelbaumstecker auf dem Steuergerät ab). Dabei richtet sich die Menge des eingespritzten Kraftstoffes im wesentlichen nach der vom Steuergerät vermerkten Motordrehzahl und nach der angesaugten Luftmenge.
Das elektronische Steuergerät ist austauschbar und durch den eben erwähnten Kabelbaumstecker mit den einzelnen Aggregaten der Anlage verbunden. Dieses Gerät enthält gedruckte Schaltungen, Halbleiterbauelemente, Abgleichswiderstände und Kondensatoren. Sein Aufbau wurde im Vergleich zum Steuergerät der D-Jetronic bedeutend vereinfacht.
Beim Starten des kalten Motors spritzt ein elektromagnetisches Startventil zu-

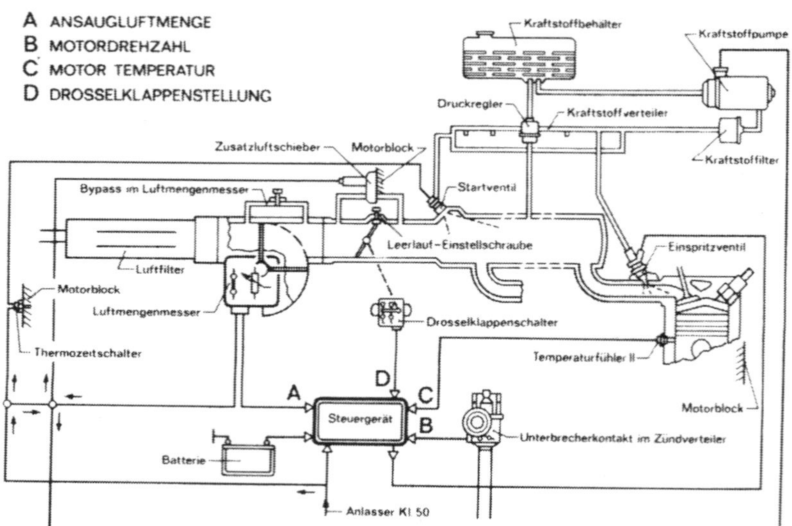

Schema des Jetronic-Systems von Bosch.

sätzlich Kraftstoff in das Saugrohr. Gesteuert wird dieses Ventil vom Thermozeitschalter. Die veränderten Betriebsverhältnisse beim Warmlauf werden durch zusätzliches Gemisch ausgeglichen, das vom Zusatzluftschieber – betätigt durch ein Thermobimetall – unter Umgehung der Drosselklappe gesteuert wird. Ferner bestimmt ein mit dem Steuergerät verbundener Thermofühler die Anreicherung des Gemischs.
Für die Kraftstoffzufuhr sorgt eine elektrische Förderpumpe, die zugleich den Einspritzdruck erzeugt. Die Pumpe schickt den Kraftstoff durch ein Filter in die Druckleitung zum Druckregler, der den Kraftstoffdruck unabhängig von der geförderten und abgespritzten Kraftstoffmenge regelt. Überschüssiger Kraftstoff wird von dem Regler wieder in den Tank geleitet. Von der Druckleitung führen Abzweigungen zu den Einspritzventilen.
Zwischen Druckregler und Ansaugrohr besteht eine Schlauchverbindung. Sie bewirkt die Abhängigkeit des Kraftstoffdruckes vom Unterdruck im Saugrohr. Somit bleibt der Unterschied zwischen Kraftstoff- und Saugrohrdruck konstant, und die eingespritzte Kraftstoffmenge hängt nur von der Öffnungsdauer des Einspritzventils ab.
Die Einspritzanlage erhält für bestimmte Stromkreise direkten Batteriestrom; einige Aggregate wie die elektrische Kraftstoffpumpe und der Zusatzluftschieber, die mit dem stromempfangenden Doppelrelais verbunden sind, beziehen den Arbeitsstrom über die durch die Sicherung Nr. 11 geschützte Leitung.

Steckerfarben

In der Einspritzanlage sind die Kabelfarben – im Gegensatz zur übrigen elektrischen Anlage – hauptsächlich weiß und können daher nicht als Wegweiser dienen. Statt dessen sind aus Gründen der Arbeitserleichterung die Kabelstecker von unterschiedlicher Farbe. Die Farbgebung macht es auch dem Laien möglich, das mit einem Kabelstecker verbundene Bauteil zu bestimmen:

- Brauner Stecker: Thermozeitschalter,
- Blauer Stecker: Kaltstartventil,
- Schwarzer Stecker: Zusatzluftschieber,
- Graue Stecker: Einspritzventile.
- Weißer Stecker: Temperaturfühler II.

Streng zu beachten

Die empfindlich reagierenden elektronischen Bauteile verlangen beim Betrieb des Wagens eine gewisse Sorgfalt, wenn es nicht zu Ausfällen mit kostspieligen Folgen kommen soll. Allein schon das Vorhandensein der Drehstromlichtmaschine setzt bei Arbeiten an der Elektrik das Einhalten von Regeln voraus, die im Kapitel über die Lichtmaschine näher beleuchtet werden. Zusätzlich zwingt die Einspritzanlage zur Beachtung folgender Hinweise:

- Niemals den Motor ohne fest angeschlossene Batterieklemmen starten.
- Niemals bei laufendem Motor die Batterie abklemmen.
- Bei müder Batterie kein Schnelladegerät zum Starten verwenden; beim Schnelladen ist die Batterie vom Bordnetz zu trennen.
- Alle Anschlußstecker der Einspritzanlage müssen fest sitzen.
- Niemals bei eingeschalteter Zündung den Kabelbaumstecker des Steuergerätes abziehen oder aufstecken.

Gewisse Arbeiten am Auto verlangen besondere Vorkehrungen. So ist zu beachten, daß vor

- jeglicher Prüfung der Anlage Zündzeitpunkt, Schließwinkel und Zündkerzen kontrolliert werden sollen,
- vor der Kompressionsdruckprüfung die Verbindung durch das rote Kabel zwischen Batterie und Relaiskombination unterbrochen wird,
- vor Lacktrocknung im Trockenofen (ab 80° C) das Steuergerät ausgebaut werden muß.

Bei allen Aus- und Einbauarbeiten, auch wenn diese nicht funktionsgebunden sein sollten, ist auf eine einwandfreie Masseverbindung zu achten. Schlechte Masse durch lockere Befestigung oder Korrosion führt unweigerlich zu umfangreichen Störungen an der Einspritzanlage.

Notmaßnahmen unterwegs

Bevor man beim Stehenbleiben des Fahrzeugs die Einspritzanlage überprüft, sollte sichergestellt sein, daß die Zündanlage in Ordnung und daß überhaupt Strom vorhanden ist (Hupe betätigen). Falls dann angenommen werden kann, daß an der Einspritzanlage etwas nicht stimmt, gibt es bei der Fehlersuche zwei grundsätzliche Möglichkeiten: Undichtigkeiten im Ansaugsystem und defekte elektrische Verbindungen und Kontakte.

Erstere wirken sich durch schwieriges Anlassen, ungleichen Motorlauf oder Aussetzer aus. Nebenluft kann an undichten Luftschlauchanschlüssen eintreten, daher sind alle derartigen Anschlüsse zu prüfen, besonders am Zusatzluftschieber. Bei Nebenluft zeigt die CO-Messung einen geringeren Wert.

Bezüglich der Kabelsteckverbindungen ist zu berücksichtigen, daß sie nur für seltenes Trennen und Verbinden ausgelegt sind. Durch nicht mehr federnde Zungen in den Steckern können Wackelkontakte oder Kontaktschwierigkeiten entstehen. Man soll deswegen die Stecker genau ansehen und die Zungen eventuell mit schmalem Schraubenzieher zurechtbiegen.

Ferner kann man in zwei Schritten untersuchen:

■ Hydraulischen Teil der Anlage (Benzinversorgung). Läuft die elektrische Kraftstofförderpumpe? Dazu vorgehen, wie auf Seite 98 gesagt.

Oder vom Kaltstartventil den Kraftstoffschlauch abziehen und einen Behälter, z. B. die Kappe des Warndreiecks, unter das Schlauchende halten. Beim Starten muß Benzin gefördert werden (Vorsicht, Brandgefahr), andernfalls sind Kraftstoffpumpe und deren Anschlüsse zu kontrollieren. Auch können Kraftstoffleitung oder Filter verstopft sein.

■ Elektrischen Teil der Anlage (Geber und Steuergerät) prüfen. Hierzu Prüflampe zwischen das abgezogene Kabel eines Einspritzventils schalten. Wird beim Betätigen des Anlassers kein Auslöseimpuls durch regelmäßiges Aufleuchten der Lampe sichtbar, so liegt der Fehler in der elektrischen Anlage. Festen Sitz der Kabel an Klemme 15 der Zündspule kontrollieren, denn von hier kommt der Auslöseimpuls für die Benzineinspritzung. Der Anschluß der zentralen Masse am Doppelrelais oder am Sammelrohr ist zu überprüfen, auch sollte man an der Steckerverbindung des Luftmengenmessers wackeln und ferner prüfen, ob alle Luftschläuche fest aufgesteckt sind.

Bleibt auch der nächste Startversuch erfolglos, muß eine Fachwerkstatt aufgesucht werden. Wenn die Entfernung dorthin nicht zu groß ist, kann man eventuell mit dem Kaltstartventil fahren. Man zieht den blauen Stecker vom Kaltstartventil ab und verbindet die Kontaktzungen des Steckers mit zwei isolierten Drahtstücken, deren andere Enden an Klemme 15 der Zündspule bzw. an »Masse« ange-

Zum Wechsel des Luftfiltereinsatzes (2) werden die Spannverschlüsse am Filteroberteil (1) gelöst. Oberteil nach oben drücken und Einsatz entnehmen. 3 - Luftmengenmesser (Sechsfachstecker abgezogen), 4 - Drosselklappenschalter, 5 - Bypass-Schraube.

schlossen werden, wobei es gleichgültig ist, welches Kabel an welche Klemme kommt. Sollte kein Ersatzdraht zur Hand sein und der Anschluß im Wagen zum Kaltstartventil erweist sich als lang genug, muß man den Kabelstecker abtrennen und die dann freien Drahtenden an die Zündspule anschließen. Die Gemischbereitung ist dann natürlich ungenau, doch für einige Kilometer Fahrt (nicht länger als 15 Minuten) reicht diese Improvisation. Bei Einschalten der Zündung fließt ohne Unterlaß Kraftstoff in das Saugrohr, deshalb muß auch sofort der Anlasser betätigt werden. Außerdem ist das Gaspedal mindestens halb durchzutreten, damit die Luftmenge einigermaßen zu dieser Benzinmenge paßt, und in dieser Stellung muß das Gaspedal während der Fahrt gehalten werden. Zu tief getretenes Gaspedal birgt die Gefahr zu großer Gemischabmagerung und Zurückschlagen des Gemischs in das Saugrohr. Wenn der Motor beim Starten nicht anspringt, muß ein Helfer die behelfsmäßige Kabelverbindung sofort trennen.

Das Steuergerät

Zum Prüfen der L-Jetronic verwendet man in der Werkstatt eine 2-Watt-Prüflampe (12 Volt), ein Ohmmeter mit Anzeigebereich von 0 bis 5000 Ohm und einen Drehzahlmesser. Die Kontaktklemmen am Kabelbaumstecker sind nicht numeriert, man zählt sie nach der auch im Schaltplan der hinteren Buchklappe angeführten Bezifferung ab.

Vor der Prüfung muß das Steuergerät ausgebaut werden. Es befindet sich im Fußraum des Beifahrers vorn rechts und läßt sich ausbauen, wenn man die rechte Seitenwandverkleidung nach Entfernen der Haltestopfen abgenommen hat. Das Steuergerät wird von drei Kreuzschlitzschrauben (oben vorne und hinten, unten) festgehalten. Der Kabelbaumstecker ist nur bei ausgeschalteter Zündung (nach oben) abzuziehen.

Leerlauf überprüfen und Abgaskontrolle

Pflegearbeiten Nr. 26 und Nr. 27

Der Einspritzmotor soll – wie alle mit Vergaser ausgerüsteten Manta-Motoren – im Leerlauf mit 800 bis 850 Umdrehungen laufen. Im Abgas soll eine Menge von maximal 1,5 Vol.-% CO-Anteilen (Kohlenmonoxyd) gemessen werden.

Es muß die Gewißheit bestehen, daß sich Unterbrecherkontakte und Zündkerzen in einwandfreiem Zustand befinden, ferner haben Zündzeitpunkt, Schließwinkel und Ventilspiel den vorgeschriebenen Werten zu entsprechen. Zur Prüfung dieser Soll-Werte schließt man in der Werkstatt einen Drehzahlmesser sowie einen CO-Tester an. Siehe auch vergleichsweise den Abschnitt auf Seite 107.

Die Leerlaufdrehzahl kann durch Drehen der Leerlauf-Regulierschraube am Drosselklappenstutzen eingestellt werden.

Der Drosselklappenschalter sitzt seitlich vorn am Sammelsaugrohr. Das Einstellen dieses Schalters ist nicht notwendig. Zum Auswechseln wird der Dreifachstecker abgezogen, die beiden Befestigungsschrauben oben und unten dreht man heraus und kann dann den Schalter von der Drosselklappenwelle abziehen. Der Einbau geschieht in umgekehrter Folge.

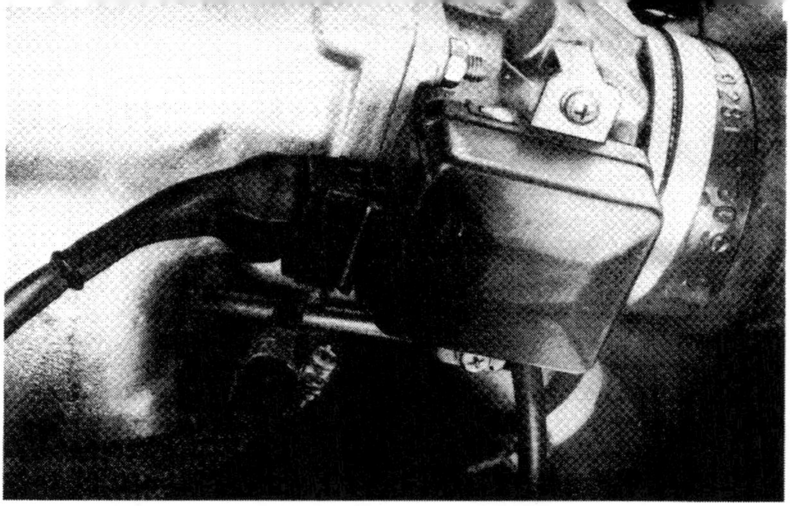

Wenn der Abgastester einen zu hohen CO-Anteil anzeigt, muß am Luftmengenmesser die Plombe über der Bypass-Schraube entfernt werden. Die Schraube ist dann entgegen dem Uhrzeigersinn eine halbe Umdrehung zu drehen. Dabei sollte der CO-Anteil auf 0,2 bis 0,5 Vol.-% sinken. Ist das nicht der Fall, muß die Schraube schrittweise jeweils um eine halbe Umdrehung weitergedreht werden. Außerdem wird dann die Leerlaufdrehzahl nachreguliert werden müssen. Sollte diese Maßnahme ohne Erfolg bleiben, muß die Werkstatt die Einspritzanlage prüfen. Nach abgeschlossener Einstellung ist eine neue rote Verschlußkappe in den Luftmengenmesser einzusetzen.

Papierelement des Luftfilters wechseln

Pflegearbeit Nr. 45

Ebenfalls wie beim Vergasermotor muß nach einer Laufzeit von 40 000 km der Filtereinsatz zur Reinhaltung der Motoransaugluft gewechselt werden. Dazu löst man die vier Spannverschlüsse, dann kann man das Filteroberteil am Gummibalg nach oben drücken. Das rechteckig geformte Filterelement läßt sich anschließend aus dem Luftfilteroberteil entnehmen. Der neue Filtereinsatz muß gut in seinen Sitz gebracht werden, alle vier Spannverschlüsse müssen richtig schließen.

Kraftstoffilter wechseln

Pflegearbeit Nr. 47

Der Kraftstoffilter, der zur Reinigung des Benzins in die Kraftstoffleitung eingebaut ist, muß alle 40 000 km ausgewechselt werden. Dieser Filter ist am Wagenboden neben dem Druckregler und der elektrischen Kraftstoffpumpe oberhalb der Hinterachse angeordnet, siehe dazu das Bild auf dieser Seite unten. Um an ihn heranzukommen, muß man das Auto hinten anheben oder über eine Arbeitsgrube fahren.

Am Wagenboden unterhalb des Tanks und schräg über der Hinterachse befinden sich beim Manta GT/E Teile der Kraftstoffanlage. Sie sind für eine kontinuierliche und störungsfreie Förderung des Benzins verantwortlich. D - Druckregeler, F - Kraftstoffilter, K - elektrische Kraftstoffpumpe, siehe Seite 98. Ab etwa Ende 1975 besitzen die Kraftstoffilter verschieden große Schraubgewinde an Ein- und Ausgang, wodurch die Einbaurichtung gegeben ist. Sonst eingeprägten Pfeil beachten.

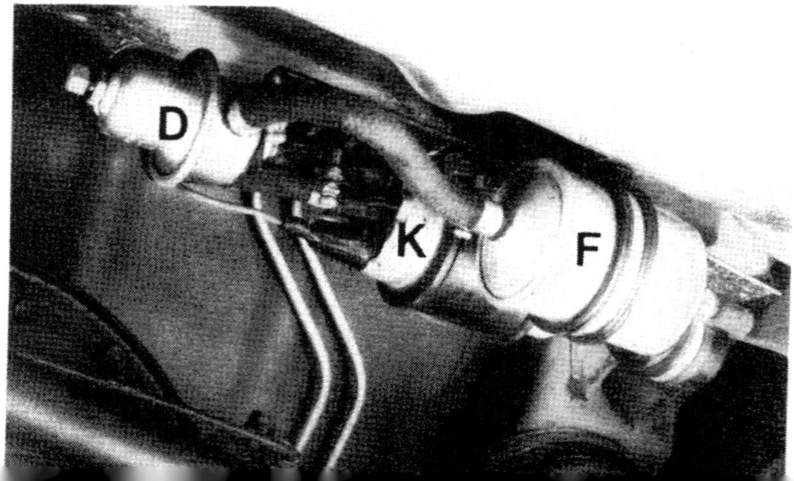

Zum Wechseln des Kraftstoffilters sind die beiderseits am Filter angeschlossenen Schlauchstücke abzuziehen, nachdem man die Schlauchklemmen gelokkert hat. Auslaufen von Benzin verhindert man, indem man die Schläuche abknickt oder ihre Mündung verstopft. Es darf nicht versucht werden, den alten Filter mit irgendeiner Methode reinigen zu wollen – derartige Experimente sind nutzlos, und man würde nur die noch vorhandene Filterwirkung vernichten. Die neue Filterpatrone wird wieder angeschlossen, und es ist darauf zu achten, daß die Schlauchenden gut auf den Stutzen des Filters sitzen. Die Schlauchbinder müssen genügend angezogen werden. Zur Kontrolle, ob die Leitung dicht ist, startet man den Motor und beobachtet, ob irgendwo Kraftstoff heraustritt.

Zusatzluftschieber prüfen

Wenn der Motor bei Betriebswärme nicht genügend Leistung abgibt, kann dafür der Zusatzluftschieber verantwortlich sein. Dieses Absperrgerät ist in die Umgehungsleitung der Drosselklappe eingebaut. Bei kaltem Motor gibt seine Lochblende (ein Drehschieber) den Durchgang für zusätzliche Luft frei, und bei Betriebswärme soll durch ihr elektrisch aufheizbares Bimetall der Durchgang gesperrt werden. Den Durchgang kann man mittels Taschenlampe und Spiegel feststellen.
Diese Funktion läßt sich prüfen. Man zieht den schwarzen Zweifachstecker ab, löst die Schlauchschellen und zieht die Schläuche ab. Dann werden die beiden Befestigungsschrauben für das Gerät herausgedreht, und der Zusatzluftschieber läßt sich abnehmen. In kaltem Zustand muß der Drehschieber einen Spalt geöffnet sein. Heizt man das Bimetall auf, das den Schieber betätigt, muß derselbe schließen. Zu diesem Zweck verbindet man die beiden Kontakte für den Kabelstecker mit einer 12-Volt-Batterie. Falls der Drehschieber nicht reagiert, muß das ganze Gerät ausgetauscht werden.
Falls der Verdacht besteht, daß die Lochblende klemmt, kann man versuchen, sie durch Klopfen gegen das Gehäuse zu lösen. Klemmt sie weiter, muß man mit Halbgas starten, damit die erforderliche Luftmenge einströmen kann.
Das Kaltstartventil soll beim Kaltstart zusätzlich Kraftstoff in das Saugrohr spritzen. Da es aber nur bei großer Kälte anspricht und daher selten gebraucht wird, kann die Dichtung mit der Zeit defekt werden. Ein undichtes Ventil verursacht falsche Gemisch-Zusammensetzungen und das unkontrolliert einspritzende oder tropfende Startventil ist dann die Ursache von Startschwierigkeiten oder ungleichmäßigem Motorlauf.

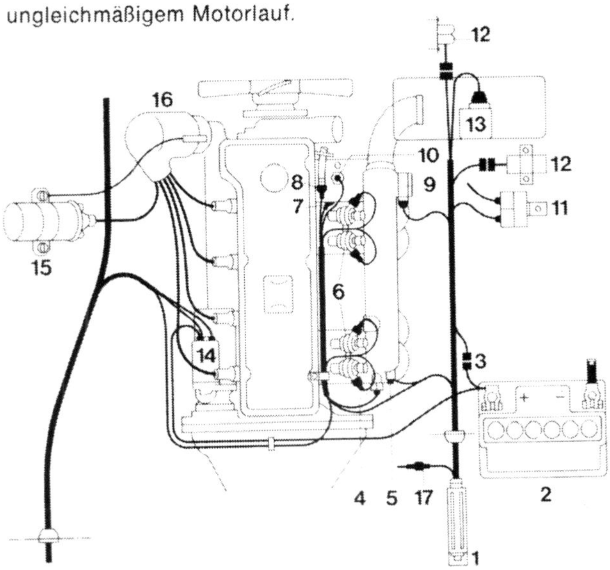

Kabelplan des Manta mit Einspritzanlage. Es bedeuten: 1 – Steuergerät, 2 – Batterie, 3 – Steckverbindung zum Doppelrelais, 4 – Startventil, 5 – Zentralmasse, 6 – Einspritzventile, 7 – Temperaturfühler II, 8 – Zusatzluftschieber, 9 – Drosselklappenschalter, 10 – Thermozeitschalter, 11 – Doppelrelais, 12 – Vorwiderstände entweder neben Doppelrelais oder neben Kühlergrill, 13 – Luftmengenmesser, 14 – Starter, 15 – Zündspule, 16 – Zündverteiler, 17 – Steckverbindung zur Zündspule Klemme 1.

Gute Verbindung

Die Kraft, die ein Motor entfalten kann, ist für Größe und Stärke einer Kupplung bestimmend. Da beim Manta mehrere Motortypen mit unterschiedlichen Leistungen zur Verfügung stehen, kommt es auch bei der Wahl der Kupplung zu entsprechenden Unterschieden, wobei man sich freilich auf zwei Bauarten mit nur geringen Abweichungen voneinander beschränken konnte.
Besondere Strapazen für die Kupplung sind der Großstadtverkehr und eine nicht stets sachgemäße Behandlung. Solche Sklaverei erduldet sie scheinbar gleichmütig. Zu ihrem unauffälligen Wirken trägt bei, daß man sie nur selten zu warten braucht – dennoch sollten Sie als Autofahrer einiges über sie wissen. Wenn Sie allerdings einen Manta mit Getriebeautomatik besitzen, müssen Sie dieses Kapitel nicht unbedingt lesen.

Was die Kupplung tut

Beim Start soll die Kupplung den laufenden Motor mit den noch stehenden Teilen der Kraftübertragung sanft verbinden. Während der Fahrt hat sie beim Schalten der Gänge die Verbindung zwischen Motor und Getriebe zu unterbrechen und die unterschiedlichen Drehzahlen zur Kraftübertragung abzugleichen. Somit ist sie eine ausschaltbare Verbindung des vom Motor ausgehenden Kraftflusses.
Die Kupplung ist direkt am Motor hinten angebracht: Das mit der Kurbelwelle des Motors verschraubte Schwungrad trägt auf seiner vom Motor abgekehrten Seite die Kupplungsscheibe. Sie ist längs verschiebbar mit der Getriebehauptwelle verbunden. Auf diese Kupplungsscheibe ist ein bremsbelagähnliches Material aufgenietet. Sie wird von einer federbelasteten Druckplatte gegen die vom Motor angetriebene Schwungscheibe gepreßt und von dieser mitgenommen.
Der Tritt auf das Kupplungspedal trennt die Kupplungsscheibe von der Schwungscheibe. Dabei überträgt sich die Pedalkraft auf den Kupplungshebel (auch: Ausrückhebel), der links aus der Kupplungsglocke herausragt. Das andere Hebelende schiebt das Drucklager auf der Welle nach vorn gegen das kugelgelagerte Ausrücklager, das ebenfalls nach vorn gedrückt wird. Dadurch wird das Außenteil der Druckplatte um die Lagerpunkte nach hinten gezogen. Die Kupplungsscheibe läuft jetzt frei zwischen Druckplatte und Schwungrad, und somit ist ausgekuppelt.
Nachlassender Pedaldruck kehrt den Vorgang um und verbindet wieder den Motor mit dem Getriebe. Durch Festhalten des Pedals auf halbem Wege bewirkt man das »Schleifen«, jenen für den Kupplungsbelag mörderischen Vorgang.
Typisch für die von Opel selbst hergestellte Kupplung ist die Tellerfeder, auch Membran- oder Scheibenfeder genannt. Man findet sie allerdings auch bei einigen anderen Fabrikaten. Mit ihrer Hilfe wird die Druckplatte gegen die eigentliche Kupplungsscheibe – die den Kupplungsbelag trägt – gepreßt. Die Tellerfeder ist eine sektorenförmig eingeschnittene Metallscheibe, deren einzelne Zungen federnde Wirkung besitzen, was sie gegen Fliehkräfte unempfindlich

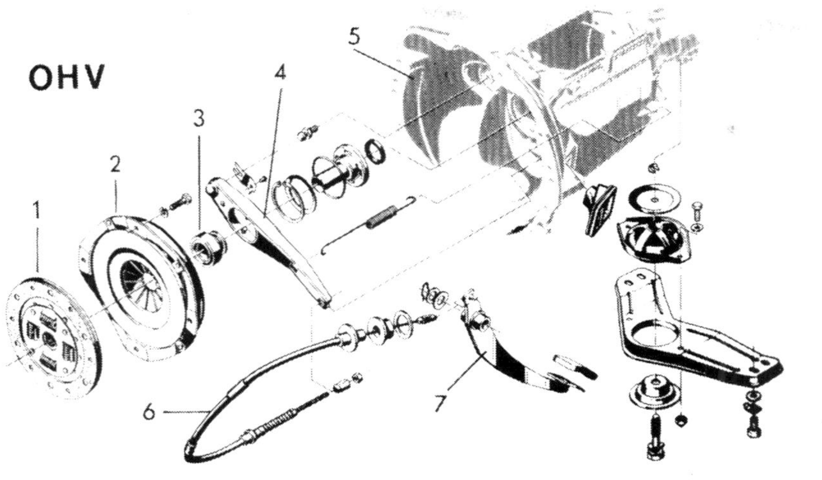

Die Kupplung der 1,2-Liter-Triebwerke (OHV-Motor) unterscheidet sich im Aufbau von der Kupplung der 1.6- und 1,9-Liter-Triebwerke (CIH-Motor). Insofern erklärt sich die auf den folgenden Seiten beschriebene unterschiedliche Art ihrer Einstellung. Im wesentlichen bestehen beide Kupplungen aus folgenden Teilen: 1 - Kupplungsscheibe, 2 - Druckplatte mit Anpreßfeder, 3 - Ausrücklager, 4 - Ausrückhebel, 5 - Kupplungsgehäuse, 6 - Seilzug, 7 - Kupplungspedal, 8 - hintere Motoraufhängung.

macht. Auch bei stark verschlissenen Kupplungsbelägen bleibt ihr Druck stets gleich, und die Kraft zur Betätigung des Kupplungspedals muß nicht mit dem Pedalweg größer werden.
Ein in seiner Länge nachstellbarer Seilzug überträgt die Bewegung des getretenen Kupplungspedals auf den Ausrückhebel, der mit seinem anderen, gegabelten Ende die Ausrückmuffe mit dem Drucklager gegen die Tellerfeder drückt. Dort übernimmt ein Druckstück diese Federkraft und entlastet die Druckplatte oder zieht sie bei ganz durchgetretenem Pedal sogar zurück. Das befreit die Mitnehmerscheibe nicht nur vom Anpreßdruck, sondern für sie entsteht ein freier Raum und die Motorkraft wird nicht mehr übertragen.
Die Reibung muß so stark sein, daß die Kraft des Motors stets übertragen wird. Andererseits muß die Mitnehmerscheibe beim Auskuppeln vollkommen getrennt sein. Treffen beide Fakten zu, funktioniert die Kupplung einwandfrei.

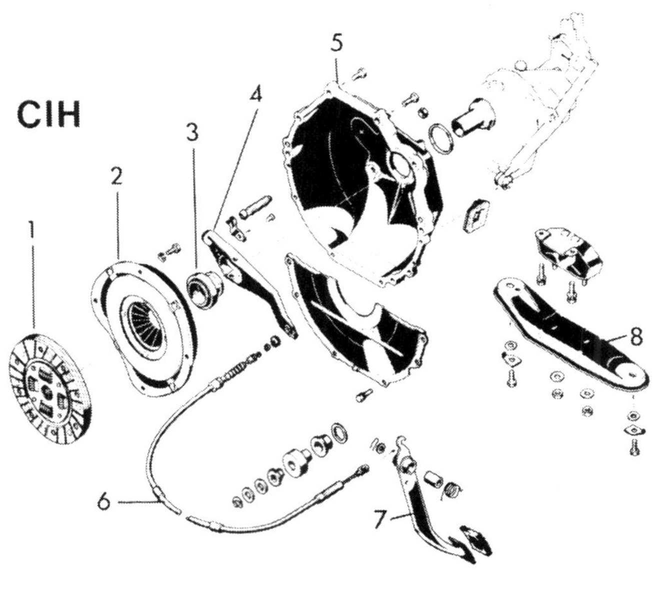

Rutschende Kupplung

Trotz sorgsamer Behandlung kann die Kupplung durch allmählichen Verschleiß so abmagern, daß die Reibpartner nichts mehr zu fassen bekommen. Die Anpreßkraft ist als notwendige Reibungskraft ungenügend, und es kommt nicht mehr zur vollen Übertragung der Motorkraft. Man spricht dann von rutschender Kupplung. Solche nachlassende Wirksamkeit der Kupplung bemerkt man meistens erst beim Fahren im schnellsten Gang (in dem die dem Motor abverlangte Leistung am größten ist), wenn der Motor bei Belastung »durchdreht«. Er dreht dann auffallend schneller, als es der Fahrgeschwindigkeit entspricht.

Überraschungen dieser Art begegnet man mit einer Kontrolle: Handbremse anziehen, 3. Gang einlegen, langsam einkuppeln und Gas geben. Jetzt müßte der Motor abgewürgt werden. Wenn nicht, rutscht die Kupplung. Meistens ruckt aber der Wagen an, weil ihn die Handbremse nicht hält. Das ist ein anderer Schönheitsfehler, den man ebenfalls bald abstellen sollte (sie Kapitel »Bremsen«). Dieser Test darf nur gelegentlich und höchstens zweimal hintereinander gemacht werden, weil sonst die Kupplung heiß wird und dann ohnehin durchrutscht. Wenn die Kupplung den rauhen Versuch nicht bestanden hat, liegt es gewöhnlich an nicht einwandfreiem Kupplungsspiel.

In schlimmen Fällen muß die Werkstatt bald helfen, weil »durchgehende« Kupplungen so viel Wärme erzeugen, daß die Schwungscheibe und die Druckplatte Wärmerisse bekommen. Dann müssen beim Auswechseln der Kupplungsscheibe womöglich auch diese Teile erneuert werden.

Kupplung trennt nicht

Kratzt oder kracht es beim Schalten, dann trennt die Kupplung nicht mehr richtig. Die Ursache dieser Begleitmusik ermittelt man mit einem nicht synchronisierten Gang (es könnte in Ausnahmefällen auch am Getriebe liegen). Lassen Sie den Motor laufen, kuppeln Sie ganz aus, warten Sie etwa eine Sekunde lang und legen Sie dann den Rückwärtsgang ein. Bei zu großem Kupplungsspiel trennt die Kupplung nicht sauber und es gibt kratzende Geräusche.

Böser ist es, wenn der Kupplungsbelag an der Druckplatte oder an der Schwungscheibe klebt. Es kann auch vorkommen, daß die Mitnehmerscheibe durch Hitze verzogen ist. Wenn beim Wagen mit 1,2-Liter-Motor das Kupplungspedalspiel stimmt, beziehungsweise bei den Wagen mit größerem Motor die Einstellung von Kupplung und Pedal in Ordnung sind und die Kupplung trennt trotzdem nicht, muß die Werkstatt helfen.

Sachgemäße Behandlung

Manchmal läßt es sich im heutigen Verkehr nicht umgehen, »mit der Kupplung zu fahren«, was bedeutet, daß man sie ein wenig schleifen läßt, weil die Fahrgeschwindigkeit noch im unteren Bereich vom 1. Gang liegt. Aber sonst sollte man

Einstellvorrichtung zur Regulierung der Kupplungspedalstellung, wie auf Seite 128 unten beschrieben. Dieses Pedal soll immer etwas höher als das Bremspedal stehen. Um diese Einstellung bei einer Abweichung zu erreichen, löst man die Sicherungsscheibe auf der Hülse des Seilzuges, richtet die Hülse entsprechend der vorgeschriebenen Pedalstellung aus und fixiert die Sicherungsscheibe am Kunststoffanschlag wieder in der nächstgelegenen Ringnut der Hülse.

grundsätzlich darauf bedacht sein, die Kupplung nur kurz zum Ein- und Auskuppeln zu betätigen. Eine schlechte Angewohnheit ist es ebenfalls, mit durchgetretenem Pedal vor der Ampel auf die Weiterfahrt zu warten. Das beansprucht das Ausrücklager und zieht notwendigerweise Verschleiß und frühe Geldausgaben nach sich.

Kavalierstart

Es gibt eine sehr wirksame Methode, die Beläge frühzeitig zu verschleißen. Damit ist Anfahren im 2. Gang oder mit zu hoher Motordrehzahl gemeint, landläufig als Kavalierstart bekannt. Technisch gesehen bekommt man tatsächlich vom Halt weg eine größere Anfangsbeschleunigung, wenn man mit höherer Drehzahl und länger schleifender Kupplung anfährt. Sinnvoll ist das aber in keiner Weise, allenfalls bei sportlicher Betätigung.

Schalten ohne Kuppeln

Trotz defekter Kupplungsübertragung kann man die Gänge notfalls ohne Kupplungshilfe wechseln. Zum Anfahren legt man bei stehendem Motor den ersten Gang ein. Besser ist es, den Motor zuerst im Stand warmlaufen zu lassen, um gleich mit eingelegtem zweiten Gang zu starten. Anlasser betätigen – der Wagen setzt sich holpernd in Bewegung. Aufwärtsschalten geschieht, indem man Gas wegnimmt und bei schiebendem Wagen, also bei geringerer Motordrehzahl, den Gang herausnimmt. Nach einer kleinen Schaltpause im Leerlauf ist der nächste Gang dann einzulegen, wenn antreibende und angetriebene Welle im Getriebe die gleiche Drehzahl haben, wobei sie sich ohne Widerstand miteinander verbinden lassen. Mit Gefühl und feinem Gehör ist das zu schaffen. Heruntergeschaltet wird ähnlich, nachdem man die Geschwindigkeit des Wagens etwas verlangsamt hat.

Kupplungsspiel

Bei der Kupplung ist mit »Spiel« der Abstand zwischen den Teilen der Kupplungsübertragung bei nicht betätigtem Kupplungspedal gemeint. Ist dieses Spiel nicht vorhanden, steht das Ausrücklager der Kupplung ständig unter einem gewissen Druck, was den Verschleiß beschleunigt. Zugleich kann sich der Anpreßdruck der Kupplungsscheibe so weit vermindern, daß die Kupplung rutscht. Wenn das Spiel aber zu groß ist, geht etwas vom normalen Kupplungsweg verloren und die Kupplung wird beim Niederdrücken des Pedals nicht ganz getrennt. Darunter leidet dann die Synchronisation des Getriebes.
Fortschreitende Abnutzung des Kupplungsbelags verkleinert das Spiel. Durch die dünner werdende Kupplungsscheibe wandert auch die federbelastete Druckplatte nach und nähert sich allmählich dem Ausrücklager. In der weiteren Folge rutscht die Kupplung durch.

Äußerlich unterscheidet sich die hier abgebildete Kupplungsbetätigung beim CIH-Motor nur wenig von der des OHV-Motors. 1 - Kupplungsgehäuse, 2 - Ausrückgabel, 3 - Seilzughulle, 4 - Gehäusedeckel des Schaltgetriebes

Kupplungspedalspiel messen

Pflegearbeit Nr. 38

Diese Arbeit betrifft nur den Manta mit 1,2-Liter-Motor und soll alle 20 000 km erledigt werden. Zur Kontrolle des Kupplungsspiels muß man den Leerweg messen, den das Kupplungspedal von seiner Ruhestellung bis zu dem Punkt beschreibt, an dem die Kupplung beginnt zu trennen. Dazu wird das Pedal mit der Hand niedergedrückt und zugleich ein Metermaß neben die Mitte der Pedalplatte gehalten: Der Leerweg bis zum Einsetzen des Widerstandes hat 25 bis 30 mm zu betragen. Bei einem anderen Maß muß man das Pedalspiel neu einstellen.

Die Nachstellvorrichtung findet man links unten am Wagen, wo der Kupplungsseilzug mit dem Kupplungsausrückhebel verbunden ist. Man muß den Wagen demnach hochbocken und gut absichern oder über eine Grube oder auf die Hebebühne fahren. Die Kontermutter an dem nach hinten ragenden Gewindestück ist zu lösen und die Kugelmutter, die am Ausrückhebel anliegt, entsprechend zu verstellen. Dabei hält man mit einem 7-mm-Gabelschlüssel das Gewindestück fest. Linksdrehen der Stellmutter bedeutet: Spiel vergrößern. Rechtsdrehen: Spiel verkleinern. Zum Schluß ist die Kontermutter wieder gegen die Stellmutter festzudrehen, wobei man letztere mit dem Gabelschlüssel festhält.

Kupplung und Kupplungspedal einstellen

Anders als beim Wagen mit 1,2-Liter-Motor setzt die Kupplungsbetätigung bei den größeren Manta-Typen ohne Pedalspiel ein. Mit Abnutzung der Kupplungsbeläge wandert das Pedal aus der eingestellten Grundstellung nach oben zum Fahrer hin. Wenn das Pedal so weit versetzt ist, daß es einen dafür vorgesehenen Kontakt einer Kontrollampe berührt und diese aufleuchten läßt, soll diese Pedalstellung korrigiert werden. Der Weg aus der Grundstellung des Pedals bis zum Kontrollschalter beträgt rund 25 mm.

Voraussetzung für eine richtig arbeitende Kupplung ist die korrekte Einstellung des Ausrückhebels. In der Werkstatt benutzt man für die Kontrolle eine Lehre. Mit dieser mißt man den Abstand zwischen der hinteren Anlagefläche des Ausrückhebels und der Vorderseite des Kupplungsgehäuses, nachdem der Seilzug ausgehängt wurde. Das Maß soll 111,5 mm in Seilzug-Mittelachse betragen.

Zum Korrigieren der Einstellung befindet sich rechts am Kupplungsgehäuse – gegenüber dem seitlich austretenden Kupplungshebel – eine Einstellschraube SW 8 mit Kontermutter SW 19, die über einen Kugelbolzen auf das Ende des Ausrückhebels wirkt. Durch Verstellen dieses Bolzens erreicht man ein Verschieben des Ausrückhebels in der Zugrichtung. Nach der Einstellung ist die Gegenmutter auf der Einstellschraube anzuziehen. Der Seilzug wird wieder eingehängt und die Kunststoffsicherung befestigt.

Sollte einmal ein neuer Kupplungsseilzug eingebaut werden müssen, ist auch noch eine Einstellung des Pedals vorzunehmen. Bei Pedal in Ruhestellung wird dazu der Abstand zwischen Mitte der Pedalplatte und Außenkante des Lenkrades an dessen unterstem Punkt gemessen, er soll 576 ± 20 mm ausmachen. Dann ist das Pedal ganz niederzudrücken, und das vorige Maß soll jetzt um 150 mm vergrößert sein. Bei abweichenden Werten ist die Länge des Kupplungsseilzuges entsprechend zu verändern. Diese Einstellvorrichtung befindet sich im Motorraum an der Stirnwand oberhalb der Servobremse. Die Hülse des Seilzuges wird dort von einer Ringscheibe festgehalten. Durch Umstellen der Scheibe in eine andere Ringnut auf der Hülse ändert sich die Pedalhöhe. Siehe auch Bild auf Seite 126.

Das Pedal muß nach den beschriebenen Einstellungen immer etwas höher als das Bremspedal stehen. Falls beide Pedale eine gemeinsame Höhe einnehmen, ist die Stellung des Kupplungspedals zu korrigieren, damit es nicht zu Kupplungs- oder Schaltschwierigkeiten kommt.

Neue Kupplungsbeläge

Die Kupplungsscheibe kann neu belegt werden, d. h. es werden nur die Reibbeläge erneuert. Meistens tauscht man aber gleich die ganze Mitnehmerscheibe aus, weil die Dämpfungsfedern ermüdet sein können. Diese Federn sollen beim Einkuppeln dämpfend zwischen Motor und Getriebe wirken und Drehschwingungen der Kurbelwelle nicht in das Getriebe weiterleiten. Der Preisunterschied zu einer kompletten neuen Scheibe ist unerheblich. Der eventuell nötige Ausbau der Kupplung ist Werkstattsache, weil dazu das Getriebe ausgebaut werden muß.
Bei dieser Gelegenheit wird man in der Werkstatt auch die Leichtgängigkeit des Drucklagers prüfen, das Nadellager der Kurbelwelle fetten und die Haltefeder am Ausrückhebel auf festen Sitz untersuchen. Die Kupplungsflächen des Schwungrades und der Druckplatte sollen keine erheblichen Riefen aufweisen. Das Schwungrad läßt sich schlichten, bei riefiger Druckplatte jedoch empfiehlt die Werkstatt den Austausch des gesamten Kupplungszusammenbaus.

Störungsbeistand
Kupplung

Die Störung	– ihre Ursache	– ihre Abhilfe
A Kupplung rupft	1 Druckplatte oder Schwungscheibe zu stark abgenützt (Riefenbildung) oder angerissen	Nachschleifen oder auswechseln
	2 Kupplungsscheibe hat Schlag	Korrigieren, besser auswechseln
	3 Verschmierte Kupplungsscheibe	Auswechseln, Dichtungen überprüfen
B Kupplung trennt nicht	1 Zu großes Kupplungsspiel	Korrigieren
	2 Kupplungsscheibe hat Schlag	Richten oder auswechseln
	3 Beläge gerissen	Scheibe auswechseln
	4 Nabe der Kupplungsscheibe zu stramm auf Welle	Gängigmachen oder auswechseln
C Kupplung rutscht	1 Kupplungsspiel zu gering (Beläge zu stark abgenutzt)	Korrigieren, evtl. Scheibe auswechseln,
	2 Kupplungsscheibe verschmiert	Scheibe auswechseln Dichtungen prüfen
	3 Kupplungsseil geht nicht zurück	Gängigmachen, Rückholfeder prüfen

Fehlerlose Übersetzung

Um die Leistung des Motors voll wirksam werden zu lassen, muß der Autofahrer zur rechten Zeit den richtigen Gang einlegen. Denn ein Verbrennungsmotor gibt nur bei einer bestimmten Drehzahl die nötige Leistung ab, weil die Durchzugskraft des Motors (bestimmt durch das Drehmoment) je nach Drehzahl verschieden ist. Da sich ständig unterschiedliche Fahrgeschwindigkeiten und Belastungen ergeben (z. B. Beschleunigen, Bergfahren), müssen zur Anpassung an die Drehzahl der Antriebsräder verschiedene Übersetzungsstufen gewählt werden. Das heißt ganz einfach: Man muß schalten. Das automatische Getriebe jedoch vermag selbständig die jeweils günstigste Übersetzungsstufe zu wählen, wobei die – manchmal sogar nötige – individuelle Beeinflussung erhalten blieb.
Getriebe, Übertragungswelle (Kardanwelle), Ausgleichgetriebe (Differential) und Achsantrieb sind Bauteile mit sehr genauen Maßen. Arbeiten daran soll man der Werkstatt überlassen. Die Kontrolle des Ölstandes und der Wechsel des Getriebeöls fallen allerdings in den Bereich der Eigenpflege, und dazu enthält das Kapitel »Schmieren – was und wie« alle wichtigen Informationen.

Das Schaltgetriebe

Im Schaltgetriebe, auch Wechselgetriebe genannt, greifen verschiedene Zahnradpaare für die richtige Übersetzung zwischen dem Motor und der Hinterachse ineinander. Der Fahrer bestimmt durch Einlegen des betreffenden Ganges, welche Übersetzung – ausgeübt durch bestimmte Zahnräder – gerade in Funktion sein soll.
Zu den beim Manta möglichen beiden Motorkonstruktionen – einmal der 1,2-Liter-Motor und zum anderen die im Aufbau sehr ähnlichen 1,6-Liter- und 1,9-Liter-Motoren – gehören auch zweierlei Schaltgetriebe. Ihr wesentlicher Unterschied besteht in den voneinander abweichenden Übersetzungsverhältnissen, basierend auf einer jeweils anderen Zahl der Zähne bei den Zahnradpaaren.
Die Getriebe besitzen – wie heutzutage üblich – geräuschlose (synchronisierte) Vorwärtsgänge und einen geradverzahnten (nicht synchronisierten) Rückwärtsgang. Das bedeutet: Schalten ohne Zwischengas und Zwischenkuppeln.
Die Zahnräder in Synchrongetrieben sind nicht mehr in Längsnuten verschiebbar, vielmehr sitzen sie frei drehbar auf der Getriebeausgangs-(Antriebs-)welle und befinden sich im ständigen Eingriff mit den auf der Eingangswelle festsitzenden Gegenrädern. Zum Schalten werden sie über kleine, seitlich an sie gekoppelte Kupplungen mit der Welle verbunden oder gelöst. Synchronisiert wird – vereinfacht ausgedrückt – mit kleinen Reibungskupplungen (Konus und Gegenkonus).
Je mehr die Drehzahlen der Antriebswelle von denen der Welle zu den Antriebsrädern voneinander abweichen, um so mehr Reibungsarbeit wird den Synchronisierkupplungen aufgebürdet. Das braucht seine Zeit. Deshalb gilt es, exakt zu schalten, um die Langlebigkeit der Synchronisation zu sichern. Gewaltsames Durchreißen des Schalthebels beansprucht die Synchronisation über Gebühr

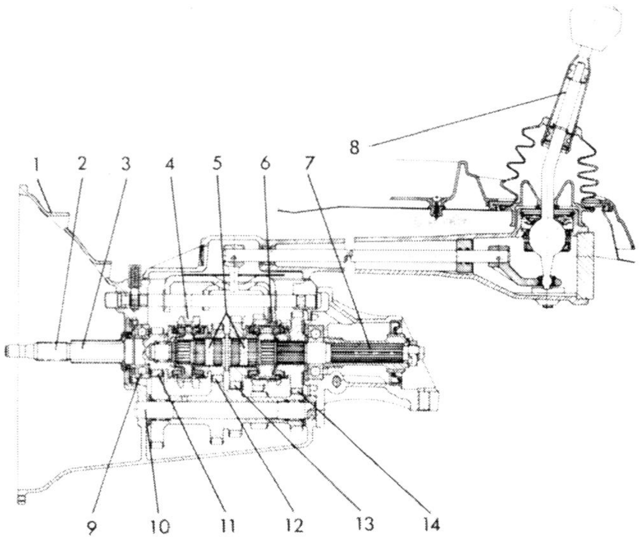

Schnittzeichnung des Schaltgetriebes. Es bedeuten: 1 - Kupplungsglocke, 2 - Verzahnung für die Kupplungsscheibe, 3 - Antriebswelle, 4 - Schiebemuffe zum Einschalten der Synchronisierung des 3. und 4. Gangs, 5 - Synchronkörper, 6 - Schiebemuffe für den 1. und 2. Gang, 7 - Mitnehmerverzahnung für die Kardanwelle, 8 - Schalthebel, 9 - Hauptwellenlager, 10 - Getriebe-Nebenwelle, 11 - Zahnradpaar 4. Gang, 12 - Zahnradpaar 3. Gang, 13 - Zahnradpaar 2. Gang, 14 - Zahnradpaar 1. Gang.

und schadet. Defekte Synchronringe melden sich beim Schalten durch Kratzgeräusche.

Beide Viergang-Getriebe haben sich, je nach Typ, in den Opel-Modellen Kadett, Ascona und Manta A, Rekord und Commodore längst bewährt. Ihr eingelegter 4. Gang bewirkt eine direkte Übertragung der Motordrehzahl auf die Kardanwelle. Die Einfüllmenge in dem kleineren Getriebe beträgt 0,6 l, im Getriebe für die größeren Motoren 1,1 l.

Fingerzeige: *Zwischengas ist nur sinnvoll, wenn bei hohen Drehzahlen heruntergeschaltet wird (Notfälle, sportliches Fahren), oder wenn bei kaltem und steifem Getriebeöl geschaltet wird. Allerdings gehört dazu Feingefühl, denn übertriebenes Zwischengas schadet mehr als keines.*

Weil das Synchronisieren auf Reibung beruht, sind fremde Ölzusätze für das Getriebeöl nicht angebracht. Diese Zusätze sollen meist die Reibung herabsetzen, was dem Prinzip der Synchronisation genau entgegengesetzt ist. Andererseits können durch Zusätze die Synchronringe verkleben, wodurch ebenfalls das Schalten erschwert wird.

Das automatische Getriebe

Alle Manta-Modelle mit Ausnahme der Typen 12 N und 12 S können mit einer Getriebeautomatik ausgerüstet sein. (Wohl gibt es den 12 S-Motor im Opel Kadett mit Automatik, die dort aber weniger Mühe hat, diesem leichteren Wagen vertretbare Fahrleistungen zu verschaffen.) Sie wird von General Motors Strasbourg hergestellt und trägt in Verbindung mit den 1,6-Liter-Motoren die Kennzeichnung OH, in Verbindung mit 1,9-Liter-Motoren die Buchstaben OG, jeweils auf gelbem Typenschild. Es handelt sich dabei um ein millionenfach bewährtes Aggregat, das auch von einigen anderen Autoherstellern in deren Modellen eingebaut wird.

Diese Getriebeautomatik funktioniert folgendermaßen: Zwischen das Planetengetriebe und den Motor ist ein hydrodynamischer Drehmomentwandler geschaltet, in dem die Leistung des Motors durch Schaufelräder übertragen wird. Gekoppelt mit dem Motor ist das Pumpenrad, das die Wandlerflüssigkeit bei laufendem Motor in Rotation versetzt und nach außen gegen das Wandlergehäuse schleudert. Dabei trifft die Flüssigkeit auf das sogenannte Leitrad, welches für eine Umlenkung in die Drehrichtung der Kurbelwelle sorgt. Dadurch wird auch das Turbinenrad in Drehung versetzt, das mit dem nachgeschalteten Getriebe fest verbunden ist. Da die Zahnräder des Getriebes dauernd in Eingriff stehen und die Wandlerflüssigkeit bei laufendem Motor immer versucht – durch das Pumpenrad in Bewegung versetzt –, das Getriebe und damit auch die Antriebsräder zu bewegen, »kriecht« der Wagen auch im Leerlauf und ist dann mit der Fuß- oder Handbremse festzuhalten.

Das automatische Getriebe kann auf dreierlei Art beeinflußt werden: durch Schalten per Hand in gewohnter Weise (aber ohne zu kuppeln), durch Sperren des oberen oder der beiden oberen Gänge (Fahrstufen) und durch »Kickdown«, also bei vollem plötzlichen Durchtreten des Gaspedals. Sowohl beim Kickdown als auch beim langsamen Gasgeben (oder Gaswegnehmen) verändern sich die Unterdruckverhältnisse im Ansaugrohr des Vergasers, was zu entsprechenden Reaktionen im Getriebe führt. Durch Bandbremsen werden hier bestimmte Zahnradsätze abgebremst, andere freigegeben, wodurch gewissermaßen der »Gangwechsel« stattfindet und damit verschiedene Übersetzungen hergestellt werden.

Bei Fahrzeugen mit automatischem Getriebe ist im unteren Wasserkasten des Kühlers ein Wärmetauscher eingebaut, in dem das Getriebeöl, das bei Beginn einer Fahrt langsamer warm wird als das Kühlmittel, zunächst erwärmt wird. Später kehrt sich der Prozeß um, und das heiße Getriebeöl wird dort gekühlt. In diesem Zusammenhang steht die bei diesen Wagen anzutreffende größere Füllmenge des Kühlsystems.

Fingerzeig: *Bei scharf betätigten Bremsen schaltet das automatische Getriebe zurück. Das kann auf winterlich glatter Fahrbahn einen Schleudervorgang auslösen. In solcher Situation sollte man – entsprechend dem Auskuppeln beim handgeschalteten Getriebe – die Automatik in Leerlauf schalten.*

Störungs-beistand
Automatik

Die aufwendige Mechanik des automatischen Getriebes mit ihrem kompliziert erscheinenden Aufbau kennt kaum Störungen. Leider ist aber im Selbstverfahren nichts zu reparieren, wenn es einmal nötig sein sollte.

Immerhin kann man einige Prüfungen vornehmen, z. B. ob bei stehendem Motor und voll durchgetretenem Gaspedal die Drosselklappe der ersten Vergaserstufe voll geöffnet hat. Überhaupt muß man sich bei Verdacht auf Störungen der Aufmerksamkeit befleißigen. Es gibt z. B. eine Geruchsprobe: Verbrannte Kupplungslamellen oder Bremsbänder rufen eine Art Brandgeruch hervor. Dazu Peilstab ziehen und am daran haftenden Öl riechen.

Das automatische Dreiganggetriebe, aufgeschnitten. Es bedeuten: 1 - Verbindung zur Kurbelwelle des Motors, 2 - Pumpenrad und 3 - Turbinenrad stellen zusammen den hydrodynamischen Drehmomentwandler dar, 4 - Ölzahnradpumpe mit exzentrischen Zahnrädern, 5 - Antriebs-Sonnenrad, 6 - Planetenrad, lange Übersetzung, 7 - Zahnkranz, 8 - Planetenrad, kurze Übersetzung, 9 - Antriebs-Sonnenrad, 10 - Freilauf, 11 - Kupplung 3. Gang, 12 - Kupplung 2. Gang, 13 - Kupplung Rückwärtsgang, 14 - Gehäuse für automatische Regelung, 15 - Anschluß für Wählhebel.

Zu nicht normal ausfallenden Schaltübergängen kann es folgende Erklärungen geben: Durchrutschende Kraftübertragung = Öldruck zu hoch; harte Kickdown-Rückschaltung = Rückschlagventil klemmt; überdies können noch andere Ursachen Anlaß zu den genannten Beanstandungen sein. Wenn die Bremswirkung in Fahrstufe »2« oder »1« ausfällt, kann auf eine Verstellung des Wählhebelgestänges geschlossen werden. Alarmzeichen sind ungewöhnliche Geräusche im Getriebe, etwa Kreischen oder Zischen.
Die Ölstandskontrolle muß die vordringlichste Maßnahme vor jeder weiteren Untersuchung sein. Weil kaltes Öl die hydraulischen Funktionen im Getriebe verlangsamt, ist jede Prüfung bei betriebswarmem Motor vorzunehmen. Was dabei beachtet werden soll, kommt auf Seite 68 zur Sprache. Wird keine Motorkraft auf die Antriebsräder übertragen, kann die Ursache folgende sein:

- Ölstand zu niedrig
- Ölsieb verschmutzt
- Ölpumpe schadhaft
- Drehmomentwandler defekt
- Leckstelle
- Antriebswelle gebrochen.

Rauhe Schaltvorgänge beim Abwärtsschalten im Schub dürften auf zu hohe Leerlaufdrehzahl des Motors zurückzuführen sein. Falls die Kraftübertragung beim Anfahren durchrutscht, ist eine Abnutzung des Bremsbandbelags möglich. Allgemein muß man bei jeder Abweichung von der normal gewohnten Funktion um Abhilfe durch eine Werkstatt bemüht sein, um fortschreitende Schäden zu vermeiden. Die Opel-Dienste sind mit dem automatischen Getriebe bestens vertraut.

Die Kardanwelle

Als Gelenkwelle, wie die Kardan- oder Übertragungswelle bei Opel heißt, dient ein je nach Motortyp unterschiedlich langes und starkes Rohr mit 50 mm Durchmesser. Zum automatischen Getriebe gehört eine einheitliche Gelenkwelle.
Die Verbindung zwischen Getriebe und Welle erfolgt bei den Motoren 12 N und 12 S über ein verzahntes Schiebestück, bei den anderen Modellen mittels Kreuzgelenk. Am hinteren Ende besitzen die Wellen in jedem Fall ein Kreuzgelenk (Kardangelenk), das die Verbindung zu der sogenannten Hinterachsverlängerungswelle darstellt. Diese Hinterachsverlängerung ist ein Opel-typisches Konstruktionselement für die hintere Radaufhängung (siehe nächstes Kapitel). Die in einem Rohr geführte Welle überträgt ihre Kraft über ein verzahntes Endstück auf das Ausgleichsgetriebe der Hinterachse.
Zwischen der vorderen Rohrwelle und der sich anschließenden hinteren Welle erlaubt das wartungsfreie Kardangelenk den Ausgleich von Winkeländerungen, die sich durch die Federung der Hinterachse ergeben. Die Hinterachsverlängerung ist durch ein Gummilager mit der Hinterachsverlängerungsbrücke verbunden. Dieses geräuschdämpfende Stützlager wird von einem Kugellager unterstützt.
Unrund laufende Gelenkwellen beschädigen die Lagerung des Getriebes und des Achsantriebes. Ein Brummen der Gelenkwellen kann von Schmutzkrusten herrühren, kann aber auch ein erstes Anzeichen einer Unwucht infolge Durchbiegung (bei Überlastung) sein. Wegen der relativen Kürze der Wellen beim Opel kommen Unwuchtserscheinungen allerdings kaum vor. Beschädigte Gelenkwellen werden zweckmäßigerweise ausgetauscht, da eine Reparatur nur mit nachträglichem Auswuchten möglich ist, wofür spezielle Wuchtmaschinen benötigt werden.

Der Hinterachsantrieb

Die in Wagenlängsachse verlaufende Drehbewegung, vom Motor zur Kardanwelle geschickt, muß in der Hinterachse rechtwinklig »um die Ecke« geführt werden. Über Kegelrad und Tellerrad und über zwei Achswellen wird die Antriebskraft zu den Hinterrädern gelenkt. Der Antrieb gleicht durch seine Übersetzung die höhere Getriebeausgangszahl der kleinsten Drehzahl an. Gleichzeitig werden bei Kurvenfahrt die unterschiedlichen Radwege des inneren und äußeren Rades durch das Differential (Ausgleichgetriebe) ausgeglichen. Um den Gelenkwellentunnel im Wagenboden niedrig zu halten, wird die Hinterachsverlängerungswelle so tief an das Hinterradgetriebe herangeführt, daß die Achse des kleinen Kegelrades (Ritzel) unterhalb der Drehachse des Tellerrades liegt. Man nennt das Hypoidantrieb. Die Hypoidverzahnung setzt Kegel- und Tellerrad hohen Belastungen aus, weshalb die Schmiermittelvorschriften genau einzuhalten sind.

Beim Opel besteht die Hinterachse aus einem tragenden Achsrohr, direkt mit den Rädern verbunden, in dem rechts und links je eine Achswelle gelagert ist. Dadurch ist sie dem Gewicht des Fahrzeugs und dessen Schwingungen ausgesetzt, die Verwindungsbeanspruchungen der Kraftübertragung werden aber von der Hinterachsverlängerung gemildert. Die Achswellen werden von Lagern verschiedener Dimension in dem Achsgehäuse getragen und enden in den Radnaben.

Das Kegelrad ist in seiner Höhe variabel einstellbar, wie auch das Zahnflankenspiel zwischen diesem und dem Kegelrad mittels Ausgleichscheiben reguliert werden kann. Die Ausführung aller Einstellarbeiten soll nur in einer Opel-Werkstatt erfolgen.

Das Sperrausgleichgetriebe

Als Sonderausführung gibt es für die Modelle ab Motor 16S aufwärts ein Sperrausgleichgetriebe (Sperrdifferential), welches bewirkt, daß der Umlauf der Ausgleichräder im Differential gehemmt und dadurch die in der Kurve verschiedenen Drehzahlen der Antriebsräder verhindert werden. Das erfolgt bei Opel durch molybdänbeschichtete Lamellen, die im Differential anstelle der Stahllamellen seitlich der Ausgleichräder sitzen. Die Sperrwirkung beruht auf innerer Reibung und wird von den beiden Lamellenbremsen in Abhängigkeit vom Antriebsdrehmoment erzeugt.

Fingerzeig: *Auf schnee- und eisglatter Fahrbahn zeigt das Sperrdifferential auch Nachteile: Während beim normalen Differential meist nur ein Rad durchdreht, das andere aber mit normaler Fahrgeschwindigkeit rollt und so für die Seitenführung des Wagens sorgen kann, drehen beim Sperrdifferential im Zweifelsfall beide Räder durch. Das Wagenheck verfügt dann über keine Seitenführungskräfte mehr, und der Wagen kann hinten seitlich wegrutschen. Gefährlich kann das z. B. beim Vorbeifahren an parkenden Autos sein.*

In Marsch gesetzt

Fahrwerk und Lenkung sind wartungsfrei. Dennoch sollte man deren Teile hin und wieder kritisch ansehen. Was dabei zu beachten ist, sagen die folgenden Seiten. Reparieren dürfen Sie am Fahrwerk nichts, aber Sie können durch Kontrollen größeren Schäden vorbeugen.
Die Arbeit bleibt dann für die Opel-Werkstatt, wo man die nötigen Fachkenntnisse und Spezialwerkzeuge besitzt. Rechtzeitig erkannt, dürfte eine erforderliche Reparatur stets nur mit verhältnismäßig geringen Geldausgaben verbunden sein.

Die Vorderachse

Bei der Vorderachse des Manta B kann eine enge Verwandtschaft mit der vorderen Radaufhängung beim Opel Rekord und beim Kadett C festgestellt werden, die Ähnlichkeit mit dem Vorgängermodell Manta A ist unverkennbar. Gegenüber jenem sind die Stoßdämpfer der neuen Vorderachse auf den oberen Dreieckslenkern in Radnähe befestigt. Das bringt Gewinn an Bodenhaftung, und der Stabilisator wurde dadurch von radführenden Aufgaben erlöst. Verlängerte Federwege und verbreiterte Spur sorgen für mehr Komfort, wodurch die relativ sportlichen Fahrwerkseigenschaften des Vorgängers etwas abgeschwächt wurden.
Das Rückgrat der Vorderachse bildet ein aus Stahlblech gepreßtes Bauteil mit Hutprofil, das mit dem vorderen Rahmen verschraubt ist. Dazu gehören zwei nach hinten gerichtete Ausleger, die einerseits mit dem Achskörper fest und mit den unteren Querlenkern elastisch verbunden sind und mit ihrem anderen Ende am Rahmen Halt finden.
An den beiden Enden des Achskörpers schließen sich bewegliche Bauteile – sogenannte Querlenker – an, die Bestandteile der Einzelradaufhängung der Vorderräder sind. Die oberen, trapezförmigen Querlenker und die unteren Querlenker mit Ausleger sind in je zwei Dämpfungsbuchsen gelagert. Hierbei werden die Schwingungsbewegungen von Gummikörpern mit einvulkanisierter Metallbuchse und äußerem Metallmantel aufgenommen. Die Horizontalachsen des oberen und unteren Lenkers sind gegeneinander verschränkt. Damit wird verhindert, daß der Wagen beim Bremsen »taucht«, außerdem bäumt er sich beim Anfahren oder Beschleunigen nicht mehr auf.
Etwa in der Mitte des unteren Querlenkers befindet sich ein Teller mit aufgebördeltem Rand, der als Sitz für die Schraubenfeder dient. Die Feder – schräg gestellt – stützt sich oben in den Enden des Achskörpers ab. Ein solcher Dreieckverband sichert die Radaufhängung gegen Fahrbeanspruchungen. Die Stoßdämpfer stehen auf den oberen Querlenkern, leicht nach innen geneigt, sind sie oben mit der Karosserie verschraubt.
Statt eines durchgehenden Achsschenkelbolzens, wie man ihn bei vielen anderen Fabrikaten findet, wird bei Opel ein mit zwei stählernen Kugelköpfen ausgebildetes Traggelenk verwendet. Diese Aufhängung der Achsschenkel zwischen dem oberen und unteren Querlenker ist ein Schmiedestück, und die Kugelge-

lenke besitzen verschleißfeste, also wartungsfreie Kunststoffschalen. Das obere Gelenk dient der Führung, und das untere ist ein Traggelenk. Mit der Konstruktion werden Bewegungen in vertikaler Richtung für den Federweg und horizontal für die Lenkung erlaubt.
Schließlich gehört zur Vorderachse noch der Stabilisator. Er ist einerseits an der Vorderrahmenstütze (und somit mit dem Aufbau) und zum anderen unter einem bestimmten Vorspannmaß mit den unteren Lenkern verbunden. Man bezeichnet einen solchen Stabilisator auch als Drehstab, denn bei ungleichmäßigem Einfedern der Räder wird er auf Verdrehen (Torsion) beansprucht. Die Federung des einfedernden Rades verhärtet sich, das andere wird vom Drehstab nach unten gedrückt und bekommt festeren Bodenkontakt, lästige Kurvenneigung wird verhindert. Somit trägt der Drehstab zur Stabilisierung des Fahrverhaltens bei.

Die Achsschenkellager

Die Kugelköpfe der Achsschenkel sind in mit Fett gefüllten Kunststoffpfannen gebettet. Gummimanschetten verkapseln diese beweglichen Verbindungen, die theoretisch ein ganzes Autoleben überdauern können. Aber beschädigter Gummi läßt Schmutz und Nässe hindurch, außerdem können Öl, Kraftstoff und nachträglich aufgebrachter Unterbodenschutz diese Umhüllungen angreifen. Beschädigte Manschetten müssen baldigst erneuert werden.

Die Vorderradlager

Auf jedem Zapfen eines Achsschenkels sitzen zwei wartungsfreie Rollenlager, auf denen sich das Vorderrad dreht. Sie dürfen kein zu großes Spiel haben, was man auf grobe Art prüfen kann, indem man bei aufgebocktem Wagen versucht, das Rad oben und unten hin- und herzukippen. Wenn man das Radlager durch Treten der Fußbremse hemmt, läßt sich das Spiel besser lokalisieren. Ist dabei noch Spiel vorhanden, so kann dies auch am ausgeschlagenen Achsschenkelbolzen oder an der Lenkung liegen.
Ein ausgeschlagenes Teil der Vorderachse bürdet seine Last den mit ihm verbundenen Partnern auf, die dadurch mehr als üblich beansprucht werden und ebenfalls verschleißen. Besonders Lenkungsteile sind davon betroffen.
Das Axialspiel der Vorderradnabenlager kann in der Werkstatt genau eingestellt werden. Dort wird dazu die Achsschenkelmutter entsplintet und gelöst, das ermöglicht ein axiales Spiel. Rad drehen und dabei die Achsschenkelmutter mit

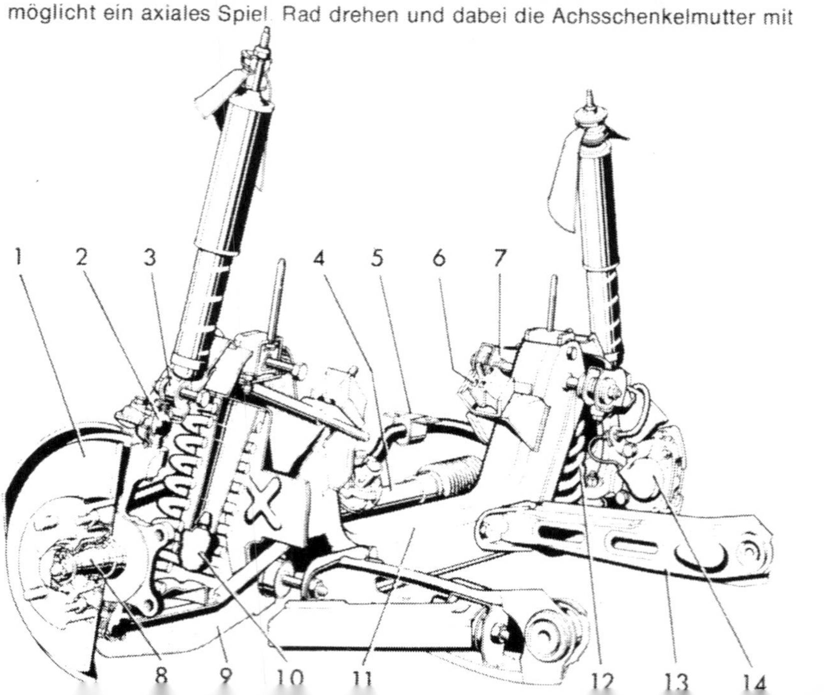

In dieser Zeichnung erkennt man wichtige Teile der Vorderachse: 1 - Bremsscheibe, 2 - oberes Führungsgelenk für den Achsschenkel, 3 - untere Stoßdämpferbefestigung, 4 - Gehäuse der Zahnstange (Lenkung), 5 - Drehstabstabilisator, 6 - Motoraufhängung, 7 - oberer Querlenker, 8 - Achsschenkelzapfen, 9 - unterer Querlenker, 10 - Anschlagpuffer, 11 - Achskörper, 12 - Schraubenfeder, 13 - Achsausleger, 14 - Bremssattel.

2,5 mkg anziehen, damit sich das Lager setzt. Mutter wieder um 1/4 Umdrehung (drei Schlitze der Kronmutter) lösen oder höchstens so weit, bis der nächste Schlitz der Achsschenkelmutter mit der Bohrung des Splintloches fluchtet. Beim Drehen des Rades dürfen jetzt keine polternden Geräusche, hervorgerufen durch die Rollen des Radlagers, zu hören sein, sonst Vorgang wiederholen. Die Radlager müssen spielfrei laufen, und keinesfalls dürfen sie unter Vorspannung stehen, das Rad muß sich ohne Rucken in beiden Richtungen drehen lassen. Bei richtiger Einstellung muß sich die Sicherungsscheibe noch verschieben lassen.

Traggelenkspiel prüfen

Pflegearbeit Nr. 43

Alle 20 000 km müssen die unteren Traggelenke auf Spiel und Verschleiß überprüft werden. Jedes Vorderrad hängt – zum Zweck seiner Lenkbarkeit schwenkbar – an einem Achsschenkel, der für diese Beweglichkeit oben und unten mit je einem Kugelbolzen ausgestattet ist. Der obere Kugelbolzen sitzt in einem Lager des oberen Querlenkers, und der untere Kugelbolzen ruht gleichermaßen im Ende des unteren Querlenkers.
Diese wartungsfreien Gelenke haben auch im Neuzustand ein geringfügiges Spiel (etwa 0,5 mm). Besonders bei nicht einwandfreier Abdichtung des Gummibalges kann sich das Spiel wegen Fettverlust und dadurch verursachten Verschleiß vergrößern. Bis zu 2 mm Spiel ist zulässig, dann muß das Gelenk ersetzt werden. Nachstellen ist nicht möglich. Ein Gelenk wird von der Werkstatt unter allen Umständen ausgewechselt, wenn bei der Kontrolle eine Beschädigung des Dichtungsbalges festzustellen ist. Der eingedrungene Schmutz führt in absehbarer Zeit zum Ausfall des Gelenkes.
Die Werkstatt mißt das Spiel bei auf dem Boden stehendem Wagen mit einer Verschleißkontrollehre; wenn sie sich nicht mehr aufschieben läßt, wird das Gelenk ersetzt. Daheim kann man sich nur grob vom Zustand der Gelenke überzeugen. Dazu bockt man den Opel auf der entsprechenden Seite hoch und rüttelt in Querrichtung am Vorderrad. Es gehört jedoch eine gute Portion Erfahrung dazu, auf diese Weise festzustellen, ob und wie weit der Verschleiß gediehen ist. Sicherer und beruhigender sind die Meßmethoden beim Opel-Dienst.

Die Radeinstellung

Für den Nichtfachmann kommen, wie schon angedeutet, Arbeiten an den Radaufhängungen nicht in Frage. Deshalb sollen hier nur die wichtigsten Begriffe der Radgeometrie erläutert werden. Man muß sie überprüfen lassen, wenn etwa die Reifen ein ungleichmäßiges Abnutzungsbild zeigen, wenn die Lenkung flattert und überhaupt natürlich nach einem Unfall, der die Radaufhängung in Mitleidenschaft gezogen hat.
Die festgelegten Werte der in diesem und im nächsten Abschnitt einzeln genannten Begriffe sind auf Seite 226 zu finden. Dabei wird unterschieden zwischen belastetem und unbelastetem Wagen. »Unbelastet« heißt bei Opel ein Wagen mit halb gefülltem Tank und ohne Fahrer; der Begriff »Belastet« wird in der Werkstatt erfüllt, wenn das Fahrgestell in Richtung Standfläche heruntergezogen ist und dabei bestimmte Bodenabstände erreicht sind. Korrekte Meßresultate setzen voraus: Vorschriftsmäßiger Reifendruck, richtig montierte Reifen, zulässiges Radlagerspiel und ebenso beachtete Spielfreiheit in der Lenkung sowie zwischen Achsschenkeln und Gelenkköpfen, einwandfrei funktionierende Stoßdämpfer.
Unter »Sturz« versteht man die leichte Schrägstellung der Räder, die sich in der Neigung der Radebene zu der auf der Standebene errichteten Senkrechten darstellt. Er bewirkt, daß die Räder stets am Radlager anlaufen, wodurch das Lagerspiel vermindert wird. Der Sturz der Vorderräder kann durch Verstellen des Kugelgelenkflansches im oberen Lenker verändert werden. Durch Drehen des

Teile der Vorderradaufhängung. Die mit Fett gefüllten Gummimanschetten der wartungsfreien Spurstangengelenke dürfen keine Beschädigungen aufweisen. Um hier eine genaue Kontrolle vornehmen zu können, muß das Rad abgenommen sein.
Die kleinen Pfeile zeigen auf die Einkerbungen der Spurstange zum Ansetzen des Gabelschlüssels, wenn zum Korrigieren der Vorspureinstellung die Spurstange gedreht werden muß.

Flansches um 180° wird eine Sturzänderung von 0° 50' erreicht. Die zulässige Abweichung von dem einen zum anderen Rad beträgt maximal 1°.
Durch den »Nachlauf« werden die Räder sozusagen gezogen und haben das Bestreben, von selbst die gerade Fahrtrichtung einzuhalten. Er wird erreicht, indem man die Achse des Achsschenkelbolzens so neigt, daß sich – grob ausgedrückt – aus der Verlängerung dieser Achse und aus einer Senkrechten auf der Fahrbahn ein meßbarer Winkel ergibt. Der Nachlauf wird durch die Zahl der Einstellscheiben bestimmt, die zwischen Lenkerauge und Achskörper angebracht sind. Das Beilegen von Ausgleichscheiben mit einer Stärke von 3 mm vorn und 9 mm hinten entspricht einer Nachlaufvergrößerung von 50', die andere Möglichkeit, nämlich vorn 9 mm und hinten 3 mm beizulegen, hat eine Nachlaufverkleinerung von 50' zur Folge. Auch hier beträgt die höchstzulässige Abweichung 1° von Rad zu Rad.
Die »Vorspur« dient dazu, die Vorderräder in eine Stellung zueinander zu bringen, daß sie nicht in Versuchung kommen, nach außen wegzulaufen. Andernfalls würden sie, unterstützt durch ihren Sturz und durch Fahrwiderstände, den Wagen in eine Kurve hineinziehen. Deshalb stellt man sie vorne näher zusammen als hinten – sie laufen in einem spitzen Winkel aufeinander zu. Falsche Vorspur verschleißt die Reifen schneller und wirkt sich ungünstig auf das Lenkverhalten aus (Radflattern). Die Vorspur kann durch Verdrehen der Spurstangen auf den Gewinden der Kugelbolzen verändert werden.

Vorspur nachmessen

Pflegearbeit Nr. 28

Das Messen und eventuell erforderliche Nachstellen ist für die km-Stände 10 000 und 20 000 vorgeschrieben und soll danach alle weiteren 20 000 km erfolgen. Die Bedeutung der Vorspur wurde gerade erwähnt, sie kann sich besonders nach einer scharfen Bordsteinberührung nachteilig verändert haben.
Zur Kontrolle der Vorspur bedient man sich eines Meßstabes, der in Höhe der Radachse an die Felgenhörner von Rad zu Rad angelegt wird. Die Einstellung der Vorspur wird stets an beiden Spurstangen vorgenommen. Dazu wird die Gegenmutter am linken und rechten Spurstangengelenk gelöst und etwas zurückgeschraubt. Die Klemmdrähte der Faltenbalgbefestigungen am Lenkgehäuse sind abzunehmen. Durch Drehen der Spurstangen wird die Vorspur eingestellt. Bei Wagen mit Abdeckschürze muß der Klemmdraht an der jeweiligen Spurstange abgenommen werden. Beim Einstellen darf der Faltenbalg nicht mit verdreht werden: Seine einzelnen Balgrillen müssen senkrecht stehen. Eventuell muß man den Balgsitz einfetten und beim Drehen festhalten.
Nach erfolgter Einstellung sind die Gegenmuttern an den Spurstangenköpfen

mit 6,0 kpm anzuziehen. Die Faltenbälge müssen wieder einwandfrei befestigt werden (zur Kontrolle Lenkung mehrmals betätigen), die Drahtenden der Klemmdrähte sollen nach vorn zeigen.

Die Hinterachse

Für die Aufhängung der Hinterräder wählte man bei Opel das schon bei dem Vorgänger-A-Modell angewendete Prinzip. Außer einer Spurverbreiterung, der Verlängerung der Federwege und neu abgestimmter Stoßdämpfer brauchte sich an der Hinterachse nichts zu ändern, weil diese spur- und sturzkonstante Starrachse insbesondere bei Nässe und Glätte ihre Vorzüge hat. Freilich soll nicht verschwiegen werden, daß eine solche starre Achsbrücke größere ungefederte Massen als etwa eine Einzelradaufhängung besitzt, bei der die Federung feiner ansprechen kann.

Die Hinterachse wird von zwei Längslenkern und einem langen Querlenker geführt. Dadurch werden nahezu alle in Längsrichtung des Autos auftretenden Beanspruchungen aufgefangen, die sich während der Fahrt ergeben. Der Querlenker besitzt einen großen Bewegungsradius. Diese auch als Panhardstab bezeichnete Stange ist rechts am Hinterachskörper angebracht und mit ihrem anderen Ende gelenkig mit dem Aufbau verbunden; beide Endpunkte besitzen Gummilagerung. Ein Querlenker dient zur Führung der Achse in seitlicher Richtung. Die Längslenker nehmen die Kräfte auf, die bei Schub- und Bremsvorgängen entstehen.

Als typisches Merkmal dieser Achse gilt die Hinterachsverlängerung. Sie besteht aus einem am Differentialgehäuse angeflanschten und nach vorn gerichteten Rohr, das an seinem vorderen Ende mit der Verlängerungsbrücke und dadurch mit beiden Seiten des Unterbaus verbunden ist. Das Rohr nimmt die zwischen Kardanwelle und Ausgleichgetriebe befindliche Verlängerungswelle auf.

Der Wagen besitzt, wie alle Opel, progressiv wirkende Schraubenfedern. Sie sind auf den Längslenkern direkt vor den Achsrohren angebracht. Dahinter, an der Rückseite der Achsrohre, haben die schrägstehenden Stoßdämpfer ihre Anbringungspunkte.

Schließlich verfügt die Hinterachse noch über einen Stabilisator, der an zwei Punkten mit dem Aufbau verbunden ist. Beim Einfedern eines Hinterrades verdrillt er sich, wodurch die Seitenneigung der Karosserie in der Kurve vermindert

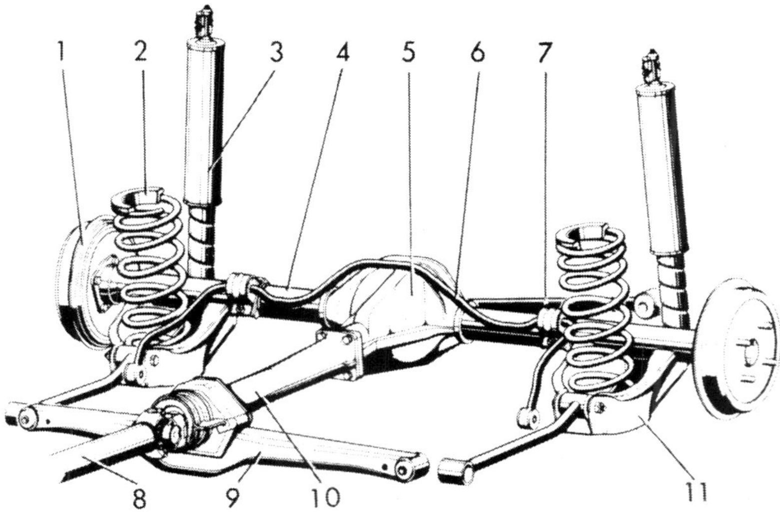

Die Hinterachse des Manta besteht aus folgenden Teilen: 1 - Bremstrommel, 2 - Schraubenfeder, 3 - Stoßdämpfer, 4 - Achsrohr (darin Antriebswelle), 5 - Gehäuse für Achsantrieb und Differential, 6 - Stabilisator, 7 - Querlenker (Panhardstab) 8 - Kardanwelle, 9 - Hinterachsverlängerungsbrücke, 10 - Hinterachsverlängerung, 11 - Längslenker. Zur Umrüstung liefert Opel für den Manta stärkere Federn, die für erhöhte Zuladung oder für Anhängerbetrieb geeignet sind.

wird. Die Wirkung des Stabilisators hebt sich dagegen beim Einfedern beider Räder auf.
Beide Hinterräder sind durch Halbachsen, die in dem gemeinsamen Achsrohr laufen, mit dem Differential verbunden. Dieses dient dem Ausgleich unterschiedlicher Rollwege bei Kurvenfahrt. Die Leistung des Motors wird über die Kardanwelle und über Kegel- und Tellerrad nebst Differential zu den beiden Halbachsen übertragen.

Die Stoßdämpfer

Die Stoßdämpfer müßten eigentlich »Schwingungsdämpfer« heißen, denn sie sollen die nach der Einfederung eines Rades entstehenden Schwingungen dämpfen. Ohne sie würden die Räder während der Fahrt häufig den Fahrbahnkontakt verlieren und der Wagen könnte unter bestimmten Umständen unkontrollierbare Eigenbewegungen vollführen. Federfunktionen haben Stoßdämpfer nicht.
Die Stellung der Stoßdämpfer ist in den Abschnitten »Die Vorderachse« und »Die Hinterachse« beschrieben. Ihr Austausch wirft keine großen Probleme auf. Vorne muß bei der oberen Befestigung ein Vorspannmaß von 27 ± 0,5 mm eingehalten werden, das sich aus dem Abstand zwischen der Oberkante der Befestigungsmutter und dem Ende des Dämpfungsbolzens ergibt. Am oberen Lenker ist die Befestigung des Stoßdämpfers mit einem Drehmoment von 4,5 kpm anzuziehen.
Das entsprechende Vorspannmaß für die hinteren Stoßdämpfer beträgt 11 mm (beim Manta GT/E: 6 mm). Die Montage muß bei angehobener Hinterachse erfolgen, ohne daß die Hinterräder durchhängen. Für die obere Befestigung aller Dämpfer sind stets nur selbstsichernde Muttern zu verwenden.
Opel rüstet die Modelle mit Stoßdämpfern eigenen Fabrikates aus. Bei durchschnittlicher Beanspruchung kann man mit einer Lebensdauer bis zu 60 000 km rechnen. Wirkungsvoller sind die Gasdruckstoßdämpfer von Bilstein, wie sie der Manta GT/E ab Werk besitzt.

Stoßdämpfer prüfen

Pflegearbeit Nr. 39

Stoßdämpfer gehören zu den Verschleißteilen des Autos. Deshalb schreibt Opel vor, ihre noch vorhandenen Eigenschaften alle 20 000 km zu kontrollieren. Als Fahrer gewöhnt man sich unbewußt an das verschlechterte Fahrverhalten, denn die Dämpferwirkung läßt nur allmählich nach.
Sehr zuverlässig diagnostizieren Shocktester den Zustand der Stoßdämpfer, wie sie von einigen Stoßdämpferherstellern und vom ADAC zur Verfügung stehen. Die dort gewonnenen Resultate ersparen umständliche Montage- und Prüfarbeiten, weil die Stoßdämpfer dabei kontrolliert werden, solange sie noch im Wagen eingebaut sind.
Einige untrügliche Anzeichen für die nachlassende Wirkung der Stoßdämpfer bieten sich sowohl bei aufmerksamer Beobachtung während der Fahrt als auch durch einige Sichtkontrollen. Wenig oder sogar manchmal falschen Aufschluß erhält man durch die bekannte Schaukelmethode im Stand, bei der man den Wagen am betreffeden Kotflügel aufschaukelt und plötzlich losläßt. Die Federbewegung müßte sofort gedämpft werden. Da sich die Bewegungen aber auch auf die übrigen drei Stoßdämpfer auswirken, weiß man nie mit Gewißheit, welcher eventuell defekt ist.
Folgende Abweichungen von der Norm lassen auf defekte Stoßdämpfer schließen und gelten als Warnsignal:

- Flatternde Lenkung, weil den Rädern der ständige Fahrbahnkontakt fehlt. Zieht Schäden an den Übertragungsorganen der Lenkung und des Antriebs nach sich.

Die Manta-GT/E-Modelle verfügen ab Werk über Gasdruck-Stoßdämpfer von Bilstein, die den Wagen ein erhöhtes Maß an Fahrsicherheit und Komfort verleihen. Da diese Stoßdämpfer grundsätzlich bei allen Manta-Modellen passen, können auch die PS-schwächeren Versionen nachträglich damit ausgerüstet werden.

- Nach Unebenheiten schwingt der Aufbau nach.
- Verlust der Stabilität in Kurven, wobei die kurveninneren Räder nicht mehr auf den Boden gedrückt und die äußeren nicht genügend entlastet werden.
- Anstieg der Seitenwindempfindlichkeit.
- Springendes Rad, das freilich nur von einem neben- oder hinterherfahrenden Beobachter ausgemacht werden kann.
- Vielfach unterbrochene Bremsspur bei harter Bremsung und unberechenbare Bremswirkung in der Kurve.
- Ungleichmäßige Abnutzung der Reifen und erhöhter Reifenverschleiß.
- Undichter Stoßdämpfer mit auffällig erkennbarem Ölverlust. Geringe Ölspuren sind normal; bis zu 10 Prozent der Dämpferfüllung kann ein Stoßdämpfer folgenlos verlieren.

Die Lenkung

Wie bei den Opel-Kadett-Modellen ist die Lenkung beim Manta als Zahnstangenlenkung ausgebildet, im Gegensatz zu den größeren Opel-Versionen mit der aufwendigeren Kugelumlauflenkung. Die Lenksäule ist vor der Stirnwand in einem Kreuzgelenk zum Schutz bei Unfall abgewinkelt, ihr unteres Ende mündet

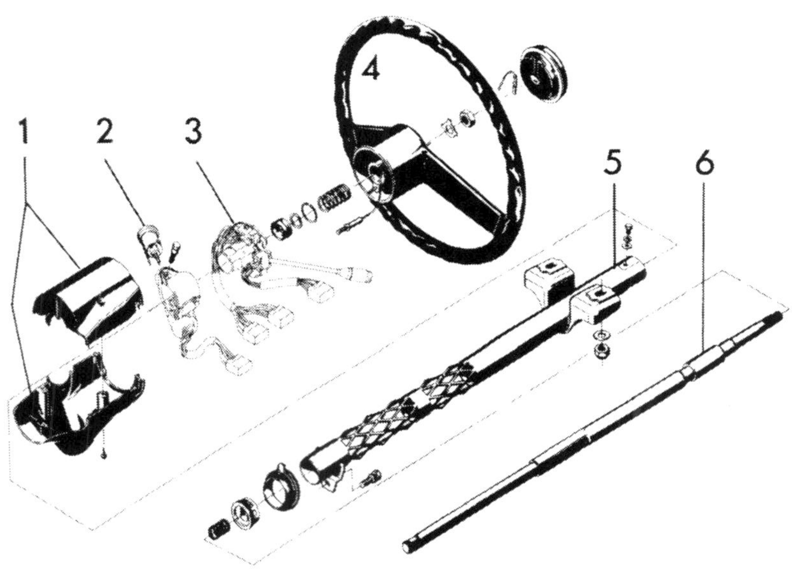

Das sind die oberen Teile der Lenkung: 1 - Lenksäulenverkleidung, 2 - Schließzylinder, 3 - Signalschalter, 4 - Lenkrad mit Signalhornplatte, 5 - Lenkstützrohr (Gitterrohr), 6 - obere Lenksäule.

in einem Flansch mit Gelenkscheibe (Hardyscheibe). Daran anschließend führt die Ritzelwelle schräg in das Lenkgetriebegehäuse und endet dort in einem Ritzel, dessen Zähne von unten in eine Zahnstange greifen. Das Ritzel ist schräg- und die Zahnstange ist geradverzahnt, weil das Ritzel nicht rechtwinklig, sondern schräg zur Zahnstange angeordnet ist. Im Kreuzungspunkt von Ritzel und Zahnstange sitzt auf dem Gehäuse eine fixierte Einstellschraube.
Als weitere Sicherheitsmaßnahme wird die obere Lenksäule von einem Stützrohr umgeben, das sich bei Aufprall zusammenfalten kann. Zu dieser Konstruktion gehört noch der Abreißschlitten unterhalb der Instrumententafel. Das Lenkrad kann nur mit einer Abziehvorrichtung von der Lenkspindel abgezogen werden, nachdem die Lenkradmutter abgeschraubt wurde. Diese ist mit 1,5 kpm festgezogen und gesichert.
Durch die Drehbewegung am Lenkrad läuft das Ritzel auf der Verzahnung der verschiebbaren Zahnstange ab, die diese Hin- und Herbewegung auf die seitlich herausführenden Lenkspurstangen und damit an die Räder weitergibt. Das Lenkgehäuse ist mit ca. 50 g Lenkungsfett (Opel-Katalog-Nr. 19 48 587) gefüllt. Es kann aus den seitlichen, harmonikaförmig faltbaren Manschetten nicht heraustreten. Um den Spurstangen das von den Rädern verursachte Mitschwingen zu ermöglichen, befinden sich innerhalb der Manschette Kugelbolzen, in denen die Spurstangen schwenkbar gelagert sind. Diese Axialgelenke werden in einer wartungsfreien Aufnahmebüchse festgehalten.
Am Ende jeder Lenkspurstange greift ein Kugelkopfgelenk in die Lenkhebel an den Achsschenkeln. Wird die Lenkung bis zum Anschlag gedreht, so beträgt der Außenwendekreis in dieser Stellung 10,30 m, beim GT/E 10,80 m.

Lenkung prüfen

Obwohl die Lenkung wartungsfrei ist, können Verschleißerscheinungen auftreten. Im Stand kann man feststellen, ob sich im Lenkrad Spiel bemerkbar macht. Dabei sollen sich die Vorderräder in Geradeausfahrt und die Lenkradspeichen in waagerechter Stellung befinden. Bei heruntergekurbelter Scheibe greift man von außen durch das Fenster. Während man das Lenkrad dreht, wird das linke Vorderrad und besonders die Felge beobachtet. Denn die Reifen sind elastisch und können beim Drehen im Stand zunächst einen Teil des Einschlages »schlucken«, ehe sie sich bewegen. Bei stärkerem Einschlag der Räder kann ein geringes Lenkradspiel vorhanden sein. In der Mittelstellung soll die Lenkung überhaupt kein Spiel aufweisen. Man fühlt es auch am Lenkrad. Es wird sogleich ein gewisser Widerstand bemerkbar.
Auf ebener Straße kann man bei langsamer und dann bei schneller Fahrt die Geradeauslaufeigenschaften überwachen. Dazu gehört allerdings das Fehlen an-

Blick von oben auf das Lenkgetriebe. Zum Nachstellen wird die Kontermutter gelöst und die Stellschraube rechts herum gedreht. Diese Arbeit muß aber der Werkstatt vorbehalten bleiben. Man kann sich aber davon überzeugen, ob die Faltenbälge unbeschädigt sind und festen Sitz haben. Jede Beschädigung am Faltenbalg führt unweigerlich zum vorzeitigen Ausfall des durch ihn geschützten Axialgelenks, weil eindringendes Wasser und Schmutz den Kugelzapfen und die Kunststoff-Lagerschalen angreifen.

derer Verkehrsteilnehmer, damit man bei dieser Kontrolle nicht gehindert wird. Wenn die Straße ganz frei ist, läßt man das Lenkrad während der Fahrt los. Der Wagen darf weder zur einen noch zur anderen Seite ziehen, sondern er muß schnurgerade in der Spur bleiben.
Zugleich kann man den Rückstelleffekt prüfen. Nach einer Kurve müssen sich die Vorderräder selbständig in die Geradeausrichtung zurückstellen. Dieser Geradeauslauf wird von der Anordnung und Geometrie der Achsschenkellenkung hervorgerufen. Ist er gestört, muß die Werkstatt abhelfen, ebenso wie man dort an der Lenkung notwendige Nachstellungen vornehmen kann.

Lenkung nachstellen

Es wurde schon erwähnt, daß die Einstellschraube schräg oben auf dem Lenkgehäuse sitzt. Zum Lösen und Andrehen der Kontermutter besitzt man in der Werkstatt einen speziellen Gegenmutterschlüssel für eine Ratsche, womit man diese Mutter aus der Position unter dem Wagen bewegt. Wagen mit Abdeckschürze verfügen in dieser über ein entsprechendes Montageloch.
Durch Hineinschrauben (Rechtsdrehen) der Einstellschraube wird der Federdruck auf der Zahnstange erhöht und etwa vorhandenes Spiel verringert. Die Schraube wird bis zum fühlbaren Widerstand in das Lenkgehäuse eingeschraubt, und danach ist sie um eine Achtel bis eine Viertel Umdrehung zurückzudrehen. Bei der jetzt folgenden Prüfung muß sich die Zahnstange im ganzen Lenkbereich frei bewegen lassen. Falls dem nicht so ist, muß man die Schraube vorsichtig noch so weit zurückdrehen, bis die Beweglichkeit gerade erreicht wird. Anschließend ist die Kontermutter mit 6 kpm festzuziehen.

Gummibälge des Lenkgetriebes überprüfen
Pflegearbeit Nr. 42

Der Inspektionsplan besagt, daß die Gummifaltenbälge am Lenkgetriebe alle 20 000 km auf ihren Zustand untersucht werden sollen. Eine solche Kontrolle ist auch zwischendurch einmal anzuraten, etwa dann, wenn das Motoröl gewechselt wird. Zugleich kann man alle anderen Gummiteile der Vorderradaufhängung prüfen. Zur Kontrolle ist der Wagen vorne anzuheben; die eventuell vorhandene Abdeckschürze muß vom unteren Luftleitblech und von dem Längsträger abgeschraubt werden.
Beiderseits des Lenkgetriebes schließen sich die Spurstangen an, die beim Einschlagen der Lenkung seitliche Bewegungen vollführen. Das Getriebe ist mit Fett gefüllt, das bei diesen Bewegungen entweichen würde. Zum Schutz dagegen sind die Faltenbälge angebracht. Sie sind mit Klemmdrähten befestigt, denen eine verengende Federkraft innewohnt.
Das Material der harmonikaförmigen Bälge darf keinerlei Beschädigungen aufweisen. Ausgetretenes Fett, erkennbar an schwarzen Schmutzkrusten, deutet auf solche Undichtigkeit hin, die zugleich Schmutz und Nässe mit zerstörerischer Wirkung eindringen lassen. Die Bälge dürfen sich nicht verdreht haben, ihre Balgrillen müssen senkrecht stehen. Es ist auch darauf zu achten, daß die Drahtenden der Klemmdrähte nach vorn gerichtet sind.

Standhafte Begleiter

Vom Zustand der Bremsen können Menschenleben abhängen. Die einzelnen Teile dieser Anlage müssen deshalb regelmäßigen Kontrollen unterzogen werden. Das ist ein oberstes Gebot. Jeder verantwortungsbewußte Autobesitzer kann solche Sicht- und Funktionsprüfungen selbst ausführen.
Wartungsarbeiten hingegen und besonders Reparaturen sollen Sache der Werkstatt bleiben. Hierbei kommt es auf die Einhaltung von Arbeitsmethoden an, die mit großer Sorgfalt auszuführen sind. Arbeiten an den Bremsen und an der hydraulischen Anlage verlangen neben der Beachtung absoluter Sauberkeit auch Gewissenhaftigkeit, nicht zum Schluß noch die Verwendung des vorgeschriebenen Materials. Die in diesem Kapitel gebotenen Beschreibungen sind hier nur unter diesen Gesichtspunkten zu sehen.

Die Bremsanlage

Der Tritt auf das Bremspedal löst im Hauptbremszylinder die Betätigung eines Kolbens aus, dessen Bewegung die Bremsflüssigkeit in den Bremsleitungen zu den Radbremsen drückt. (Unterstützend wirkt dabei der Bremskraftverstärker.) Bei dieser hydraulischen Übertragung erfolgt die nötige Ergänzung der Flüssigkeit selbsttätig aus dem Vorratsbehälter, der auf dem Hauptbremszylinder sitzt. Der Druck der Bremsflüssigkeit überträgt sich an den Scheibenbremsen auf Bremskolben und an den Trommelbremsen auf Radbremszylinder, welche die Bremsbeläge gegen die Scheiben bzw. Trommeln pressen. Um zu verhindern, daß bei scharfem Bremsen die dann entlasteten Hinterräder blockieren, ist in die Leitung ein Bremskraftregler eingesetzt. Die von dieser Anlage getrennte Handbremse wirkt über einen Seilzug – mechanisch – auf die Hinterräder.

Bremsen prüfen

Pflegearbeit Nr. 15

Bremsen müssen eingefahren sein. Mit neuen Bremsbelägen sollte man scharfes Bremsen während der ersten 300 km möglichst vermeiden. Bremsscheibe bzw. Bremstrommel und Bremsbelag müssen sich aneinander gewöhnen, und ihre gemeinsame Oberfläche, auf der sie sich berühren, muß möglichst groß sein. »Trägt« der Belag nur auf wenigen Quadratzentimetern, ist die Bremswirkung schlecht und ungleichmäßig.
Zu Bremsproben verzögert man den Wagen erst einmal aus mäßiger Geschwindigkeit und beobachtet sein Verhalten. Dann kann man aus höherem Tempo abbremsen. Das gleiche wiederholt man mit losgelassenem Lenkrad. Damit erhält man – auf ebener, nicht gewölbter Straße – Aufschluß darüber, ob der Wagen beim Bremsen einseitig zieht und im Fall der Gefahr schleudern würde. Die Versuche soll man noch insofern variieren, daß das Bremspedal sowohl mit weichem Druck wie auch plötzlich und hart betätigt wird. Außer den anzustrebenden Erkenntnissen über die Einsatzbereitschaft der Bremsen gewinnt man zugleich die Bestätigung dafür, daß maßvoll eingesetzte Bremskraft eine bessere Verzögerung schafft als das in Panik niedergepreßte Pedal. Bei blockierenden Rädern rutscht das Auto unlenkbar ins Unheil.

Ungleichmäßig ziehende Bremsen deuten auf undichte Bremsleitungen, auf klemmenden Bremskolben und auf stark verschmutzten Bremssattel hin. (Auch ungleicher Reifendruck wirkt sich derartig aus.) Wenn das Auto beim Bremsen nach einer Seite zieht, sind die Radbremsen der anderen Wagenseite nicht voll einsatzbereit.

Die Wirkung der Handbremse prüft man, wenn möglich, auf einer abschüssigen Straße im Stand. Bei angezogenem Handbremshebel darf sich der Wagen nicht vom Fleck rühren. Falls man im Flachland wohnt, sollte der Wagen zu einem vergleichbaren Versuch nicht wesentlich schneller als in Schrittgeschwindigkeit ohne Motorkraft, also mit herausgenommenem Gang, rollen und sogleich zum Stehen gebracht werden. Wie noch ausgeführt wird, ist die Handbremse zum Abbremsen aus höherem Tempo nur sehr bedingt zu gebrauchen.

Opel schreibt die Prüfung der Bremsen alle 10 000 km vor. In der Werkstatt erledigt man das zusammen mit den nachfolgend beschriebenen Wartungskontrollen.

Bremsflüssigkeitsstand kontrollieren

Pflegearbeit Nr. 6

Das Bremssystem wird aus den Bremsflüssigkeitsbehältern gespeist. Der darin enthaltene Vorrat an Bremsflüssigkeit muß immer in ausreichender Menge zur Verfügung stehen. Davon kann man sich mit einem Blick immer dann überzeugen, wenn man die Motorhaube öffnet.

Die Behälter sitzen auf dem Hauptbremszylinder links hinten im Motorraum, vor der Trommel des Bremskraftverstärkers. Das durchscheinende Material der Behälter läßt den Flüssigkeitsstand von außen erkennen. Das Niveau darf nicht unter die untere Marke »MIN« abgesunken sein. Beim Nachfüllen von Bremsflüssigkeit muß die Marke »MAX« als obere Grenze betrachtet werden, also auch Überfüllung vermeiden.

Bei völlig dichter Bremsanlage wird die Flüssigkeit im Betrieb nicht weniger. Doch ihr Spiegel sinkt im Laufe der Zeit entsprechend dem Belagverschleiß etwas ab. Das liegt daran, daß dann die Kolben der Scheibenbremsen weiter aus den Bremssätteln herauswandern und so im Sattel ein größeres Volumen frei wird. Eine völlig normale Sache.

Sinkt jedoch der Flüssigkeitsstand unter die »MIN«-Marke, so ist äußerste Gefahr im Verzuge. Dann ist irgendwo ein Leck in der Bremsanlage. Nachfüllen allein genügt in diesem Fall nicht! Die Werkstatt muß dann die Undichtigkeit ausfindig machen und reparieren.

Als Bremsflüssigkeit darf im Manta nur (möglichst hochsiedende) Original-Opel-Lockheed- oder ATE-Flüssigkeit verwendet werden, die mit der Spezifikation DOT 3 oder DOT 4 ausgezeichnet ist.

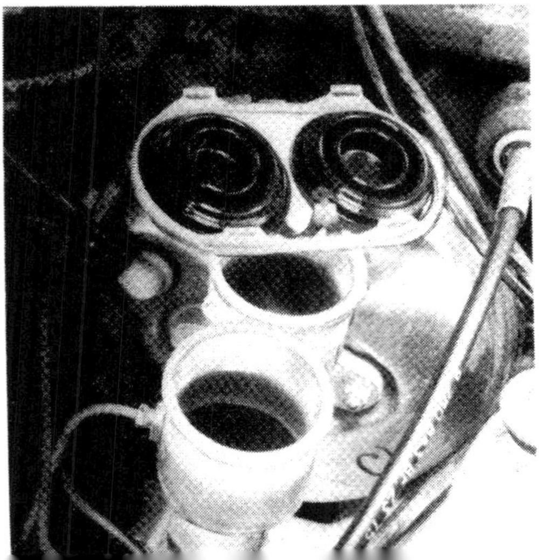

Die Bremsflüssigkeitsbehälter sollen möglichst bis über die Hälfte gefüllt sein. Zu hohe Befüllung ist falsch, da der Behälter bei rückströmender Bremsflüssigkeit (bei heißen Bremsen möglich) überläuft, was zu Verätzungen des benachbarten Motorraumes führt. Plötzlicher Mangel von Bremsflüssigkeit ist sofort zu ergründen. Es darf nur Original-Bremsflüssigkeit, niemals Motoröl nachgefüllt werden.
In jedem Deckel befindet sich ein Entlüftungsventil, um die notwendigen Schwankungen im Stand der Flüssigkeit zu ermöglichen.

Bremsleitungen und -schläuche prüfen
Pflegearbeit Nr. 12

Zu Ihrer eigenen Sicherheit ist alle 10 000 km der Zustand der im Motorraum und am Wagenboden verlegten Bremsleitungen zu überwachen. Bremsschläuche mit Scheuerspuren müssen umgehend ausgetauscht und die neuen Schläuche scheuersicher eingebaut werden. Ebenso beachte man Beschädigungen durch Steinschlag und Korrosion. Die Rohrleitungen sind zwar durch Verzinkung gegen Rost geschützt, doch in wenigen Jahren kann der Schutz durch Streusalz angegriffen sein. Benzin, Dieselkraftstoff, Petroleum, Fett, Lack und Absprühöl müssen von Bremsschläuchen ferngehalten werden. Damit die Schläuche nicht mehr verdreht eingebaut werden können, wurden 1976 deren Anschlüsse geändert.

Bremsanlage auf Dichtheit prüfen
Pflegearbeit Nr. 11

Die eben angeführte Zustandskontrolle geht Hand in Hand mit der Überprüfung auf Dichtheit der Anlage. Hüten Sie sich davor, an den Bremsleitungen oder -schläuchen irgend etwas selbst korrigieren zu wollen. Das ist Werkstattsache! Eine lebenswichtige Operation überläßt man dem Spezialisten. Ob aber an den Bremsleitungen alles in Ordnung ist, das können Sie selbst kontrollieren.
Wenn die Wagenunterseite trocken ist, läßt sich am hochgebockten Wagen am besten der Verlauf der Bremsleitungen und -schläuche verfolgen. Letztere dürfen nicht aufgequollen sein. Anschluß- und Verbindungsstellen beachten, sie müssen trocken sein. Bremsflüssigkeit kriecht durch Schmutz, und wo dieser schwarz ist, muß eine undichte Stelle vermutet werden. Auch Radbremszylinder können undicht werden. Im Motorraum überprüft man die Bremsleitungen und ihre Anschlüsse am Hauptbremszylinder nach den gleichen Gesichtspunkten.

Bremsflüssigkeit wechseln
Wartungspunkt Nr. 48

Seit 1978 enthält der Opel-Wartungsplan die Vorschrift, die Bremsflüssigkeit einmal im Jahr erneuern zu lassen. Das hat folgenden Grund: Bremsflüssigkeit zieht im Laufe der Zeit Wasser an; sie ist hygroskopisch. Wird die Bremse, die mit solchermaßen »verwässerter« Bremsflüssigkeit betrieben wird, sehr stark beansprucht, so kann bei den entstehenden hohen Temperaturen der Wasseranteil in der Bremsflüssigkeit ins Kochen kommen und es entstehen Dampfblasen in der Flüssigkeit. Der Effekt ist dann der gleiche, als wäre Luft in der Bremsanlage: Das Pedal läßt sich bis zum Bodenblech durchdrücken, ohne daß Bremswirkung erzielt wird. Um dieser gefährlichen Situation vorzubeugen, müssen Sie darauf achten, daß diese lebenswichtige Flüssigkeit regelmäßig gewechselt wird. Die zum Wechsel verwendete Bremsflüssigkeit darf aber nur aus dem Entlüftungsgerät der Werkstatt oder aus kleinen, fest verschlossenen Behältern stammen. Im großen Faß aufbewahrte Flüssigkeit hat womöglich schon Wasser aufgenommen und der Wechsel wäre dann sinnlos! Wollen Sie

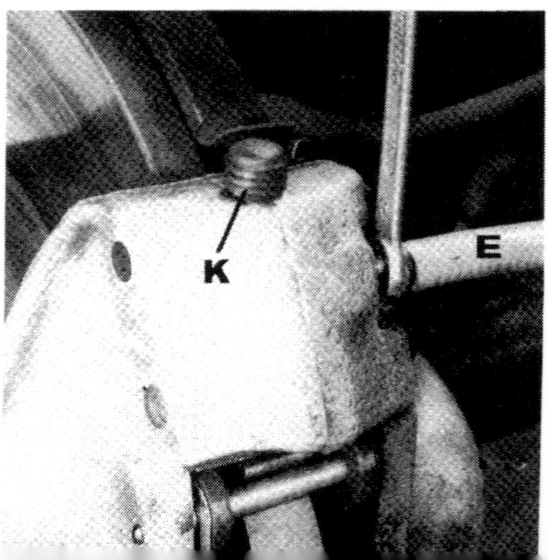

Bremse entlüften: Hier ist an der vorderen Scheibenbremse die Entlüftungsschraube mit einem Schraubenschlüssel geöffnet. Auf das Entlüftungsventil wurde der Entlüftungsschlauch (E) geschoben. Mit seinem anderen Ende liegt dieser in einem mit Bremsflüssigkeit teilweise gefüllten Glasgefäß, so daß man das Aufsteigen herausgepreßter Luftblasen beobachten kann. Steigen keine Blasen mehr auf, ist diese Bremse entlüftet und das Entlüfterventil wird geschlossen. Schutzkappe (K) wieder auf das Ventil setzen.

den Bremsflüssigkeitswechsel selbst vornehmen, so verfahren Sie dabei wie beim Entlüften der Bremse.

Bremsen entlüften

Läßt sich das Bremspedal federnd niedertreten oder ist Bremswirkung erst nach mehrmaligem Treten (pumpen) des Pedals zu erzielen, ist Luft in das hydraulische System der Bremse eingedrungen. Das kommt nicht von ungefähr, sondern die Ursache liegt in allen Fällen (sofern keine Reparatur an der Bremshydraulik durchgeführt wurde) in einer Undichtigkeit am Bremssystem. Wurde der Fehler beseitigt, so kann entlüftet werden. Das geht folgendermaßen:
Schutzkappe von dem Entlüftungsventil entfernen (dieses mit Lappen von Schmutz säubern). Stramm sitzenden Schlauch über den Ventilnippel schieben, Schlauchende in Glasgefäß (altes Marmeladenglas, kleinere Flasche) stecken. Das Gefäß muß schon mit neuer Bremsflüssigkeit gefüllt sein, damit beim folgenden »Pedalpumpen« keine Luft in die Leitung zurückgesaugt wird. Das Schlauchende liegt demnach in der Flüssigkeit. Mit Gabelschlüssel SW 9 das Entlüftungsventil etwa eine halbe Umdrehung lösen. Auf Zuruf des Mannes am Rad beginnt der Mann im Wagen mit dem Bremspedal zu pumpen (schnell treten, langsam zurückkommen lassen). Beobachtet der erste Mann, daß mit der Bremsflüssigkeit keine Luftblasen mehr herausgedrückt werden, ruft er »halt«. Der zweite Mann hält das Pedal in seiner tiefsten Stellung, und der erste schließt das Entlüftungsventil. Schlauch abziehen, Staubkappe (gesäubert) aufsetzen. Gesamten Vorgang am nächsten Rad wiederholen.

- Nach der Entlüftung an jedem Rad ist der Bremsflüssigkeits-Vorratsbehälter wieder aufzufüllen, eventuell auch während der Arbeit.
- Bremsflüssigkeit gibt es in der Werkstatt oder im Zubehörgeschäft.
- Nach der Arbeit bei laufendem Motor Bremsen mehrmals kräftig betätigen, dann Bremsproben während vorsichtiger Fahrt vornehmen.

Hauptbremszylinder für zwei Bremskreise

Im Hauptbremszylinder versorgt ein sogenannter Tandemkolben zwei getrennte Bremskreise. Im Zweikreis-Bremssystem von Opel werden die Vorderradbremsen über zwei getrennte Leitungen vom vorderen Teil des Kolbens und die Hinterradbremsen von einer sich an der Hinterachse gabelnden Leitung von dem hinteren Kolbenteil bedient.
Zwei Bremskreise garantieren für größere Sicherheit, falls einmal ein Bremskreis ausfallen sollte. In jedem Fall arbeitet dann noch der andere. Dabei ist die Bremswirkung spürbar geringer, wenn die vorderen Bremsen ausfallen, weil die vorderen Bremsen kräftiger zugreifen als die hinteren.
Die Präzisionsteile im Hauptbremszylinder lassen es nicht zu, daß daran unsach-

Im Motorraum links hinten befinden sich wesentliche Teile der Bremsanlage: 1 - Bremskraftverstärker (Unterdruck-Servobremse) mit - im Bild links - vom Vergaser herangeführtem Unterdruckschlauch, 2 - Hauptbremszylinder mit Bremsflüssigkeitsbehälter; vorne zweigen zwei Leitungen zu den Vorderrädern ab, hinten eine, die über den Bremskraftregler zu den Hinterrädern führt.

lich repariert wird. Nur in der Werkstatt kann er zerlegt, überholt oder gegebenenfalls ersetzt werden. Beim Einbau muß er dann wieder mit dem Bremskraftverstärker verbunden werden.

Der Bremskraftverstärker

Bei Trommelbremsen nimmt die umlaufende Trommel die gegen sie »auflaufende« Bremsbacke mit. Dadurch wird automatisch der Anpreßvorgang verstärkt. Scheibenbremsen kennen diesen selbstverstärkenden Effekt nicht, weil die plan anliegenden Beläge ganz einfach gegen die flache Bremsscheibe gedrückt werden. Mit der Einführung von Scheibenbremsen wurde daher bei schweren Wagen und später auch bei Mittelklassewagen ein gesonderter Bremskraftverstärker (Servobremse) erforderlich.
Ein solches Gerät ist in zwei Kammern aufgeteilt, die durch eine Membrane getrennt sind. In ihnen herrscht normalerweise Unterdruck. Bei Betätigung des Geräts (von der Pedalseite her, wenn also die Bremse getreten wird) strömt in die kleinere Kammer Außenluft, deren Druck sich auf die Membrane fortpflanzt. Diese beengt den luftverdünnten Raum der trommelförmigen großen Kammer, die über eine Leitung mit den Ansaugwegen des Motors verbunden ist, und verstärkt dadurch den Druck auf den angeschlossenen Hauptbremszylinder. Bei stehendem Motor liefert der Servo natürlich keine (zusätzliche) Bremskraft. Deshalb muß man z. B. beim Abgeschlepptwerden wesentlich kräftiger auf das Pedal treten.
Ob die Servobremse funktioniert, ist festzustellen, indem der Unterdruck bei abgestelltem Motor durch mehrmaliges Betätigen des Bremspedals abgebaut wird. Dann hält man das Pedal niedergetreten fest und startet den Motor. Wenn das Pedal infolge der neuerzeugten Hilfskraft weiter absinkt, ist die Anlage in Ordnung. Senkt sich das Pedal dabei nicht weiter, sind wahrscheinlich die Unterdruckschläuche nicht einwandfrei. Andernfalls ist der Bremsverstärker defekt und muß vom Opel-Dienst ausgetauscht werden.

Der Bremskraftregler

Ein Auto muß vorne wirksamer bremsen als hinten, da sich ein Teil des Wagengewichts beim Verzögern nach vorne verlagert. Üblicherweise wird das durch entsprechend dimensionierte Radbremszylinder erreicht. Zusätzlich drosselt der Bremskraftregler den Druck der Bremsflüssigkeit zu den Hinterrädern, damit die beim Bremsen entlastete Hinterachse nicht überbremst wird und den Wagen schleudern läßt.
Der Bremskraftregler sitzt im Motorraum unterhalb des Hauptbremszylinders. Er kann nur mit einem Prüfgerät, mit dem sich der hydraulische Leistungsdruck messen läßt, auf seine richtige Arbeitsweise hin untersucht werden.

Die Scheibenbremse

Das Arbeitsprinzip der Scheibenbremse ist mit einem Satz beschrieben. Parallel mit dem Rad dreht sich eine Stahlscheibe, gegen die von beiden Seiten Radklötze gepreßt werden. Die meisten Autos sind mit Scheibenbremsen – zumeist an den Vorderrädern – ausgerüstet.
Wegen ihrer offenen Bauart zeichnet sich die Scheibenbremse durch bessere Ableitung der Reibungswärme, ferner durch Unempfindlichkeit gegenüber Schwankungen im Reibwert der Bremsbeläge (daher sorglosere Betätigung möglich) und durch ihre Wartungsfreundlichkeit aus. Schließlich ist die Scheibenbremse selbstnachstellend und in gewissem Maße auch selbstreinigend.
Ihre negativen Eigenheiten muß man aber kennen. Die Bremsbeläge sind für Scheibenbremsen wesentlich kleiner als für die Trommelbremsen. Daher nutzen sie sich schneller ab und müssen eher ausgetauscht werden. Weil die Beläge nicht völlig abzuschirmen sind, können zwischen diese und die Scheibe Fremd-

körper eindringen. Das führt manchmal zu lästiger Quietscherei, was man durch Säubern oder Auswechseln des Belags beseitigen kann. Bisweilen hilft es, mit leicht getretenen Bremsen rückwärts zu fahren, wobei die Quietschgeister wieder ins Freie befördert werden. Bremsenquietschen kann aber auch an einem verdrehten Kolben im Radbremszylinder liegen. In der Werkstatt bringt man dann den Kolben mit einem speziellen Kolbendrehwerkzeug wieder in die richtige Stellung.

Belagstärke der Scheibenbremsen prüfen

Pflegearbeit Nr. 13

Die Stärke des Bremsbelags, also des abnutzbaren Teils der Bremsklötze, soll jeweils nach 10 000 km kontrolliert werden. Bei ständig scharfer Fahrweise kann der Belag schon vor dieser Strecke verschlissen sein, behutsame Fahrer können auf die doppelte oder gar dreifache Wegstrecke kommen.
Zur Kontrolle muß man den Wagen an der betreffenden Seite hochbocken und das Rad abnehmen. Bei den Vorderrädern die Lenkung entsprechend einschlagen, damit der Bremssattel gut zugänglich ist.
Im Bremssattel befindet sich eine viereckige Öffnung, in deren Ausschnitt man einen Teil der Bremsscheibe und die beiden rechts und links davon sitzenden Bremsbeläge sehen kann. Die Bremsbeläge bestehen aus Belagplatte und Bremsbelag. Die Belagplatten sind von waagerecht angeordneten Haltestiften gegen Herausrutschen gesichert. Die Einheit von Platte und Belag hat im Neuzustand eine Stärke von 16,5 mm. Durch Verschleiß darf diese Einheit bis auf eine gemeinsame Stärke von 7 mm abgenutzt sein.
Ohne irgendein Teil der Bremse zu entfernen oder auseinanderzunehmen, kann man die vorhandene Stärke der Bremsbeläge messen. Dazu hält man einen Zollstock oben oder unten an den Rand der Bremssattelöffnung und mißt den jeweiligen Abstand zwischen Bremsscheibe und Außenfläche der Belagplatte (siehe Bild umseitig). An einer Achse müssen immer alle vier Bremsklötze ausgewechselt werden, wenn bei einer das Mindestmaß unterschritten ist und wenn auch andere Bremsbeläge als ausreichend stark erscheinen.

Bremsbelagplatten wechseln

Dieses ist eine Arbeit für Ihre Opel-Werkstatt. Bei längeren Auslandsreisen (Osteuropa) kann es freilich nötig werden, die Bremsklötze ohne fachlich geschulte Hilfe zu erneuern. Für diesen Fall, bei dem vielleicht ein einfacher Monteur unterstützt werden muß, sei hier der Arbeitsablauf aufgezeigt.
Voraussetzung ist selbstverständlich das Vorhandensein passender Bremsklötze. Sollte man also einen »improvisierten« Belagwechsel in Aussicht haben, wird man von seiner Werkstatt bestimmt Unterstützung bekommen und die richtigen Belagplatten erhalten.
Zum Belagwechsel vorn den Wagen hochbocken und beide Räder abnehmen. Der Bremsflüssigkeitsbehälter muß teilweise durch Absaugen entleert werden.
Opel stattet die Wagen mit gleichartigen Bremssätteln von zwei Herstellern aus:
Bei ATE-Bremssätteln sind die Haltestifte von außen nach innen aus Sattel und Belägen herauszuschlagen. Die Stifte besitzen an ihrem nach innen gerichteten Ende eine Klemmhülse mit federnder Spreizwirkung; wenn deren Kraft erlahmt ist, müssen die Stifte ersetzt werden.
Bei Bremssätteln von Girling sind die Haltestifte von Sicherungsklammern gegen Herausrutschen geschützt. Nach Entfernen der Klammern müssen die Haltestifte von innen nach außen aus Sattel und Belägen herausgeschlagen werden. Diese beiden Konstruktionen sind Festsattelbremsen.
Ab September 1978 wird an den Vorderrädern wahlweise auch eine Schwimmsattelbremse von GMF und zusätzlich ab April 1979 eine solche von ATE eingebaut. Hierbei preßt nur ein Kolben zunächst den inneren Bremsbelag gegen

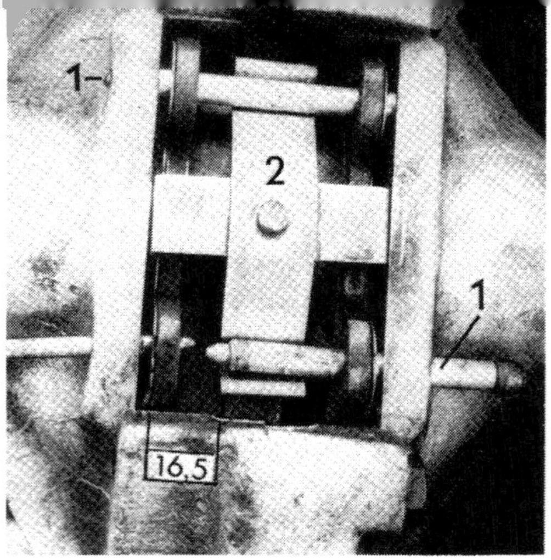

Links: Blick in den Schacht des Bremssattels, aus dem der innere Bremsbelag herausgezogen wurde. 1 - Bremsscheibe, 2 - Bremskolben. Rechts: 1 - beide Haltestifte, der untere teilweise entnommen, 2 - Spreizfeder. 16,5 – Dicke eines neuen Bremsbelags zusammen mit Belagplatte, in Millimeter. Dieses Maß darf bis auf 7 mm zusammenschmelzen, spätestens dann sind neue Beläge einzusetzen.
Ein Bremsbelag wird entnommen, indem man mit einem Schraubenzieher wechselweise durch die Ösen für die Haltestifte fährt und sie herauszieht. Es ist immer nur ein Bremsbelag herauszunehmen, um seinen Zustand zu kontrollieren bzw. auszuwechseln. Erst wenn der Belag wieder richtig an seinem Platz sitzt, soll der andere Belag herausgezogen werden. Die vor dieser Demontage abzunehmenden kreuzförmigen Klemmfedern dürfen zum Schluß nicht verkehrt herum eingesetzt werden. Beim Bremssattel von ATE (Abbildungen) werden die Haltestifte nach innen entnommen.

die Bremsscheibe. Dabei verschiebt sich das Gehäuse im Halter in die entgegengesetzte Richtung und zieht den äußeren Bremsbelag an die Bremsscheibe.
Das Herausschlagen der Haltestifte an den Festsattelbremsen geschieht mittels Hammer und mit Hilfe eines Durchschlägers, eines entsprechend dimensionierten Stahldorns oder notfalls mit einem Zimmermannsnagel. Man sollte zuerst einen der beiden Stifte entfernen, um danach die Spreizfeder zu entnehmen, die auf die Beläge drückt. Die Stellung dieser kreuzförmigen Feder muß man sich merken, um sie später wieder genauso anbringen zu können. Dann wird der zweite Haltestift herausgeschlagen.
Man entnimmt zunächst einen der Bremsbeläge. Das gelingt am besten, wenn man mit einem Schraubenzieher abwechselnd durch die Ösen des Belagträgers fährt und – die Schraubenzieherklinge auf den Bremssattel gestützt – den Belag heraushebelt. Will man den Zustand des anderen Bremsbelags an einer Bremse kontrollieren, muß man zuerst den vorher entnommenen Belag wieder in seine alte Position bringen.
Bis zu welcher Stärke die Abnutzung vorangeschritten sein darf, wurde weiter oben erwähnt. Verölte, rissige oder irgendwie beschädigte Beläge müssen ebenfalls ersetzt werden, auch wenn die Belagstärke noch ausreichend ist. In keinem Fall darf das Metall der Platte mit der Bremsscheibe in Berührung kommen. Durch die Hitzeentwicklung beim Bremsen können Platte und Scheibe miteinander verschweißen, was zum Blockieren des Rades, zumindest aber zu Beschädigungen der Bremsscheibe führt. In der Mitte des Belags verläuft eine Nut, die in ihrer Tiefe fast bis zur Platte reicht. Sie soll Belagabrieb und Staub aufnehmen; ist sie nicht mehr vorhanden, den Belag gleichfalls erneuern.
Neue Beläge erhält man in der Opel-Werkstatt oder bei bekannten Belagherstellern (Textar, Jurid usw.) unter Angabe des Fahrzeugtyps. Man kann härtere Beläge einer weicheren Qualität vorziehen, da ihr Material eine bessere Bremswirkung aufweist. Die Neigung zu leichterem Quietschen oder Pfeifen muß dann in Kauf genommen werden. Nur eine Belagtype an beiden Bremsen verwenden!
Zwischen Belagplatten und Bremskolben sind noch Zwischenplatten eingesetzt. Sie sollen hauptsächlich das Verdrehen der Kolben und Bremsenquietschen verhindern. Vor dem Einsetzen neuer Beläge müssen die Kolben in den beiden sich gegenüberliegenden Bremszylindern zurückgedrückt werden, weil sie entsprechend den dünner werdenden Belägen aus den Zylindern herausgewandert sind. Die Werkstatt macht das mit einer Kolbenrücksetzzange, man kann sich aber auch helfen, indem man den Kolben mit dem alten Belag oder mit einem schmalen Holzbrettchen vorsichtig wieder hineindrückt.

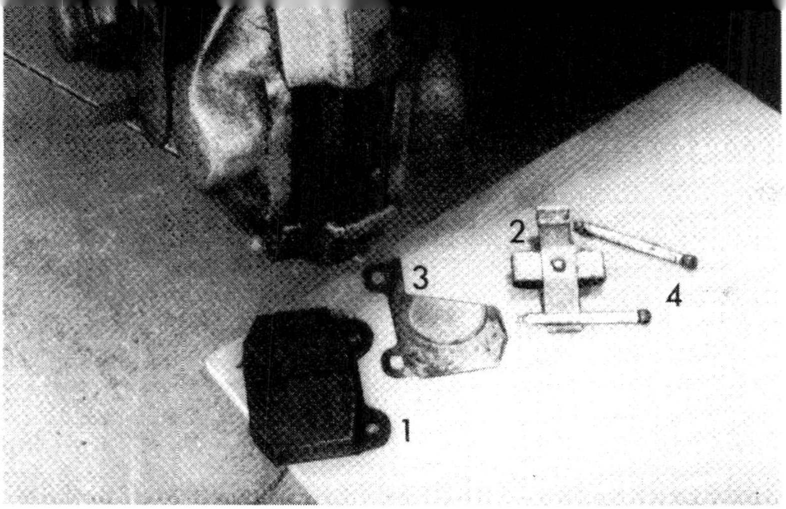

Lose und somit leicht auswechselbare Teile der Scheibenbremse sind: 1 - Bremsklotz mit Bremsbelag, 2 - Klemm- oder Spreizfeder, 3 - Zwischenplatte (auch: Anti-Quietsch-Blech); bei Girling-Bremssätteln muß der aufgeprägte Pfeil nach oben zeigen. 4 - Haltestifte mit Klemmhülse. Wie diese Teile im Bremssattel angeordnet sind, ist auf der Seite nebenan zu sehen.
Um die Bremsbeläge der Scheibenbremse aus dem Bremssattel herauszunehmen, schlägt man die Haltestifte heraus, wodurch man gleichzeitig die Klemmfeder aus ihrem Sitz befreit. Die Bremsscheibe wird von beiden Seiten von den Belägen berührt.

Beim Zurückdrücken des Bremskolbens wird zugleich die Bremsflüssigkeit durch die Leitungen in den Bremsflüssigkeitsbehälter zurückgedrückt. Dort ist zwischendurch zu beachten, daß der Behälter nicht überläuft. Überschüssige Flüssigkeit entnimmt man rechtzeitig mit einem Saugheber. Zur Sicherheit Kunststoff-Folie (Einkaufsbeutel) und Lappen unterlegen, die Flüssigkeit ätzt.
Die Beläge müssen sich in ihren Führungen leicht bewegen lassen. Eventuell ist der Führungsschacht mit Spiritus (kein Öl oder Benzin) und Lappen zu reinigen.
Nach dem Einsetzen bzw. Auswechseln der Beläge setzt man einen Haltestift, die Spreizfeder und den anderen Haltestift wieder ein (Stifte mit Hammer vorsichtig in die Bohrungen treiben). Beim Girlingsattel die Stifte mit Klammern sichern.
Wichtige Maßnahmen nach dem Einsetzen von Bremsbelägen noch bei stehendem Wagen: Bremspedal bei laufendem Motor niederdrücken. Somit kommen die Beläge zum Anliegen an die Scheibe, außerdem wird in der Servobremse Unterdruck aufgebaut. Während der Fahrt kann es schon zu spät sein, wenn man bremsen muß und hat dazu zwei- oder dreimal auf das Pedal zu treten, bevor die Beläge richtig zupacken.
Sinngemäß gilt das bisher Gesagte auch für die beiden Schwimmsatteltypen, die ab 1978 bzw. 1979 eingebaut sein können. Zum Ersetzen der Bremsklötze sind zunächst die beiden Haltestifte herauszuziehen. Danach können die beiden länglichen Spreizfedern entnommen werden (Einbaulage beachten). Zwei mehrmals gebogene Führungsfedern am Halter der ATE-Schwimmsattelbremse dienen dazu, die Nuten des Gehäuses an den Halter zu drücken, um bei Radschwingungen mögliche Klappergeräusche zu vermeiden. Dabei zeigt das innere Zähnepaar nach unten und das äußere nach oben. Die Entnahme der Bremsklötze ist problemlos, und das Einsetzen der neuen Klötze geschieht in umgekehrter Reihenfolge. Selbstverständlich dürfen die Schwimmsattelbremsen – wie auch die Festsattelbremsen – nicht auseinandergeschraubt werden.

Zustand der Bremsscheibe

Während der oben beschriebenen Arbeit läßt sich der Zustand der Bremsscheibe kontrollieren. Ihre Originalstärke: 12,7 mm. Durch einmaliges Feinstdrehen (je Scheibenseite maximal 0,5 mm) darf dieses Maß bis auf 11,7 mm reduziert werden. Danach darf die Scheibe nochmals Rillen bis zu 0,4 mm Tiefe bekommen, dann ist sie auszuwechseln. Die Bremsscheibe darf höchstens einen Schlag von 0,22 mm hinsichtlich ihrer Drehachse aufweisen. In der Werkstatt kann das mit einer Meßuhr festgestellt werden, indem der Meßuhrstift etwa 10 mm entfernt vom Außendurchmesser angesetzt wird.

Überhaupt soll die Bremsscheibe keine zu tiefen Rillen aufweisen. Gewöhnlich rühren diese von den durch die Beläge aufgefangenen Fremdkörpern, seltener von zu weit abgenutzten Belägen her. Bläuliche Verfärbung der Bremsscheibe ist ohne Belang.

Die Trommelbremse

Alle Manta-Modelle haben an den Hinterrädern Trommelbremsen. In ihnen werden zwei Bremsbacken von den Kolben des Radzylinders, der zwischen ihren oberen Enden an der Bremsträgerplatte sitzt, gegen die Bremsfläche der Trommel gedrückt. Die sinnreiche Aufhängung der Bremsbacken bewirkt eine Verstärkung der Bremskraft beim Bremsen und zentrischen Druck gegen die Bremstrommel. Daraus ergibt sich auch eine gleichmäßige Abnutzung beider Beläge.

Belagstärke der Trommelbremsen prüfen

Pflegearbeit Nr. 40

Die Wirkung der Trommelbremse vermindert sich im Laufe des Betriebes. Da man die verringerte Bremsleistung in der Fahrpraxis kaum feststellen kann und erst vielleicht im Ernstfall mit Erschrecken bemerkt, wie dürftig die Verzögerung ist, kommt man nicht umhin, sich die Sache wenigstens einmal im Jahr gründlich anzusehen. Der Inspektionsplan spricht von 20 000-km-Intervallen.

Die Trommelbremsen kontrolliert man, indem man den Wagen hochbockt, zusätzlich noch die Hinterachse mittels Stütze und die Vorderräder durch Steine oder Keile absichert. Die Handbremse muß gelöst sein.

Die Bremstrommel wird gemeinsam mit dem angeschraubten Rad auf dem Radträger festgehalten, man kann die Trommel also nach Abnehmen des Rades meist mühelos nach vorne wegziehen. Eventuell muß man durch Klopfen mit dem Hammerstiel nachhelfen. Es empfiehlt sich, Bremstrommel und Nabe mit einem gemeinsamen Zeichen zu markieren (sofern keine Farbmarkierung vorhanden ist), damit die Trommel nachher wieder in der alten Lage aufgesetzt wird. Geht sie nicht gleich auf die Nabe, dreht man sie beim Aufsetzen etwas.

Der Innendurchmesser einer neuen Trommel beträgt bei den Wagen mit 12 N-, 12 S- und 16 N-Motor 200 mm, bei allen anderen 230 mm. Wenn die Bremsfläche der Trommel Rillen aufweist, muß sie ausgedreht werden. Auch unrunde Trommeln (machen sich durch »Rubbeln« bemerkbar) kann man ausdrehen (zentrieren) lassen, sofern die Materialstärke das zuläßt. Nach dem Ausdrehen darf das höchstzulässige Durchmesser-Übermaß 1,0 mm ausmachen. Bremstrommeln müssen innen sauber und trocken sein. Dazu wischt man sie mit einem nichtfettigen Lappen aus, und Rost entfernt man mit der Drahtbürste.

Ein Bremsbelag darf nicht so weit abgenutzt sein, daß die Nieten, die den Bremsbelag festhalten, das Oberflächenniveau des Belags erreichen. Ebenso müssen verölte Beläge und solche mit Rillen ausgewechselt werden. Reinigen

Die Hinterradbremse bei abgezogener Bremstrommel. Letztere nimmt man ab, um die Beläge zu prüfen und um Belagabrieb herauszublasen. Die Zahlen bedeuten: 1 - Radbremszylinder, 2 - Rückzugfeder für die Bremsbacken, 3 - Spreizgestänge der Handbremsbetätigung, 4 - Bremsbacke mit Belag, 5 - Bremsbackenlagerung, 6 - Bremsseilhebel, 7 - Radträger, 8 - Nocken der Einstellschraube an der Innenseite des Bremsträgers.

mit Benzin und Abschleifen ist wirkungslos. Glatte, auch schwärzlich glänzende Oberflächen zeigen, daß die Beläge gut tragen. Die Trommelbremsbeläge halten etwa doppelt so lange wie die Scheibenbremsbeläge.

Bremsbeläge der Trommelbremsen wechseln

Auf den Bildern unten ist ersichtlich, wie und wo die Bremsbacken befestigt sind. Schwierigkeiten kann allenfalls das Lösen der Rückzugfeder bereiten, wenn man keine Federzange besitzt, um sie aus der einen Backe auszuklinken. Es gelingt aber auch, indem man mit einer Zange das Federende aus seinem Haltepunkt etwas lüftet und mit einem Schraubenzieher nachfährt. Danach muß man die Schraubenzieherklinge an einem festen Punkt innerhalb der Bremse ansetzen und die jetzt am Schraubenzieherschaft eingehakte Feder aus der Backe heraushebeln. Hat man auch die Bremsbackenfederteller angedrückt und mit den Federn abgenommen, lassen sich auch die beiden Bremsbacken entnehmen, nachdem man noch den Bremsbackenhebel aus dem Handbremsseil ausgehängt hat.
Der Einbau erfolgt später in umgekehrter Reihenfolge. Es ist nichts zu fetten oder zu ölen!
Der Bremsbelag ist auf den Bremsbacken aufgenietet und nicht, wie bei einigen anderen Fabrikaten, aufgeklebt. Man wird also, wenn man nicht über das entsprechende Werkzeug verfügt, den eventuell notwendigen Belagwechsel seiner Werkstatt überlassen müssen. Man kann aber zumindest feststellen, ob die Abnutzung so weit fortgeschritten ist, daß neue Beläge montiert werden müssen und ob die Bremse noch nachgestellt werden kann.
Bremsbeläge zum Aufnieten werden an Opel-Werkstätten in zwei Stärken geliefert. Die 5 mm starken Beläge brauchen nicht geschliffen zu werden, und man kann sie nach dem Aufnieten direkt einbauen. Die 5,6 mm starken Beläge müssen auf einer Belagschleifmaschine nach dem Aufnieten auf ein Fertigmaß geschliffen werden, wobei der Radius um 0,2–0,5 mm kleiner als der gemessene Trommelradius eingestellt werden soll.
Wer es sich zutraut, die Beläge selbst auswechseln zu können, besorgt sich die 5-mm-Beläge. Die Nietköpfe an den Bremsbacken mit den alten Belägen muß man vorsichtig wegbohren, die alten Beläge entfernen und die Backen sorgfältig reinigen. Mit Nieten, die man beim Kauf der neuen Beläge erhält, sind die neuen Beläge zu befestigen. Diese Hohlnieten sind mit einem besonderen Nieteisen umzubördeln, damit der Belag festen Halt hat. Mit dem Aufnieten beginnt man in der Mitte des Belags, und zwar nietet man immer zwei sich gegenüberliegende Nieten hintereinander fest und setzt die Arbeit wechselweise nach außen hin verlaufend fort. An einer Achse dürfen nur Beläge desselben Herstellers verwendet

Um die Bremsbacken zu lösen, bedient man sich in der Werkstatt einer speziellen Zange, damit man die Rückzugfedern aus den Backen klinken kann. Die gekrümmten Federenden kann man aber auch bequem aus den Löchern einer Bremsbacke hebeln, indem man mit einem Schraubenzieher zwischen Feder und Bremsbackenplatte fährt. Wie auf dem Bild gezeigt, kann man die Federspannung durch Abwinkeln des Schraubenziehers überbrücken und das Federende seitlich aus dem Loch ziehen.

Die Handbremse kann man nur unter dem Wagenboden nachstellen. Zu dieser Arbeit muß der Wagen hochgebockt und gut abgesichert werden. Die auf der Zugstange vorn sitzende Kontermutter ist etwas loszudrehen und die hintere Mutter wird rechts herum gedreht. Somit spannt sich das Seil.

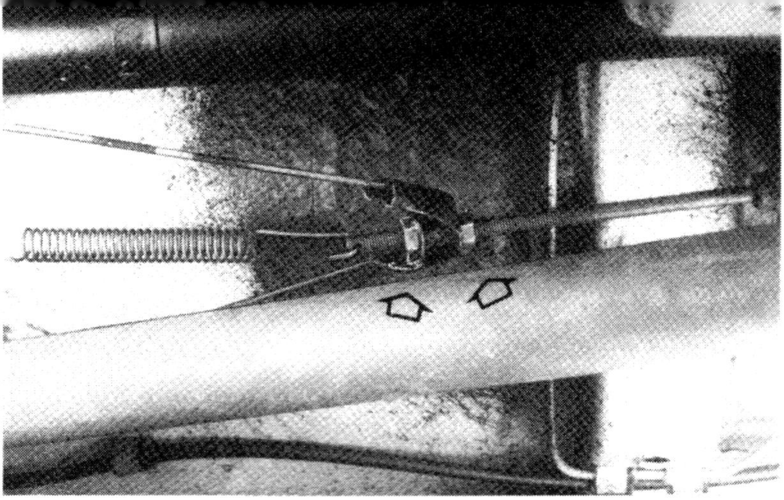

werden, und selbstverständlich sind alle Beläge gleichzeitig auszuwechseln, auch wenn nur ein Belag abgenutzt oder verölt ist. Abschließend müssen die Trommelbremsen und die Handbremse eingestellt werden.

Trommelbremse nachstellen

Zum notwendigen Nachstellen der Trommelbremsen, womit der Verschleiß der Beläge ausgeglichen werden soll, dienen Stellschrauben jeweils vorn und hinten an der Bremsträgerplatte. Zur Arbeit:

- Wagen entsprechend hochbocken.
- Verstellschraube (gekröpfter Ringschlüssel 17 mm) so weit verdrehen, bis der Belag an der Trommel leicht schleift. (Schlüssel muß an beiden Nachstellschrauben nach unten bewegt werden.)
- Verstellschraube lockern, bis Rad wieder frei ohne zu schleifen läuft.
- Das gleiche an der Verstellschraube für die andere Bremsbacke wiederholen.
- Die Radbremse des anderen Hinterrades in gleicher Weise einstellen.

Empfehlenswert: Während des Einstellens das Bremspedal mehrmals durchtreten, damit die Bremsbacken gleichmäßig zum Anliegen kommen. Zu großer Unterschied im Nachstellweg zweier Backen eines Rades darf nicht vorhanden sein, weil es auf zu ungleichmäßige Abnutzung der Beläge schließen läßt. Gleich nach dieser Einstellarbeit sollte eine Probefahrt unternommen werden, um die Bremsen auf Wirkung und Gleichmäßigkeit zu prüfen.
Der fortschreitende Verschleiß der Bremsbeläge macht sich auch in nachlassender Wirkung der Feststellbremse bemerkbar. Hier kommt noch hinzu, daß sich das Seil mit der Zeit etwas dehnt.

Links: Zum Nachstellen der Trommelbremse wird ein Ringschlüssel SW 17 gebraucht. Auf dem Bild ist der Ringschlüssel auf die hintere Einstellschraube der Bremsträgerplatte angesetzt. Eine gleichartige Einstellschraube sitzt auch noch auf der vorderen Hälfte der Bremsträgerplatte. Rechts: Rillen in der Bremsfläche, die man mit den Fingern ertasten kann, schwächen jedoch die Bremswirkung erheblich. Bei starker Rillenbildung muß die Trommel ausgedreht (geglättet) werden.

Die Handbremse

Die mechanisch auf die Hinterräder wirkende Seilzugbremse ist eine Feststellbremse, die in der Lage sein soll, den Wagen auch im Gefälle festzuhalten. Eine »Betriebsbremse«, mit der man während der Fahrt wirkungsvoll bremsen könnte, ist sie nicht, da ein aus schneller Fahrt nur hinten gebremstes Auto schwer kontrollierbar reagiert.
Handbremsen haben die Eigenart, ihre Wirksamkeit nach gewisser Zeit zu verlieren. Das hängt mit der Dehnbarkeit eines Seils zusammen, auch wenn dieses aus Stahldrähten geflochten ist. Deshalb sollte man es sich nicht angewöhnen, die Handbremse bei jedem Abstellen des Wagens anzuziehen. Am Berg legt man zum Festhalten einen kleinen Gang ein (als doppelte Sicherheit noch die Vorderräder zum Straßenrand einschlagen). In der Ebene braucht man das Auto überhaupt nicht zu blockieren. Je weniger man die Handbremse unnötig benutzt, um so seltener muß sie nachgestellt werden und um so mehr kann man sich auf sie verlassen, wenn man sie wirklich braucht. Allerdings muß man sich gelegentlich von ihrer Einsatzbereitschaft überzeugen.

Handbremseinstellung prüfen

Pflegearbeit Nr. 14

Richtig eingestellte Hinterradbremsen sind Voraussetzung für die einwandfreie Funktion der Handbremse. Wie man die Trommelbremsen einstellt, ist weiter oben beschrieben.
Zum Einstellen der Handbremse muß der Wagen wenigstens hinten hochgebockt und gut abgesichert sein. Zur besseren Zugänglichkeit kann man ihn zusätzlich vorn anheben. Beide Hinterräder müssen frei hängen und sich drehen lassen. Unter dem Wagen wird kontrolliert, ob das dort frei verlaufende Bremsseil gut bewegiich ist. Dazu zieht man das Seil an beiden Seiten in Richtung Wagenfront oder auch schräg nach unten, bis man die Bremswirkung am Hinterrad feststellen kann. Man bringt also ein Rad mit einer Hand in Umdrehung und spannt mit der anderen das Seil.
Das Einstellen erfolgt durch Verdrehen der beiden Muttern, die auf der Zugstange am Seitenausgleich sitzen (siehe Bild). Die erste Mutter wird etwas lokkergedreht und die hintere (beide SW 13) ist anzuziehen. Dadurch spannt man das Seil. Die Hinterräder versetzt man einzeln in Umdrehungen, und das Seil wird so weit gespannt, bis die Bremswirkung gerade einsetzt.
Diese Wartungsarbeit soll alle 10 000 km vorgenommen werden. Man tut nicht gut, sich um diese Einstellung erst dann zu kümmern, wenn sich die Dienstbereitschaft der Handbremse bei irgendeiner Gelegenheit vermissen ließ.

Zustand des Handbremsseils überprüfen

Pflegearbeit Nr. 41

Als Prüfintervall dieser Kontrolle werden 20 000 km angegeben. Das hat seinen Grund, denn die Wintermonate mit Schnee und Auftausalzen können den Zustand des Handbremsseils sehr beeinträchtigen. Bestimmt bietet sich im Frühjahr einmal die Möglichkeit – eventuell im Zusammenhang mit einer anderen Arbeit –, bei einer Tankstelle oder Werkstatt das Auto von unten zu betrachten und den Zustand des Handbremsseils zu kontrollieren.
Man kann die gute Beweglichkeit nur richtig feststellen, wenn man den Wagen hinten hochbockt und Räder und Bremstrommeln abnimmt. Ein womöglich eingerostetes Bremsseil wird mit Rostlösungsmittel eingesprüht und mehrmals hin- und hergezogen. Schmutzkrusten am Seil entfernt man mit der Drahtbürste, und dann wird das Seil so weit wie möglich, besonders am Anfangs- und Endstück des Führungsschlauches, mit Fett eingeschmiert. Bei Opel nimmt man dazu das Spezialschmiermittel mit der Katalog-Nr. 19 48 482. Durch Hin- und Herziehen des Seils verschiebt sich das Fett in das Innere der Führung.
Ein geknicktes, durchgerostetes oder sonst beschädigtes Seil muß ersetzt werden. Das ist aber besser eine Arbeit für die Werkstatt.

Störungs-beistand

Bremsanlage

Die Störung	– ihre Ursache	– ihre Abhilfe
A Wagen zieht nach rechts oder links beim Bremsen	1 Reifendruck ungleich	Korrigieren
	2 Bereifung ungleichmäßig abgenutzt	Auswechseln, daß auf jede Achse gleichmäßig abgenutzte Reifen kommen
	3 Verschmierte Beläge	Alle Beläge der betreffenden Achse erneuern
	4 Bremssattel oder Bremstrommel verschmutzt oder verrostet	Säubern und gängig machen.
	5 Unrunde Bremstrommeln	Trommeln ausdrehen
	6 Kolben im Bremssattelzylinder verdreht	Kolbenstellung berichtigen
B Bremsen quietschen	1 Schmutz an oder in den Bremsen	Mit Preßluft ausblasen und mit Bürste säubern
	2 Federn der Bremsbacken gebrochen	Federn ersetzen
	3 Bremsscheibe hat Schlag	Erneuern
C Pedalweg zu groß	1 Beläge abgenutzt	Beläge erneuern
	2 Bremsscheibe hat Schlag	Auswechseln
D Pedalweg zu groß und federndes Durchtreten	1 Luft in Bremsanlage, evtl. Bremsflüssigkeit zu tief abgesunken	Bremsen entlüften, evtl. Vorratsbehälter auffüllen
	2 Beschädigte Manschette im Trommelbremszylinder	Auswechseln
	3 Undichtigkeit	Anlage kontrollieren
E Pedalweg zu groß trotz Lüftung	Dichtungen oder Bremsschläuche schadhaft	Beides auswechseln
F Pedal läßt sich ganz durchtreten, Bremswirkung läßt nach	1 Undichtigkeit in der Leitung	Anschlüsse kontrollieren, evtl. Leitung auswechseln
	2 Haupt- oder Radzylinder-Manschette beschädigt	Manschette auswechseln
G Schlechte Bremswirkung bei hohem Fußdruck	1 Gummidichtungen verquollen	Gummiteile und Bremsflüssigkeit erneuern
	2 Beläge in Trommelbremse verölt	Radlagerdichtung und Beläge erneuern
H Bremse zieht von selbst	1 Ausgleichsbohrung im Hauptzylinder verstopft	Hauptbremszylinder überholen
	2 Gequollene Manschetten	Bremsanlage spülen, Manschetten auswechseln
	3 Bremsscheibe hat Schlag	Bremsscheibe zentrieren
	4 Rückzugfedern in Trommelbremsen erlahmt	Federn erneuern
I Zu hoher Pedaldruck erforderlich	1 Ausfall eines Bremskreises	Sofort Werkstatt aufsuchen
	2 Ausfall der Servobremse	Werkstatt aufsuchen

Markantes Profil

Als Manta-Besitzer hat man es nicht allzuschwer, die richtige Wahl bei der Neubeschaffung von Reifen zu treffen. Der Spielraum für die Möglichkeit, verschiedenartige Reifen zu montieren, ist nämlich eng umrissen, so daß man beim Kauf von Schuhwerk für dieses Auto eigentlich keinen Fehler machen kann. Die vorgegebenen Reifengrößen und -typen bieten ein hohes Maß von Sicherheit und Fahrkultur, die in gründlichen Versuchen ermittelt wurden.
Anstelle der vorgeschriebenen Reifen und Felgen dürfen keine anderen Größen montiert werden, sonst erlischt die Betriebserlaubnis für das Auto. In der hier sich anschließenden Beschreibung sind neben Empfehlungen für die schonende Behandlung noch Ratschläge für den Kauf neuer Reifen enthalten.

Bedeutung der Felgen- und Reifen-Bezeichnungen

Je nach Ausführung können die Manta-Modelle mit Felgen der Größe 5 J × 13 oder 5½ J × 13 ausgerüstet sein, für den Manta GT/E sind nur 6 J-Felgen vorgesehen. Mit den Bezeichnungen werden folgende international gültige Begriffe ausgedrückt:

5, 5½, 6	=	Felgenmaulweite in Zoll, an der Felgenhornbasis quer zur Laufrichtung gemessen,
J	=	Kennbuchstabe für die Felgenhornhöhe,
×	=	Zeichen für Tiefbettfelge,
13	=	Felgendurchmesser, von Wulst zu Wulst in Zoll gemessen.

Mit derartigen Normangaben wird jedoch nur auf die für die Reifengröße wichtige Felgenabmessung Bezug genommen, nicht aber auf die Art der Felgenbefestigung. Die Zahl der Radmuttern und der Radius ihres Lochkreises sowie die Schüsseltiefe der Felge und andere Merkmale differenzieren trotz gleicher Normbezeichnung von Automarke zu Automarke. Beim Kauf neuer Felgen sind deshalb Fabrikat und Typ des Autos anzugeben, für das sie gebraucht werden.
Wie bei den Felgen, verbergen sich bei den Reifen ebenfalls nach international gültigen Regeln verwendete Bezeichnungen, deren Bedeutung hier angegeben ist:

165, 185, 195	=	Reifenbreite in Millimeter,
13	=	Zollangabe für den Felgendurchmesser,
H	=	Kennbuchstabe für zulässige Höchstgeschwindigkeit von 210 km/h,
S	=	Kennbuchstabe für zulässige Höchstgeschwindigkeit von 180 km/h,
R	=	Kennbuchstabe für Reifen in Gürtelbauart (Radialreifen),
/70	=	Höhenverhältnis des Reifens von 70 : 100.

Die Opel-Felgen

Scheibenräder der Manta-A-Modelle sind für die B-Modelle nur bedingt verwendbar. Das Scheibenrad der Normalausführung muß mittig zwischen zwei Befestigungslöchern ein zusätzliches Montageloch besitzen. Das trifft auch auf

eventuell verwendete Räder vom Kadett B zu. Im Scheibenrad der Sportausführung müssen wegen der vergrößerten Bremse 8 Belüftungslöcher vorhanden sein.
Bei Verwendung von Reifen der Größe 185/70 SR 13 oder 195/70 SR 13 sowie der Größen 185/70 HR 13 oder 195/70 HR 13 ist die Ausrüstung mit Leichtmetallfelgen statthaft. Dieses Sport-Scheibenrad 6 J × 13 ist ober Opel-Händler zu beziehen. Den Felgen ist im Gebrauch ein gelegentlicher prüfender Blick zu gönnen, zumal nach harter Berührung mit der Bordsteinkante. Im Zweifelsfalle sollte das Rad vermessen werden. Maximal sind zulässig: Höhenschlag 0,7 mm, gemessen an der Felgenschulter, Seitenschlag 0,6 mm, gemessen an der seitlichen Fläche des Felgenhorns.
Außerdem gibt es von Mahle ein Leichtmetallrad der Größe 5 J × 13, das die allgemeine Betriebserlaubnis besitzt. Damit ist es nicht erforderlich, einen besonderen Eintrag in die Fahrzeugpapiere vornehmen zu lassen, sofern für das Auto diese Felgengröße bereits eingetragen ist.
Die Befestigung des Scheibenrades zur Standard- und Luxusausführung erfolgt mit schwarzen Hutmuttern, bei der Sport- und GT-Ausführung mit verchromten Hutmuttern und bei Leichtmetallrädern mit Kugelbundmuttern.

Gürtelreifen sind Vorschrift

Wichtige Unterschiede bestehen zwischen Diagonal- und Radial-(Gürtel-)reifen. Die Diagonalreifen sind in ihrer Karkasse – dem Unterbau – durch Fäden in verschiedenen Gewebeeinlagen gekennzeichnet, die sich schräg (diagonal) zur Reifenachse übereinander kreuzen. Sie entsprechen der althergebrachten Reifenbauweise und werden deshalb als »konventionelle Reifen« bezeichnet. Die Benutzung solcher Reifen war bei den Vorgängertypen noch möglich, für die Manta-B-Modelle sind sie untersagt. Deshalb erübrigt sich eine weitere Beschreibung.
Die hier allein im Blickpunkt stehenden Gürtelreifen besitzen unter ihrer Lauffläche einen recht stabilen »Gürtel« aus verschiedenen Lagen von Stahl- oder Textilfäden. Je nach Fabrikat können diese in unterschiedlicher Fadenrichtung liegen. Bei wachsender Geschwindigkeit verändert sich dieser Gürtel in seinem Durchmesser kaum. Deshalb vergrößert sich die Lauffläche mit wachsender Geschwindigkeit nicht wie beim Diagonalreifen, dessen Bodenberührungsfläche dann kleiner wird. In der Lauffläche gibt er bei der Berührung mit der Fahrbahn keine Querbewegungen und es entsteht eine besonders gute Bodenhaftung. Gürtelreifen geben hauptsächlich in den weichen Reifenflanken nach, so daß manchmal der Eindruck entsteht, es fehle am richtigen Luftdruck. Weil ihr Rollwiderstand geringer ist, bieten Gürtelreifen den Vorteil eines reduzierten Kraftstoffverbrauchs.
Dazu erübrigen diese Radialreifen in vielen Fällen die Anschaffung besonderer M + S-Reifen. Vor allem aber zeichnen sie sich durch geringen Abrieb aus, da ihre Lauffläche auf der Fahrbahn kaum walkt. Gürtelreifen erreichen wesentlich höhere Kilometerleistungen – sie liegen oft doppelt so hoch wie jene normaler Diagonalreifen.
Gewöhnlich sind die Textil-Gürtelreifen etwas komfortabler als Stahl-Gürtelreifen. Für den Manta kann man sich zu der einen oder anderen Qualität entscheiden. Stahl-Gürtelreifen besitzen eine weitgehend stabilisierte Lauffläche, was sie auch relativ gut wintertauglich macht.

70er-Reifen

Breitere Reifen sind das Ergebnis der Suche nach Sicherheit. Extrem in diese Richtung zeigen die Walzen der heutigen Rennwagen. Die Fahreigenschaften durch solche Reifen werden eher bei hohen Geschwindigkeiten bemerkt.

Den Namen haben die 70er-Reifen von ihrem niedrigen Querschnitt, der sich im Verhältnis von Höhe zur Breite als 0,70 : 1,00 darstellt. Ein solcher Gürtelreifen verfügt über eine sehr große Laufflächenbreite, woraus sich ein wesentlich größerer Kontakt mit der Straßenoberfläche ergibt. Beim herkömmlichen Gürtelreifen, wie er seit 1959 produziert wird, beträgt das Verhältnis Höhe/Breite nur 0,80 : 1,00 und beim 1964 eingeführten Reifen mit Super-Niederquerschnitt 0,82 : 1,00.

Reifen beteiligen sich an der Federung des Wagens, und das wird in der Fahrwerkskonstruktion einkalkuliert. Die Eigenfederung der Reifenflanken wird durch Versteifen der Reifenseitenwände erreicht, was schon bei den Gürtelreifen Probleme aufwarf und die Hersteller von 70er-Reifen nicht minder bedrückt. Im Endeffekt kann eine solche Flankenversteifung nur härteres Abrollen bringen. Inzwischen hat man gelernt, dem etwas abzuhelfen.
Den genannten Vorteilen beim Fahrverhalten sowie einer fast gleichen Lebensdauer – sofern man seinen bisherigen Fahrstil nicht aufgibt und die flottere Fortbewegungsmöglichkeit nicht ausnutzt – steht ein nicht zu unterschätzendes Minus gegenüber. Die größere Aufstandsfläche der 70er-Reifen läßt den Druck pro Quadratzentimeter geringer werden, der sich vom Reifen auf die Straße überträgt. Das hat zur Folge, daß es dem Reifen schwerer wird, bei nasser Fahrbahn den Wasserfilm zu verdrängen (Aquaplaning).
Bei der Umrüstung auf 70er-Reifen muß die eventuelle Anschaffung von $5^1/_2$ J×13-Felgen berücksichtigt werden, sofern das Auto diese Felgen nicht schon besitzt. Das bedeutet aber, daß Reifen und Felgen schwerer als vorher sind und sich somit das Gewicht der ungefederten Massen vergrößert. Allgemein werden dadurch die Eigenschaften des Fahrwerks etwas beeinträchtigt. Leichtmetallräder gleichen dieses Manko wieder aus.

Schlauchlose Reifen

Opel rüstet alle Wagen mit schlauchlosen Reifen aus. In Verbindung mit diesen Reifen dürfen nur sogenannte »Hump«-Felgen verwendet werden. »Hump« nennt man eine ringförmige Erhebung auf der Felgenschulter, die den Reifenwulst gegen Abgleiten in das Felgenbett sichert. Bei der Neubeschaffung kann man sich unbesorgt wieder schlauchlose Reifen anschaffen.
Bei schlauchlosen Reifen kann der Einbau eines nicht notwendigen Schlauches gefährlich werden. Diese Reifen liegen äußerst dicht am Felgenrand an. Deshalb können Luftblasen, die sich beim Aufpumpen zwischen Schlauch und Decke bilden, nicht entweichen. Beim Fahren führt das zum Scheuern des Schlauches, weiter zum Erhitzen durch die Reibungswärme und deswegen möglicherweise zum Platzen.
Wenn der schlauchlose Reifen durchaus mit Schlauch montiert werden muß, weil eine sonst noch gute Reifendecke nicht dicht geflickt wurde oder weil ein rostnarbiges Felgenhorn nicht mehr ganz luftdicht abschließt, ist das »schlauchlose Ventil« aus der Felge auszubauen. Beim Aufpumpen muß man dann das Schlauchventil öfter in die Felge drücken, damit die Luft zwischen Reifendecke und Schlauch entweicht.

Der Reifenverschleiß

Eine ganze Reihe von Einflüssen bestimmt die Lebensdauer eines Reifens. Da wäre zuerst die Beanspruchung, die sich durch Wagenbelastung, Geschwindigkeit und Fahrstil bemerkbar macht. Bedeutende Auswirkungen gehen von falschen Luftdrücken aus, wie noch später ausführlich erklärt wird. Der Straßenzustand spielt nur eine untergeordnete Rolle, weil es heutzutage kaum noch Schotterstraßen in unseren Breiten gibt.

In gewissem Maß hängt die mögliche Laufstrecke eines Reifens auch von der Gummimischung ab. Bei Sommer-Gürtelreifen bestehen jedoch kaum große Unterschiede zwischen den einzelnen Reifenfabrikaten, sofern es sich um bekannte Markenfabrikate handelt. Reifen mit Textilgürtel haben gewöhnlich nicht die Lebensdauer der härteren Stahlgürtelreifen, mit denen man im Durchschnitt auf 25 000 km bis 35 000 km kommt. Natürlich ergeben sich Differenzen aus der Motorleistung. Die schwächeren 1,2-Liter-Modelle etwa haben selbstverständlich einen geringeren Reifenverbrauch als ein Wagen mit 2-Liter-Motor, der sich strammer fahren läßt. Die Reifen am Automatik-Manta haben in der Regel eine längere Lebensdauer, etwa um 3000 bis maximal 5000 km.

Die Reifenwahl

Bauartvorschrift und vorgegebene Größe des Reifens begrenzen, wie erwähnt, die Auswahl neuer Reifen erheblich. Es bleibt eigentlich nur noch übrig, abzuwägen, welchem Reifenfabrikat man den Vorzug geben soll.

Reifenhersteller rühmen selbstverständlich die lange Lebensdauer ihrer Produkte, und tatsächlich bestehen nur geringe Unterschiede. Wohl plädiert der eine Fabrikant mehr für Regentauglichkeit und der andere lobt die zusätzliche Wintereigenschaft seiner Reifen. Wir wollen uns hier nicht festlegen, denn die individuelle Beurteilung hängt schließlich von verschiedenen Faktoren ab, unter anderem von der Gestaltung des Reifenprofils. Denn bei dem Profil – die unterschiedlich breiten, sich wiederholenden Einschnitte auf der Lauffläche – kommt es sowohl auf Griffigkeit an als auch auf die Fähigkeit, Wasser von der Fahrbahn aufzunehmen und in Sekundenbruchteilen so verdrängen zu können, daß der Kontakt Reifen/Straßenoberfläche dauernd erhalten bleibt. Immerhin ist es nicht verkehrt, wenn man den auf Seite 158 aufgeführten Fabrikaten den Vorzug gibt.

Im Abschnitt über die Haftreifen auf Seite 48 kommen die möglichen Eignungsunterschiede eines Reifens bei verschiedenen Autos zur Sprache. Das liegt an den Fahrwerkseigenschaften, die von Modell zu Modell differieren und strenggenommen nur zusammen mit einem bestimmten Reifenfabrikat ihr bestes Können zeigen.

Neben den gängigen Reifenfabrikaten trifft man in Versandhäusern und Selbstbedienungsläden bisweilen auf preisgünstige Offerten meist ausländischer Herkunft. Normalerweise kann man davon ausgehen, daß die in namhaften Häusern offerierten Reifen von ordentlicher Qualität sind. Etwas Skepsis ist bei allzu billigen Reifen angebracht, weil die Abriebfestigkeit solcher Gelegenheitsangebote begrenzt sein kann.

Besondere Ansprüche sind an HR-Gürtelreifen zu stellen. Von ihnen erwartet man spezielle Abriebfestigkeit und weitgehend gleichbleibendes Verhalten bei unterschiedlichen Bedingungen.

Reifenpreise

Für Auto-Reifen gelten, wie heute überall üblich, »empfohlene Richtpreise«, an die sich aber niemand halten muß. So gibt vielleicht ein Händler 10 % Rabatt auf den empfohlenen Richtpreis und außerdem sind Montage, Auswuchten und die dazu notwendigen Bleigewichte im Preis inbegriffen. Ein anderer Händler bietet dagegen 30 % Rabatt an, dafür muß man aber Montage und Auswuchten extra

bezahlen. Lassen Sie sich von hohen Rabattprozenten nicht täuschen, das billigste Angebot kann hinterher teurer als gedacht ausfallen. Es lohnt sich also in jedem Fall, erst einige Angebote einzuholen, ehe man Reifen kauft.
Auf dem Markt gibt es neben den bekannten Marken-Reifen welche von großen Kaufhauskonzernen und sogenannte Import-Reifen (siehe voriger Abschnitt). Import-Reifen sind meist die billigsten.

Runderneuerte Reifen

Neu besohlte Reifen stehen bei vielen Autofahrern in schlechtem Ruf, obwohl sie den Beweis ihrer Tüchtigkeit in verschiedenen Tests erbracht haben. Solche Reifen sind wesentlich billiger als fabrikneue, allerdings erreichen sie auch nur eine kürzere Lebensdauer. Wenn Sie runderneuerte Reifen mit »RAL-Gütesiegel« kaufen, so weist das auf bestandene Schnellauftests. Dennoch eignen sich runderneuerte Reifen nach unseren Erfahrungen eher für solche Fahrer, die den Manta eher gemächlich fahren sowie das zulässige Gesamtgewicht nicht voll ausnutzen (immer noch treten Defekte an neu gummierten Reifen hauptsächlich bei höheren Geschwindigkeiten und bei hoher Beladung auf – vor allem dann, wenn die regelmäßige Luftdruckkontrolle vergessen wurde). Bei runderneuerten Reifen müssen Sie im allgemeinen mit größeren Unwuchten rechnen und trotz gleich aussehendem Reifenprofil können sich die Fahreigenschaften erheblich vom entsprechenden Markenreifen unterscheiden.
70er- und HR-Reifen werden normalerweise nicht runderneuert. So bleibt beim Manta allenfalls die Größe 165 SR 13, die sich zum Runderneuern eignet.
Bei Beachtung all dieser Punkte läßt sich mit Runderneuerten einiges Geld sparen, vor allem bei der Winterbereifung, die es mit Haftgummimischung preisgünstig zu kaufen gibt.

Fingerzeige: *Auch Reifen müssen eingefahren werden! Nicht nur wegen der vom Vulkanisieren her sehr glatten Profiloberfläche und der Reifenwülste, die sich erst während den ersten Fahrkilometern exakt in das Felgenhorn schmiegen. Der anfangs wenig verformungsfreudige Pneu muß sich durch einige Einlaufkilometer geschmeidig walken, und vor den ersten harten Bremsmanövern oder starkem Beschleunigen muß das beim Reifenaufziehen verwendete Montagefett austrocknen. Am besten geschieht das Reifeneinfahren auf trockener, kurvenreicher Landstraße. Aber es genügt auch, wenn Sie die ersten 100 km nur mäßig Gas geben und bremsen.*
Günstige Montagezeit für neue Reifen ist der Herbst. In der kühlen Jahreszeit ist dann der erste Abrieb nicht so stark wie im Sommer.

Räder untereinander austauschen?

Ein regelmäßiger Reihum-Austausch der Räder – sei es kreuzweise oder (noch vertretbarer) seitengleicher Austausch – wird von Opel nicht empfohlen. Durch das Auswechseln der Räder bei jedem Wartungsdienst, wie es einige andere Kraftfahrzeughersteller tun, werden nämlich Fehler der Lenkung, Stoßdämpfer, Gelenke usw. verschleiert. Bestimmte Fehlerquellen haben dann nicht genügend Zeit, ihre Kennmarken auf dem Reifenprofil zu hinterlassen. Gürtelreifen sollen sowieso nicht über Kreuz gewechselt werden. Ihre einmal gewählte Laufrichtung muß beibehalten bleiben.

Radmuttern auf festen Sitz prüfen

Pflegearbeit Nr. 17

Ab und zu sollte man kontrollieren, ob die Radmuttern fest angezogen sind. Opel nennt dazu die 10 000-km-Inspektion. Es genügt, wenn man sich mit einem Kreuzschlüssel oder gekröpften Ringschlüssel SW 19 vom festen Sitz der Muttern überzeugt. Wenn sie nicht ohne mittlere Gewalt weiterbewegt werden können, dürfen sie nicht noch fester »angeknallt« werden.

Natürlich kann man zuerst die Muttern losdrehen und die Gewinde einfetten, damit man sie bei Bedarf leichter lösen kann. Muttern mit beschädigtem Gewinde sind auszutauschen. Opel schreibt für diese Muttern ein Anzugsmoment von 9 kpm vor, wenn Stahlscheibenräder montiert sind. Bei Leichtmetallrädern muß man die Muttern mit 13 bis 15 kpm anziehen.

Reifenzustand prüfen

Pflegearbeit Nr. 16

Die vorgeschriebenen 10 000-km-Intervalle zur Kontrolle des äußeren Zustandes der Reifen sind ein sehr langer Zeitraum. In der Zwischenzeit kann sich allerhand an den Reifen verändert haben. Prüfen Sie öfter!

Die beste Möglichkeit dazu haben Sie, wenn der Wagen in der Tankstelle zum Ölwechsel oder zu einer Unterwagenwäsche hochgebockt wird. Bei dieser Gelegenheit hebelt man mit einem kleinen Schraubenzieher Fremdkörper aus der Reifendecke und prüft nach, ob bereits ernsthafter Schaden aufgetreten ist. Vordergründig überzeugt man sich natürlich von der Reifenabnutzung. Ein zufriedenstellendes Anzeichen ist es, wenn jeweils die Reifen einer Achse über den gesamten Reifenumfang oder über die gesamte Profilbreite gleichmäßig abgenutzt sind. Entdeckt man jedoch einseitige Abnutzung oder hat das Profil wellige Vertiefungen in regelmäßigen Abständen, dann ist an der Radaufhängung oder am Rad selbst etwas nicht in Ordnung.

In diesem Falle sollten Sie einen wirklichen Fachmann zu Rate ziehen. Nur er kann durch die Art der ungleichen Reifenabnutzung erkennen, ob die Ursache bei zuviel oder zuwenig Luftdruck, bei unausgewuchteten Rädern, bei unwirksamen Stoßdämpfern, bei ausgeschlagenen Gelenken, bei Fehlern in der Vorspur- oder Radsturzeinstellung zu suchen ist. Diese Fehlerquellen hinterlassen nämlich ihre charakteristischen Spuren auf dem Reifenprofil. Unter Umständen müssen dann die Räder ausgewuchtet werden, und die betreffende Achse ist zu vermessen. Das sind jedoch Arbeiten, die Ihnen auch mit guten Heimpflegehilfsmitteln nicht möglich sein werden. Die dabei anfallenden Werkstattkosten haben Sie mit der dadurch gewonnenen Reifenersparnis in Kürze ausgeglichen.

Reifenluftdruck messen

Pflegearbeit Nr. 2

Die vorgeschriebenen Luftdrücke für die Reifen dürfen nicht mißachtet werden. Opel hat diese Werte als günstigste Kombination zwischen guter Straßenlage, angenehmem Fahrkomfort und langer Lebensdauer in ausgedehnten Versuchsreihen ermittelt. Sie richten sich nach Modell, Reifengröße und Belastung des Wagens. Die entsprechende Tabelle finden Sie auf Seite 227.

Ein beispielsweise mit »1,8« angegebener Reifendruck bedeutet, daß der Luftdruck im Reifeninnern 1,8 kg auf 1 cm² beträgt, wobei dies üblicherweise immer noch in der Bezeichnung für den atmosphärischen Überdruck = atü angegeben

Ein eigener Reifendruckprüfer ist zur Kontrolle des Reifendrucks bei noch kaltem Reifen – vor Antritt der Fahrt – zu empfehlen. Durch Fahrt erwärmte Reifen zeigen höheren Luftdruck, der nicht abgelassen werden darf, aber auch keinen korrekten Vergleich zuläßt. Die Meßgenauigkeit des eigenen Reifendruckprüfers kann man von Zeit zu Zeit an einer gepflegt geführten Tankstelle mit dem großen Reifenfüllmesser durch eine Vergleichsmessung prüfen.

wird. Die mathematische Luftdruckangabe kg/cm² entspricht der geläufigen, offiziell für die Einheiten im Meßwesen nicht mehr zulässigen Bezeichnung »atü«. Die für den Druck von Flüssigkeiten und Gasen festgelegte Grundeinheit heißt »bar« und entspricht etwa 1,02 kg/cm². Opel benutzt auch die Einheit »kPa«, was für den hundertfachen Wert von »bar« anzusetzen ist.
Die bei individueller Fahrweise erreichte Geschwindigkeit gibt zudem Ausschlag auf die Reifendruckvorschriften. Der richtige Luftdruck ist die wichtigste Voraussetzung für Reifenlebensdauer und Sicherheit. Deswegen braucht man natürlich nicht dauernd eine Tankstelle anzusteuern, um dort fortwährend die Luftpumpe zu strapazieren. Die Kontrolle einmal in der Woche genügt, denn ein moderner Reifen darf in sechs bis acht Wochen nur etwa 0,1 bar verlieren.
Wenn das Ausnützen der dem Wagen eigenen Geschwindigkeit seitens der Behörden erlaubt ist, soll zu flotter Fahrt auf der Autobahn der Druck um 0,2 bar (0,2 atü = 20 kPa) auf allen Reifen erhöht werden. Opel empfiehlt das ausdrücklich. Die verstärkte Beanspruchung wirkt sich bei hoher Geschwindigkeit nämlich nicht übermäßig negativ auf die Lebensdauer der Reifen aus. Man kann in jedem Fall davon ausgehen, daß zu niedriger Luftdruck immer schadet.
Ein eigenes Luftdruckprüfgerät sichert Ihnen stets gleichbleibende Meßgenauigkeit zu. Wenn Sie mit diesem Luftdruckprüfer bei der regelmäßigen Prüfung Druckverluste feststellen, liegt es an einem undichten Ventil, oder ein Fremdkörper hat sich durch die Reifendecke gebohrt.

Kalte Luft ist maßgebend

Nur am kalten Reifen darf der Reifendruck gemessen werden. Schon nach wenigen Kilometern zügiger Fahrt kann der Druck um 0,2 oder sogar 0,4 bar angestiegen sein. Dann wäre es falsch, beim nächsten Halt an einer Tankstelle den Luftdruck entsprechend zu reduzieren. Dieser Druckanstieg durch Erwärmung ist von den Reifenkonstrukteuren bereits einkalkuliert.
Zu häufiges Luftdruckprüfen an Tankstellen ist auf die Dauer sogar nachteilig. Bei dieser Tankstellen-Prüfung wird nämlich jedesmal zuerst ein kleiner Luftstoß in den Reifen gegeben, und dadurch werden zwangsläufig Kondenswasserdunst, Schmutznebel und Öldunst aus dem Gerät durch das Reifenventil gepreßt. Mit der Zeit erhält die Ventilnadel eine Schmutzkruste und ihre Dichtfähigkeit läßt nach.

Der Radwechsel

Ein »Plattfuß« ist heutzutage selten. Tritt dann doch einmal dieser Fall ein, befinden sich manche Leute in einer unbekannten Situation. Für diejenigen, die über keinerlei Übung beim Radwechseln verfügen, ist dieser Abschnitt eingefügt.

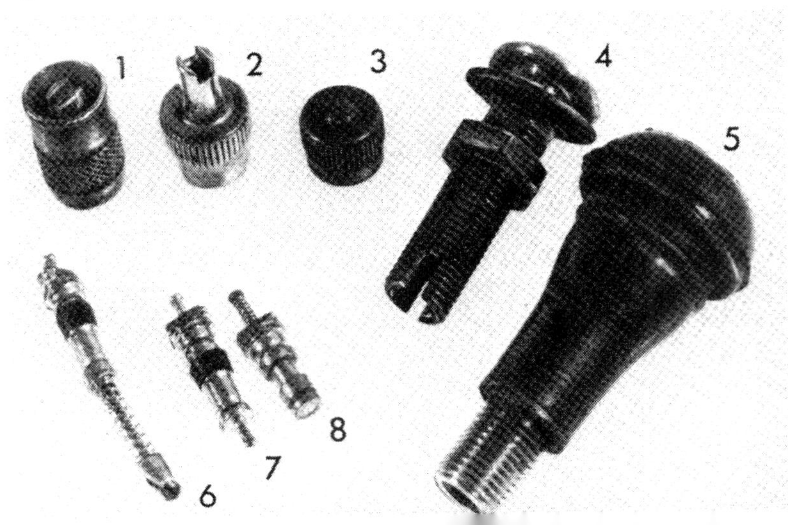

Es gibt unterschiedliches Reifenzubehör: 1 bis 3 - Ventilkappen, von denen man mit den ersten beiden auch das Ventil herausdrehen kann. Beim Wagenwaschen allerdings bleibt der Schwamm an Nr. 2 hängen, solche Kappen führt man besser im Handschuhfach mit. 4 - Ventil für Luftschlauch und 5 - Ventil für schlauchlose Reifen. 6 bis 8 - Ventileinsätze, wobei Nr. 6 die konventionelle Art darstellt. Die kleineren französischen Einsätze, z. B. von Michelin, sind besser, da sie keine Feder haben, die sich verbiegen kann.

Der Wagenheber und das Reserverad befinden sich links im Kofferraum. Wie man den Bordwagenheber zum Radwechsel einwandfrei ansetzt, zeigt das Bild unten.

Der Radwechsel geschieht folgendermaßen:

- Wagen möglichst auf ebenem und festem Boden anhalten.
- Handbremse anziehen, 1. Gang oder Rückwärtsgang einlegen, beim automatischen Getriebe Wählhebel in Stellung »P«.
- Räder der anderen Wagenseite mit Steinen oder Holz blockieren.
- Radkappe, wenn vorhanden, mit Schraubenzieher abhebeln.
- Radmuttern am defekten Rad mit Radmutterschlüssel um einige Umdrehungen lockern.
- Wagenheberzapfen in die Steckhülse am Wagenunterbau bis zum Anschlag einsetzen.
- Fahrzeug hochkurbeln, wie im Bild Seite 57 dargestellt. Das defekte Rad muß vom Boden abheben.
- Die vier Radmuttern vollkommen abschrauben.
- Rad abnehmen und Ersatzrad aufstecken.
- Radmuttern über Kreuz gleichmäßig zuerst leicht, dann abwechselnd so stramm wie möglich anziehen.
- Wagen ablassen, Wagenheber von der Halterung abnehmen.
- Radmuttern über Kreuz fest anziehen und Radkappe aufsetzen (mit Handballenschlag anbringen).
- Defektes Rad und Wagenheber verstauen.

Entgegen der üblichen Regel halten wir es für besser, die Radmuttern schon bei noch unbelastetem Rad, wenn also der Wagen noch nicht abgesenkt ist, so fest wie möglich anzuziehen. Das Rad zentriert sich so besser, als wenn das Wagengewicht darauf lastet. Wenn der Wagen dann wieder auf allen Vieren steht, muß man die Muttern natürlich nochmals anziehen.

Hoffentlich hat Ihr Reserverad genug Luft. Sie brauchen sich darum keine Sorgen zu machen, wenn Sie beim Prüfen des Luftdrucks an der Tankstelle gelegentlich auch den Ersatzreifen kontrollieren. Zu aller Sicherheit geben Sie ihm immer 0,5 bar mehr als vorgeschrieben. Den überschüssigen Druck kann man im Bedarfsfall reduzieren.

So wird der Wagenheber exakt angesetzt, damit er beim Hochkurbeln nicht so leicht umkippt: Schräg nach außen stehend, von der Seite gesehen, jedoch haargenau senkrecht, den Tragebolzen bis zum Anschlag in die Hülse der Quertraverse geschoben und auf dem Boden ein Unterlegebrettchen, damit sich der Wagenheberfuß nicht in den Boden drückt (anstatt den Wagen hochzuheben). Der schräg nach außen stehende Wagenheber kommt beim Hochkurbeln immer mehr in die Senkrechte.

Auch für zarte Damenhände darf der Reifenwechsel keine unausführbare Tortur bedeuten. Zum ersten muß sichergestellt sein, daß der Wagenheber leichtgängig funktioniert, und zweitens dürfen die Radmuttern nicht festgerostet sein. Die Gewindespindel des Wagenhebers sollte mit zähem Fett oder (wegen der geringeren Verschmutzungsgefahr beim Umgang) mit Unterbodenschutzwachs, das es zur Fahrgestellkonservierung gibt, eingesprüht sein. Genauso sind die Gewinde der Radmuttern mit Fett zu bestreichen, bevor man mit ihnen das Rad befestigt.

Unwucht der Vorderräder überprüfen

Pflegearbeit Nr. 29

Haben Sie schon einmal ein Auto fahren sehen, an dem ständig ein Rad unruhig springt? Die Ursache dazu kann ein defekter Stoßdämpfer sein, der nicht mehr in der Lage ist, das Springen des federnden Rades zu verhindern. Sehr oft liegt dies jedoch an ungleicher Gewichtsverteilung des betreffenden Rades. Diese Abweichung vom Gleichmaß nennt man Unwucht, von der es zwei Arten gibt: die statische und die dynamische.

Derartige Kräfte, die durch unausgewuchtete Räder auftreten, sind beachtlich. Nicht nur, daß sich dabei die Fahreigenschaften verschlechtern, auch die Radaufhängung und die Teile der Lenkung leiden unter den ständigen Vibrationen. In Fällen starker Unwucht kann man das sogar im Lenkrad spüren.

Zum Auswuchten müssen die Räder einzeln abgenommen werden und auf einer besonderen Auswuchtmaschine laufen. Diese Maschinensysteme sind unterschiedlich, aber man erkennt schnell, wie sie eine Unwucht anzeigen und kann durch Zuschauen die Qualität der Arbeit unterstützen. In manchen Werkstätten nimmt man es nämlich damit nicht so genau: Das Rad muß einwandfrei zentriert und mit allen vier Radbolzen angeschraubt werden, sonst ergibt sich von vornherein eine Unwucht. Entsprechend der angezeigten Unwucht sind dann am Felgenhorn Gewichte anzubringen, die einen Ausgleich schaffen.

Dem Inspektionsplan zufolge ist die Unwucht der Vorderräder bei den km-Ständen 10 000 und 20 000 zu prüfen, dann alle weiteren 20 000 km. Da die hintere Radaufhängung gegen unausgewuchtete Räder unempfindlich ist, braucht man die Hinterräder nicht zu prüfen. Man soll aber jedesmal, wenn vorne neue Reifen montiert wurden oder die Räder ummontiert wurden, die Unwucht kontrollieren und gegebenenfalls ausgleichen.

Winterreifen

Ausführliche Hinweise zu den Reifen, die bei Glätte und Schnee ausreichende Qualitäten besitzen, finden Sie im Kapitel »Winterschutz« auf Seite 47. Die gegenwärtig vom Handel angebotenen Winterreifen sind keine Alleskönner, und man darf sich trotz teils großartiger Werbung für einzelne Fabrikate nicht darüber hinwegtäuschen lassen, daß sie immer nur relativ gute Eigenschaften für spezielle Straßenzustände besitzen und daß diese Eignungen wegen der unterschiedlichen Fahrwerkskonstruktion der einzelnen Automobile bei jedem Wagentyp anders zur Geltung kommen.

Zellenkunde

Ein Automobil ist an kein Leitungsnetz angeschlossen, braucht aber zu seinem Betrieb Elektrizität. Diesen Strom muß zunächst die Batterie liefern. Wenn der Motor dann läuft, besorgt das Weitere die Lichtmaschine. Neben jener Aufgabe hat die Batterie, wie wir noch sehen werden, einige zusätzliche Pflichten.

Elektrik ohne Geheimnisse

Der Umgang mit dem elektrischen Strom ist in jedem Fall unbedenklich, wenn man sich in den Regeln auskennt, nach denen er wirksam ist. Diese Gesetze sind im Grunde recht einfach. Im Gegensatz zum Haushalt und Betrieb, wo man es mit Strom relativ hoher Spannung zu tun hat, baut sich im Auto die Versorgung der elektrischen Verbraucher auf einem Schwachstromnetz auf. Nur sehr unbedachte Handlungsweise stiftet hier Schaden. An einigen Stellen der Zündanlage wird zwar mit hochgespanntem Strom gearbeitet, aber auch davor braucht man keine Angst zu haben.
Strom fließt immer nur in »eingeschalteten« Leitungen. Er kommt von dort, wo er erzeugt oder gespeichert wird – von der Lichtmaschine oder von der Batterie. Beim Blick auf den Schaltplan in der hinteren Buchklappe können Sie wie auf einer Landkarte den Start und die Wege und Abzweigungen zu den verschiedenen Zielen des elektrischen Stroms verfolgen.
Gewissermaßen »fließt« der »Strom« durch diese Leitungen wie das Wasser durch Rohre. Man kann sich die Batterie als Stausee vorstellen, dessen abfließender Inhalt allerlei Maschinen antreibt. In dieses Reservoir schafft die Lichtmaschine neuen Vorrat, indem sie wieder Strom in die Batterie pumpt.

Was die Batterie leistet

Im Manta sitzt die Batterie rechts hinten im Motorraum und ist bequem zugänglich. Sie verfügt über sechs Zellen, von denen jede etwa 2 Volt Spannung hat. Das ergibt 12 Volt Batteriespannung. Alle Verbraucher – ob Anlasser, Bremslicht oder Innenleuchte – sind auf diese Spannung ausgelegt. Eine 12-Volt-Anlage bietet gegenüber einem Auto mit 6-Volt-Nennspannung den Vorteil leichteren Startens bei Kälte, außerdem liefert sie einen kräftigeren Zündfunken bei hohen Drehzahlen, und der Spannungsabfall zwischen den verschiedenen Anschlüssen ist geringer.
Außer Markennamen und fabrikinterner Typenbezeichnung finden Sie auf der Batterie noch ihre wesentlichen Eigenschaften vermerkt, z. B.: 12 V / 44 Ah. Nach der Spannung (12 Volt) ist die Stromstärke, die in Ampere gemessen wird, in ihrer »Menge« angegeben. Das sind Ampere-Stunden (= Ah), die auf die Batteriekapazität hinweisen. In Ihrem Opel kann jedoch auch eine Batterie mit 36 Ah oder mit 55 Ah eingebaut sein. Die zuerst genannte Batterie z. B. kann theoretisch 44 Stunden lang 1 Ampere oder eine Stunde lang 44 Ampere abgeben, sofern sie vollgeladen ist. Selten, höchstens im Sommer nach langer Autobahnfahrt, ist sie ganz aufgeladen. Praktisch kann man nur mit zwei Dritteln oder der Hälfte ihrer Kapazität rechnen.

Bei stehendem Motor werden eingeschaltete elektrische Verbraucher nur aus der Batterie versorgt und nicht – wie bei laufendem Motor – von der Lichtmaschine. Es liegt auf der Hand, daß die Kapazität der Batterie um so eher erschöpft ist, je mehr Strom verbraucht wird. Das dauert bei eingeschalteten Scheinwerfern mit Abblendlicht, wobei auch Standlicht, Rückleuchten und Kontrollampen mitbrennen, rund fünf Stunden – vorausgesetzt, die Batterie war voll aufgeladen. Das ist sie aber meistens nicht.
Neben der Menge des Entladestroms beeinflussen noch Temperatur und Batteriealter die Kapazität. Am stärksten belastet der Anlasser die Batterie. Er leistet je nach Motortyp 0,5 oder 0,8 PS, und beim Einschalten kommt er durch Reibungsverluste auf einen Bedarf, der bei 1500 Watt liegen kann (z. B. hat eine Abblendlampe nur 40 Watt). Bei warmem Motor ist der Strombedarf des Anlassers geringer, weil jener sich wegen der verringerten Zähflüssigkeit des Öls leichter durchdrehen läßt. Mit Absinken der Temperatur und zunehmender Zähigkeit der Schmierstoffe steigen die Ansprüche an den Anlasser. Sehr schnell sinkt dabei die Batteriespannung auf 9 Volt oder im Winter auf noch weniger ab. Leider verliert die Batterie im Winter zusätzlich an Kapazität, obgleich man in dieser Jahreszeit am meisten von ihr verlangt.
Springt der Motor nicht sofort an, soll man den Anlasser nur in Intervallen jeweils für 3 bis 5 Sekunden betätigen. Dazwischen braucht die Batterie kleine Erholungspausen. Theoretisch könnte man bei einer zu zwei Dritteln geladenen Batterie den Anlasser fast hundertmal 5 Sekunden lang betätigen. Aber ihre Spannung fällt schnell ab, und in Wirklichkeit bringt sie manchmal schon nach 20 Startversuchen die für den Anlasser notwendige Energie nicht mehr auf.
Man verringert die Mühen des Anlassers, indem man beim Einschalten zugleich das Kupplungspedal tritt (beim Wagen mit Automatik nicht möglich). Die Umdrehung der vom Anlasser über das Schwungrad bewegten Kurbelwelle setzt sich dann nicht bis in das Getriebe fort. Obwohl nämlich kein Gang eingelegt ist, bewegen sich verschiedene Innereien im Getriebe, gefüllt mit ebenfalls kaltem, steifen Öl, auch beim Starten, weil der Motor über die Kupplung mit dem Getriebe verbunden ist. Die ausgerückte Kupplung schafft dem Anlasser somit Erleichterung.

Fingerzeige: *In kalten Nächten ist es von Vorteil, die Batterie auszubauen, um sie in der Wohnung in Heizungsnähe aufzustellen. Am nächsten Morgen springt der Wagen mit der warmen Batterie überraschend schnell an. Aus- und Einbau sind unproblematische Handgriffe.*
Wenn in eine stark entladene Batterie verhältnismäßig viel destilliertes Wasser nachgefüllt wurde und die Batterie ist sodann starkem Frost ausgesetzt, kann ihr Inhalt gefrieren und das Gehäuse platzt.

Säurestand der Batterie kontrollieren

Pflegearbeit Nr. 4

Wie hoch die Säure in der Batterie steht, das soll man alle 10 000 km nachsehen. Wir meinen, daß eine Überprüfung in kürzeren Zeitabständen eine erhebliche Sicherheitsreserve birgt, zumal im Sommer, wenn die Temperaturen für rascheres Verdunsten sorgen. Aber es liegt auch an den Betriebsverhältnissen, wie schnell der flüssige Inhalt »vergast«. Außerdem trägt die unvermeidliche Selbstentladung durch Antimonwanderung von den Plus- zu den Minusplatten das ihre bei, während der das Wasser sich in Wasserstoff und Sauerstoff zersetzt. Als Arbeit kann man die geforderte Kontrolle jedenfalls nicht bezeichnen. Opel liefert ab Werk die Wagen mit Batterien, die ein durchscheinendes Gehäuse haben. Bei ihnen läßt sich mit einem Blick von außen erkennen, ob der Säurestand stimmt. Unter dem breiten Rand der Batterieoberseite sind zwei Markierungsli-

nien angebracht, zwischen diesen der Flüssigkeitsspiegel in den sechs einzelnen Zellen zu sehen sein muß.
Zum erforderlichen Nachfüllen werden die sechs Verschlußstopfen auf der Batterie abgeschraubt, und in die jetzt frei gewordenen Öffnungen ist destilliertes Wasser zu gießen. Die Füllung ist erreicht, wenn die Flüssigkeit bis zur oberen Markierungslinie »MAX« steht. Mehr destilliertes Wasser, und nur solches, darf nicht nachgefüllt werden. Es darf niemals Batteriesäure eingefüllt werden. Auf völlige Reinheit der Nachfüllung ist zu achten. Leider bekommt man an einigen Tankstellen nicht immer ganz sauberes destilliertes Wasser, deshalb legt man sich besser einen eigenen Vorrat an, der für wenig Geld in der Drogerie zu bekommen ist.
Es gibt auch Batterien mit Verschlußleisten statt der Schraubverschlüsse und ferner Batterien mit undurchsichtigem Gehäuse. Bei diesen langsam aus der Mode kommenden Akkus zieht man schon zur Kontrolle die sechs Stopfen (oder die für mehrere Zellenöffnungen zugleich vorgesehenen Verschlußleisten) ab. In den Batteriezellen muß der Säurestand etwa 1 cm über den Batterieplatten sichtbar sein. Man kann den Säurestand auch mit einem Streifen Pappe nachmessen (kein Metall verwenden). Wenn der Säurespiegel schon so weit abgesunken ist, daß die Oberkante der Platten frei von Flüssigkeit ist, wird es zum Ergänzen des Inhalts höchste Zeit.

Ladezustand prüfen

Nur sekundär hängt der Ladezustand einer Batterie mit ihrem Säurestand zusammen. Auch eine Batterie, deren Säurestand in Ordnung ist, kann entladen sein. Das könnte folgende Gründe haben: 1. Sie mußte zu viele Verbraucher speisen, was ihre Kapazität übermäßig beanspruchte. 2. Lichtmaschine oder Reglerschalter arbeiten nicht richtig. 3. Die Batterie war über geraume Zeit ungenutzt, wodurch sich ihr Ladezustand verschlechterte. 4. Ein Kurzschluß hat ihre Energie verbraucht.
Allgemein sollte man eine Batterie – auch wenn sie in ständigem Gebrauch ist – nach spätestens zwei Jahren auf ihren Ladezustand hin überprüfen. Sonst wird man womöglich eines Tages von ihrem »Ableben« überrascht. Ein Warnzeichen dafür ist es, wenn die Scheinwerfer beim plötzlichen Gasgeben heller aufstrahlen oder wenn sich die gefüllte Batterie nicht mehr erholt.
Dann muß man bei jeder einzelnen Batteriezelle den Ladezustand prüfen. Die zuverlässigste Messung erhält man in der Werkstatt oder beim Autoelektrikdienst, wo man die Batterie auch gleich richtig laden kann (Heimladegeräte schaffen das nicht immer). Dort mißt man mit einem Hebesäuremesser, und die Meßergebnisse bedeuten:

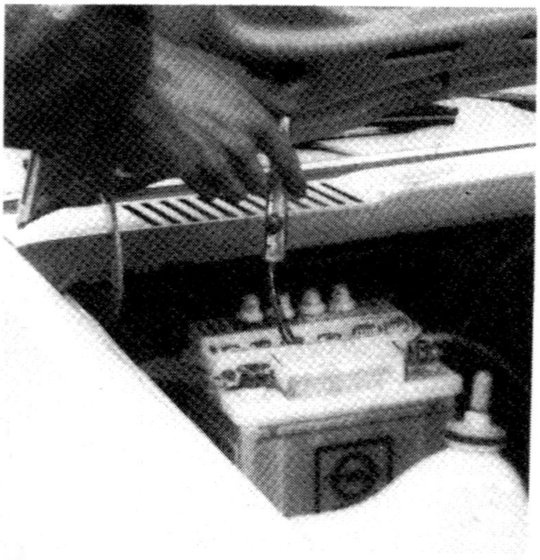

Mit einem Hebesäuremesser, wie er von der im letzten Abschnitt unseres Kapitels genannten Firma Krynen-Neuber dem Mittel gegen Batteriekorrosion beigefügt wird, läßt sich der Ladezustand bequem überprüfen. Wenn die rote Kugel in dem Säureheber oben schwimmt, ist die Batterie in Ordnung. Schwebt die Kugel etwa in der Mitte, ist der Ladezustand mäßig, und sinkt sie nach unten, muß Abhilfe geschaffen werden.

Batterie voll geladen **Batterie halb geladen** **Batterie entladen**	spez Gewicht 1,285 kg/l spez. Gewicht 1,20 kg/l spez. Gewicht 1,12 kg/l	Anm.: Die Messung ist auf + 20° C bezogen. Je 14° C Temperaturunterschied ändern das spez. Gewicht um 0,01 kg/l

Weisen alle sechs Zellen eine gleichmäßig niedrige Säuredichte auf, kann es noch mit Nachladen getan sein, falls die Batterie nicht schon zu alt ist. Wenn nur eine Zelle entladen ist, muß die Fachwerkstatt prüfen, ob die Batterie noch eine Weile brauchbar ist. Stark verbrauchte Batterien erkennt man daran, daß sich die Plattenblöcke in den Zellen hochdrücken. An einer solchen Batterie hat man nicht mehr viel Freude.

Batterie sauberhalten

An den Batteriepolen und an den daran sitzenden Polklemmen bilden sich gerne Oxydationskristalle. Diese schaden der Batterie wie auch eine allgemeine Verschmutzung. Dadurch werden Kriechströme ermöglicht, die zur Selbstentladung führen (0,2–1 Prozent der Nennkapazität pro Tag). Schmutzige Batterien zeugen überhaupt von Nachlässigkeit des Wagenhalters. Mit warmem Wasser und einer alten Bürste läßt sich der Oxydationsschmutz beseitigen. Säureschutzfett (z. B. »Ft 40 v 1« von Bosch) verhindert neue Oxydbildung, wenn man die Polköpfe und die Klemmen nach dem Trocknen damit einfettet. Allerdings dürfen die eigentlichen Kontaktflächen kein Fett erhalten, sonst können Übergangswiderstände entstehen. Ungehinderte Oxydation kann die Kabelklemmen derart fest mit den Polköpfen verankern, daß sie nur mit einem Trick zu lösen sind: Kochendheißes Wasser oder besser Sodalösung retten aus dieser »Verklemmung«. Keinesfalls darf dann irgendein Zwangsmittel angewendet werden, sonst zerspringt das Batteriegehäuse.

Der Ausbau der Batterie hat stets mit dem Abschrauben des Minus-Kabels zu beginnen (Gabelschlüssel SW 10). So vermeidet man Kurzschlußfunken durch versehentliches Berühren des Plus-Kabels mit Metallteilen. Umgekehrt wird beim Einbau das Minus-Kabel zuletzt angeschlossen. Am Boden ist die Batterie durch eine Halterung befestigt, die man mit einem Schlüssel SW 13 löst.

Den 10-mm-Schlüssel sollte man eigentlich immer griffbereit im Wagen halten. Bei Kurzschluß in der elektrischen Anlage oder bei einem Kabelbrand kann man dann sofort die Stromversorgung unterbrechen. In solchem Fall muß man kaltblütig das Minus-Kabel an der Batterie abschrauben. Und das geht nur dann blitzartig, wenn die Batterie sauber ist.

So wird geladen

Eine allmähliche Entladung findet auch in der unbenutzten Batterie statt – im Winter etwas langsamer als im Sommer. Nach etwa 100 Tagen ist eine vorher vollgeladene Batterie leer (über die Selbstentladung wurde schon geschrieben). Eine entladene Batterie leidet Schaden, deshalb muß sie bei stillgelegtem Wagen ausgebaut und einmal im Monat nachgeladen werden. Kann man sie nicht zu anderweitigem Gebrauch verleihen, lohnt es sich, sie zu einem Elektrodienst in Pension zu geben und dort an ein Frischhaltegerät mit schwachem Ladestrom anschließen zu lassen. Bei tiefer Entladung oder gründlicher Batterieüberholung muß sie an ein leistungsstarkes Ladegerät angeschlossen werden. Das besitzen nur Werkstätten.

Vor dem Laden – und das gilt grundsätzlich – darf destilliertes Wasser nur bis zur Bedeckung der inwendigen Platten eingefüllt werden, damit die Säure bei der Aufladung nicht »überkocht«. Der Anfangsladestrom soll nicht mehr als 10 Prozent der Ah-Kapazität einer Batterie betragen, in unserem Fall demnach höchstens 3,6 oder 4,4 oder 5,5 Ampere, je nach Batterietyp. Mit zunehmender Batteriespannung wird die Ladestromstärke verringert, was automatische Ladegeräte selbst regulieren, sonst wird die Batterie überladen und geschädigt. Eigentlich ist es richtig, wenn die Werkstatt die Batterie zuvor völlig entlädt. Der Gesamtvorgang dauert 10 bis 15 Stunden.

Das während dieser Zeit sich bildende Gas muß entweichen können, deshalb sind die Verschlüsse der Batterie zu öffnen. Es handelt sich dabei um Wasserstoff und Sauerstoff, und in der Nähe dieses gefährlichen Knallgases darf man nicht mit Feuer hantieren. Der von den Gasblasen verursachte Sprühnebel schlägt sich um die Batterie herum nieder. Beim Laden der im Wagen eingebauten Batterie muß man deren Umgebung mit Plastikfolie oder alten Zeitungen abdecken.

Die Batterie ist geladen, wenn eine Zellenspannung von 2,6 bis 2,7 Volt erreicht ist und wenn innerhalb von zwei Stunden die Säuredichte nicht mehr ansteigt. Zum Schluß muß noch einmal der Säurestand überprüft werden.

Auch ein Transformator für Modelleisenbahnen eignet sich zum Batterieladen, es muß aber ein wenigstens 1 Ah liefernder Gleichstromtransformator sein. Die rote Transformatorklemme wird mit dem Plus-Pol der Batterie und die blaue mit dem Minus-Pol durch üblichen isolierten Draht verbunden. Bei der 12-V-Batterie ist der Reglerknopf bis zur höchsten Stufe einzustellen.

Schadet die Schnelladung?

Stundenlang das Laden der Batterie abzuwarten, kann einen in arge Bedrängnis bringen. Schnelladen dauert nur den Bruchteil dieser Zeit. Aber es ist eine Roßkur, die nur ganz gesunde Batterien ohne weiteres überstehen, denn es wird mit fast 40 Ampere dabei geladen. Wenn sich eine einwandfreie Batterie beispielsweise über Nacht durch einen versehentlich eingeschalteten Stromverbraucher entladen hat, darf man sie ohne weiteres an einem Schnelladegerät wieder aufputschen lassen, damit man mit seinem Auto wieder davonfahren kann. Aber zur Regel soll man das nicht machen. Bei älteren Batterien heben sich beispielsweise die Plattenblöcke, und die Batterie ist hinüber. Fabrikneue Batterien dürfen auf gar keinen Fall an ein Schnelladegerät gehängt werden. Viele Batteriehersteller laden heute ihre Batterien trocken vor. Bei der Inbetriebnahme wird noch Säure eingefüllt, und nach kurzer Wartezeit kann der Motor mit dieser Batterie gestartet werden. Allerdings muß sich sogleich eine längere Fahrt anschließen, damit die Lichtmaschine die neue Batterie langsam aufladen kann. Bei der Drehstromlichtmaschine im Opel, die gegen Stromstöße äußerst empfindlich ist, und wegen des eventuell vorhandenen Radios mit Transistoren müssen vor der Schnelladung die Batteriekabel gelöst werden. Spannungsspitzen würden sonst die Dioden bzw. Transistoren zerstören. Weitere wichtige Hinweise über die Drehstromlichtmaschine siehe Kapitel »Lichtmaschine und Anlasser«. Ganz besonders die Batterie im GT/E muß zum Schnelladen vom Bordnetz abgetrennt werden.

Fingerzeig: *Batteriesäure und auch die Oxydationskristalle zerfressen Kleidung und Polster. Nur sofortiges Auswaschen der Spritzer mit Sodalösung rettet Ihren Anzug!*

Starten mit leerer Batterie

Das kommt beim besten Auto vor: Man will starten, doch die Batterie ist leer. Vermutlich war irgendein Stromverbraucher eingeschaltet, der von der Kapazität der Batterie zehrte – und dies hoffentlich nicht tagelang. Da Ihr Opel nicht mehr mit einer Andrehkurbel in Schwung gebracht werden kann, wie es bei früheren Autos einmal möglich gewesen ist, müssen etwas umständlichere Maßnahmen getroffen werden. Wenn die Batterie an sich noch gesund ist, kommt man aber bestimmt vom Fleck.

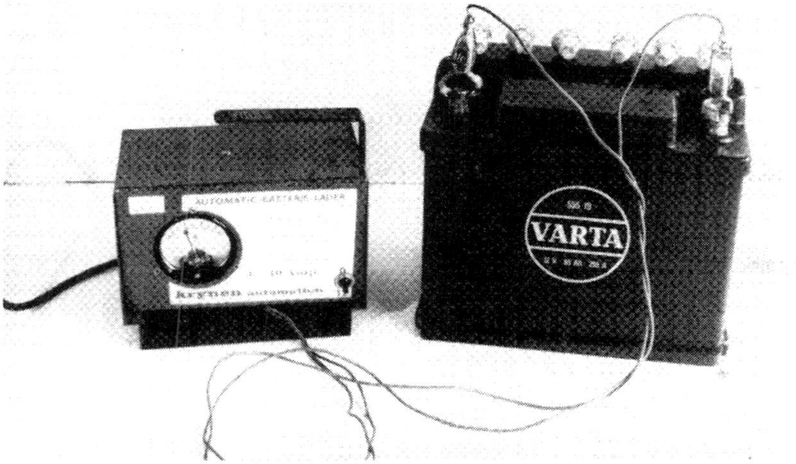

Zum Aufladen der Batterie gibt es einfache Garagengeräte, die für 12-Volt-Batterien etwa ab 60 Mark kosten. Beim Laden, das mehrere Stunden in Anspruch nimmt, sollen die Verschlußstopfen der Batteriezellen geöffnet werden. Wie auf der vorangegangenen Seite beschrieben, eignet sich zum Laden auch ein Modellbahntransformator.

Anschleppen oder Anschieben

Was hier gesagt wird, trifft nicht zu, falls Sie einen Opel mit automatischem Getriebe besitzen.
Vielleicht haben Sie gerade Glück und können von einem Berg herunterrollen, um dadurch den Motor in Gang zu setzen. Andernfalls müssen Sie den Opel – bei Verzicht auf eine volle 12-Volt-Batterie – anschleppen lassen. Befestigen Sie Ihr Seil an dem Wagen des edelmütigen Helfers so, wie es im Kapitel »Abschleppen und Ziehen« beschrieben ist und behalten Sie einen ruhigen Kopf – der Motor wird schneller anspringen als Sie glauben.
Diese Startmethode funktioniert so: Zündung einschalten, Kupplung treten, 2. Gang einlegen. Während der Schleppwagen das Seil straffzieht und Ihr Auto zu rollen beginnt, ziehen Sie den Starterknopf oder treten Sie einmal das Gaspedal nieder – je nachdem, welches Modell Sie besitzen –, als würden Sie den Motor wie üblich anlassen wollen. Bei genügender Fahrt – etwa von doppelter Schrittgeschwindigkeit aufwärts – Kupplung langsam kommen lassen, rechte Hand an der Handbremse, Fuß aufs Gaspedal lehnen. Springt der Motor an, sofort Kupplung treten und Gas geben, Handbremse sanft ziehen (Sie haben nur zwei Beine und können nicht auch noch auf die Fußbremse treten), damit Sie dem Vordermann nicht ins Hinterteil fahren, und dem Schleppfahrer Hupsignal geben. Jetzt den Gang heraus und Kupplung loslassen, immer noch etwas Gas geben (damit der Motor nicht stehen bleibt und Sie von vorne anfangen müssen), und zusammen mit dem Schleppwagen langsam abbremsen.
Man kann den Opel auch mit Hilfe von zwei Leuten zum Laufen bringen, wenn diese kräftig schieben. Dazu muß allerdings die Zündanlage in guter Verfassung

Bei allen Arbeiten an der elektrischen Anlage ist das Massekabel, das von der Batterie zur Karosserie führt, zu lösen und nur zu Kontrollzwecken zwischendurch aufzustecken. Auch bei Kurzschlüssen und eventuellen Kabelbränden soll man mit ruhiger Überlegung zuerst dieses Kabel abschrauben. Deshalb: Griffbereit einen Schraubenschlüssel SW 10 im Handschuhfach oder an einer anderen sofort zugänglichen Stelle halten!

sein, sonst wird es schwierig. Weil man die notwendige Drehzahl durch Anschieben im 3. Gang – im allgemeinen auch nicht im 2. Gang – erreicht, wendet man einen Trick an: 1. Gang einlegen, Kupplung durchgetreten halten, Wagen anschieben lassen, bis er in Schwung ist, dann Kupplung schnell kommen lassen. Hierbei wird der Motor plötzlich schnell genug durchgedreht, was nötig ist, um in der Lichtmaschine ausreichend Strom für die Zündfunken zu erzeugen. Springt der Wagen an, sofort Kupplung treten und Gas geben. Wagen mit der Handbremse anhalten, denn die Füße braucht man, wie schon gesagt, für Kupplung und Gaspedal.

Fahren ohne Batterie nicht möglich

Die schon genannte Empfindlichkeit der Drehstromlichtmaschine macht es nicht möglich ohne Batterie zu fahren. Bei Wagen mit herkömmlicher Lichtmaschine läßt sich das ohne weiteres unternehmen. Der mit Drehstromlichtmaschine ausgerüstete Manta läßt es daher auch nicht zu, daß man sich anschleppen läßt, wenn keine Batterie eingebaut und angeschlossen ist.

Ebenfalls darf im Opel keine defekte Batterie mit innerem Kurzschluß eingebaut werden. Die Lichtmaschine kann in ihr keinen Strom speichern. Die deshalb überlastete Lichtmaschine und der Reglerschalter schmoren in kürzester Zeit durch und die Stromversorgung bricht endgültig zusammen. Abschleppen lassen und teure Instandsetzungsarbeiten wären die Folge.

Sollte das Batteriewasser wegen Überladung durch Ausfall des Spannungsreglers verdunstet sein und die Batterie ist heiß, kann man die Batterie abkühlen lassen und destilliertes Wasser nachfüllen. Starten (eventuell mit Starthilfekabel) und einen Elektrodienst aufsuchen, bevor das Wasser wieder verdampft.

Kauf einer neuen Batterie

Häufige Müdigkeitserscheinungen beim Starten künden an, daß eine neue Batterie fällig ist. Meistens ist es nach drei bis vier Jahren soweit. Batteriehersteller rechnen mit einer Lebensdauer von 50 000 km. An der dann notwendigen Geldausgabe kommt man leider nicht vorbei.

Wenn in Ihrem Wagen eine 36-Ah-Batterie eingebaut war, möchten wir Ihnen den Kauf einer 44-Ah-Batterie anraten. Eine solche stärkere Batterie birgt doch bessere Reserven und lebt länger. Für besondere Fälle empfiehlt Opel sogar die zur Sonderausstattung gehörende Batterie mit 55 Ah. Nutzen Sie auch ruhig das Angebot von Opel aus, eine Batterie mit Garantie über zwei Jahre bekommen zu können, falls Sie nicht die Gelegenheit ausschöpfen können, ein anderes Markenfabrikat mit Rabatt zu erstehen.

Bisweilen angepriesene Aufputschmittel für Autobatterien taugen nichts. Es gibt jedoch ein Mittel, das chemisch defekte, also sulfatierte Batterien wieder aufmuntert. In eine noch junge Batterie eingefüllt, kann dieses »Cobalt-MG« ihre Lebensdauer erheblich verlängern. Einer drei Jahre alten Gebrauchsbatterie gaben wir dieses Mittel bei, und erst nach weiteren vier Jahren versagte sie ihren Dienst. Der Vertrieb erfolgt über die Firma Krynen-Neuber GmbH, Jahnstraße 13, 5810 Witten, von wo es auch an Kaufhäuser und an den Fachhandel geliefert wird. »Cobalt-MG« darf nicht in ATSA-Batterien, die bereits mit Cobalt angereichert wurden, eingefüllt werden.

Fingerzeige: *Der Riß im Kunststoffgehäuse einer Batterie läßt sich mit Ameisensäure (aus der Apotheke) abdichten und zukleben.*
Ein abgerissener Polkopf läßt sich unter Umständen wieder anlöten, wenn man sehr rasch und zielstrebig zu Werke geht.

Gut bei Kräften

Eine Lichtmaschine im Auto soll nicht nur wie ein Fahrraddynamo Licht erzeugen, sie muß vor allem Zündstrom für die Zündfunken zur Verbrennung des Kraftstoff-Luft-Gemisches schaffen. Von ihrer ursprünglichen Aufgabe zeugt noch ihr Name. Wegen ihrer zusätzlichen Arbeit nennt man die Lichtmaschine aber heute meistens »Generator«. Sie muß nämlich auch noch Gleichstrom für die Batterie entwickeln, weil diese keinen Wechselstrom speichern kann.
Beim Anlassen des Motors und durch die Versorgung anderer Stromverbraucher gibt die Batterie immer wieder Energie ab, die von dem Generator ergänzt werden muß. Den höchsten Stromverbrauch hat der Anlasser. Ein erfolgreicher Startvorgang hängt also von einer geladenen Batterie ab, und deren Ladezustand wieder von der Tätigkeit der Lichtmaschine. Lichtmaschine, Batterie und Anlasser bilden ein Team, bei dem kein Mitglied ausfallen darf.

Die Lichtmaschine

Der Drehstromgenerator, wie er in den Manta-Modellen eingebaut wird, zeichnet sich gegenüber den konventionellen Gleichstromlichtmaschinen dadurch aus, daß er bereits bei Motorleerlauf Leistung abgibt. Deshalb muß man nicht mehr fürchten, etwa bei einer nächtlichen Verkehrsstauung – die sich in Urlaubszeiten über weite Strecken ziehen kann –, von schwächer werdendem Scheinwerferlicht überrascht zu werden. Moderne Lichtmaschinen sorgen unter nahezu allen Betriebsbedingungen für eine genügende Ladung der Batterie.
Die Gleichrichtung des erzeugten Drehstroms erfolgt durch Halbleiterdioden und nicht, wie bei der alten Lichtmaschine, über Kohlebürsten und Kollektor, die den dort erzeugten Wechselstrom gleichrichten. Kohlebürsten und Kollektor sind dem Verschleiß unterworfen und nur bis zu einer gewissen Drehzahl einsatzbereit. Ohne diese Teile ist der Wartungsbedarf der Drehstromlichtmaschine geringer und sie vermag weitaus höhere Drehzahlen zu verkraften.
Selbstverständlich muß die Leistung der Lichtmaschine auf die Menge und Größe der zu versorgenden Stromverbraucher abgestimmt sein. Der bei allen Manta-Modellen gleich starke Generator wird jedoch allen Ansprüchen gerecht, auch mit nachträglich montierten Zusatzscheinwerfern. Die Motoren sind entweder mit einer Lichtmaschine von Bosch oder von Delco Remy ausgerüstet. Am 1,2-Liter-Motor ist die Lichtmaschine an der rechten Seite vorn angebracht, bei allen anderen links. Ihr Antrieb erfolgt über einen Keilriemen durch die Kurbelwellenriemenscheibe. Das Übersetzungsverhältnis zwischen Kurbelwelle und Lichtmaschine beträgt 1,7 bzw. 2,1, was bedeutet, daß die Lichtmaschine etwa doppelt so schnell wie der Motor dreht. Die Drehrichtung ist in jedem Fall dieselbe. Eine solche ist bei Drehstromgeneratoren auch gleichgültig, nur muß das Lüfterrad der vorgesehenen Drehrichtung entsprechen.
Zur Gleichrichtung des Wechselstroms dienen dem etwa 650 Watt leistenden Generator sogenannte Dioden (die Batterie kann ja bekanntlich nur Gleichstrom speichern). Das sind elektronische Halbleiter, mit einem Ventil vergleichbar, das

nur in einer Richtung durchlässig ist. Bei umgekehrter Polarität – weil Strom in verschiedenen Schaltungen in der Lichtmaschine statt nur in einer Richtung auch in die andere fließt – darf an bestimmten Schaltpunkten für den Strom keine ungehinderte Durchlässigkeit vorhanden sein. Solche Dioden unterliegen zwar keinem mechanischen Verschleiß, aber sie sind gegen hochgespannte Stromstöße (und gegen Hitze) empfindlich. Sie können durch diese Spannungsspitzen, die sich beispielsweise beim Einschalten von Stromverbrauchern ergeben, zerstört werden. Deshalb hat bei der Drehstromlichtmaschine die Batterie die Aufgabe, als Spannungsbegrenzer zu dienen, und deshalb ist sie mit der Lichtmaschine direkt durch Kabel verbunden.

Wichtige Vorsichtsmaßnahmen

Bei laufendem Motor dürfen die Kabelverbindungen zwischen der Drehstromlichtmaschine und der Batterie niemals getrennt werden, was bei einer Gleichstromlichtmaschine völlig harmlos ist. Batterie und Lichtmaschine (zusammen mit dem Spannungsregler) bilden in diesem Fall eine fest zusammengehörende Einheit. Ebenso darf der Motor nicht gestartet (und demnach auch nicht angeschleppt) werden, ohne daß eine Batterie angeschlossen ist. Zu beachten ist weiter, daß die Anschlüsse von Batterie, Regler und Lichtmaschine keinesfalls verwechselt werden dürfen.
Wie schon im Kapitel über die Batterie vermerkt, ist es beim Aufladen derselben im Wagen unumgänglich, vorher beide Batterieklemmen – also Plus- und Minusanschluß – von der Batterie zu lösen.
Diese Hinweise sollten Sie im eigenen Interesse befolgen, um nicht Gefahr zu laufen, daß die Dioden plötzlich ausfallen. Der vorher angedeutete Vergleich zu einem Ventil, das eine Diode sinngemäß darstellt, läßt sich nämlich fortführen: Übersteigt die Kraft aus der Gegenrichtung die Schließfähigkeit der nur in dieser Richtung wirkenden Sicherung, wird das Ventil zerstört. Tritt in die Diode aus der falschen Richtung eine zu hohe Stromspannung, fällt sie aus.

Wartung der Lichtmaschine

Von ihrer Anlage her ist die Drehstromlichtmaschine wartungsfrei. Ärger hat man mit ihr kaum. Eventuell vorkommende Arbeiten kann man beruhigt einer Fachwerkstatt überlassen, denn dieser Stromerzeuger ist ein Aggregat mit empfindlichen Teilen. Bei der Kontrolle müssen die Schleifringe gereinigt werden; nach längerem Gebrauch verschmutzte oder beschädigte Schleifringe haben den Ausfall der Lichtmaschine zur Folge. Man muß auch prüfen, wie weit die Bürsten abgenutzt sind; gewöhnlich wird man sie bei dieser Gelegenheit zu ersetzen haben. Immerhin kann man mit einer Lebensdauer der Bürsten von 100 000 km rechnen.

Befestigung der Drehstromlichtmaschine. Links: OHV-Motor; rechts: CIH-Motor.

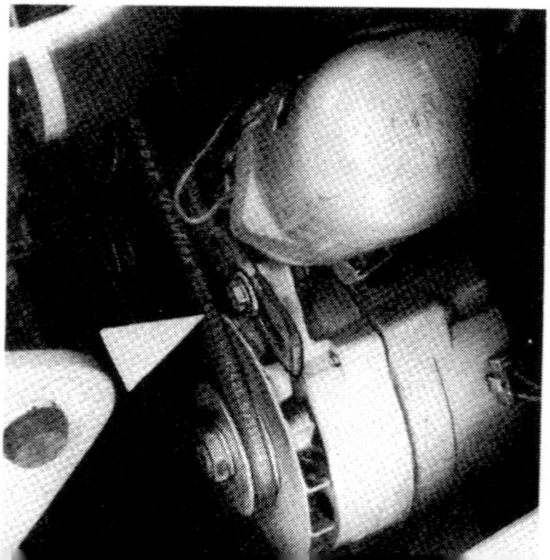

Ungeschickte Bastelübungen eines übereifrigen Heimwerkers nimmt die Drehstromlichtmaschine übel. Ihre Lager sind nur mit entsprechenden Abziehvorrichtungen zu lösen, und vor allem sind etliche Bauteile sehr empfindlich gegen Hitze (beim unvermeidlichen Löten), gegen Verdrehen, ungenauen Zusammenbau und gegen das Berühren mit nicht zusammengehörenden Kontakten. Da kann der Heimwerker-Instandsetzungsversuch teuer werden. Besser vertraut man die Drehstromlichtmaschine einem Bosch-Dienst an.
Bevor man die Lichtmaschine abbaut: Batterie abklemmen! Sodann löst man die Befestigungen aller an der Lichtmaschine angeschlossenen Kabel. Der Generator wird oben an dem Schwenkbügel von einer Schraube festgehalten. Dieser Arm ist auch abnehmbar, jedoch genügt es, den Bolzen an dieser Spannvorrichtung zu lösen. Nach Lockern des unteren Bolzens läßt sich nun die Lichtmaschine in Richtung Motor drücken, so daß der Keilriemen und anschließend die Lichtmaschine abgenommen werden können.

Fehler einkreisen

Eine geräuschvoll arbeitende Lichtmaschine muß zunächst auf ihre feste Anbringung hin untersucht werden. Vielleicht ist auch nur der Keilriemen schadhaft? Ein abgenutztes Lager (zunächst das hintere) macht sich durch Pfeifen oder Singen bemerkbar. Ungewöhnliche Töne können von einer Gleichrichterdiode, die Kurzschluß hat, herrühren.
Wenn die Lichtmaschine wenig, unregelmäßig oder überhaupt nicht die Batterie auflädt, sollte man zuerst die Keilriemenspannung überprüfen. Es kann auch sein, daß der Regler nicht richtig arbeitet, oder die Kohlebürsten sind verbraucht oder haben sich verklemmt. Schließlich ist eine Unterbrechung im Erreger- oder Ladestromkreis des Generators zu vermuten.
Wenn die Läufer- oder Ständerwicklung unterbrochen ist, führt das zu völligem Ausfall der Lichtmaschine. Hat der Ständer dagegen Masseschluß oder teilweise Kurzschluß, kommt es zu nur schwacher Ladung. Ebenso, wenn der Läufer teilweise Kurzschluß erleidet oder die Gleichrichterdiode unter Kurzschluß steht.
Wenn während des Motorlaufs die rote Ladekontrolle glimmt, können folgende Defekte mit nachstehender Auswirkung vorliegen:
Erregerdiode unterbrochen – Batterie wird überladen.
Plusdiode unterbrochen – Batterie wird nicht genügend geladen.
Minusdiode unterbrochen – Lichtmaschine holt den Strom von der Batterie.
(Die Begriffe »Plus«- und »Minusdioden« sind lediglich Funktionsbezeichnungen für die Verwendung im Gerät.)
Es kann auch vorkommen, daß wegen schlechter Kontakte z. B. an der Batterie oder am Zündschloß ein Spannungsabfall eintritt, was ebenfalls die Ladekontrollampe glimmen läßt. Um diesen Fehler bei der Bosch-Anlage einzukreisen, schließt man eine Prüflampe an den Klemmen D+ und B+ am Generator an, nachdem der Reglerstecker abgezogen wurde. Dann startet man den Motor. Glimmen Prüflampe und Ladekontrollampe gleichzeitig, liegt der Fehler im Generator. Glimmt dagegen nur die Ladekontrolle, ist der Fehler in den Leitungen zu suchen.

Selbsthilfe an der Drehstrom-Lichtmaschine

Zerlegen und Pflegen der Drehstromlichtmaschine sollte man nur dann durchführen, wenn man schon Erfahrungen auf diesem Gebiet gesammelt hat. Dann allerdings gibt es keine sehr großen Probleme.
Nach Abklemmen der Batterie und Lösen aller Zuleitungen wird die Lichtmaschine ausgebaut. An der hinteren Seite die Halterung der Lichtmaschinenkohlen abschrauben und herausnehmen. Unter der Kohle sitzt eine Feder, beide werden von der angelöteten Kohlelitze gegen die Schleifringe gedrückt. Springt

eine Kohle heraus, muß die komplette Kohlehalterung mit Kohlen erneuert werden. Die Kohlen müssen wenigstens 14 mm aus der Halterung herausragen, sonst neue Kohlen einsetzen. Nach Abnahme der Riemenscheibe und des Lüfterrades an der Vorderseite der Lichtmaschine können die langen Zugschrauben gelöst werden, die beide Hälften der Lichtmaschine zusammenhalten.
Arbeiten an den Dioden sollte man möglichst der Fachwerkstatt überlassen, wie auch dort nur die Funktion der einzelnen Bauteile mit Sicherheit ermittelt werden kann, wobei präzise arbeitende Meßgeräte eingesetzt werden müssen. Wurde eine defekte Diode festgestellt, benutzt man zum Ausbau der alten Diode gegebenenfalls einen Treibdorn; der Sitz muß dann mit einer Reibahle aufgerieben werden, da solche neuen Dioden an ihrem Rand um 0,5 mm im Durchmesser größer sind. Der Punkt auf der Diode gibt die Seite der Kathode an (der andere Anschluß führt zur Diode). Wenn Diodenanschlüsse verlötet werden müssen, so ist ein kräftiger, sehr heißer Lötkolben zu verwenden, da rasch gearbeitet werden muß; zum Schutz der Diode gegen die Hitze greift man mit einer Zange zwischen diese und die Lötstelle.
Zerkratzte Schleifringe am Rotor können mit feinstem Schleifleinen poliert werden. Dabei ist der Rotor gleichmäßig zu drehen. Zum Schmieren der Generatorlager dient das Bosch-Fett »Ft 1 v 34 hellbraun«.

Der Spannungsregler

Je schneller die Lichtmaschine vom Motor angetrieben wird, um so mehr Strom liefert sie. Die Batterie als Stromsammler und die Stromverbraucher werden dagegen mit solchen schwankenden Leistungen nicht fertig. Besonders die Batterie muß gegen Überladen geschützt sein, und das Licht der Scheinwerfer wäre je nach Geschwindigkeit einmal schwach und einmal hell. Drehstromlichtmaschinen sind jedoch stromselbstbegrenzend und brauchen deshalb keinen Stromregler wie die Gleichstromlichtmaschinen. Auch der Rückstromschalter entfällt, da die Dioden den Strom nur für eine Richtung freigeben.
Zur Maßhaltung der Stromspannung ist ein Spannungsregler an den Generator angeschlossen, der auf den jeweiligen Lichtmaschinentyp genau abgestimmt sein muß. So gehört immer ein bestimmter Spannungsregler zu einer Lichtmaschine. Beim Generator von Bosch sitzt der Spannungsregler seitlich am Gehäuse, bei Delco Remy ist er in den Generator eingebaut.
Je nach Drehzahl schwankt der Regler dauernd in Unterstellung oder in Oberstellung. Wenn der untere Kontakt verschmort ist, hat sich ein Defekt im Reglerwiderstand eingestellt. Ist dagegen der obere Kontakt verschmort, deutet dies auf einen Kurzschluß, eventuell in der Leitung DF; oder in der Feldwicklung des Generators ist ein Kurzschluß aufgetreten.

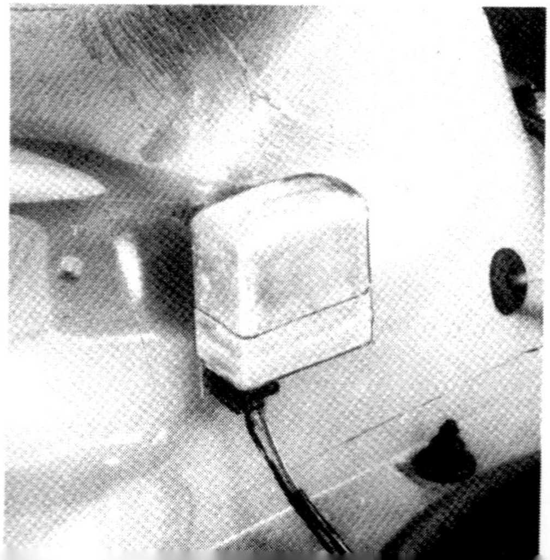

In den ersten Produktionsjahren des Manta war im Zusammenhang mit der Lichtmaschine von Bosch der Regler gesondert rechts im Motorraum angeschraubt. An der Unterseite dieses Reglerschalters sind die drei von der Lichtmaschine kommenden Kabel durch einen gemeinsamen Steckanschluß auf drei Kontaktzungen geschoben. Der Deckelrand des Reglers ist gegen eindringende Feuchtigkeit durch Klebband geschützt.

Reparaturmöglichkeiten am Spannungsregler?

An einem defekten Regler kann man in Selbsthilfe nichts reparieren. Reparaturversuche, etwa Abschleifen der Kontakte oder Andrücken der Schaltfedern, machen die Sache zumeist noch schlimmer. Schon kleine Federspannungsänderungen verfälschen seine Schalterei vollkommen. Defekte im Regler sind in krassen Fällen an »überkochender« oder ständig entladener Batterie, am Nichterlöschen oder Durchbrennen der Ladekontrolle und grellem Aufleuchten der Scheinwerfer bei schnellem Gasgeben erkennbar. Leichtere Unstimmigkeiten des Spannungsreglers sind mit elektronischen Meßgeräten, wie sie in Opel-Werkstätten oder bei Bosch-Diensten zur Verfügung stehen, feststellbar, und dort kann man auch Maßnahmen zu einer richtigen Tätigkeit treffen. Meistens wird man ihn aber austauschen.
Dazu muß die Delco-Remy-Lichtmaschine teilweise auseinandergenommen werden; bei der Bosch-Anlage ist das Auswechseln des angebauten Reglers unproblematisch.
Bosch liefert einen neuen elektronischen Universal-Generatorregler für den nachträglichen Einbau. Er ist mit Siliciumtransistoren bestückt und arbeitet kontaktlos, demnach ist er wartungs- und verschleißfrei. Eine sehr genaue elektronische Regelung der Ladespannung macht ihn schon im Leerlauf durch bessere Leistungsausbeute des Generators dem herkömmlichen Kontaktregler überlegen. Besonders bei hohem Energiebedarf bei häufigen Nachtfahrten und mit vielen elektrischen Verbrauchern ist dieser elektronische Regler zu empfehlen.

Was sagt das rote Ladekontrollicht?

Auf die rote Ladekontrolleuchte ist nur teilweise Verlaß. Sie trügt nämlich insofern, als man glaubt, wenn sie verloschen ist, würde auch die Batterie aufgeladen. Das geschieht nur bedingt, da das Lämpchen durch sein Verlöschen lediglich anzeigt, daß die Spannung jene der Batterie erreicht und der Reglerschalter umgeschaltet hat. Ob die Leistung der Lichtmaschine im Leerlauf zum Laden der Batterie ausreicht oder ob diese noch für weitere Stromverbraucher – Licht, Radio, Gebläse, Scheibenwischer usw. – Strom aus eigener Kapazität hinzuliefern muß, ist nicht klar ersichtlich. Zur genauen Kenntnis dessen hilft nur die nachträgliche Installation eines Amperemeters, dessen Skala auf der Minusseite ebenso weit wie auf der Plusseite reichen muß (ein Gerät nur mit Plusanzeige taugt nicht viel).
Wenn Sie einmal den Schaltplan in der hinteren Buchklappe prüfen, können Sie erkennen, daß die Ladekontrolleuchte im Anzeigeninstrument einerseits am allgemeinen Plusanschluß für die Instrumente und andererseits am Kabel zum Regler, unter eventuellem Kontakt zum nicht immer vorhandenen Heizscheibenrelais, hängt. Steht die Lichtmaschine oder läuft sie nur wenig, dann hat dieses Pluskabel der Lichtmaschine keinen oder nur wenig »Plus«-Strom, ist praktisch also »Minus«, so daß die rote Lampe brennt, weil sie über den allgemeinen Armaturenbrett-Anschluß von der Batterie her Plus-Strom erhält. Liefert die Lichtmaschine jedoch genügend Strom, liegt an beiden Kabelenden der Ladekontrolle »Plus«, sie kann also nicht mehr leuchten.
Es muß die richtige Ladestromkontrollampe vorhanden sein (12 V/3 W). Ihre Hauptfunktion ist es, als Vorerregung zu dienen – im Betrieb ist sie nicht nötig und sie hat dann eben nur die Aufgabe der Kontrolle, zu der sie aufleuchtet.

Wenn das rote Licht aufleuchtet

Wenn unterwegs plötzlich die rote Ladekontrolleuchte zu brennen beginnt, halten Sie unbedingt sofort an! Öffnen Sie die Motorhaube und prüfen Sie
- ob der Keilriemen überhaupt noch vorhanden ist (er kann zerrissen und weggeflogen sein) oder

■ ob der Keilriemen eventuell zerfranst ist oder nur lose über die Riemenscheiben rutscht.

Die Lösung beider Probleme finden Sie im Verlauf dieses Kapitels beschrieben.

Sollte sich am Keilriemen kein Mangel feststellen lassen, prüfen Sie

■ ob die Kabelverbindungen zwischen Lichtmaschine, Regler und Batterie in Ordnung sind.

■ Lichtmaschine oder Regler können ausgefallen sein.

Die beiden letzten Möglichkeiten lassen es zu, mit eigener Kraft bis zur nächsten Autoelektrikwerkstatt weiterzufahren.

Welche Schlüsse aus einer im Betrieb glimmenden Ladekontrolleuchte gezogen werden können, ist im Abschnitt »Fehler einkreisen« auf Seite 175 erwähnt worden.

Störungsbeistand

Batterie und Lichtmaschine

Die Störung	– ihre Ursache	– ihre Abhilfe
Rote Ladekontrollampe brennt nicht bei Motorstillstand und eingeschalteter Zündung	Anzeigelampe durchgebrannt	Neue Lampe einsetzen
	Batterie entladen	Batterie aufladen
	Batteriekabel gebrochen, Kabelklemmen lose oder oxydiert	Batteriekabel und -klemmen kontrollieren
	Zündschloß defekt	Behelfskabel zwischen Batterie und Zündspule ziehen
	Kabel zwischen Klemme D + der Lichtmaschine und Lampe unterbrochen	Leitung überprüfen und instandsetzen
	Reglerschalter defekt	Austauschen
	Kurzschluß einer Plusdiode	Sofort Ladeleitung B + abklemmen, sonst Entladung im Stand, mit Batteriestrom zur Werkstatt
	Kohlebürsten abgenützt	Austauschen
	Oxydschicht auf Schleifringen, Unterbrechung der Läuferwicklung	Lichtmaschine instandsetzen lassen
Ladekontrollampe brennt nach Ausschaltung der Zündung weiter	Reglerschalter defekt oder Kurzschluß in der Lichtmaschine	Kabel B + lösen und mit Batteriestrom zur Werkstatt
Ladekontrollampe erlischt bei höherer Drehzahl nicht	Keilriemen gerissen	Erneuern
	Leitung D +/61 hat Masseschluß	Leitung überprüfen und instandsetzen
	Reglerschalter defekt	Austauschen
	Gleichrichter schadhaft, Schleifringe verschmutzt, Masseschluß in Leitung DF oder Läuferwicklung	Lichtmaschine instandsetzen lassen
Ladekontrollampe brennt im Stand richtig, aber glimmt bei Motorlauf	Übergangswiderstände im Ladestromkreis oder in der Leitung zur Anzeigelampe	Leitung ersetzen Anschlüsse festziehen
	Reglerschalter defekt	Austauschen
	Lichtmaschinendiode defekt	Kabelstecker an Regler sofort abziehen und mit Batteriestrom zur Werkstatt

Die Störung	– ihre Ursache	– ihre Abhilfe
Ladekontrollampe flackert bei mittlerer und hoher Drehzahl	Keilriemen locker	Nachspannen
	Klemmen gelockert oder Kabel defekt	Kabel und Anschlüsse zwischen Lichtmaschine, Regler und Batterie prüfen
	Bei Kontaktreglern Einstellung falsch (Flattern) oder Reglerwiderstand durchgebrannt	Reglerschalter austauschen
	Batterie defekt	Gegenprobe mit zuverlässiger Batterie
	Kurzschluß in der Lichtmaschine	Instandsetzen lassen
Ladekontrollampe verlischt erst bei hoher Drehzahl	Lichtmaschine nicht in Ordnung	Prüfen lassen
	Reglerschalter arbeitet falsch	Austauschen
Ladekontrollampe erlischt, leuchtet aber wieder schwach auf	Oxydierte oder verschmutzte Kontakte bewirken Spannungsabfall	Kontakte der Kabel säubern Reglerschalter überprüfen lassen

Keilriemenprobleme

Beschaffen Sie sich einen Ersatzkeilriemen und verstecken Sie ihn so lange im Kofferraum, bis Sie ihn – vielleicht – einmal brauchen. Der Keilriemen hat beim 1,2-Liter-Motor eine Länge von 950 mm, bei den Motoren 16 und 19 von 900 mm, beim GT/E jedoch ist er 888 mm lang. Die Breite von 9,5 mm ist allen gemeinsam. Er ist bei Opel-Diensten, in Ersatzteilgeschäften und an manchen Tankstellen zu bekommen.

Immer hört man es nicht, wenn der Keilriemen abfliegt. Aber man sieht es am Aufleuchten der Ladekontrolleuchte bei laufendem Motor sofort (weil die Lichtmaschine nicht mehr angetrieben wird). Ebenso kann die Lampe brennen, wenn der Keilriemen nicht mehr die richtige Spannung hat und auf den Riemenscheiben durchrutscht. Der gleiche Verdacht auf einen gerissenen oder nicht genügend stramm sitzenden Keilriemen besteht, wenn plötzlich der Zeiger des Fernthermometers in das rote Feld klettert. Der Keilriemen treibt allerdings beim Motor 19 E den Lüfter nur indirekt an, wo eine ausschaltbare Kupplung den Ventilator nur bei Bedarf laufen läßt. In jedem Fall bewegt der Keilriemen aber die Wasserpumpe, die für die Umwälzung des Kühlmittels sorgen muß.

Ein richtig gespannter Keilriemen muß sich unter Daumendruck etwa 10–15 mm durchbiegen lassen. Geübte Leute haben das im »Gefühl«. Die Schrauben von Schwenkarm (Bilder Seite 174) und Schwenklager werden etwas gelockert, wenn der Keilriemen nachgespannt werden muß. Dann Lichtmaschine nach außen drücken und Schrauben bei richtiger Keilriemenspannung wieder festziehen.

Zögern Sie keineswegs anzuhalten, wenn die rote Ladekontrolle aufleuchtet und besonders, wenn die Temperatur auffällig steigt. Schäden durch unbedachte Weiterfahrt treten unweigerlich am Motor auf, wenn der Keilriemen nur noch wenig ober überhaupt nicht seine Aufgabe erfüllt. Der Umlauf des Kühlwassers wird unterbrochen und durch die Hitzeausdehnung im Motor kommt es zu Kolbenklemmern, die unreparierbare Zerstörung zur Folge haben können (z. B. Abreißen der Pleuel). Im günstigsten Fall, wenn der Keilriemen gerade noch »mitnimmt«, liefert die Lichtmaschine zuwenig Ladestrom.
Aber ein zu stramm gespannter Keilriemen beansprucht die Lager der Lichtmaschine zu sehr. Vorzeitiger Verschleiß der Lager, besonders des hinteren, ist die Folge. Im Prinzip ist die richtige Keilriemenspannung deshalb so wichtig, weil der Riemen die doppelte Leistung des Generators vom Motor übertragen muß.

Keilriemenspannung prüfen

Pflegearbeit Nr. 24

Die Bedeutung der richtigen Keilriemenspannung wurde eben erläutert. Man kann mit einem verhältnismäßig einfachen Handgriff kontrollieren, ob die Spannung ungefähr stimmt: Drücken Sie von oben den Daumen auf halbem Weg zwischen den beiden Riemenscheiben kräftig auf den Keilriemen. Er soll sich etwa 10–15 mm durchbiegen lassen, wobei ein Druck von 10 kg gegeben werden muß.
In der Werkstatt bedient man sich eines Keilriemenspannungs-Prüfgerätes, das elektrisch arbeitet und eine Skala zum Ablesen der Spannung besitzt. Dabei soll die Spannung zwischen 15 und 30 kp, niemals darunter, liegen. Ein neuer Keilriemen wird beim Einbau mit 45 kp vorgespannt.
Den Keilriemen spannt man folgendermaßen: Etwas die obere Befestigungsschraube der Lichtmaschine lockern und ebenso den unteren Gelenkbolzen. Dann drückt man die Lichtmaschine kräftig vom Motor weg, dadurch spannt sich der Riemen. Lichtmaschine festhalten und zunächst die obere Schraube, dann die untere festziehen. Riemenspannung erneut kontrollieren und gegebenenfalls nochmals korrigieren. Diese Arbeit ist ab km-Stand 10 000 für alle 20 000 km vorgesehen. Man soll sie auch 1000 km nach jeder Motorüberholung (oder nachdem ein neuer Riemen aufgelegt wurde) vornehmen.
Das Auswechseln der Keilriemen ist nach der vorstehenden Beschreibung kein Problem. Gelegentlich ist der Zustand des Keilriemens zu überprüfen. Wenn die beiden Laufflächen und die nach außen gerichtete Seite des Riemens glatt und ohne Anrisse sind, ist er noch dienstbereit. Allerhöchste Zeit zum Wechseln ist es aber, wenn schon Teile des vulkanisierten Gummis oder des Gewebes abgelöst sind. Mit Fett oder Öl soll der Keilriemen nicht in Berührung gebracht werden.

Der Anlasser

Der zum Starten dienende Elektromotor, der Anlasser, sitzt am Motor links hinten. Beim 1,2-Liter-Motor leistet er 0,5 PS, bei den übrigen Motoren 0,8 PS. Ein derart kräftiger Anlasser ist ohne weiteres in der Lage, das Auto notfalls von der Stelle zu bringen. Es ist nämlich schon vorgekommen, daß durch irgendeinen unglücklichen Umstand der Motor ausgerechnet auf dem Bahnübergang abstirbt und in der Ferne schon der Zug naht. Ruhig Blut, eingelegter kleiner Gang und betätigter Anlasser retten aus solcher Situation. Aber für eine weiterreichende Reise eignet sich der Anlasser natürlich nicht, denn in seinem Innern verschmoren bei anhaltender Belastung die Wicklungen aus Draht.
Die Opel-Modelle sind mit Anlassern ebenfalls von Bosch oder Delco Remy ausgerüstet. Dabei handelt es sich um Schubschraubtrieb-Anlasser mit Magnetschalter. Das bedeutet, daß solch ein Anlasser beim Schließen des Stromkreises sein Antriebsritzel (Zahnrad) auf den Zahnkranz des Motorschwungrades schiebt und dieses erst dann – rechts herum – zu drehen beginnt. Ein Freilauf am

Ritzel verhindert Belastungen des Anlassers, wenn der schnell startende Motor das Ritzel noch nicht gleich freigegeben hat und auf dem Schwungrad noch mitdreht. Natürlich schiebt sich das Anlaßritzel selbsttätig zurück, sowie der Zündschlüssel aus der Stellung »Starten« zurückgedreht wird. Der Anlasser hat Dauerschmierung, Störungen kommen selten vor.

Anlasser-Wartung

Der Aufbau des Anlassers ist dem einer Gleichstromlichtmaschine, die man nur noch in kleinen Autos antrifft, sehr ähnlich. Er stellt also kaum höhere Ansprüche, wird aber wegen der zum Überprüfen erforderlichen Demontage besser von der Werkstatt kontrolliert. Die Kohlebürsten und der Kollektor sind dem Verschleiß unterworfen und müßten eigentlich nach zwei bis drei Jahren einmal überprüft werden. Das tut aber selten jemand. Die Mindestlänge der Bürsten beträgt beim OHV-Motor 11,5 mm, beim CIH-Motor 15 mm. Nach langer Betriebszeit haben sich die Kohlebürsten derart abgeschliffen, daß ihre Metallsockel Rillen in den Kollektor graben und der Kollektor abgedreht werden muß.
Diese Arbeit ist in einer Elektrowerkstatt billiger als womöglich einen neuen Anlasser einbauen zu lassen. Aber Ihr Wagen steht dann ein paar Tage still. Zum Abschleifen des Kollektors muß die Ankerwelle in ein Backenfutter mit Kugellager an jeder Backe eingespannt werden, um sonst entstehende Unrundheit auszuschließen. Das Abdrehen kann nur bis zu einem bestimmten Mindestmaß des Kollektors erfolgen. Mittels Kollektorsäge und Ziehstahl sind dann die Segmente nachzuschneiden. Abschließend wird der Kollektor mit Polierleinen bearbeitet.
Wenn der Anlasser sich beim Startversuch nicht dreht, dann ist zuerst eine schwache Batterie zu vermuten. Auch die Kabelverbindungen muß man, bevor dem Anlasser zu Leibe gerückt wird, auf guten Sitz überprüfen.
Sind diese möglichen Störungsursachen beseitigt, wird der immer noch nicht funktionierende Anlasser einen Kurzschluß in seinen »Eingeweiden« oder in dem oben darauf sitzenden Magnetschalter haben. Der Wagen muß angeschoben oder angeschleppt werden. Bisweilen hilft es auch – besonders bei heißgefahrenem Motor –, gegen den Magnetschalter oben auf dem Anlasser zu klopfen. Durch Gegenklopfen kann der hängengebliebene Schalter gelöst werden.
Fehlende Zähne am Antriebsritzel und am Zahnkranz des Schwungrades machen sich durch krachende Geräusche und ruckweises Durchdrehen bemerkbar. Abhilfe ist nur durch Austausch der defekten Teile in einer Werkstatt möglich. Zu langsames Durchdrehen des Anlassers bei einwandfreier Batterie weist auf abgenutzte Kohlen oder verschmorte Drahtwicklungen hin, ebenso kann es sich dabei um korrodierte oder lose Kabelanschlüsse, um einen verschmierten Kollektor oder um einen defekten Anker handeln.

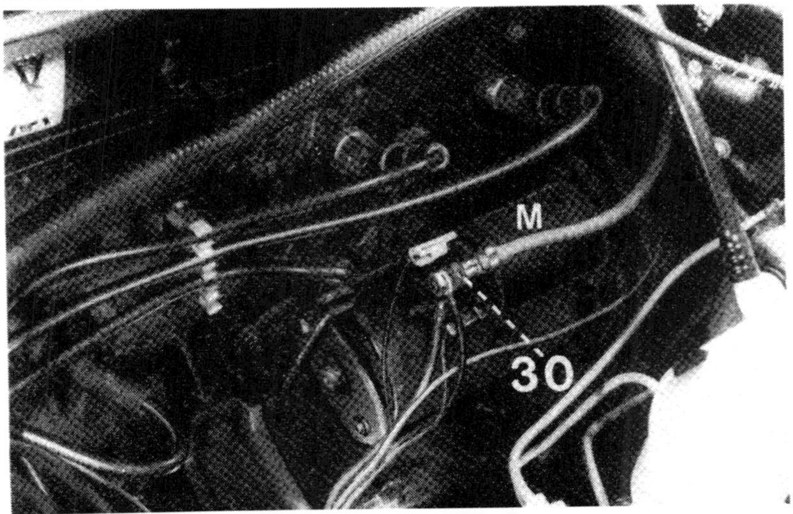

Der Anlasser am Motor 19 S. Die Motoren 12 und 16 besitzen ein etwas schwächeres Aggregat. M - Magnetschalter. Das starke, von der Batterie herangeführte Kabel liefert ständig Strom an Klemme 30.
Verbrauchte Kohlebürsten im Anlasser müssen immer paarweise ersetzt werden, auch wenn nur eine verbraucht und die andere anscheinend noch in Ordnung ist. Ein Satz der passenden Kohlebürsten kostet etwa 3 Mark. Die Kohlebürsten werden von Federn innerhalb von Fühlungshülsen gegen den Kollektor gedruckt. Die Kohlenlitzen sind an den Ankerwicklungen aus Aluminium angeschweißt, zum Ersatz muß man die Kohlen abschlagen. Die neuen Kohlen muß man auf das Kabelende stecken und anlöten, die Litzen selbst lassen sich nicht anlöten. Zur Reinigung des Kollektors eignet sich ein mit Tetrachlorkohlenstoff (Fleckenreinigungsmittel) getränktes Stück Tuch, womit man über die Segmente des Kollektors reibt. Die Lager ölt man vorn und hinten an der Welle mit dem schwarzen Bosch-Fett »Ft 2 v 3«.

Funken-Sprüche

Störungen an der Zündanlage bringen oft besonderen Verdruß mit sich, denn die elektrischen Vorgänge im Auto erscheinen dem Uneingeweihten als äußerst undurchsichtig. Auf den hier folgenden Seiten werden die Einzelheiten der Zündanlage und ihre Arbeitsweise Stück für Stück beschrieben. So wird es Ihnen möglich sein, erforderliche Wartungsarbeiten selbst vorzunehmen und eventuell auftretende Störungen – die an jedem Auto auftreten können – selbst zu beseitigen.

Ein paar Takte Theorie

Für die Entzündung des vom Vergaser produzierten Benzin-Luft-Gemischs besitzen alle Autos eine untereinander vergleichbare elektrische Anlage. Damit diese Verbrennung möglichst vollständig vor sich geht, wird sie für jeden Zylinder – sekundenbruchteilgenau – so gesteuert, daß der Kraftstoff optimal verwertet wird und die sich entfaltende Kraft am wirkungsvollsten ausgenutzt werden kann. Die Zündung muß in dem Augenblick erfolgen, wenn sich der auf- und abgehende Kolben gerade in der für die Arbeitsaufnahme günstigsten Stellung aufhält.

Die Zündkerzen sorgen für die Entflammung des Gemischs. An ihren Elektroden (Drahtstiften) springt der Funke über. Beim Start werden die Funken von der Batterie und während der Fahrt werden sie von der Lichtmaschine geliefert. Die 12 Volt der Batterie reichen aber bei weitem nicht, um gegen den Druck des im Zylinder zusammengepreßten Gemischs einen genügend kräftigen Zündfunken überspringen zu lassen. Für die erforderliche Hochspannung sorgt die Zündspule mit mehr als 10 000 Volt. Diese Stromspannung hat schlagartig und zur rechten Zeit an jeder einzelnen Zündkerze vorhanden zu sein – dafür sorgt der Zündverteiler.

Wie entsteht der Zündfunke?

Elektrischer Strom kann nur in einem geschlossenen Stromkreis fließen. Dieser Weg führt im Auto vom Pluspol der Batterie oder Lichtmaschine zum Stromverbraucher und durch diesen zur »Masse« (siehe Seite 197), von wo er wieder zum Minuspol der Batterie gelangt.

Bei der Batteriezündung, wie man diese Anlage auch nennt, gibt es einen doppelten Stromkreis, zwei Stromkreise sind gewissermaßen ineinander verschlungen. Im ersten, dem Primärstromkreis, fließen 12 Volt von Batterie oder Lichtmaschine und im zweiten, dem Sekundärstromkreis, der hochgespannte Strom für den kräftigen Zündfunken. Im Primärstromkreis kommt der Strom vom Pluspol der Batterie über das Zündschloß zur Zündspule, dann durch eine Wicklung aus dickem Draht – die Primärwicklung – weiter zum »Untergeschloß« des Zündverteilers. Dort wird der Primärstrom über den Unterbrecher, solange dieser geschlossen ist, wieder an »Masse« geleitet. Somit ist der Primärstromkreis geschlossen. In der dicken Drahtwicklung der Zündspule entsteht dabei ein magnetisches Feld, das durch einen Eisenkern in der Mitte noch verstärkt wird.

Der öffnende Unterbrecher des Zündverteilers unterbricht den Primärstromkreis und das Magnetfeld und die Primärwicklung der Zündspule fallen schlagartig zusammen. Dabei entsteht in der zweiten Drahtwicklung der Zündspule, in der Sekundärwicklung, die aus vielen Lagen dünnen Drahtes gewickelt ist, ein plötzlicher Stromstoß bis zu 25 000 Volt für den Zündfunken. Diese Erzeugung elektrischer Spannung heißt Induktion = Entwicklung elektrischer Spannung durch Änderung des Magnetfeldes.
Der hohe Stromstoß gelangt über eine Zündleitung in das »Obergeschoß« des Verteilers, wo der sich drehende Verteilerläufer die vier Kontakte in der Verteilerkappe und somit die Zündkabel zu den Zündkerzen versorgt: Der Zündstrom springt an den Kerzenelektroden über und das Gemisch im Brennraum wird entzündet. Weil der Funke wieder an Masse – an die Masse-Elektrode – springt, schließt sich dabei auch der Sekundärstromkreis. Der Verlauf des Stromweges läßt sich im Schaltplan verfolgen.

Der Zündanlaßschalter

Der Strom für die Zündanlage muß, um zum Motor zu gelangen, über den Zündanlaßschalter (auch Zündschloß genannt) fließen. Dieser Schalter ist ein möglicher Störungsherd, will Ihr Opel einmal nicht anspringen. Die Anleitung des Störungsfahrplans in der vorderen Buchklappe gibt Ihnen die Möglichkeit, einen Fehler einzukreisen. Ob der vermerkte Defekt tatsächlich im Zündschloß vorhanden ist, stellt man mit ein paar Kontrollen fest.
Zuerst sind die Kabelverbindungen zu prüfen. Stecker an der Lichtmaschine, bei Bosch-Anlage auch am Regler, sowie die Anschlüsse am Verteiler und Anlasser müssen fest sitzen. Um festzustellen, ob überhaupt Strom – bei eingeschalteter Zündung – vorhanden ist, schalten Sie das Parklicht ein. Denn der Batteriestrom fließt über die Anlasserklemme 30 zur Lichtmaschine Klemme B+ und gleichzeitig zum Zündanlaßschalter Klemme 30 und von diesem Schalter ab Klemme P über den Parklichtschalter zu den beiden Parkleuchten. Brennt das Licht, dann ist zur weiteren Überprüfung das schwarz-rote Kabel an der Klemme 50 am Anlasser zu lösen, ein Helfer dreht den Zündschlüssel auf Start, und das blanke Kabelende wird zugleich an Masse getippt. Es muß funken. Funkt es nicht, liegt der Fehler am Zündschloß. Da es zu umständlich ist, unterwegs an dieses Anlaßschloß heranzukommen (die Verkleidung ist abzunehmen, das Lenkrad muß nicht abgezogen werden), ist es einfacher, den Fehler auf die beschriebene Art zu suchen.
Trotz des defekten Zündschlosses kann man den Opel in Gang setzen. Voraussetzung ist allerdings, daß das Lenkschloß nicht blockiert ist, denn ohne lenken zu können nutzt der laufende Motor wenig. Überzeugen Sie sich ruhig einmal davon, daß man den Anlasser auf ganz einfache Art drehen lassen kann. Halten Sie – ohne Hemmungen zu haben – einen Schraubenzieher zur Überbrückung der Klemmen 30 und 50 an die Anschlüsse. Vergessen Sie dazu nicht, den Ganghebel in Leerlaufstellung zu bringen.
Wie bei normal eingeschalteter Zündung soll jetzt aber der nötige Zündstrom zur Zündspule, zum Verteiler und zu den Zündkerzen fließen. Das funktioniert, wenn man ein zusätzliches Kabel zieht. Bei eingebauter Bosch-Lichtmaschine wird an der Plusklemme des Spannungsreglers (rotes Kabel) ein Überbrückungskabel zur Klemme 15 an der Zündspule eingezogen. Dieser Anschluß entspricht bei der Delco-Remy-Lichtmaschine der Klemme 1, wo das blau-weiße Kabel zum Heizscheibenrelais angeschlossen ist. Bei diesem Vorgang sollte man, solange gearbeitet wird, das Minuskabel der Batterie lösen, um Kurzschlüsse zu vermeiden. Das originale schwarze Kabel, das von der Zündspule Klemme 15 zum Anlaßschalter Klemme 16 führt, wird sicherheitshalber – um den eventuellen Kurz-

schluß nicht wieder aufzunehmen – abgeklemmt. Dieses Kabel kann für die beschriebene Überbrückung verwendet werden, wenn kein anderes zur Hand ist. Auf diese Weise hat man das Zündschloß übergangen, der Anlasser wird, wie erwähnt, in Tätigkeit gesetzt, und man kommt vom Fleck. Das defekte Zündschloß muß in der Werkstatt ausgewechselt werden. Das Glimmen der roten Ladekontrolle ist in diesem Falle bedeutungslos, weil sie jetzt ohne Gegenstrom bleibt, der sie verlöschen läßt. Auch die Funktion der anderen Instrumente ist nicht gewährleistet.

Die Zündspule

Die Zündspule ist am Innenblech des Motorraums links befestigt. Zu warten oder zu reparieren gibt es an ihr nichts. Sie soll aber immer sauber und trocken sein, damit Kriechströme und überspringende Funken vermieden werden. Folgende Zündspulen werden verwendet: Entweder die (konventionell trommelförmige) Bosch-Spule KW 12 V oder der äußerlich davon sehr unterschiedliche Delco-Remy-Typ 12 V DR 502.
Beide Zündspulen sind mit einem Vorwiderstand von 1,8 Ohm verbunden. Es ist dies das schwarze Kabel an Klemme 15 zwischen Zündspule und Zündschloß. Die Bosch-Zündspule ist schwarz; im Handel sind auch KW-Spulen (mit Vorwiderstand) in roter Farbe, die wegen anderer Vorwiderstandswerte nicht genommen werden dürfen. Wird anstelle des Vorwiderstandskabels ein normales Kabel angeschlossen, so ergibt das übermäßig starken Verschleiß der Unterbrecherkontakte, weil solche KW-Spulen nur 7–9 V anstelle von 12 V haben. Das gleiche trifft für die Zündspule von Delco Remy zu. Da dieser Spulentyp kein abschirmendes Stahlblechgehäuse besitzt, kann es bei ihm zu Schwierigkeiten bei der Entstörung kommen, die aber beim Opel weitgehend eliminiert wurden.
Zündspulen mit Vorwiderstand ermöglichen einen schnelleren Aufbau des Magnetfeldes, sie sind im Prinzip für höhere Drehzahlen geeignet. Außerdem haben sie weniger Windungen auf der Primärseite als Spulen ohne Vorwiderstand, der wiederum für die Ruhestromsicherung wichtig ist. Nicht ruhestromsichere Spulen, wie sie früher in Kleinwagen üblich waren, können bei eingeschalteter Zündung und stehendem Motor explodieren. Deren Stromaufnahme ist nur für einen Kurzschlußstrom von etwa 1,8 A ausgelegt, während Hochleistungsspulen (Bosch: »K«) 4 A und Vorwiderstandsspulen (Bosch: »KW«) 5 A aufnehmen.

Zündspule prüfen

Zuerst prüfen, ob aus der Zündspule überhaupt hochgespannter Zündstrom durch das dicke Hauptzündkabel »herauskommt«. Dazu Hauptzündkabel aus Mittelbuchse des Zündverteilers ziehen. Motor (ohne Gasgeben) von Helfer starten lassen und blankes Hauptzündkabelende auf etwa 10 mm gegen Motorblockmetall halten. Springen kräftige Funken über, ist es wahrscheinlich nicht die Zündspule (sie kann es aber bei hohen Drehzahlen doch sein). War diese Hochspannungsprüfung unbefriedigend, müssen Sie feststellen, ob an den Kontakten der Zündspule überhaupt Spannung anliegt.
Dazu eignet sich am besten eine aus einer alten Scheinwerferbirne selbstgebastelte Behelfsprüflampe (zwei ausreichend lange Kabel andrillen oder festlöten, damit ein Lichtfaden brennt). Der Eigenverbrauch der Scheinwerferbirne (mind. 40 Watt) gibt durch unterschiedlich helles Leuchten den Hinweis, ob der Eigenwiderstand der Zündspule noch groß genug ist, oder ob sich ein Kurzschluß eingeschlichen hat. Noch genauer ist ein parallel zur Behelfsprüflampe geschaltetes Voltmeter. Weniger geeignet ist eine gewöhnliche Elektrik-Prüflampe, denn deren geringer Eigenverbrauch zeigt nur, ob überhaupt Strom da ist, sagt aber nichts über die Widerstandswirkung.
Als Vorbereitung zu dieser Prüfung an Klemme 1 der Zündspule das grüne Kabel

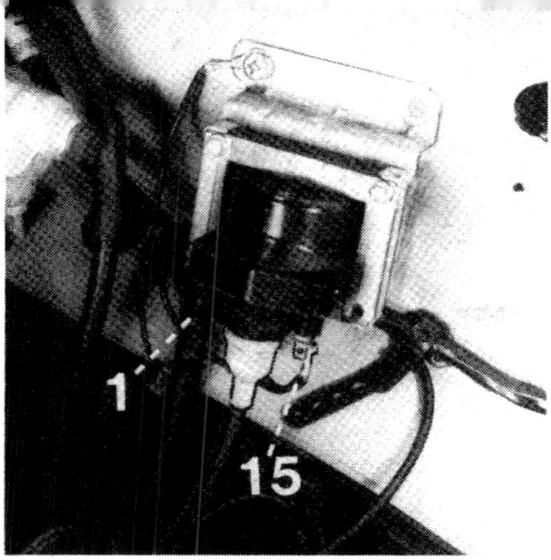

Die wahlweise zum Einbau kommende Delco Remy-Zündspule. Klemme 1 führt zum Verteiler, das schwarze Kabel an Klemme 15 zum Anlasser und das andere daran angeschlossene Kabel zum Zünd-Anlaß-Schalter. Dieses zweite Kabel ist beim Opel ein Widerstandskabel, das vor der Zündspule den Spulenstrom begrenzt. Während des Betriebes kann es sich erwärmen. Durch dieses Widerstandskabel wird erreicht, daß beim Starten und während der Fahrt immer die volle Spulenleistung zur Verfügung steht.

(zum Unterbrecher) lösen, damit der Stromweg über die Unterbrecherkontakte unterbrochen ist und durch die Behelfsprüflampe fließen muß.

■ Zündung einschalten: Lade- und Öldruckkontrolle müssen brennen.

■ Ein Ende des Prüflampenkabels und Plus-Klemme des Voltmeters an Klemme 15 der Zündspule drücken, das andere Ende und Minus-Klemme des Voltmeters an Masse: Die Lampe brennt etwas trübe, das Voltmeter zeigt etwa 8,5 Volt. Brennt die Lampe nicht, liegt eine Unterbrechung in der Zuleitung vor.

■ Prüfung an Klemme 1 der Zündspule: Die Behelfsprüflampe brennt sehr trübe, das Voltmeter zeigt etwa 5 Volt. Brennt sie nicht, Primärwicklung der Zündspule unterbrochen. Brennt sie recht hell, herrscht Kurzschlußüberbrückung in der Zündspule. In beiden Fällen muß die Zündspule ersetzt werden.

■ Sind die Leucht- und Meß-Ergebnisse gut, gibt es aber trotzdem keinen guten Zündfunken, kann die Sekundär-(Hochspannungs-)Wicklung der Zündspule defekt sein. Oder es liegt am Kondensator.

Der Zündverteiler

Wie andere Teile der Zündanlage, kann auch der Zündverteiler im Manta entweder von Bosch oder von Delco Remy stammen. Im Aufbau unterscheiden sich diese nicht wesentlich. Bei Bosch wird der Verteilerdeckel von zwei federnden Klammern gehalten, bei Delco Remy ist er durch Schrauben gehalten.

Daneben kommt seit 1981 auch die kontaktlose Transistor-Spulenzündung zum Einbau (siehe Seite 192). Hier folgen zunächst Beschreibung und Wartungsanweisungen der konventionellen Zündanlage mit Unterbrecher im Zündverteiler. Man bezeichnet das ganze Aggregat als Verteiler, obwohl die eigentliche Verteilerfunktion nur vom Läufer und vom Deckel ausgeübt wird. Sein Antrieb geschieht über eine Welle mit Zahnrad, das mit einem solchen der Nockenwelle (Motor 12 und 12 S) oder der Kurbelwelle (übrige Motoren) in Eingriff steht. Die Verlängerung der Verteilerwelle treibt die in der Ölwanne befindliche Ölpumpe an. Auf dem oberen Ende der Welle sitzt der Verteilerläufer, dessen Metallzunge in geringem Abstand an den vier Kontakten der Hochspannungsanschlüsse im Verteilerdeckel vorbeidreht. Der Läufer muß den im richtigen Zündzeitpunkt produzierten hochgespannten Stromstoß den Zündkerzen zuführen.

Diesen Stromstoß bekommt er über den Mittelanschluß im Verteilerdeckel von der Zündspule. Bei einem Viertaktmotor leistet jeder Zylinder auf zwei Kurbelwellenumdrehungen nur einen Arbeitstakt. Auf zwei Kurbelwellenumdrehungen entfallen vier Zündungen, eine für jeden der vier Zylinder. Daraus geht hervor, daß die Drehzahl der Verteilerwelle und der sie antreibenden Nockenwelle gleich der halben Drehzahl der Kurbelwelle ist.

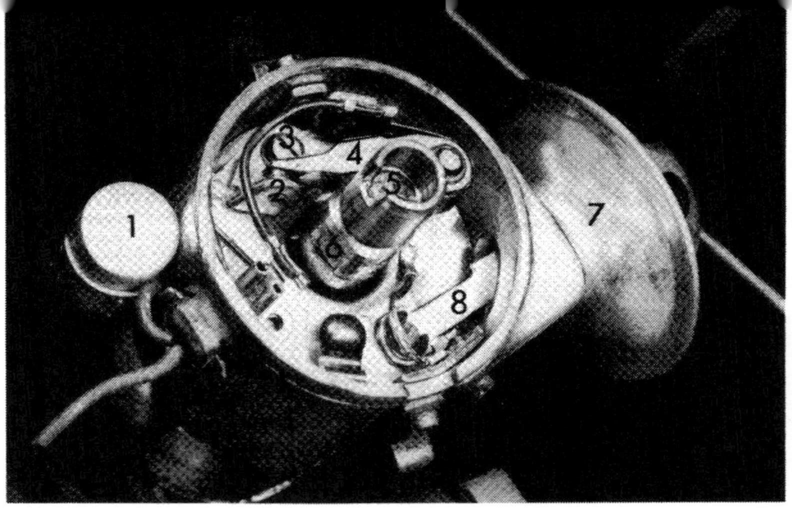

Auf diesen beiden Seiten sind die zwei möglichen Zündverteiler abgebildet, auf dieser Seite der Bosch-, auf der rechten Seite der Delco Remy-Verteiler. Jeweils sind Verteilerkappe, Läufer und Kondensschutz entnommen. Die folgend angezeigten Teile sind von Bedeutung: 1 - Kondensator, 2 - Unterbrecherkontakte, 3 - Stellschraube zum Verändern des Kontaktabstandes, 4 - Unterbrecherhebel, 5 - Schmierfilz, 6 - Antriebswelle mit Unterbrechernocken, 7 - Unterdruckdose, 8 - Hebel der Unterdruckverstellung.

Das obere Ende der Verteilerwelle trägt einen Schmierfilz, der etwa alle halbe Jahre mit einigen Tropfen Motoröl zu versorgen ist. Die Deckelinnenseiten müssen sauber sein. Wenn man Kratzer oder gar Risse entdeckt, muß der Deckel ausgewechselt werden. Die Kohle, die in der Mitte durch Federkraft gegen die Metallzunge gepreßt wird, soll in ihrer Führung leichtgängig sitzen.
Opel umhüllt den Zündverteiler mit einer Schutzkappe, die von dem sonst empfindlich reagierenden Gerät nahezu alle Nässe abhält. Dennoch sollte man bei einer Motorwäsche vorsichtig sein, zumal wenn der Motor noch warm ist, da der sich entwickelnde Wasserdampf durch alle Ritzen kriecht und dann Zündstörungen verursacht.

Fingerzeig: *Es gibt Zündstörungen, die ihre Ursachen in feinsten Haarrissen oder strichartigen Schmutzansammlungen im Verteilerdeckel haben. Das kann Stromüberschläge ergeben. Abhilfe schafft meist nur ein Austausch des Verteilerdeckels. Notbehelf: Risse mit Fingernagellack überpinseln.*

Der Kondensator

Beim Bosch-Verteiler sitzt der Kondensator außen am Verteilergehäuse, beim Verteiler von Delco Remy findet man ihn, wenn der Verteilerdeckel abgenommen ist. Der Kondensator hat die Form einer Kleinbildfilmspule. Er speichert Strom und hat die Aufgabe, Funkenbildung am Unterbrecher, der im folgenden Abschnitt besprochen wird, zu unterdrücken. Er hemmt den Abbrand der Unterbrecherkontakte und fördert das schlagartige Zusammenbrechen des Magnetfeldes in der Zündspule (je schneller das Magnetfeld zusammenbricht, um so höher wird die Spannung im Sekundärstromkreis und um so besser ist der Zündfunke).
Ein schwacher Zündfunke, dessen Ursache man zunächst als Fehler in der Zündspule vermutet, kann auch an einem defekten Kondensator liegen. Dieser ist durch das grüne Kabel mit Klemme 1 der Zündspule verbunden. Eine genaue Prüfung des Kondensators auf »Durchschlag«, also Kurzschluß, Isolationsverlust und ausreichende Kapazität ist nur bei einem Autoelektrikdienst möglich. Wenn der Kondensator allerdings total ausgefallen ist, läßt sich dies eventuell bei abgenommenem Verteilerkopf an überspringenden starken Funken zwischen den Unterbrecherkontakten erkennen. Dabei muß ein Helfer den Motor mit dem Zündschlüssel starten.
Auch völliger Kurzschluß der Masse ist bei voll geöffneten Unterbrecherkontakten mittels Prüflampe erkennbar, die zwischen Klemme D der Zündspule und dem davon abgezogenen grünen Kabel geschaltet wird. Da die Unterbrecher-

Erläuterungen siehe Bildtext der linken Seite.
Wenn der Nocken (6) für den Unterbrecherhammer nicht geschmiert wird, nutzt sich das Gleitstück relativ schnell ab. Trotz neuer Kontakte kommt es dann bald zu neuen Zündstörungen.

kontakte geöffnet sind, besteht bei eingeschalteter Zündung kein legaler Weg des Batteriestroms zur Masse und die Prüflampe darf nicht aufleuchten. Fließt der Strom jedoch über einen Kurzschluß im Kondensator zur Masse, leuchtet die Prüflampe auf. Auch bei stark verschmorten Unterbrecherkontakten, die noch nicht lange im Betrieb sind, besteht Verdacht auf einen defekten Kondensator. Langes Prüfen rentiert sich indessen meist nicht, zumal der Preis des Kondensators nur bei 5 Mark liegt. Ein neuer Kondensator muß bei 50–1000 Hz ebenfalls eine Kapazität von 0,15 bis 0,23 μF aufweisen. Oft ist es praktischer, Kontrollen der Zündspule, des Kondensators und des Verteilers einer guten Fachwerkstatt zu überlassen. Dort besitzt man zuverlässige Apparaturen, mit deren Hilfe überraschend schnell zu erkennen ist, wo sich ein Schaden verbirgt und welcher Art er ist. Daheim sucht man danach mit bescheidenen Mitteln vielleicht vergeblich.

Der Unterbrecher

Im Zündverteiler dreht sich die Verteilerwelle und auf ihr die Unterbrechernokken. Sie heben den Unterbrecherhebel ab. Der Unterbrecher bestimmt den Zündzeitpunkt, indem er den Primärstrom in der Zündanlage unterbricht, damit in der Sekundärwicklung der Zündspule (durch »Induzieren«) hohe Spannungen entstehen. Die Leistung des Motors ist vom Überspringen des Zündfunkens im richtigen Augenblick – vom Zündzeitpunkt – abhängig.
Wenn der Druck des brennenden Benzin-Luft-Gemischs unmittelbar bei Beginn der Abwärtsbewegung des Kolbens am größten ist, hat der Motor die beste Leistung. Zum vollen Entflammen des Gemischs wird stets eine gleichbleibende Zeit benötigt, die zwar nur rund $^1/_{3000}$ Sekunde beträgt, wegen der Geschwindigkeit des Kolbens aber zu einem bestimmten Zeitpunkt eher einsetzen muß.
Bei zu früh gelegtem Zündzeitpunkt schlägt das bereits entflammte Kraftstoff-Luft-Gemisch dem noch aufwärts strebenden Kolben entgegen: Der Motor klopft. Gibt man zuwenig Frühzündung, wird die Energie des Kraftstoffs nicht vollständig ausgenutzt und der Motor hat nur eine ungenügende Leistung. Die für wechselnde Geschwindigkeiten notwendige Zündverstellung arbeitet automatisch.

Die Zündverstellung

Bei steigender Motordrehzahl muß der Zündfunke früher überspringen, weil zur Verbrennung des Gemischs weniger Zeit bleibt. Die Verstellung des Zündzeitpunktes wird durch einen Fliehkraftregler besorgt, der mit der Verteilerwelle verbunden ist. Diese Fliehkraftverstellung wird über einen sehr großen Drehzahlbereich besorgt. Eine zusätzliche Zündverstellung für Teillast findet mit Hilfe von Unterdruck statt.

Fliehkraft-verstellung

Durch ihr Eigengewicht verschieben sich bei zunehmender Drehzahl die Fliehgewichte auf der Scheibe der Fliehkraft-Zündverstellung entgegen der Spannkraft ihrer Haltefedern nach außen. Bei dieser Ausdehnung wird durch eine kleine Übersetzung die Verteilernockenwelle in ihrer Umlaufrichtung (rechtsdrehend) vorgestellt. Verteilernockenwelle und Verteilerantriebswelle sind nicht starr verbunden, sondern gegeneinander drehbar gelagert. Die Werte der Verstellung sind je nach Motortyp und Zündverteilertyp unterschiedlich, siehe Seite 224/225.

Somit werden die Unterbrecherkontakte mit steigender Drehzahl früher geöffnet, was zunehmende Frühzündung bewirkt. Bei abnehmender Drehzahl vermindern die Federn die Fühzündung wieder. Fliehgewichte und Rückholfedern sind genau aufeinander abgestimmt. Eine fehlerhafte Veränderung oder eine Störung an ihnen kann nur die Fachwerkstatt feststellen. Man kann eine Störung vermuten, wenn der Motor bei sonst einwandfreier Zündanlage in höheren Drehzahlbereichen nicht auf Leistung kommt, obwohl im Leerlauf der Zündzeitpunkt stimmt.

Fingerzeig: *Bei den Wagen des Modelljahres 1976 können bei niedrigen Drehzahlen müde erscheinende Fahrleistungen auftreten. Das liegt dann an ungenauer Zündeinstellung – die Fliehkraftverstellung arbeitet nicht den vorgegebenen Werten entsprechend und das Gemisch wird zu mager. Bei solchen Motoren kann der Zündzeitpunkt bis zu 5° in Richtung mehr Frühzündung gestellt werden. Zündverteiler mit anderen Zündverstellkurven, die in den ab Sommer 1976 ausgelieferten Wagen eingebaut sind, lassen solche Mängel nicht mehr auftauchen.*

Unterdruck-verstellung

Die seitlich am Zündverteiler angebrachte Blechdose regelt die Unterdruckverstellung. Diese Unterdruckdose ist durch einen dünnen Schlauch mit der Ansaugleitung des Motors kurz vor der Drosselklappe im Vergaser verbunden. Wenn die Drosselklappe im Leerlauf vollkommen geschlossen oder bei Vollgas geöffnet ist, herrscht an dieser Stelle kein nennenswerter Unterdruck. Ist jedoch bei halb durchgetretenem Gaspedal die Drosselklappe nur teilweise geöffnet, entsteht in der Ansaugleitung ein mehr oder weniger kräftiger Unterdruck, der die Saugleitung in der Unterdruckdose eine Membrane anzieht. Diese betätigt eine Zugstange zum Verteiler und zieht dort die drehbare Unterbrecherplatte an. Dabei wird die Unterbrecherplatte entgegen der Drehrichtung des Verteilernokkens bewegt, so daß die Unterbrecherkontakte früher geöffnet werden. Auch der Bereich der Unterdruckverstellung hängt von Zündverteiler und Motortyp ab.
Die Unterdruckdose kann durch äußere Einwirkung oder Korrosion undicht geworden sein, es ist aber auch möglich, daß die Membrane bei einer Fehlzündung durch Rückschlag in den Vergaser gerissen ist. Dann muß die Unterdruckdose ersetzt werden, da sich sonst der Kraftstoffverbrauch erhöht und die Leistung des Motors im Teillastbereich abfällt. Eine Reparatur der Unterdruckdose ist nicht möglich. Die Schlauchanschlüsse der Unterdruckleitung müssen fest auf dem Stutzen sitzen.

Die Unterbrecherkontakte

Die Kontakte des Unterbrechers besitzen eine sehr dünne Auflage von Wolfram-Metall. Das ständige Öffnen und Schließen des Stromkreises hat einen unvermeidbaren Verschleiß durch Abbrand, Verschmoren oder Metallwanderung zur Folge, obgleich gerade Wolfram sehr widerstandsfähig ist. Durch den Abbrand (bei kleiner Drehzahl am größten) entsteht aus der punktförmigen Berührungsstelle zwischen Hammer- und Amboßkontakt bereits nach 1000 km Lauf-

strecke eine breitere Berührungsfläche, wobei sich die ursprünglich ebene Kontaktseite vom Hammer der Wölbung des Amboßkontaktes anpaßt. Der entstandene Kontaktquerschnitt ermöglicht einen besseren Durchfluß des notwendigen Maximalstroms von 5 Ampere.
Leider bilden sich mit der Zeit noch weitere Krater und Höcker, die eine genaue Messung des Kontaktabstandes mit der Fühlerlehre unmöglich machen. Anstatt den Wolframbelag, der äußerst dünn ist, glattzufeilen, tauscht man nach Verschleiß die Kontakte einfach aus. Sie kosten nur rund 3 Mark. Im Schnitt rechnet man für ihre Lebensdauer 15 000–25 000 km, wenn die Zündanlage nur einigermaßen in Ordnung ist.

Unterbrecherkontakte prüfen und nachstellen

Pflegearbeit Nr. 31

Gleichzeitig mit der Zündeinstellung soll man alle 20 000 km den Zustand der Unterbrecherkontakte und ihren Abstand voneinander überprüfen. Es besteht aber keine Vorschrift, sie grundsätzlich bei jeder Inspektion auf den Schrott zu werfen. Bei einwandfreier Zündanlage müssen die Kontakte etwa doppelt so lange einsatzbereit sein.

Zustand der Unterbrecherkontakte

Zur Prüfung löst man – je nach Fabrikat des Verteilers – entweder die beiden Befestigungsschrauben des Verteilerdeckels oder dessen Klammern und hebt diesen ab. Der auf der Verteilerwelle sitzende Läufer wird abgezogen; er kann später nicht verkehrt befestigt werden, weil sein Fuß nur in einer Stellung auf die Antriebswelle paßt. Dann nimmt man noch den ringförmigen Schutzdeckel ab. Mit einem kleinen Werkzeug drückt man den Unterbrecherhebel etwas zur Seite und gewinnt dabei den Blick auf die Kontaktflächen.
Das Aussehen der Kontakte hat verschiedene Bedeutungen:
- Kontakte silberartig, wie hell poliert: Zündanlage in Ordnung
- grauer Überzug durch Oxydation: zu kleiner Kontaktabstand oder zu geringer Kontaktdruck
- verbrannt, blau angelaufen: Kondensator oder Zündspule nicht einwandrei
- verkrustet: Öl, Fett oder Schmutz zwischen die Kontakte geraten.

Sind die Kontakte verkrustet, dann kann man mit einem scharfkantigen Schraubenzieher oder Taschenmesser den Schmutz abschaben (keine Feile oder Schmirgelleinen dazu verwenden). Anschließend ein Läppchen um einen dünnen Holzstab wickeln und mit Tetrachlorkohlenstoff (als Fleckenreinigungsmittel in Drogerien bekannt) tränken. Damit die Kontakte abwischen. Kein Bezin verwenden, da die Kontakte dagegen empfindlich sind.
Im Do-it-yourself-Verfahren mißt man den Abstand mit einer Fühlerblattlehre, die auch zum Prüfen des Ventilspiels gebraucht wird. Zwischen den Kontakten

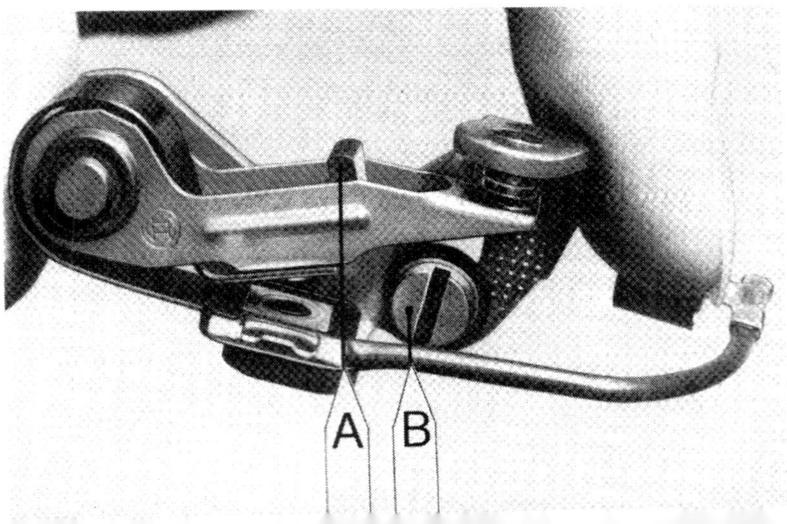

Das ist der auf Seite 191 erwähnte Unterbrecherkontakt von Bosch, bei dem der Verschleiß des Gleitstücks durch Verwendung dauerhaften Materials wesentlich herabgesetzt ist.
A - Polyimid-Gleitstück,
B - unverlierbare Befestigungsschraube, die eine sonst zum Verteiler gehörende Befestigungsschraube ersetzt.

soll bei voller Öffnung durch den Nocken ein Abstand von 0,4 mm bestehen. Zum Messen wird der Wagen bei eingelegtem 3. oder 4. Gang und bei geöffnetem Verteiler langsam so geschoben, bis der Verteilernocken die Kontakte auf größte Öffnung gebracht hat. Jetzt ist die 0,4-mm-Blattlehre dazwischenzuschieben. Sie soll die Kontakte nicht auseinanderdrücken oder Spiel haben.
Stimmt der Abstand nicht, muß die Schlitzschraube, die den Unterbrecheramboß festhält, ein wenig gelockert werden. Dann verschiebt man den Amboßhalter mit dem Schraubenzieher an der dafür vorgesehenen Kerbe auf der Grundplatte so weit, bis der Kontaktabstand stimmt. Schraube festziehen und nochmals messen, eventuell erneut – verbessert – einstellen.

Schließwinkel messen und einstellen

Der Unterbrecher-Schließwinkel wird bei Anlasserdrehzahl und bei rund 2000/min gemessen. Da sich der Unterbrecher-Kontaktabstand und damit der Schließwinkel theoretisch über den gesamten Drehzahlbereich des Motors nicht ändern kann, deuten verschiedene Meßergebnisse bei diesen Drehzahlen auf einen verschlissenen Verteiler hin – austauschen. Stimmt das Ergebnis jedoch in beiden Fällen, ist alles in Ordnung. Wenn der Schließwinkel korrigiert werden muß:

- Verteilerkappe, Verteilerfinger und Staubschutzdeckel abnehmen,
- Halteschraube des Unterbrecherkontaktsatzes etwas lockern,
- Schraubenzieher zwischen die beiden Einstellwarzen und die Einstellkerbe am Unterbrecher stecken, Motor von Helfer mit dem Anlasser durchdrehen lassen,
- Grundplatte der Unterbrecherkontakte so lange verdrehen, bis der Schließwinkel stimmt.

Sind neue Kontakte eingebaut worden, stellt man den Schließwinkel auf den unteren Toleranzwert ein, denn durch unvermeidlichen Verschleiß wird der Schließwinkel im Lauf der Zeit etwas größer,

- Halteschraube wieder festziehen, Verteilerfinger und -deckel aufsetzen,
- Motor starten und nochmals im Leerlauf und bei 2000/min messen.

Schließwinkelwert bei allen Manta-Motoren: 50° (± 3°).

Unterbrecherkontakte austauschen

Verbrauchte Kontakte sind bald zu ersetzen, sonst kommt es zu Ärger beim Starten und beim Motorlauf. Es sind beide Teile, also Hammer und Amboß, gleichzeitig zu ersetzen. Sind die alten Kontakte verschmort oder blau angelaufen, genügt allerdings das Austauschen allein nicht, man muß auch nach dem verursachenden Fehler in der Zündanlage (Kondensator oder Zündspule) suchen.
Zum Auswechseln der Kontakte sind im Verteiler der Kabelschuh zu den Unter-

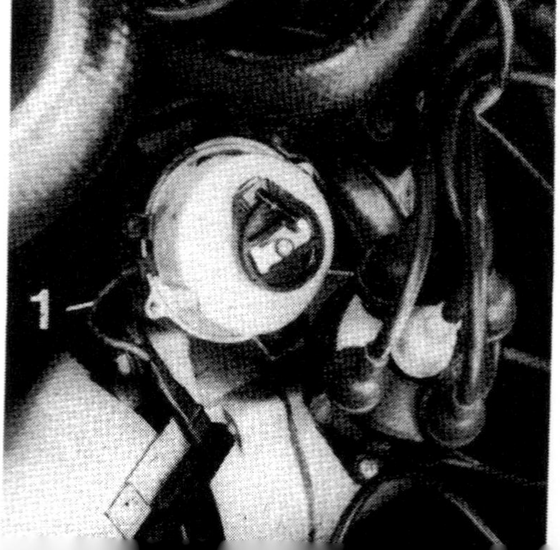

Bei Opel haben alle Verteiler eine Schutzkappe mit Druckknöpfen. Um diese besser öffnen und abnehmen zu können, muß man manchmal das seitlich am Verteilergehäuse angebrachte grüne Kabel abziehen; zur Funktionskontrolle ohne Schutzkappe klemmt man es dann wieder an.
Wenn man den Deckel des Delco Remy-Zündverteilers abgeschraubt hat, bietet sich dieser Anblick. Den Läufer (Verteilerfinger) kann man nach oben abziehen, danach läßt sich auch der Kondensschutz abheben. Das seitliche Kabel kommt von Klemme 1 der Zündspule.

brecherkontakten und möglicherweise die vorhandene Sicherungsklammer auf der Unterbrecherwelle abzuziehen. Dann die Schlitzschraube, die auch zum Einstellen des Kontaktabstandes gelockert werden muß, herausdrehen und Hammer mit Amboß von ihrer Drehachse abheben.
Vor Einbau der neuen Unterbrecherkontakte wird die Nockenbahn der Verteilerwelle saubergerieben und mit der Fingerspitze sparsam eingefettet (Bosch-Fett Ft 1 v 4), ebenso ist das Lager des Unterbrecherhebels zu fetten. Beim Einbau darauf achten, daß Hammer- und Amboßkontakte sich in gleicher Höhe befinden, notfalls müssen Ausgleichscheiben auf der Unterbrecherwelle unter dem Unterbrecherhebel angebracht werden. Kontaktabstand und Zündzeitpunkt sind anschließend natürlich frisch einzustellen.
Bosch liefert seit 1976 Unterbrecherkontakte mit einem Gleitstück aus Polyimid. Dieser Kunststoff zeichnet sich vor allem durch höhere Abriebfestigkeit und bessere Notlaufeigenschaften aus (siehe Bild Seite 189).

Zündzeitpunkt überprüfen

Pflegearbeit Nr. 32

Nach jeweils 20 000 km muß der Zündzeitpunkt überprüft und eventuell neu eingestellt werden. Das hat selbstverständlich auch beim Neueinstellen oder Auswechseln der Unterbrecherkontakte, nach dem Zusammenbau des Motors oder nach Wiedereinbau des Zündverteilers zu geschehen.
Die Zündeinstellung kann man selbst prüfen und nachstellen. Dazu braucht man eine kleine Prüflampe für 12 Volt Spannung. Das Einstellverfahren erfolgt dabei am stehenden Motor. Man darf auf diese Weise aber keine präzisen Ergebnisse erwarten, weil es sich hierbei um eine ungenaue Maßnahme handelt.
Eine genaue Zündeinstellung ist für die optimale Motorleistung wichtig. Durch ihre Überwachung behütet man den Motor vor Schäden. Zu viel Frühzündung läßt den Motor heiß werden, läßt ihn klingeln (siehe Seite 15) und führt in krassen Fällen sogar zu Lagerschäden. Zu späte Zündeinstellung vermindert die Leistung und erhöht den Benzinverbrauch, außerdem wird der Motor dabei auch zu heiß. Zu dieser exakten Einstellung, die bei laufendem Motor erfolgt, verwendet man in der Werkstatt eine Stroboskoplampe, die mit Lichtblitzen arbeitet.

Einstellen mit der Prüflampe

Um feststellen zu können, in welcher Position sich die Kolben befinden, schraubt man die Zylinderkopfhaube los. Dann bringt man den Kolben des 1. Zylinders (vorne) in Kompressionsstellung. Dazu verschiebt man den Wagen bei eingelegtem großen Gang so weit, bis beide Ventile des 1. Zylinders schließen. In dieser Stellung sollten sich die dafür vorgesehenen Bezugsmarken in kürzester Entfernung gegenüberstehen.
Diese Bezugsmarken befinden sich beim Motor 12 und 12 S als Kerbe am Rand

Um den Zündzeitpunkt zu verändern, wird zuerst mit einem Schraubenschlüssel SW 13 die Sockelschraube (2) am Verteiler leicht gelockert. Die Krokodilklemme der Prüflampe ist an das blanke Ende des angeschlossenen, von der Zündspule kommenden dünnen Kabels oder an dessen Befestigungsmutter anzuklemmen (1). Dann wird die Prüflampennadel gegen »Masse« gedrückt (3). Nun ist der Verteiler, wie auf dieser Seite beschrieben, zu verstellen.

der Riemenscheibe und als Markierung auf dem Steuergehäusedeckel. Die Motoren 16, 16 S, 19 und 19 S besitzen auf der Vergaserseite des Motors, hinten am Schwungradgehäuse, ein Schauloch mit einem feststehenden Zeiger, als bewegliche Markierung eine im Schwungrad eingepreßte Kugel, die beim Schieben des Wagens am Schauloch vorbeiwandert. Der 19 E-Motor verfügt ebenfalls über eine Kerbe auf der Riemenscheibe und Marke (langer Balken) am Steuergehäuse. Decken sich die genannten Bezugsmarken, befindet sich der Kolben im 1. Zylinder 5 Grad Kurbelwelle vor dem oberen Totpunkt (OT), beim GT/E und 20 E 10 Grad vor OT.
In der gefundenen Stellung soll der Läufer im Bosch-Verteiler auf die Kerbe am Verteilerrand und beim Delco Remy-Verteiler auf die Befestigungsschraube der Kontaktplatte (an der Seite der Unterdruckdose) zeigen.
Dann ist die Zündung einzuschalten, und bei abgenommener Verteilerkappe wird der eine Pol der 12-V-Prüflampe an die Klemme 1 der Zündspule angeschlossen und der andere Pol an Masse gelegt. Die Lampe muß aufleuchten. Tut sie es nicht, dann ist der Halteflansch am Fuß des Verteilers durch Lockern der Befestigungsschraube ein wenig zu lösen. Der Verteiler kann dann gedreht werden, was man nur ganz langsam tun soll. Grundsätzlich bedeutet Drehen im Uhrzeigersinn = Zündung später, Drehen entgegen dem Uhrzeigersinn = Zündung früher. Man dreht beim Einstellen aber zuerst im Uhrzeigersinn, dann links herum. Sobald die Lampe beginnt aufzuleuchten (und der Unterbrecherhammer abzuheben), ist die Befestigungsschraube festzuziehen. Anschließend ist der Kontaktabstand des Unterbrechers zu prüfen und eventuell zu korrigieren. In diesem Fall muß die Zündung nochmals eingestellt werden.
Um ganz sicher zu sein, schraubt man die Kerzen heraus (damit wird die hemmende Kompression ausgeschaltet) und schiebt den Wagen mit eingelegtem Gang, bei eingeschalteter Zündung und angeschlossener Prüflampe ganz langsam vorwärts. Sowie die Lampe aufleuchtet, sofort anhalten. Die Markierungen müssen dann genau übereinstimmen.

Fingerzeig: *Falls beim Schieben des Wagens durch ruckartiges Nachgeben des Motors die Übereinstimmung der Bezugsmarken verfehlt wurde, schiebt man das Auto ein gutes Stück zurück und beginnt vorsichtig von vorn. Damit schaltet man das stets vorhandene Spiel im Verteilerantrieb aus. Ebenso verfährt man beim Verdrehen des Verteilers, wenn man den Aufleuchtzeitpunkt der Prüflampe verpaßt hatte.*

Einstellen mit Stroboskoplampe

Damit diese Arbeit wirklich sinnvoll ist, überzeuge man sich davon, daß der Schließwinkel stimmt. Der Zündverteiler ist provisorisch einzustellen (falls er sich nicht in der bereits zu prüfenden Stellung befindet). Marken der Keilriemenscheibe und am Steuergehäusedeckel bzw. Zeiger am Schauloch mit Kreide markieren. Impulsfühler der Zündlichtpistole am Hochspannungskabel der Zündspule und einen Drehzahlmesser anschließen. Motor starten und mit 800–850 min^{-1} (U/min) drehen lassen.
Die Lichtblitze der Stroboskoplampe sind dann senkrecht auf die Markierungen zu richten und gegebenenfalls wird man den Zündverteiler verstellen müssen, damit eine Übereinstimmung mit der Einstellung 5° vor OT erreicht wird (Motor 19 E und 20 E: 10° vor OT).

Die kontaktlose Zündanlage

Die vorangegangenen Beschreibungen machen die Nachteile der klassischen Spulenzündung deutlich: Sie muß regelmäßig gewartet werden. Der mechanische Unterbrecherkontakt läßt nur Ströme von 4 bis 5 A zu und er unterliegt dem

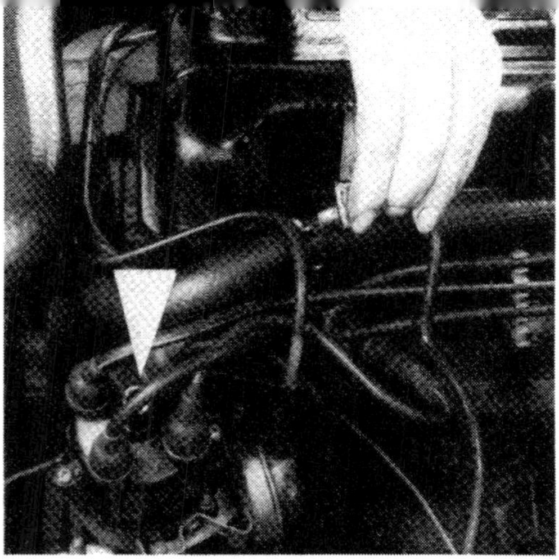

Wenn der mit konventioneller Zündanlage ausgerüstete Motor nicht anspringen will, ist dies die erste wichtige Prüfung: Liefert das Hauptzündkabel Zündstrom an den Verteiler? Dazu Hauptzündkabel aus der Mittelbuchse des Verteilers ziehen (anderes Kabelende muß fest in der Mittelbuchse der Zündspule sitzen) und blankes Kabelende (Gummi-Regenschutzkappe zurückstreifen) auf etwa 10 mm Abstand gegen Motorblock oder an eine Befestigungsschraube für den Ventilkammerdeckel halten. Durch Helfer Motor – ohne Gasgeben – starten lassen. Bei jedem Abheben der Unterbrecherkontakte (kann man bei abgenommenem Verteilerkopf beobachten) muß ein kräftiger Funke zwischen Kabelende und Motorblock überspringen. Kein Zündfunke bedeutet: Zündspule oder Unterbrecher defekt.

Verschleiß. Somit verändert sich mit der Zeit die Einstellung dieser Anlage. Bosch liefert eine kontaktlose Zündanlage, mit der die Manta-2,0-Modelle seit August 1981 ausgestattet sind. Diese Transistor-Zündung bietet eine Reihe von Vorteilen:

■ Wartungsfrei, da kein Kontaktverschleiß und deswegen praktisch konstanter Zündzeitpunkt während der Lebensdauer des Wagens.
■ Bis zu 40 % mehr Zündspannung über den gesamten Drehzahlbereich.
■ Verbessertes Zünden auch bei verrußten Zündkerzen (Flammengeschwindigkeit und -energie sind wegen höherer Spannung größer).
■ Besseres, batterieschonendes Startverhalten bei extremen Temperaturen.
■ Geringerer Kraftstoffverbrauch.
■ Weniger umweltschädliche Abgase.

Zu der Anlage gehören im wesentlichen eine spezielle Zündspule mit zwei Vorwiderständen, ein elektronisches Schaltgerät und anstelle der Unterbrecherkontakte eine Induktionswicklung, ein Rotor mit Stator und Magnet, die im Gehäuse des Zündverteilers untergebracht sind. Dieser Zündimpulsgeber hat die Aufgabe, Steuerimpulse ohne Zuhilfenahme mechanischer Kontakte, also »kontaktlos«, zu erzeugen. Die Steuerimpulse werden dem elektronischen Schaltgerät zugeleitet, in dem unter anderem auch eine Steuerung des Schließwinkels stattfindet. Auch wird dort die Versorgungsspannung relativ konstant gehalten.

Umgang mit der Transistor-Spulenzündung

Ein solches leistungsgesteigertes Zündsystem entwickelt gefährliche Hoch- und Niederspannung, so daß bei Arbeiten an der Anlage Unfallgefahr besteht. Grundsätzlich sollen bei laufendem Motor keinerlei Handgriffe an der Zündanlage vorgenommen werden. Auch bei eingeschalteter Zündung treten gefährliche Spannungen auf, besonders im Bereich der Klemmen 1, 4 und 16 am Kabelbaum, am Anschluß des möglicherweise vorhandenen Drehzahlmessers sowie an den Zündkerzen. Die Zündung ist auszuschalten oder die Batterie ist abzuklemmen, wenn Teile der Zündanlage (auch die Zündkerzen gehören dazu!) ausgewechselt werden sollen.

Bei Reparaturen ist darüber hinaus zu beachten, daß einzelne Kabelanschlüsse, die über keinen Formstecker verfügen, nicht verwechselt werden. Beispielsweise hat ein verpolter Anschluß der Geberleitung beim Vierzylindermotor zur Folge, daß er wegen starker Verschiebung des Zündzeitpunktes in Richtung »früh« nicht anspringt.

Bei falschem Anschluß der Batterie besteht die Gefahr, daß die Elektronik im Schaltgerät zerstört wird, wenn der Irrtum nicht innerhalb weniger Sekunden entdeckt und rückgängig gemacht wird. Wenn die Klemme 16 am Schaltgerät oder die Klemme 1 der Zündspule versehentlich mit Masse in Berührung kommen, ist kein Zündbetrieb möglich, weil dann durch die Zündspule ein zu starker Primärstrom fließt, allerdings ohne Beschädigung der Spule.

Die Zündkabel

Zündkabel mit einer dicken Kupferlitze erfüllen ihre Aufgabe am besten. Wegen der vorgeschriebenen Funkentstörung haben sich aber manche Autohersteller Zündkabel mit einer Nylonseele anstelle von vernünftigen Metallfäden einfallen lassen. Solche in gewissem Maße störanfällige Widerstands-Zündleitungen mit graphierten Nylonfäden findet man im Opel nicht.
Häufig werden jedoch sogenannte Reaktanz-Zündkabel eingebaut, die zwar in der Mitte einen Metalldraht haben, bei dem es sich aber um einen eng gewickelten Wendeldraht handelt. Solche Kabel erfüllen durch ihren inneren Widerstand die Grundforderung der Funkentstörung. Das Nachprüfen des richtigen Widerstandes ist allerdings kompliziert und wird nicht von jedem Mechaniker beherrscht, deshalb empfehlen wir, bei Zündstörungen diese zu den Zündkerzen führenden Kabel zuerst herauswerfen. Aufschneiden von wenigen Millimetern am Ende eines Kabels gibt Aufschluß, ob Drahtwendel oder gedrilltes Drahtlitzenbündel vorhanden ist; bei letzterem kann das Kabel behalten werden.

Entstörung bei Radioeinbau

Für den Betrieb eines Radios müssen Kondensatoren und Entstörglieder eingebaut werden, die für den Opel unter Beachtung einer stets mitgelieferten Anleitung zu installieren sind. Falls sich ein etwa eingebautes Radio durch Störgeräusche unbeliebt macht oder ein Radio eingebaut werden soll, kann man sich sowohl von der Kundendienstabteilung der Robert Bosch GmbH, Robert-Bosch-Platz 1, 7016 Gerlingen-Schillerhöhe, wie auch von der Blaupunkt-Werke GmbH, Robert-Bosch-Straße 200, 3200 Hildesheim, eine Liste mit den zum Manta B passenden Radio-Entstörmitteln schicken lassen. Seit 1976 sind die notwendigen Bosch-Entstörmittel in einem kompletten Entstörsatz zusammengefaßt.

Die Zündkerzen

Normalerweise hat man mit den Zündkerzen wenig Ärger, obwohl sie innerhalb der Zündanlage am meisten arbeiten müssen. Aber eine fehlerhafte Zündkerze stellt jede noch so gute Funktion der Zündanlage in Frage, auch dann, wenn sie den richtigen Wärmewert besitzt. Indirekt empfiehlt daher Opel, die Zündkerzen alle 20 000 km zu wechseln, obwohl das dann oft noch nicht notwendig ist. Meistens genügt das Nachprüfen des Elektrodenabstandes, der bei allen Motoren 0,7–0,8 mm betragen soll.
In der Werkstatt werden Zündkerzen ohne Auftrag nach Inspektionsplan gewechselt. Sollte man vorher selbst neue Kerzen eingesetzt haben, muß man das unbedingt vermerken lassen. Im Kaufhaus sind Zündkerzen überdies etwas billiger. Die Werkstatt berechnet zudem auch noch das Auswechseln.
Man schraubt die Zündkerzen mit einem Kerzenschlüssel SW 21 aus dem Motor. Beim Einschrauben sollen sie eigentlich mit einem bestimmten Anzugsmoment festgedreht werden, doch kann man den dazu nötigen Drehmomentschlüssel durch Einhalten folgender Empfehlungen entbehren: Kerze von Hand so weit in das Gewindeloch schrauben, bis sie sich nicht mehr weiterdrehen läßt (und der Dichtring anliegt). Dann mit dem Kerzenschlüssel eine Vierteldrehung anziehen, was etwa dem vorgeschriebenen Drehmoment von 4 kpm entspricht.

Fingerzeige: *Bei heißem Motorblock niemals kalte Zündkerze zu fest einschrauben. Nach Erwärmung der Zündkerzen sitzt diese wie eingenietet fest. Das Zündkerzengewinde darf vor dem Einbau keinesfalls geölt werden, um es*

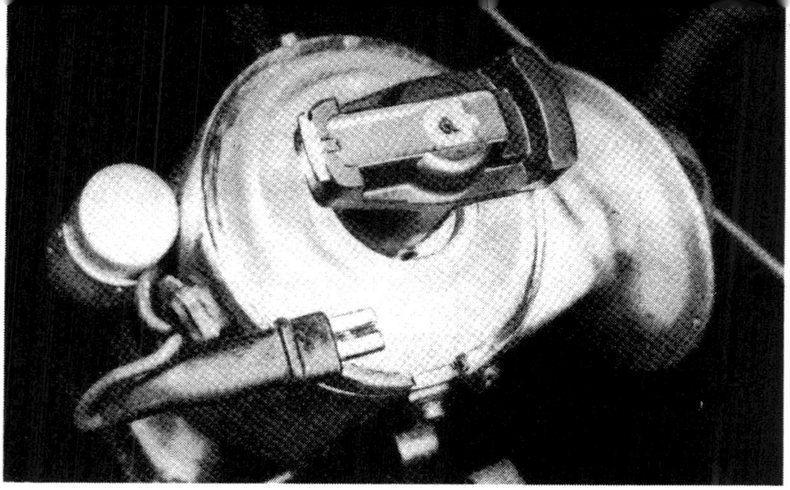

Die offen liegenden Innereien des Bosch-Verteilers werden noch von einem ringförmigen Deckel geschützt, den man abheben kann. Oben auf der Verteilerwelle sitzt der Läufer (Verteilerfinger). Er paßt nur in einer Stellung auf die Welle. Ein herausgenommener Läufer schützt vor Diebstahl des Autos.

besser gängig zu machen. Öl würde verkohlen und die Zündkerze im Gewinde festbacken. Statt dessen mit einem Bleistift Graphit auf das Gewinde schaben. Zündkerze läßt sich später spielend leicht herausschrauben.

Der richtige Wärmewert

Da die verschiedenen Benzinmotoren je nach Verdichtung und Leistung unterschiedliche Temperaturen in ihren Verbrennungsräumen entwickeln, müssen die Zündkerzen speziell auf die vom Motor erzeugte Hitze abgestimmt sein. Die Kerze darf beim Betrieb nicht zu heiß werden, sie muß also Wärme ableiten können. Andererseits wird bei zu starker Wärmeableitung nicht die »Selbstreinigungstemperatur« der Zündkerze erreicht, die bei 500 bis 800° C liegt. Die heißen Zündkerzenelektroden müssen sich selbst von Rußansatz freibrennen können. Die Wärmeableitfähigkeit wird mit einer Kennzahl angegeben, dem »Wärmewert«.

Bei den deutschen Zündkerzenherstellern geschieht dies einheitlich, wobei die früheren dreistelligen Ziffern durch Einzelzahlen ersetzt wurden. Bei Beru und Bosch gelten 145 = 8, 175 = 7, 200 = 6. Ausländische Kerzenhersteller haben sich eigene Kennziffern ausgedacht.

Welche Zündkerzen für Ihren Manta geeignet sind, ersehen Sie in der Aufstellung unter den Technischen Daten auf Seite 225. Werksseitig werden die Motoren im Wechsel mit den Kerzen Bosch W 6 B (W 200 T 35) und AC 42 FS ausgerüstet. Sie haben das Gewinde M 14 × 1,25. Die 16-S-Motoren müssen gegenüber den entsprechenden Vorgänger-Mantas mit Kurzgewinde-Kerzen ausgerüstet sein.

Zündkerzen prüfen und wechseln

Pflegearbeit Nr. 30

Die Zündkerze ist das letzte Glied in der Zündanlage. Durch eine schadhafte oder falsch gewählte Kerze bleibt natürlich alle gute Vorarbeit der Zündanlage vergebens.

Statt des regelmäßigen Zündkerzentausches alle 20000 km empfiehlt sich erst einmal eine Kontrolle. Nach Ansicht der Zündkerzenhersteller ist nämlich eine solche Lebensdauer als obere Grenze anzusetzen. Doch wir meinen, daß die Kerzen bei regelmäßiger Kontrolle auch einiges mehr verkraften, vor allem dann, wenn der Elektrodenabstand regelmäßig kontrolliert und berichtigt wurde.

Beim Ausbau der Zündkerzen nicht an den Zündkabeln zerren, sondern die Zündkerzenstecker fassen und mit leichten Ruckelbewegungen von den Zündkerzenstiften ziehen. Die ausgebauten Zündkerzen sollten Sie in der Reihenfolge der Zylinder ablegen, da das »Zündkerzengesicht« Rückschlüsse auf den betreffenden Zylinder zuläßt (siehe nächsten Abschnitt).

Der Elektrodenabstand wird während der Betriebszeit durch natürlichen Ab-

brand weiter. 0,7–0,8 mm Abstand sind vorgeschrieben – falls notwendig, biegt man die Stirnelektrode etwas nach. Sind die Elektroden dagegen schon stark abgebrannt, sollten Sie die Kerzen ersetzen. Eine zu dünne Stirnelektrode kann abbrechen und im Motor Schaden stiften.
Auf einer gut funktionierenden Kerze darf sich nicht viel Schmutz abgesetzt haben. Mit einer Zündkerzenbürste oder einer alten Zahnbürste und Reinigungsbenzin können Sie das »Kerzengesicht« säubern. Die früher übliche Zündkerzenreinigung mit einem Sandstrahlgerät lohnt sich wegen der hohen Arbeitslöhne kaum noch. Ein Satz ohnehin bald fälliger neuer Kerzen ist in diesem Fall oft billiger. Auch stark verrußte Kerzen (bei reinem Kurzstreckenverkehr) sollten Sie besser austauschen und es vielleicht einmal mit den Mehrbereichszündkerzen von Beru oder Bosch versuchen.

Das Zündkerzengesicht

Die Kerzenelektroden lassen durch Aussehen und Färbung Rückschlüsse auf Vergasereinstellung, Wärmewert der verwendeten Kerze sowie Einsatzbedingungen des Wagens (Fahrweise) zu. So urteilt man über das »Kerzengesicht«:

- mittelbraun oder mittelgrau = gute Vergasereinstellung, Zündkerzen und Motor arbeiten richtig
- schwarz = Vergaser zu fett eingestellt oder Zündkerze ist im Betrieb durch vorwiegende Kurzstreckenfahrten zu kalt. Zündkerze mit nächstniedrigem Wärmewert probieren, wenn Vergasereinstellung stimmt
- hellgrau = Vergaser zu mager eingestellt
- silbrig = Zündkerze wird zu heiß, eventuell durch scharfe Langstreckenfahrten; Zündkerze mit nächsthöherem Wärmewert probieren. Oder Zündung zu früh gestellt
- verölt = Zündkerze setzt aus oder Kolbenringe undicht; wenn bei allen Zündkerzen, Fehler in der Zündanlage.

Schutz vor Diebstahl

Je länger ein Spitzbube braucht, ein Fahrzeug zu öffnen (um daraus Gegenstände zu stehlen oder um den Motor in Gang zu setzen), um so wirkungsvoller ist eine Schutzvorkehrung. Das gilt für die Zusatzsicherungen, von denen nur die mechanischen (Punktschloß für Türen mit 3-cm-Riegel) und die seismischen Sicherungen (bewegliche Pendel schließen bei Erschütterung Kontakt zur Alarmanlage) genannt seien. Es gibt auch Kontaktsicherungen für aufklappbare Karosserieteile. Bosch und Hella haben seit 1977 neue elektronische Diebstahlsicherungen im Programm. Bosch führt daneben gepanzerte Zündspulen mit Panzerschlauch zum Zündschloß, womit ein Kurzschließen der installierten Zündanlage nicht möglich ist. Der Selvamat dagegen ist ein elektronisches Steuergerät, bei dem nach Öffnen der Türen nach einer bestimmten Zeit der richtige Zündschlüssel bedient werden muß, sonst schaltet sich der Alarm an. Eine einfache, aber wirkungsvolle Sicherung ist es, den Verteilerläufer abzuschrauben und mitzunehmen. Man kann auch statt des Hauptzündkabels ein ähnlich aussehendes Kabel in die Buchse der Zündspule stecken und das andere Drahtende an Masse legen. Eine weitere Überlistung besteht in einem zusätzlichen Kabel an Verteilerklemme 1, das man über einen an geheimer Stelle angebrachten Kippschalter und von dort an Masse führt; in Stellung »Aus« des Schalters läßt sich der Motor starten.

Drahtzieher

Alle elektrischen Geräte benötigen zwei Anschlüsse, durch die der Strom hin- und zurückfließen kann. Das ist von Haushaltsgeräten her bekannt und trifft auch für die Stromverbraucher im Auto zu. An diesen »Klemmen« sind sie über elektrische Leitungen mit dem Stromspeicher (Batterie) oder dem Stromerzeuger (Lichtmaschine) verbunden. Jeder Verbraucher, ob Rücklicht, Gebläsemotor oder Fernlichtkontrolleuchte, braucht eine eigene, besondere Zuleitung. Durch die Summe der in heutigen Autos untergebrachten Leuchten und Geräte ergibt sich deshalb ein auf den ersten Blick unübersichtlich erscheinendes Kabelgewirr. Bei etwas näherer Betrachtung stellt sich jedoch heraus, daß die Wege des Stroms verhältnismäßig einfach verfolgbar sind.

Die Masse behüten

Die im Autobau übliche Gepflogenheit, den »Rückweg« des Stroms über gemeinsam leitende Metallteile zu vollziehen, trägt zur Vereinfachung in der elektrischen Anlage bei. Motor, Fahrwerksteile und Karosserie sind immer irgendwie miteinander verbunden und werden als Masseleiter benutzt. Daher sind auch im Opel eine ganze Reihe von Verbrauchern und einige Schalter nur mit dem stromführenden »Hinweg«-Kabel verbunden, während sie durch ihre Befestigung – zumeist Schrauben – direkten Massekontakt besitzen.
Lockerung und Korrosion führen dazu, daß die notwendigen Verbindungen zwischen den verschiedenen Stromverbrauchern und der Masse im Laufe der Zeit den rechten Kontakt verlieren. Aber auch Steckverbindungen der Kabel und Anschlußkontakte der Aggregate, also kurz die Kabelklemmen, lockern sich bei steigendem Wagenalter und oxydieren. Wenn der Strom solche Anschlüsse nicht mehr ungehindert passieren kann, kommt es zu Spannungsabfall in den Leitungen. Zuerst macht sich dieser Mangel in z. B. immer müder leuchtenden Lampen bemerkbar, bis eines Tages der Stromverbraucher auf seine Einschaltung nicht mehr reagiert.
Dann sind Kabelklemmen und Anschlüsse mittels Feile, Sandpapier oder auch nur mit dem Taschenmesser blank zu schaben. Auch die Umgebung der Klemme ist zu reinigen. Isolierspray, das man auf die Kontaktstellen sprüht, schützt diese blanken Stellen vor bald erneut einsetzender Korrosion und verhütet außerdem Kriechströme durch Feuchtigkeit. Die weißliche Schicht des im Winter angetrockneten Streusalzes ist ein böser Feind der Elektrik, denn diese Salzrückstände sind elektrisch leitend und können vor allem die Arbeit der Zündanlage behindern.
Bei Verdacht auf oxydierte Schalterkontakte, die im Schaltergehäuse nicht zugänglich sind, überbrückt man zur Probe den Stromein- und -ausgang am Schalter mit einem kurzen Stück Draht. Zeigt sich beim Antippen der beiden Schalterklemmen mit dem Hilfsdraht eine verbesserte Leistung des dabei eingeschalteten Verbrauchers, liegt der Fehler eindeutig im korridierten Schalter, und ein neuer ist zu installieren.

Eine Besonderheit bei Opel ist es, eine Reihe von Schaltern und Relaisstationen mit separaten Massekabeln zu verbinden. Sie sind an ihrer braunen Isolation erkenntlich. Diese Massekabel haben den Vorzug, daß der vorher beschriebene Spannungsschwund nahezu ausgeschlossen ist.

Normung der Anschlüsse

Opel bietet innerhalb der elektrischen Anschlüsse eine nicht zu unterschätzende Hilfestellung: Damit man die Kabel im Auto zuverlässig verfolgen kann, sind sie von farbigen Isolierschichten umhüllt. Dabei kommen gewissen Farben wegweisende Bedeutungen zu. So sind die stets stromführenden Leitungen rot und viele Kabel, die bei eingeschalteter Zündung unter Strom stehen, schwarz. Braun bedeutet bei Opel: Massekabel.

Zudem sitzen die meisten Kabel an numerierten Anschlüssen. Bei der Numerierung folgt man einer in verschiedenen europäischen Ländern gültigen Norm, die bei deutschen Autos sehr ausführlich praktiziert wird. Beispielsweise tragen stets stromführende Kabel, die also mit der Batterie ständig in Verbindung stehen, die Klemmenbezeichnung »30«. Eine Aufstellung der Klemmenbezifferung, die im Manta vorkommt, befindet sich auf Seite 230.

Wie der Strom ausgenutzt werden kann, hängt schließlich von dem Querschnitt und der Länge eines Kabels ab. Zur Scheinwerferlampe mit 45 Watt Aufnahmemöglichkeit läuft ein Kabel mit größerem Querschnitt als zur 5-Watt-Innenraumleuchte. Wo der Strom am anderen Ende wirklich etwas leisten soll, darf er sich nicht durch ein zu dünnes Kabel zwängen müssen. Sonst tritt Spannungsabfall ein, und statt der planmäßigen 12 Volt kommen nur 11 oder gar 10 Volt an. Ein zu schwaches Kabel heizt sich außerdem auf und es kann zu einem Kabelbrand kommen. Nach deutschen Normvorschriften soll für 4,5 bis 5,5 Ampere Dauerstrom ein Querschnitt von je 1 mm^2 vorhanden sein.

Einziehen neuer Kabel

Elektrische Leitungen im Auto dürfen unter keinen Umständen durch Kabel, wie sie im Haushalt üblich sind, hergestellt werden. Autokabel besitzen eine benzin- und ölfeste Isolation, die zudem scheuer- und hitzebeständig ist. Solche Kabel kauft man in der Opel-Werkstatt oder im Zubehörhandel, und man verlangt gleich die vorgegebene Farbe und Stärke.

Dazu erhält man dort passende Flachstecker, Endverbinder und Kabelschuhe, die das Festlöten am Kabel ersparen. Die abisolierten und blankgeschabten Kabelenden sind in die entsprechenden Verbindungsstücke zu führen, wo man sie mehrmals kurz hintereinander festklemmt. Fachwerkstätten besitzen eigens dafür vorgesehene Quetschzangen, aber auch mit dem Schneideteil einer Kombizange lassen sich solche Verbindungen vorsichtig zusammenquetschen, ohne sie zu zertrennen. Eine verlötete Verbindung ist natürlich zuverlässiger.

Vor dem Ersatz eines Kabels ist zunächst das Masse-(Minus-)Kabel der Batterie zu lösen, um Kurzschlüsse zu vermeiden. Das neue Kabel soll auf möglichst kurzem Wege verlegt werden (Spannungsabfall!), jedoch darf man es auch nicht zu straff ziehen, damit es bei Vibrationen nicht abreißt. Kabel dürfen nicht lose herumhängen, sondern man befestigt sie mit Isolierband oder Tesafilm an schon vorhandenen Kabelsträngen.

Die Bedeutung der Kabelstärke wurde im vorangegangenen Abschnitt bereits erwähnt. Zu ergänzen ist noch, daß die Leitfähigkeit der Kabel von ihrem Material abhängt und Kupfer in dieser Beziehung die besten Voraussetzungen dazu bietet. Andere Metalle sind zu weich oder spröde (Blei, Aluminium) oder zu teuer (Silber, Wolfram). Es hat demnach seinen guten Grund, wenn in Autos ausschließlich Kupferkabel verwendet werden sollen – siehe auch den Abschnitt »Die Zündkabel« auf Seite 193.

Unterhalb des Sicherungskastens befinden sich die Mehrfachstecker für folgende Kabelsätze: S - Scheibenwischerschalter, A - Abblendschalter und Blinkerschalter, K - Kontaktteil am Lenk- und Zündschloß. Dahinter verbergen sich 1 - Heizscheibenrelais, 2 - Nebelscheinwerferrelais, 3 - Fernscheinwerferrelais.
Für alle Fälle muß man wenigstens einige 8- und 16-Ampere-Sicherungen, wie sie auch im Opel verwendet werden, im Wagen als Ersatz mitführen. Für kurze Zeit läßt sich manchmal eine Störung auch mit einer 20-Ampere-Sicherung überbrücken. Mit ihrer Hilfe kommt man dann bis zur nächsten Fachwerkstatt, wo der Fehler gefunden und beseitigt werden kann. Aber statt der Sicherung einen Nagel oder eine Büroklammer einzusetzen, ist tödlicher Leichtsinn. Ihre Versicherung zahlt keinen Pfennig, wenn sie das wegen Kurzschluß verbrannte Wagenwrack untersuchen läßt und die Schadensursache herausfindet.

Die Sicherungen

Zum Schutz vor Überlastung eines Verbrauchers und vor möglicherweise bösen Folgen durch Kurzschluß laufen nahezu alle Stromkreise im Manta über Sicherungen. Solche Sicherungen besitzen dünne Metallstreifen, die dann schmelzen, wenn sie von einer zu hohen Stromstärke durchflossen werden. Man sieht es einer Sicherung sofort an, wenn sie keinen Strom mehr hindurchläßt: Ihre Metallbrücke ist dann unterbrochen.
Der Sicherungskasten befindet sich links der Lenksäule unter der Instrumententafel. Auf der Rückseite des Deckels über dem Sicherungskasten sind die geschützten Stromkreise zu den einzelnen Sicherungen vermerkt. Am Ende dieses Kapitels finden Sie eine erweiterte Sicherungstabelle, aus der Sie zudem ersehen können, woher jede Sicherung ihren Strom bezieht und welche Farbe die am Sicherungskasten angeschlossenen Kabel haben.
Die Schaltungen zwischen Batterie, Lichtmaschine, Anlasser und Zündschloß sind nicht durch Sicherungen überwacht. Springt der Motor nicht an, ist das Suchen nach einer durchgebrannten Sicherung also zwecklos. Wenn dieses Auto nicht Ihr erster Opel ist, so wissen Sie vielleicht noch, daß es auch keine Sicherungen für die Hauptscheinwerfer gibt: Wie bei anderen Opel-Modellen sind Abblendlicht und Fernlicht direkt mit dem Signalschalter verbunden, und dieser wiederum erhält Strom von Sicherung Nr. 3.
Sollte eine Sicherung durchbrennen, muß das als Alarmzeichen gelten, denn offensichtlich wurde sie überlastet. Oft hat es keinen Sinn, dann eine neue Sicherung einzusetzen, ohne nach der Ursache des Ausfalls geforscht zu haben. Mit einer Prüflampe kann man feststellen, ob in der fraglichen Leitung, wenn eingeschaltet, Strom fließt, ab welcher Stelle kein Strom mehr angezeigt wird und ob auch Strom trotz Ausschaltung vorhanden ist. Entweder sind ein an der betreffenden Sicherung angeschlossener Stromverbraucher oder das dorthin führende beschädigte Kabel oder dessen Anschlüsse Ursache der Überlastung. Durch vorläufiges Abklemmen des auf diese Weise eingekreisten Störenfrieds kann man die Arbeit der übrigen, an die betreffende Sicherung angeschlossenen Verbraucher aufrechterhalten. Die gefundene Hemmung muß aber baldigst behoben werden – ein Elektrodienst oder die Opel-Werkstatt helfen Ihnen dabei. Solche Störungen kann man mit einem Amperemeter aufspüren. Das Instrument wird statt der Sicherung an deren Kontaktklemmen angelegt, und die an dieser Leitung hängenden Verbraucher schaltet man einzeln ein. Dabei wird abgelesen, wieviel Ampere jeweils beansprucht werden, und der Übeltäter läßt sich lokalisieren. Ein Kurzschluß, der durch Wackelkontakt während der Fahrt eintritt, ist auf diese Weise allerdings nicht zu erkennen.

Sicherungstabelle

Die Nummern der Sicherungen sind mit ihrer Reihenfolge im Sicherungskasten identisch. Vielleicht fällt Ihnen als alter Ascona- oder Manta-Fahrer auf, daß beim Manta B doppelt so viel Sicherungen vorhanden sind als bei dem Vorläufermodell A. Nun hat sich nicht etwa auch die Zahl der stromverbrauchenden Geräte verdoppelt, vielmehr wurden verschiedene vorher zusammengefaßte Stromkreise entzerrt und einige Verbraucher an neue Sicherungen angeschlossen.

Sicherung Nr.	erhält Strom von	Kabel-Farbe	angeschlossene Verbraucher	Kabelfarbe
① 5 Ampere	Lichtschalter	grau-grün	rechte Standleuchte	grau-rot
			rechte Schlußleuchte	grau-rot
			Kennzeichenleuchte	grau-rot
			Instrumentenbeleuchtung	grau-rot
			Motorraumleuchte	grau-rot
② 5 Ampere	Lichtschalter (von Sicherung Nr. 1)	grau-grün	linke Standleuchte	grau-schwarz
			linke Schlußleuchte	grau-schwarz
③ 8 Ampere	Batterie	rot	Lichthupe	rot
			Warnblinkanlage	rot
			Innenraumleuchte	rot
			Kofferraumleuchte	rot
			Zeituhr	rot
			Radio	schwarz
④ 8 Ampere	Zündschalter Klemme 15	schwarz	Scheibenwischer	lila
			Startautomatik	lila, weiß-schwarz
⑤ 8 Ampere	Zündschalter Klemme 15	schwarz	Rückfahrleuchtenschalter	weiß-schwarz
			Gebläse	schwarz
⑥ 5 Ampere	Zündschalter Klemme 15	schwarz	Blinkanlage	schwarz, blau
			Bremslicht	schwarz-rot
⑦ 16 Ampere	Batterie	rot	heizbare Heckscheibe	rot, schwarz
⑧ 8 Ampere	Zündschalter Klemme 15	schwarz	Zigarrenanzünder	schwarz
			Signalhorn	schwarz-gelb
⑨ 16 Ampere	Batterie	rot	Zusatzleuchten: Fernscheinwerfer (Weitstrahler)	rot
⑩ 16 Ampere	Lichtschalter	grau-grün	Zusatzleuchten: Nebelscheinwerfer	grau-grün
⑪ 8 Ampere	Batterie	rot	Einspritzanlage	rot
⑫ 8 Ampere	Batterie	rot	Scheinwerferreinigungsanlage	rot

Erleuchtende Worte

Wissen Sie genau, ob alle Lampen an Ihrem Wagen funktionieren, wenn Sie unterwegs sind? Hatten Sie sich vor Antritt der Fahrt davon überzeugt? Hand aufs Herz – wohl kaum. Man darf sich aber nichts vormachen: Eine Leuchte, deren Ausfall unbeachtet bleibt, kann erhebliches Unheil stiften.

Licht schafft Sicherheit

Zur Gefahrenquelle wird jede Leuchte, wenn ihre Lampe durchgebrannt ist, mag es sich um das Standlicht, Bremslicht, Rücklicht oder um einen Blinker handeln. Wer mit nur einem brennenden Scheinwerfer daherkommt, dessen Auto wirkt auf den Gegenverkehr wie ein Motorrad. Das gleiche gilt für die Rückleuchten. Bedrohlich wird es, wenn das Licht – vorne oder hinten – links am Wagen erloschen ist. Sollten Sie in diesem Fall wirklich keine Reservelampe zur Verfügung haben, dann setzen Sie wenigstens die noch intakte Birne von der rechts angebauten Lichtquelle in die linke. So haben Sie zumindest die der Fahrbahnmitte zugewendete Seite des Wagens für Gegenverkehr oder Überholer gesichert. Die Weiterfahrt in dieser Weise muß dann aber wirklich zur nächsten Tankstelle führen.

Sorgen Sie auch immer für saubere Leuchten- und Scheinwerfergläser. Bei ungünstigem Wetter kann die Lichtstärke der dann verschmutzten Streuscheiben bis zur Hälfte der ursprünglichen Helligkeit abfallen. Das gilt auch bei beschlagenen Reflektoren und geschwärzten Glaskolben der Glühlampen. Halogenlampen bekommen manchmal einen weißlichen Kolben, was ebenfalls die Lichtstärke mindert. Die Ursache dazu kann in oxydierten Kabelverbindungen (Spannungsabfall) liegen. Bei 13 Volt Spannung regeneriert sich eine solche Lampe meist und ist dann wieder richtig dienstbereit.

Wenn man von der Polizei wegen einer nicht funktionierenden Lampe gestoppt wird, kommt man nur dann ohne Strafmandat davon, wenn die Ersatzbirne griffbereit ist. Ein so vorsorglicher Autofahrer ist nach der Rechtsprechung glaubwürdig, wenn er behauptet, die Lampe müsse »gerade eben« durchgebrannt sein. Dafür kann er nicht zur Verantwortung gezogen werden.

Ersatzlampen auf Vorrat

Wissen Sie, welche Lampe am Auto als nächste durchbrennt? Die Hersteller geloben z. B. für den Abblendfaden in den Hauptscheinwerferbirnen eine Lebensdauer von 150 Brennstunden. Haben Sie aber dafür eine Garantie? Deshalb ist es vorteilhaft, wenn Sie sich für Ihren Opel zu jeder der vorhandenen Beleuchtungseinrichtungen wenigstens eine Ersatzlampe kaufen. In einem stabilen Kästchen, ausgelegt mit Watte, Schaumstoff oder Papiertaschentüchern, nehmen diese Birnen kaum Platz weg.

Praktische Ersatzlampenkästchen, die vorsortierte Lampen und Sicherungen als Vorrat enthalten, bekommt man beim Opel-Service. Im Zubehörhandel oder in den Kaufhäusern gibt es ähnliche, gewöhnlich von Osram oder Philips. Tankstellen bieten oft weniger preiswerten Einkauf. Wir geben Ihnen hier eine Auf-

Opel liefert für den Manta einen Satz Glühbirnen und Sicherungen als Reservevorrat, untergebracht in einem handlichen Kästchen. Da man nie weiß, wann eine Lampe oder eine Sicherung durchbrennt, sollte man auf eine solche Eventualität stets vorbereitet sein. Der im Wagen mitgeführte Ersatz muß natürlich rechtzeitig ergänzt werden, wenn man ihn einmal hatte in Anspruch nehmen müssen.

stellung der Lampen aller äußeren Beleuchtungseinrichtungen für Ihren Opel, damit Sie sich über die spezielle Ersatzlampenbestückung im klaren sind. Selbstverständlich handelt es sich dabei um Lampen mit 12 Volt Spannung.

Leuchte	Bezeichnung	Sockel-Bezeichnung
Hauptscheinwerfer: Zweifadenlampe	A 45/40 W	P 45 t–41
oder Halogen-Lampe (Sonderausstattung)	H4 60/55 W	P 43 t–38
Standlicht: Röhrenlampe	HL 4 W	BA 9s
Vordere Blinkleuchten: Kugellampe	RL 21 W	BA 15s
Brems- und Schlußleuchten: Zweifaden-Kugellampe	SL 21/5 W	BAY 15d
Hintere Blinkleuchten: Kugellampe	RL 21 W	BA 15s
Rückfahrleuchten: Kugellampe	RL 21 W	BA 15s
Kennzeichenleuchte: Kugellampe	G 10 W	BA 15s
Parkleuchte: Röhrenlampe	HL 4 W	BA 9s
Zusatzscheinwerfer, Nebellicht oder Fernlicht: Halogenlampe	YC 55 W	P 14,5s

Funktion aller Leuchten prüfen

Pflegearbeit Nr. 18

Im Inspektionsplan von Opel ist die Prüfung der gesamten Beleuchtungseinrichtungen für alle 10 000 km ausdrücklich vorgeschrieben.
Man kann die Einsatzbereitschaft der einzelnen Lampen der Außenbeleuchtung vor einer Wand prüfen und kontrollieren, ob zwei Reflexionen nebeneinander vorhanden sind. Wenn ja, brennen beide Scheinwerfer, und durch Auf- und Abblenden erhält man zugleich Gewißheit über die richtige Einsatzbereitschaft von Fern- und Abblendlicht. Diese Methode kann man auch bei den vorderen Blinkern anwenden, und mit Hilfe des Rückspiegels hat man in gleicher Weise die Möglichkeit, das Aufleuchten der Schluß- und Bremslichter sowie der rückwärtigen Blinker zu beobachten. Beim Einlegen des Rückwärtsganges muß – bei eingeschalteter Zündung – die Rückfahrleuchte brennen.
Bei einer ausgefallenen Leuchte kann die Lampe jedoch selbst in Ordnung sein,

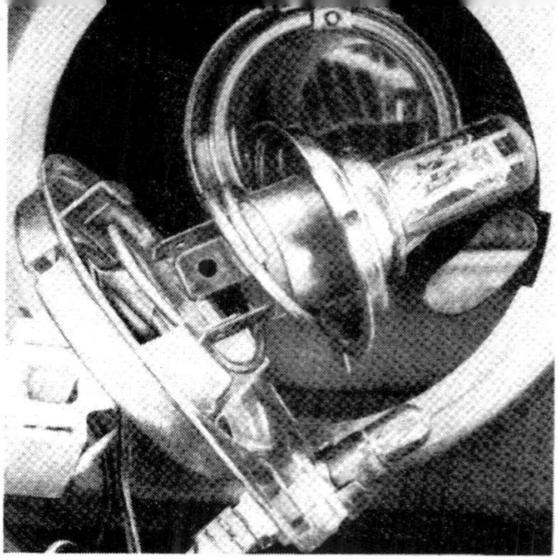

aber die Stromzufuhr klappt irgendwo nicht. Dann brennt vielleicht auch die neue Birne nicht, weil Lampenfassung, Kabelverbindung oder die dazugehörige Sicherung keinen Strom weiterleiten. An dieser Stelle sei noch einmal daran erinnert, daß die Zweifadenlampen in den Hauptscheinwerfern des Opel nicht direkt von einer Sicherung geschützt sind.
Abhilfe: Lampe bei eingeschaltetem Schalter leicht hin- und herdrehen; flackert sie auf, Strom ausschalten und Lampenfassung und inwendige Kontaktzungen mit Taschenmesser vorsichtig blank schaben. Gleiches Verfahren bei der entsprechenden Schmelzsicherung (welche zuständig ist, kann im Kapitel »Elektrische Leitungen« nachgesehen werden). Bleiben beide Versuche erfolglos, kann nur eine Kabelverbindung lose oder oxydiert sein. Beim Verfolgen der Kabel ist der Schaltplan hinten in diesem Buch behilflich.
In diesem Zusammenhang sei vermerkt, daß das Auswechseln von Glühbirnen, von einer Werkstatt vorgenommen, von dieser auch – neben dem Glühlampenneupreis – berechnet wird.
Die Einsatzbereitschaft der Kontrollampen in der Instrumententafel ist auch nicht schwierig nachzuprüfen. Beim Einschalten des Standlichts, des Fernlichts, der Blinker, der Warnlichtanlage, der Zündung, der Thermoheckscheibe und beim Anziehen des Handbremshebels müssen die entsprechenden Kontrollichter aufleuchten. Ob die Öldruckkontrolle funktioniert, überprüft man wie auf Seite 215 geschildert. Das Auswechseln der einzelnen Lampen ist in den folgenden Abschnitten (Instrumentenbeleuchtung: im übernächsten Kapitel) beschrieben.

Links: Nach Abnahme des Deckels für das Scheinwerfergehäuse ist der Scheinwerfereinsatz vom Motorraum aus zugänglich. Hier sitzt der Dreifachstecker noch auf dem Sockel der Halogenlampe. Diese Lampe darf man nicht an ihrem Glaskolben anfassen.
Rechts: Am unteren Rand des Lampensitzes im Reflektor erkennt man die Fassung für die Standlichtbirne, zu der ein einzelnes Kabel führt. Beim Zusammenbau wird die Lampe von der Schraubenfeder festgehalten.

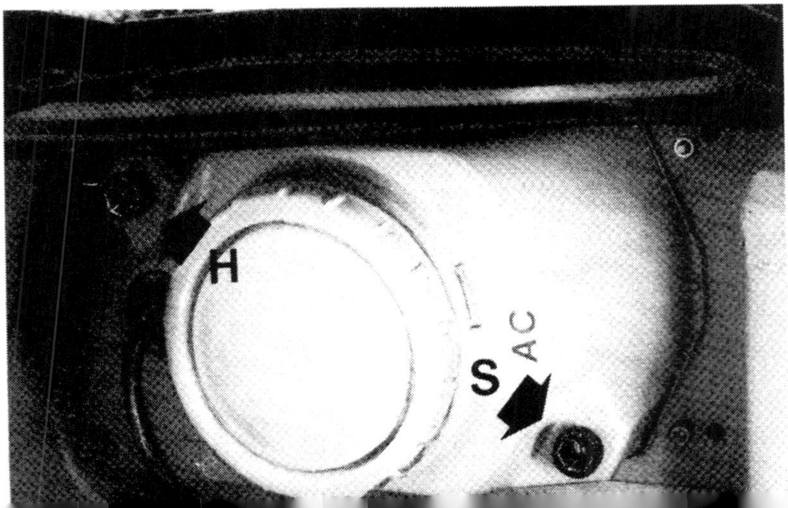

Ebenfalls im Motorraum erreichbar sind die Einstellschrauben für die Höhenverstellung (H) und Seitenverstellung (S) der Hauptscheinwerfer. Die Schrauben betätigt man mit einem Inbusschlüssel SW 10.

Scheinwerfer-einstellung überprüfen

Pflegearbeit Nr. 19

Richtig eingestellte Scheinwerfer vermindern die Blendstörung beim Gegenverkehr. Durch falsch eingestellte Scheinwerfer kann der Geblendete nur noch Gegenstände in einer um etwa 75 % geringeren Entfernung als normal erkennen. Wollen Sie, daß Ihnen ein derart behinderter Autofahrer begegnet?

Die Scheinwerfer müssen so eingestellt sein, daß ihr Abblendlicht auch bei extremer Belastung des Wagens im vorschriftsmäßigen Winkel auf die Straße fällt. Bei etwas Übung kann man selbst während der Fahrt beurteilen, ob die Fahrbahn nicht mehr richtig ausgeleuchtet wird. Das gleiche gilt für zusätzlich angebaute Nebelscheinwerfer.

Wer die Einstellung selbst ausführen will, muß zuvor folgendes beachten: Der Wagen soll durch eine Person (oder 70 kg) in der Mitte der hinteren Sitzbank oder durch zwei Personen auf den vorderen Sitzen belastet sein. Der Tank ist zu füllen, und alle sonst im Betrieb mitgeführten Werkzeuge und Teile müssen an Bord sein. Vorgeschriebener Reifenluftdruck und völlig ebener Boden sind weitere Grundbedingungen. Ferner benötigt man eine senkrechte glatte Wand, beispielsweise in der Garage. Man rollt den Wagen bis dicht vor die Wand und kennzeichnet auf dieser die Mittelpunkte der Scheinwerfer. Werden die Punkte durch eine Linie verbunden, muß dieselbe waagerecht sein. Danach schiebt man den Opel um genau 5 m zurück, wobei er auf dem neuen Platz auch noch exakt waagerecht stehen muß.

Die Neigung des Lichtbündels jedes Scheinwerfers muß 10 cm auf 10 m betragen. Wenn das Abblendlicht eingeschaltet wird, müssen demnach die durch das asymmetrische Abblendlicht erzeugten Knickpunkte 5 cm unterhalb der vorher eingezeichneten Markierungspunkte erscheinen. Der von den beiden Mittelpunkten nach rechts ansteigende Lichtwinkel hat etwa 15° zu betragen. Stimmen die Lichtgrenzen nicht, ist die Stellung der Scheinwerfer entsprechend zu verändern. Das geschieht mittels der im Motorraum erreichbaren Rändelschrauben, die zugleich für die Aufnahme eines Inbusschlüssels SW 10 eingerichtet sind. Diese Einstellschrauben werden im Bild Seite 203 gezeigt.

Zusätzlich angebaute Scheinwerfer sollen ebenfalls richtig eingestellt sein. Vibrationen während der Fahrt und äußere Einwirkungen, wie sie etwa in automatischen Waschanlagen möglich sind, können die Einstellung solcher Zusatzleuchten verändern. Die Befestigung ist je nach Fabrikat unterschiedlich; zur Korrektur der Einstellung muß gewöhnlich die Befestigungsmutter gelockert werden.

Fernscheinwerfer haben die Aufgabe, das Blickfeld in waagerechter Ebene vor dem Wagen auszuleuchten. So ist die notwendige Einstellung unschwer festzustellen: Der auf der Wand markierte Lichtbündelmittelpunkt muß stets in glei-

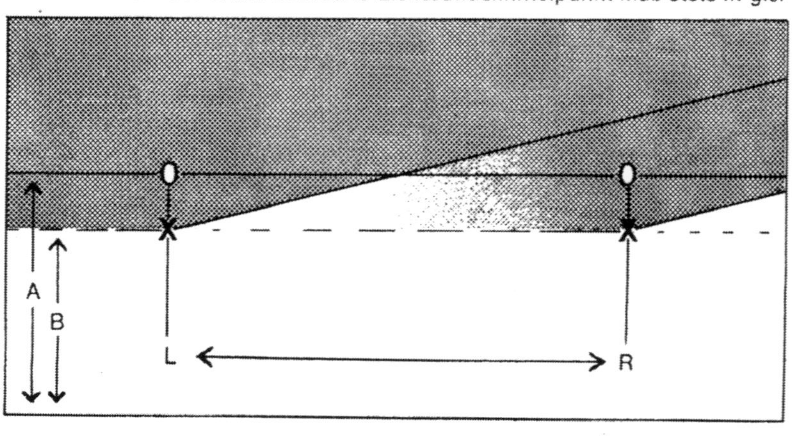

Vor der Wand, auf der Sie die im Text beschriebenen Markierungen zum Einstellen der Scheinwerfer anbringen, müssen Sie etwas über 9 m ebene Fläche haben, damit auch die Hinterräder des Wagens noch darauf stehen, wenn das Auto 5 m zurückgerollt wird. Die beiden senkrechten Linien L und R zeigen die Entfernung der beiden Scheinwerfer voneinander, die bei O in einer Waagerechten in der Höhe A zu markieren sind. Danach rollt man das Auto 5 m von dieser Wand zurück, wo jetzt das Abblendlicht in der Höhe B erscheinen soll. An den Knickpunkten X verläuft die Hell-Dunkel-Grenze des asymmetrischen Lichtes.

Die vorderen Blinker sitzen unter der Stoßstange, ihre Lichtscheibe wird von zwei Kreuzschlitzschrauben gehalten. Bei älteren Wagen kann die Gummidichtung am Rande der Leuchte brüchig werden, wodurch sich Korrosionsgefahr ergibt. Wenn die Lampe ausgefallen ist, zunächst prüfen, ob sie überhaupt über guten Kontakt verfügt.

Die ab 1979 in den Stoßfänger integrierte Blinkleuchte ist im Prinzip ähnlich.

cher Höhe liegen, wenn der Wagen auf ebener Fläche zurückgeschoben wird. Anders ist es bei Nebelleuchten, die ähnlich wie das Abblendlicht über einen Lichtschein mit deutlicher Hell-Dunkel-Grenze verfügen, weil nach oben abstrahlendes Licht die Leuchte illusorisch machen würde. Aber wegen unterschiedlicher Effekte bei einzelnen Leuchtenherstellern kann es keine in diesem Sinne bindende Vorschrift zur Einstellung geben. Der Gesetzgeber sagt, daß die Beleuchtungsstärke in 25 m Entfernung höchstens 1 Lux – was etwa der Helligkeit bei Vollmond entspricht – betragen darf. Sie sind allgemein so einzustellen, daß ihre Hell-Dunkel-Grenze auf 10 m Entfernung um 20 cm geneigt ist.

Lampenwechsel

Scheinwerfer

Die Hauptscheinwerfer des Manta sind ab Werk für die Aufnahme konventioneller Zweifadenbirnen – auch Biluxlampen genannt – eingerichtet. Als Sonderausstattung können diese Scheinwerfer auch mit zweifadigen Halogenlampen (H 4) ausgerüstet sein. Falls nur ein Faden derartiger Zweifadenlampen ausgefallen ist, wenn also nur Fernlicht oder Abblendlicht brennt, dann wird der Defekt kaum an der Stromzufuhr liegen, und die Lampe muß ausrangiert werden. Brennen dagegen beide Fäden plötzlich nicht, ist der Verdacht begründet, daß kein Massekontakt mehr besteht.

Zum Lampenwechsel öffnet man die Motorhaube. An der Rückseite des Scheinwerfers dreht man zuerst die runde Abdeckung links herum und nimmt sie ab. Dann zieht man den dreipoligen Stecker von dem Lampenfuß ab. Die Lampenfassung, zugleich rückwärtige Verschlußkappe des Reflektors, ist dann etwas gegen den Reflektor zu drücken, nach links zu drehen und abzunehmen. Danach

Das Gehäuse einer Kennzeichenleuchte ist von unten nach oben aus der Stoßstange zu drücken. An den Seiten des durchscheinenden Gehäusedeckels sitzen lose Halteklammern, von denen eine den Massekontakt zwischen Stoßstange und Kontaktzunge am Gehäuseboden herstellt. Verschmutzung kann hier zu Störungen führen.

Die Rückleuchten müssen im Kofferraum ausgewechselt werden. Man ergreift ihre Fassung durch die Öffnungen des inneren Karosserieblechs. Einzelheiten zum Lampenwechsel sind auf der nächsten Seite beschrieben. Die Pfeile weisen auf die Aussparungen am Rand des Sitzes für die Fassung, die so angeordnet sind, daß Fassung und Lampe nicht verkehrt eingesetzt werden können.

läßt sich die Lampe entnehmen. Beim Einsetzen der neuen Lampe achte man auf die am Rande des Lampensockels angebrachten Aussparungen, die – wie ein Schlüssel in sein Schloß – nur in einer Richtung in die Fassung passen. Dabei befindet sich die mittlere Kontaktzunge einer Lampe immer oben.
Neue Lampen – und besonders die für die Hauptscheinwerfer – faßt man nicht mit bloßen Händen am Glaskolben an. Auch bei sauberen Händen bleiben daran Schweißabsonderungen zurück, die bei Einschalten der Lampe durch die Hitze verdampfen und den Reflektor trüben. Ein verschmutzter Glaskolben muß mit einem unbenutzten Taschentuch saubergerieben werden.

Standlicht

Die 4-Watt-Standlichtlampe sitzt gemeinsam mit der Abblendlicht-Fernlichtlampe in der gleichen Verschlußkappe des Hauptscheinwerfers. Zum Auswechseln sind daher die eben beschriebenen Handgriffe auszuführen, ohne dabei die Biluxlampe herauszunehmen. Die kleine Standlichtlampe braucht nur in ihrem Sitz gedreht zu werden, um sie entnehmen zu können. Beim Einsetzen müssen beide Nasen am Lampensockel richtig im Lampensitz einrasten.

Vordere Blinkleuchten

Separat unterhalb der Stoßstange sind die Gehäuse der vorderen Blinker angebracht. Zum Lampenwechsel muß die Lichtscheibe der Leuchte abgenommen werden, dazu löst man ihre beiden Kreuzschlitzschrauben. Die Glühlampe drückt man leicht in die Fassung und dreht sie dabei nach links, dann kann sie entnommen werden.
Am Gehäuserand befindet sich für die Lichtscheibe eine Dichtung, die nicht be-

Lichtscheibe und Reflektor der zur Sonderausstattung gehörenden Nebelleuchten sind zusammengefügt und werden gemeinsam abgenommen. Zum Austausch der Halogenlampe ist die Halteklammer auszuhaken und das mit der Lampe verbundene Kabel von der Kontaktzunge abzuziehen.

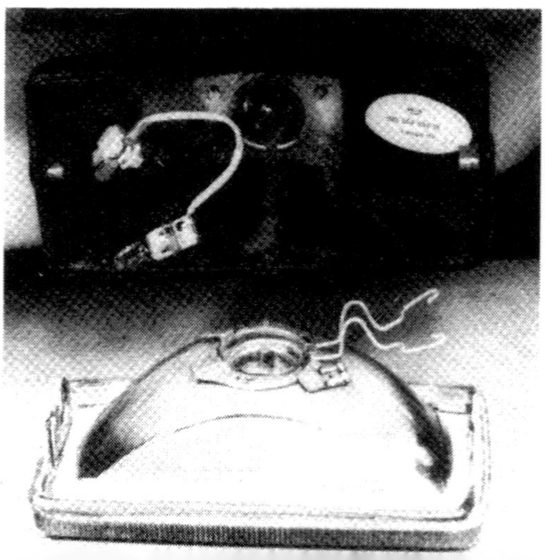

Die auf Wunsch installierte Nebelschlußleuchte sitzt hinten links unterhalb der Stoßstange. Ihr Deckglas wird von zwei Kreuzschlitzschrauben gehalten. Die Kugelbirne wird durch leichtes Andrücken aus der Fassung herausgedreht. Beim Anschrauben der Lichtscheibe ist der korrekte Sitz der Rahmendichtung zu beachten, um zu verhindern, daß Feuchtigkeit eindringt. Natürlich ist auch der nachträgliche Anbau der Nebelschlußleuchte eines anderen Leuchtenherstellers möglich.

schädigt sein darf. Beim Anschrauben des Deckglases ist auf ihre richtige Lage zu achten, damit in das Lampengehäuse keine Feuchtigkeit eindringen kann.

Hintere Blinkleuchten, Brems- und Schlußleuchten, Rückfahrleuchten

Die Rückleuchten sind so gestaltet, daß bei ihnen der Lampenwechsel im Kofferraum vorgenommen wird. Damit unterscheiden sie sich prinzipiell von den Rückleuchten des Vorgängermodells, die von außen zugänglich waren.
Die einzelnen Lampen sitzen in Fassungen, die in einer Version durch einfaches Drehen, bei der anderen Ausführung durch Drücken der seitlichen Hakenzapfen in den Aussparungen der Fassung zu entnehmen sind. Aus jeder Fassung kann die Lampe gleichermaßen dadurch herausgenommen werden, daß man sie etwas hineindrückt und links herum ausrastet. Die Zweifadenlampe der Brems- und Schlußleuchten hat am Sockel in der Höhe verschieden angeordnete Nasen, die dafür sorgen, daß die Birne nicht verkehrt eingesetzt wird. Man darf diese Birne also nicht mit Gewalt in die Fassung drücken, sondern muß sich zuvor überzeugen, wie sie eingesetzt wird.
Die Farbe der Lichtscheibe gibt darüber Auskunft, welche Funktion der einzelnen Rückleuchte zukommt: Die Blinkleuchten sind die äußeren Lampen, Brems- und Schlußlicht befinden sich in der Mitte, innen sind die Rückfahrleuchten untergebracht.

Kennzeichenleuchte

Das hintere polizeiliche Kennzeichen wird von einer Lampe beleuchtet, die in einem besonderen Gehäuse auf der Stoßstange sitzt. Dieses Gehäuse läßt sich – sofern nicht stark verschmutzt – von unten nach oben drücken, indem man hin-

Bei diesem zusätzlichen Fernscheinwerfer ist die Halogenlampe in gleicher Weise wie bei der nebenan abgebildeten Nebelleuchte zu wechseln. Der Pfeil zeigt auf den Kabelanschluß der Lampe. Zwischen Reflektor und Gehäuse wird der Massekontakt durch das schwarze Kabel sichergestellt.

ter die Stoßstange greift. Mit Schraubenzieher oder Taschenmesser kann man gegebenenfalls am Gehäuserand nachhelfen. Der Gehäuseboden ist zugleich Lampensockel. Nach Wechsel der Birne muß man dafür sorgen, daß beim Einsetzen des Lampensockels in das Gehäuse die seitlichen Klemmen an den Kontaktzungen richtig anliegen. Diese Zungen, die am Gehäuse wiederum als Halterung dienen, sorgen nämlich für den Massekontakt. Bei nicht brennender Birne ist also hier zuerst zu kontrollieren, ob sich durch entsprechendes Biegen (oder Blankschaben) der eventuell verlorengegangene Kontakt wieder herstellen läßt.

Innenleuchten

Zur Beleuchtung von Innenraum, Motorraum und Kofferraum dienen drei gleichartige Leuchten. Sie sind festgeklemmt und können mit einem Schraubenzieher aus ihrem Sitz gedrückt werden. Die Sofittenlampe ist zwischen den beiden Kontaktzungen ebenfalls nur eingeklemmt.

Wenn die Innenraumbeleuchtung nicht funktioniert, ist womöglich der Türkontaktschalter der Übeltäter. Jede Vordertür besitzt einen eigenen Schalter im Türholm, der die Leuchte einschaltet. Durch Herausdrehen der Befestigungsschraube kann man einen solchen Schalter ausbauen. Kabelanschluß und Leichtgängigkeit des Kontaktstiftes prüfen. Siehe Bilder Seite 222.

Zusätzliche Scheinwerfer

Opel rüstet Ihren Wagen auf Wunsch mit Nebelleuchten oder Weitstrahlern aus. Kabelsatz und Relais müssen dazu nachträglich verlegt und angeschlossen werden. Solche Zusatzscheinwerfer sollten aber nicht nur das Auto äußerlich aufwerten, sondern auch im Bedarfsfall tatsächlich mit der gewünschten Wirkung aufwarten.

Gute und richtig eingestellte Nebelscheinwerfer strahlen kaum Licht nach oben ab, was die berüchtigte Eigenblendung verursachen würde. Sie leuchten den Fahrbahnrand zur Orientierung genügend aus und lassen – bei vernünftiger Fahrweise – Hindernisse noch rechtzeitig erkennen. Den Nebel können sie allerdings nicht durchdringen.

Nebelleuchten dürfen nicht höher als die Hauptscheinwerfer angebaut sein. Am besten ist die Anbringung unter der Stoßstange, wo ihr Licht den am Boden nie so dichten Nebel unterläuft. Weitere Bestimmungen: Beim Anbau weniger als 40 cm vom äußeren Umriß des Wagens entfernt ist Schaltung nur mit Standlicht statthaft. Bei eingeschaltetem Fernlicht müssen Nebelscheinwerfer nicht verlöschen, dürfen jedoch gemeinsam nicht eingeschaltet sein. Ihre Hell-Dunkel-Grenze soll in 10 m Entfernung um 20 cm geneigt sein.

Gelbe Streuscheiben senden zwar ein als angenehm empfundenes Licht aus, verschlucken aber 15 Prozent der Lichtstärke (vergleichbar mit dem Gelbfilter beim Fotoapparat). Halogen-Nebelscheinwerfer gibt es als fertig vorbereitete Sets mit Kabeln, Relais und Schalter und mit genauer Einbauanleitung. Wir testeten eine Reihe von Nebelscheinwerfern methodisch und haben bei folgend genannten die besten Ergebnisse gewonnen: Bosch 0 305 651 001, Carello Mirage, Hella 192 und Marchal 810.

Es können auch noch Halogen-Fernscheinwerfer zusätzlich montiert werden. Sie dürfen zusammen mit dem Abblend- oder mit dem Fernlicht brennen. Hella 192 Rallye und Bosch 0 305 901 003 verfügen – wie wir feststellten – über die größte Reichweite der gegenwärtig im Handel erhältlichen Leuchten.

Befestigung und Stellung zusätzlich montierter Scheinwerfer sind regelmäßig zu kontrollieren. Besonders nach Benutzen automatischer Waschanlagen kann die Einstellung solcher Scheinwerfer verändert sein und dadurch bei Gebrauch derselben den Gegenverkehr stören. Bosch und Hella liefern Zweipunktbefestigungen für ihre Scheinwerfer, die das Zittern im Fahrbetrieb verhindern.

Verlautbarungen

Blinker, Bremsleuchten und Hupe sind Einrichtungen optischer und akustischer Art, die den übrigen Straßenbenutzern Ihr Vorhaben bei der Fahrt anzeigen sollen. Mit ihnen können Sie sich im Verkehr verständlich machen. Dieser Kontakt zur Umwelt ist sehr wichtig, und deshalb ist es vorgeschrieben, daß die Signaleinrichtungen stets einsatzbereit sein müssen.
Im Kapitel über die Scheinwerfer wurde bereits vorgetragen, wie Sie sich auch vom ordnungsgemäßen Aufleuchten der Blink- und Bremsleuchten auf einfache Weise überzeugen können: An der Hauswand, in der Garage oder in einer Schaufensterscheibe erkennt man beim Betätigen des Blinkerschalters den Lichtschein der Blinker. Und wenn Sie auf das Bremspedal treten, müssen die Reflexionen der Bremslichter auf der Karosserie des Wagens, der hinter Ihnen am Straßenrand steht, gleichmäßig erscheinen.

Die Blinkanlage

Blinkerschalter (links an der Lenksäule), je zwei vordere und hintere Blinkleuchten, Blinkgeber und die grüne Blinkerkontrollampe sind die Bestandteile der Blinkanlage. Sie ist über die Sicherung Nr. 6 geschützt. Stromführend zwischen Sicherung und Blinkgeber ist zuerst das schwarze Kabel nach Klemme 15 am Signalschalter, dann von der gegenüberliegenden Klemme 49 weiterlaufend das blaue Kabel. Vom Blinkgeber führt das schwarz-weiß-grüne Kabel wieder zurück an den Signalschalter Klemme 49 a, wo je nach Hebelstellung eine Brücke nach Klemme 49 a L oder 49 a R gelegt ist. Zu den Blinkern der rechten Seite führen schwarz-grüne Kabel, die der linken Wagenseite sind mit schwarz-weißen Kabeln verbunden, gleichfarbige Kabel zweigen zur Kontrollampe ab.
Das Aussetzen einer Blinkleuchte macht sich durch wesentlich schnelleres Aufleuchten des Kontrollichtes als üblich bemerkbar, oder die Kontrolleuchte blitzt nur einmal auf und bleibt dann dunkel. Eine ausgefallene Blinkerbirne muß baldmöglichst ersetzt werden. Es kann jedoch sein, daß die betreffende Lampe nur locker in ihrer Fassung sitzt oder einen oxydierten Sockel hat oder daß korrodierte Kabelanschlüsse den Stromfluß hemmen. Wie die Birnen der Blinkleuchten ausgewechselt werden, ist im Kapitel »Scheinwerfer und Leuchten« beschrieben. Von der vorgeschriebenen Wattzahl der Birnen hängt auch der richtige Schaltrhythmus des Blinkgebers ab. Schalten die Blinkerlampen auf »Dauerlicht«, ist im Blinkerrelais wahrscheinlich ein Defekt.
Dieses Relais, auch als Blinkgeber bezeichnet, ist unterhalb des Sicherungskastens zugänglich. Sein Ticken, wenn die Blinker eingeschaltet sind, hilft die Suche nach dem Relais erleichtern. Es handelt sich um ein rechteckiges Gerät, zu dem drei Kabel herangeführt sind. Der Blinkgeber läßt sich nach unten abziehen; die Flachstecker der Kabel dürfen beim Anschluß des neuen Blinkgebers nicht verwechselt werden.
Es gibt verschiedene Arten von Blinkgeber; es ist selbstverständlich, daß nur der von Opel vorgesehene Typ eingebaut werden kann.

Die Warnblinkanlage

Durch Druck auf den roten Knopf rechts an der Lenksäulenverkleidung wird die Warnblinkanlage in Betrieb gesetzt. Die gemäß der Zulassungsordnung installierte Anlage ist über die Sicherung Nr. 3 an die ständige Stromzufuhr (über Klemme 30 am Anlasser) angeschlossen.
Es ist naheliegend, daß die Warnblinkanlage in jeder Notsituation einsatzbereit sein muß. Obwohl sie sozusagen ein erweitertes Teil der Blinkanlage darstellt, besitzt sie einen eigenen Stromkreis. Ihre besondere Kontrollampe ist mit den im Signalschalter überbrückbaren Schaltungen über das schwarz-rote Kabel verbunden.

Das Bremslicht

Beide Bremsleuchten erhalten ihren Strom von der Sicherung Nr. 6. Von dort führt ein schwarz-rotes Kabel zum Bremslichtschalter, der mit dem Bremspedal in Berührung steht und den Strom über ein sich gabelndes Kabel an die Bremsleuchten weiterleitet. Die Bremslichtleitung steht nur bei eingeschalteter Zündung unter Strom.
Da die Leuchten über einen gemeinsamen Anschluß am Bremslichtschalter verfügen, muß man bei Nichtaufleuchten nur einer Birne vermuten, daß diese durchgebrannt ist. Eventuell hat sie nur mangelhaften Massekontakt oder ihre Fassung hat sich gelockert.
Wenn beide Bremsleuchten bei Betätigen der Bremse nicht ansprechen und die Sicherung ist in Ordnung, kontrolliert man zunächst, ob bei eingeschalteter Zündung am Bremslichtschalter Spannung vorhanden ist. Dazu zieht man einen der beiden Flachstecker ab und berührt mit ihm eine blanke Stelle an dem anderen Stecker. Auf diese Weise läßt sich herausfinden, ob der Fehler im Schalter oder in den Kontakten oder Leitungen liegt. Die Anordnung der Kabel an den Schalteranschlüssen ist gleichgültig; Massekontakt benötigt der Schalter nicht. Etwas Fett macht einen schwergängigen Schalterstift wieder beweglicher.
Ein defekter Schalter muß auf schnellstem Wege ausgetauscht werden. Nachdem man beide Kabel abgezogen hat, hält man die Mutter oberhalb der Befestigungsplatte mit einem Gabelschlüssel fest und dreht die Mutter unterhalb der Platte los. Danach kann man den Schalter nach oben herausziehen.
Der neue Schalter muß so eingestellt werden, daß die Bremslichter beim geringsten Niedertreten des Pedals aufleuchten. Probeweise wird der Schalter mit angeschlossenen Kabeln und bei eingeschalteter Zündung in die Bohrung der Halteplatte eingeführt, währenddessen ein Helfer das Aufleuchten und Verlöschen der Bremslichter beobachtet. Der Schalterstift muß durch den Hebel des in Ruhestellung befindlichen Pedals in den Schalter gedrückt werden und soll nach etwa 1 cm Pedalweg – am Pedal gemessen – die Bremsleuchten in Funktion set-

Der Bremslichtschalter (2) sitzt beim Opel über dem auf dem Bild nach unten ragenden Bremspedalhebel. Zum Fahrer hin sind am Bremslichtschalter die Kabel aufgesteckt. Links auf der Platte sitzt der Schalter für die Kupplungskontrollampe (1), die dann aufleuchtet, wenn die Kupplung nachgestellt werden muß.

Um an die Innereien der Signalhorntaste am Sportlenkrad heranzukommen, muß man die Gummideckplatte (1) an ihrem Rand ringsherum abziehen. Die somit freigelegte Kunststoffplatte (2) ist von vier Klammern festgehalten; man löst diese hintereinander, indem man eine breite Schraubenzieherklinge zwischen Klammer und jeweiligem Schlitz dreht. Die Platte hängt an einer Kupferfeder, die beim Niederdrücken und bei eingeschalteter Zündung den Stromkreis zum Horn schließt.

zen. Die obere Mutter dient zum Justieren des Schalters, die untere Mutter wird nach gefundener Einstellung festgezogen.

Das Signalhorn

Die Hupe des Manta ist in der Lufteintrittsöffnung der Wagenfront, links vom Kühler, angebracht. Sie ist mit einer Blechlasche als Halter durch eine Schraube am Karosserieblech befestigt.

Die Tonhöhe einer sonst noch brauchbaren Hupe kann man einstellen, wenn man die auf der flachen Rückseite der Hupe befindliche Schraube vorsichtig verdreht. Zunehmenden (heller werdenden) Ton erzeugt man durch Drehen der Tonstellschraube rechts herum, links herum Drehen läßt den Ton abfallen.

In gleicher Weise kann ein Horn, das nur noch krächzt, wieder zu einer vernünftigen Tonlage gestimmt werden. Voraussetzung ist natürlich, daß die Hupe nicht durch übergroße Verschmutzung oder andere Einflüsse derart gelitten hat, daß ihre Membrane nicht mehr richtig arbeitet. Reparaturversuche lohnen sich meist nicht mehr, defekte Hupen tauscht man aus.

Durch Niederdrücken der Signalhorntaste in Lenkradmitte wird die Hupe zum Tönen gebracht. Ihr Stromkreis wird von der Sicherung Nr. 8 geschützt, die über das schwarz-gelbe Kabel direkt mit dem Signalhorn verbunden ist. Das andere, braun-schwarze Kabel an der Hupe hat Massefunktion und führt an die Minusklemme am Signalschalter.

Zum Schutz gegen Korrosion sind über die Kabelanschlüsse an der Hupe Gummikappen gesteckt. Bei Ausfall der Hupe an einem älteren Wagen sollte man zunächst hier untersuchen, ob die Flachstecker gut mit den Kontaktzungen verbunden sind.

Die Lichthupe

Der Signalhebel links am Lenkrad muß gezogen werden, wenn man Lichtzeichen geben will. Das geschieht dann mittels des Fernlichts. Aus dem Schaltplan der hinteren Buchklappe geht hervor, daß am Signalschalter ein von Sicherung 3 stromführendes rotes Kabel zur Klemme 30 führt. An der Klemme 56 liegt nur Strom, wenn der Lichtschalter entsprechend eingeschaltet ist, und wegführend zum Abblendlicht (Klemme 56 b) und zum Fernlicht (Klemme 56 a) können die genannten Kontakte innerhalb des Schalters miteinander verbunden werden. Unabhängig davon ist es jedoch möglich, durch Anziehen des Abblendhebels auf die Klemme 56 a am Signalschalter direkt Strom von der Klemme 30 mit stets bereitem Batteriestrom zu geben.

Treue Dienerschaft

Ohne die Mithilfe der Anzeigegeräte und Kontrolleuchten wäre es während der Fahrt nicht möglich, Aufschluß über Zustand und Funktion des Motors und seiner angeschlossenen Aggregate zu erhalten. Mithin dienen die Instrumente der Sicherheit. Dem hilfsbereiten Mitarbeiterstab gehören aber auch noch einige andere Geräte an (z. B. Scheibenwischer, heizbare Heckscheibe), auf die man sich ebenfalls verlassen muß.

Die Instrumententafel

Je nach Ausstattung des Wagens ist die Anordnung der Instrumente verschieden, zusätzliche Anzeigegeräte trifft man bei den SR- und GT/E Modellen an. In der Standardausführung erhält die Instrumententafel links ein Kombiinstrument mit Kraftstoffanzeige, Ladekontrolleuchte, Handbrems- und Kupplungskontrolleuchte sowie Blinkerkontrolleuchte. Die ebenso gestaltete rechte Anzeige gibt Auskunft über die Kühlmitteltemperatur und besitzt Kontrolleuchten für Fernlicht, Warnblinkanlage und Öldruck. Zwischen diesen beiden Anzeigekombinationen sitzt das Tachometer mit Kilometerzähler.

Instrumentenrahmen ausbauen

Wenn man eine der Kontrolleuchten ersetzen muß, kommt man nicht ohne weiteres an sie heran, weil eine Verglasung den Zugriff verhindert. Diese Scheibe ist mit dem Rahmen verbunden, in dessen seitlichen Leisten links diverse Schalter untergebracht sein können und rechts die Bedienungshebel der Heizung sitzen. Den Rahmen mit Scheibe kann man aber nur ausbauen, nachdem darunter der Heizscheiben- und der Gebläseschalter demontiert worden sind. Dazu fährt man mit einem Drahthaken (kleiner Dietrich) in die Öffnung, die in der Versenkung des jeweiligen Symbols für den Schalter oben vorhanden ist, und zieht den Schalter heraus. Anschlußkabel und Leuchtenfassung werden von dem Schalter abgezogen. Dann wird die Schalterleiste ausgebaut, dazu ist in den Ausschnitten der eben entnommenen Schalter je eine Kreuzschlitzschraube herauszudre-

Nach Ausbau des Instrumentenrahmens werden die Kontrolleuchten zugänglich: 1 - Ladekontrolle, 2 - Handbrems- und Kupplungskontrolle, 3 - Blinkerkontrolle, 4 - Fernlichtkontrolle, 5 - Warnblinkkontrolle, 6 - Öldruckkontrolle. Der Pfeil zeigt auf die Steckverbindung für die im Rahmen sitzenden Instrumentenleuchten.

Links: 1 - Bohrung für die (hier bereits abgenommene) Schalterleisten-Befestigungsschraube. 2 - Untere Blechschraube zur Befestigung des Instrumentengehäuserahmens mit Glas. 3 - Obere Blechschraube. Der Schraubenzieher im Bild ist auf eine der vier Schrauben zur Befestigung der Instrumentenplatte angesetzt.
Rechts: Der ausgebaute Lichtschalter. Um ihn aus dem Instrumentengehäuse herausziehen zu können, drückt man die seitlichen Halteklammern (Pfeile) mit einem schmalen Schraubenzieher an und zieht zugleich am Schalter.

hen. Die Schalterleiste läßt sich abnehmen, wenn man dabei den unteren Rahmen der Instrumententafel etwas hochdrückt. Von dem eventuell vorhandenen Parkleuchtenschalter kann man danach die Anschlußkabel abziehen.
Als nächstes muß die Hutze über den Instrumenten entfernt werden. Sie ist hinter ihrem oberen Rand mit zwei Schrauben befestigt, die man herausdrehen muß. Zusätzlichen Halt empfängt die Hutze durch je eine Metallklammer an den hinteren Ecken und bei Hochdrücken löst sie sich aus ihrem Sitz. Die jeweils entnommenen Schrauben sind von unterschiedlicher Größe.
Das Glas mit Rahmen über den Instrumenten ist links und rechts mit je zwei Blechschrauben befestigt. Wenn diese herausgedreht sind, zieht man die eventuell vorhandenen Schalter aus der linken senkrechten Leiste und löst die Anschlüsse. Des weiteren wird der Lichtschalter von dieser Leiste abgenommen. Dazu ist der Schalter so weit wie möglich aus seinem Sitz zu ziehen, wobei man die seitlichen Halteklammern mit einem schmalen Schraubenzieher andrückt. Der Schalter hat einen Kabelstecker, der später nicht verkehrt herum aufgesteckt werden kann. Am rechten Rahmenrand zieht man die beiden Griffe der Bedienungshebel nach vorne ab. Schließlich muß noch die Steckverbindung für die Instrumentenbeleuchtung links am Rahmen getrennt werden, dann kann man den Rahmen abnehmen.

Kontroll- und Instrumentenleuchten wechseln

Es muß sehr beachtet werden, daß man nicht durch Ungeschicktheit die jetzt freiliegenden Zeiger der Instrumente verbiegt. Die Lampen der Kontrolleuchten sind in den Fassungen nur eingesteckt, sie lassen sich ohne Schwierigkeiten

Ausgebauter Instrumentenrahmen mit Leuchten. Eine Fassung mit Lampe ist entnommen und liegt zur Demonstration auf dem Rahmen, die andere Fassung ist darunter im Rahmen eingebaut. Offener Pfeil: Halteklammer für die Lampenfassung.

auswechseln. Es handelt sich um 1,2-Watt-Lampen mit dem Sockel W 2 × 4,6 d, mit Ausnahme der Ladekontrollampe mit 3 Watt und Sockel W 2,1 × 4,6 d. Der Zusammenbau geschieht in umgekehrter Reihenfolge der beschriebenen Arbeitsgänge. Beim Anschrauben der Schalterleiste muß man dieselbe etwas nach oben drücken.
Die Instrumentenleuchten sind an der ausgebauten Hutze erreichbar. Die Lampen sind durch ein Kabelband, das von der seitlichen Steckverbindung heranführt, in Reihe verbunden. Die Lampe am Ende des Kabels ist mit ihrer röhrenförmigen Fassung nur seitlich an der Hutze eingesteckt, während die beiden anderen Lampen in je einer rechteckigen Halterung sitzen, die von einer hakenförmigen Nase festgehalten wird. Zum Lampenwechsel drückt man diese Nase an und zieht die Halterung samt Lampe aus ihrem Sitz heraus (Lampe: 1,2 W, Sockel: W 2 × 4,6 d).

Instrumente ausbauen

Der Ausbau der Instrumente kann nach erfolgter Demontage des Instrumentenrahmens vorgenommen werden. Die Anzeigegeräte sind jeweils mit zwei Kreuzschlitzschrauben auf der sogenannten Leiterplatte befestigt, die ohne Zuhilfenahme von Kabeln mit einer gedruckten Schaltung die Stromverbindung zu den Geräten herstellt. Nach Herausdrehen der Befestigungsschrauben können die Instrumente von der Leiterplatte abgezogen werden. Am Tachometer ist die Tachometerwelle an der Rückseite des Instruments unter dem Anschluß von einer Feder gehalten, die beim Ausbau angedrückt werden muß.
In der SR-Ausführung sind links auf der Instrumententafel jeweils zwei Geräte zusammen mit drei Schrauben befestigt: Voltmeter und Kraftstoffanzeige, daneben Öldruckmesser und Fernthermometer. Soll eins der unteren Instrumente ersetzt werden, muß auch das obere abgeschraubt werden. Beim Drehzahlmesser sind drei Schrauben herauszudrehen. Ebenso verhält es sich beim GT/E.
Die Leiterplatte kann ausgebaut werden, nachdem die Instrumente abgebaut und die Halteschraube rechts über dem mittleren Instrument herausgedreht wurde. Dann kann die Leiterplatte nach rechts – bis zum Anschlag – geschoben und abgenommen werden.

Die Öldruckkontrolle

Die Schmierstellen des Motors müssen ständig mit Öl versorgt werden. Je nach Motordrehzahl ist der Druck, mit dem das Öl herangeführt wird, unterschiedlich hoch. Um überprüfen zu können, ob der Minimaldruck entwickelt wird, ist in den Ölkreislauf ein Druckschalter eingebaut. Mit diesem ist die rote Öldruckkontrolllampe in der Instrumententafel verbunden, und zwar durch das blau-grüne Kabel. Der Stromkreis für die Lampe wird von dem schwarzen Kabel vom Zündschloß, Klemme 15, geschlossen.
Der Öldruck ist bei kaltem Motor und daher zähem Motoröl höher, so daß die Lampe schon bei geringen Motordrehzahlen erlischt. Beim Wiederstarten eines im Hochsommer heißgefahrenen Motors mit dementsprechend dünnflüssigem Motoröl ist der Öldruck geringer, weshalb die Öldruckkontrolleuchte erst bei hoheren Drehzahlen erlischt oder manchmal sogar bei langsamer Fahrt aufleuchten kann.
Brennt die rote Lampe während der Fahrt, so ist das grundsätzlich ein Alarmzeichen. Natürlich kann die Ursache dazu harmlos sein, weil der Öldruckschalter defekt ist oder weil das Kabel zwischen Kontrollampe und Druckschalter irgendwo Kurzschluß zur Masse hat. Aber in der Regel zeigt das Aufleuchten, daß der notwendige Öldruck zur Schmierung aller Motorteile aus irgendeinem Grund nicht aufgebaut wird, manche Teile demnach ohne Schmierung laufen und bei sorgloser Weiterfahrt schnell schwere Schäden am Motor auftreten

können. Deshalb muß man zuerst den Ölstand prüfen. Es ist immerhin möglich, daß sich das Motoröl auf den letzten Kilometern Straße verteilte, weil beispielsweise die Ölablaßschraube nicht fest sitzt. Ebenso kann eine Schmierstelle defekt sein, so daß das Motoröl ohne Widerstand aus dem defekten Lager läuft. Der Fehler kann auch an einer schadhaften Ölpumpe liegen, was allerdings ein seltener und kaum plötzlich auftretender Fall wäre. Wenn sich der Fehler nicht unterwegs als harmlos erweist, ist womöglich das Abschleppenlassen zur nächsten Werkstatt unumgänglich.

Der Öldruckschalter ist am Motor mit 1,2 Liter Hubraum hinten links, bei den anderen Motoren hinten rechts eingeschraubt. Eine Kontrolle über den tatsächlichen Öldruck bildet er leider nicht, dazu bedarf es eines Öldruckmessers. Ob überhaupt die Warnlampe funktioniert, kann man feststellen, indem man bei eingeschalteter Zündung das Kabel vom Öldruckschalter abzieht und gegen Masse hält. Die Lampe muß aufleuchten.

Bessere Auskunft bietet der Öldruckmesser der SR-Ausführung. Bei betriebswarmem Motor soll der Öldruck $0{,}5 \times 10^5$ Pa (= $0{,}5$ kp/cm^2) nicht unterschreiten, und bei höheren Drehzahlen müssen wenigstens 2×10^5 Pa (= $2{,}0$ kp/cm^2) erreicht sein. Vom Öldruckschalter läuft ein Kabel zur Kontrolllampe, das andere zum Anzeigeinstrument, das über ein an der Leiterplatte angeschlossenes braunes Kabel Masse erhält.

Störungsbeistand

Öldruckanzeige

Die Störung	– ihre Ursache	– ihre Abhilfe
A Lampe leuchtet beim Einschalten der Zündung nicht auf	1 Steckkontakte locker?	Kabelsteckverbindungen überprüfen
	2 Kontrollampe defekt?	Lampe austauschen
	3 Öldruckschalter defekt?	Austauschen
B Lampe leuchtet während der Fahrt auf	1 Ölmangel?	Motoröl auffüllen
	2 Kurzschluß am Kabel zwischen Lampe und Druckschalter?	Kabel auf Scheuerstellen untersuchen. Anderes Kabel zwischenschalten
	3 Ölkreislauf unterbrochen?	Zur nächsten Werkstatt. Motor wird nicht mehr geschmiert
	4 Öldruckschalter undicht?	Schalter auswechseln
C Lampe verlischt erst bei Vollgas	1 Öldruck zu niedrig?	
	2 Ölpumpe schadhaft?	Untersuchen lassen
D Lampe leuchtet bei heißem Motor im Leerlauf auf	1 Ansprechdruck des Öldruckschalters zu hoch?	Heißes, dünnflüssiges Motoröl bringt weniger Druck als kaltes Öl. Kein Grund zur Sorge.

Die Kraftstoffanzeige

Ein Geber im Tank und das Anzeigegerät in der Instrumententafel sorgen für Unterrichtung über die vorhandene Benzinmenge. Beide Teile sind durch ein blau-schwarzes Kabel verbunden. Innerhalb des Instrumentengehäuses erhält die Meßuhr den Strom über den Spannungsstabilisator, der auf der +-Seite über das schwarze Kabel an Klemme 30 des Anlassers hängt. Der Geber im Tank hat ebenfalls Verbindung zur Masse. Er sitzt auf einer demontierbaren kleinen Platte am Tank.

Im Geber der Kraftstoffanzeige befindet sich ein elektrischer Widerstand, über dessen Wicklungen ein mit dem Schwimmer des Gebers verbundener Schleif-

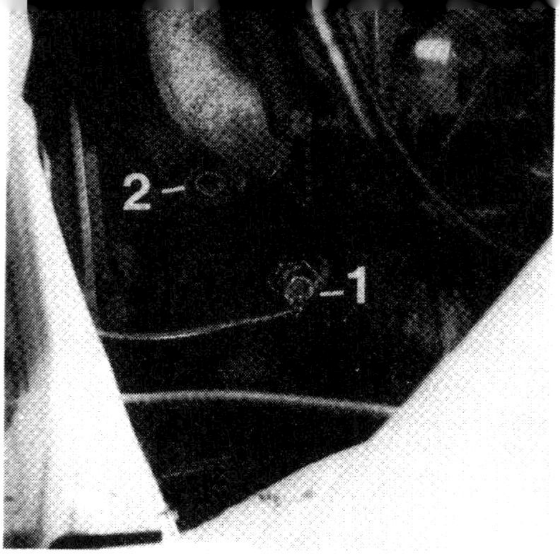

Links: Beim CIH-Motor sitzt der Öldruckschalter (1) am Motor rechts unten. Schräg darüber befindet sich der Vierkantstopfen für den Wasserablaß (2) aus dem Motor. Rechts: Der Geberdeckel am Tank ist im Kofferraum zugänglich.

kontakt läuft. Im Anzeigegerät sitzt ein elektrisch aufgeheiztes Bimetall-Thermogerät. Wenn sich der Tankinhalt neigt, schaltet der Schwimmer und mit ihm der Schleifkontakt den Widerstand des Gebers zunehmend ein. Es kann dann nur wenig Strom durch die Anlage fließen, das Bimetall wird nicht oder nur wenig aufgeheizt und der Zeiger hat keinen oder nur einen geringen Ausschlag. Je mehr der Tank gefüllt ist, um so kleiner hält der höher stehende Schwimmer den eingeschalteten Widerstand. Dadurch kann mehr Strom durch die Anlage fließen, das stärker aufgeheizte Bimetall gibt dementsprechend dem Zeiger einen stärkeren Ausschlag. Da zum Aufheizen des Bimetalls etwas Zeit notwendig ist, bringt der im Tank schwappende Kraftstoff den Zeiger nicht zum ständigen Hin- und Herpendeln.

Falsche Kraftstoffanzeige

Nur bei leerem oder vollem Tank kann man mit ziemlicher Sicherheit am Zeigerausschlag erkennen, ob Benzinstandanzeige und Geber richtig arbeiten. Im Zwischenbereich ist die Menge des Kraftstoffvorrates nicht genau zu ermitteln. Stimmt jedoch die Angabe bei leerem oder vollem Tank nicht oder zeigt die Meßuhr gar nichts an, so kann der Fehler sowohl im Anzeigegerät wie auch im Geber stecken. Man sollte dann auch die Kabelverbindungen überprüfen. Ist nichts daran zu entdecken, müßten das Instrument oder der Geber ausgebaut werden. Der Geber ist im Kofferraum an der linken Seite des Tanks oben zugänglich. Vor dem Ausbau ist die Batterie abzuklemmen. Der Kabelanschluß auf der Geberplatte wird gelöst, dann dreht man die fünf Befestigungsschrauben heraus. Falls die Platte festsitzt, hilft ein seitlich angesetzter Schraubenzieher zum Lockern. Die Platte wird mit dem Schwimmer und dem Widerstand aus dem Tank genommen.

Am ausgebauten Geber zuerst prüfen, ob der Schwimmer ein Loch hat (schwappt beim Schütteln Kraftstoff darin?). Wenn nicht, kann man zur Justierung den langen Schwimmerarm zweckentsprechend biegen. Diese Heimwerkerei ist allerdings nur sinnvoll, wenn man sorgfältig arbeitet und Ersatzteile, besonders eine neue Dichtung für die Geberplatte, zur Hand hat. Zweifellos kann sie aber billiger sein als ein voreiliger, von der Werkstatt vorgeschlagener Austausch des Gebers oder gar des Anzeigeinstrumentes.

Beim Einbau des Tankmeßgerätes sind die Dichtung des Deckels und auch die ersten Gewindegänge der fünf Schrauben mit benzinfester Dichtungsmasse zu bestreichen. Diese erhält man im Zubehörhandel oder auch bei Opel unter der Katalog-Nr. 1504 402. Der weitere Zusammenbau erfolgt in der umgekehrten Reihenfolge wie eben beschrieben.

Die Kühlwasseranzeige

Der Motor besitzt einen Wärmefühler zur Aufnahme der Kühlwassertemperatur. Bei den Typen 12 und 12 S befindet er sich vorn auf dem Zylinderkopf und bei den anderen Motoren unten am Thermostatgehäuse, beim 19 E-Motor neben dem Temperaturfühler II. Diese Temperaturfühler geben ihre Meldung über das blaue Kabel dem Anzeigeinstrument weiter. Wenn die Anzeige nicht funktioniert, können nur der Fühler, die Kabelanschlüsse oder das Gerät der Temperaturanzeige defekt sein.

Zeigt das Kühlmittel-Fernthermometer falsche Werte an, läßt es sich mit Heimwerkermitteln nicht prüfen, woran der Fehler liegt. Im übrigen ist es aber Werkstattsache, dem Übel auf den Grund zu gehen. Ein neuer, auch als Geber bezeichneter Fühler, darf nur nach Einstreichen seines Gewindes mit Dichtungsmasse eingebaut werden, damit kein Wasserverlust eintritt.

Das Tachometer

Im Tachometer sind Geschwindigkeitsmesser und Kilometerzähler vereinigt. Das Gerät wird zwar nicht elektrisch betrieben, doch beruht die Wirkung des Geschwindigkeitsmessers auf den erzeugten Wirbelströmen eines ringförmigen Magneten, von der Tachowelle angetrieben, die ihrerseits die Tachonadel mit sich zu ziehen versuchen.

Die Tachometerwelle bedarf keiner besonderen Pflege. Ist sie gebrochen oder macht sie durch eine zitternde Tachonadel darauf aufmerksam, daß sie bereits einen Knick hat und bald brechen wird (Ursache für die zitternde Tachonadel kann aber auch eine verschlissene Antriebsschnecke am Getriebe sein), muß die Welle baldmöglichst ausgetauscht werden. Das sollte man der Werkstatt überlassen, denn bei ungeübtem Einbau wird sie leicht wieder geknickt, was bereits der Anfang zum erneuten Bruch der Welle ist. Sie darf beim Einbau auch nicht gezerrt oder in zu engem Radius verlegt werden.

Wenn außer der Tachonadel auch der Kilometerzähler ausfällt, liegt die Schuld sicher an der Tachowelle. Es ist dann zu kontrollieren, ob der Anschluß der Welle am Instrument richtig eingerastet ist oder ob sich eventuell die Welle am Getriebe gelöst hat.

Weil die Kilometerangabe auf dem Tacho beim Verkauf des Wagens als Dokument gewertet wird – es soll ja über die zurückliegende Beanspruchung des Wagens aussagen –, darf man natürlich nicht mit gelöster Tachowelle fahren. Auch den Umtausch eines eventuell defekten Tachometers läßt man sich mit den entsprechenden Kilometerangaben von der Werkstatt bestätigen. Plombiert ist die Welle bei Opel nicht.

Zum Herausziehen der Tachowelle aus dem Tachometer muß an dessen Rückseite die Haltefeder angedrückt werden.

Bei den 1,2-Liter-Motoren sitzt der Fühler für die Übermittlung der Kühlmitteltemperatur vorn auf dem Zylinderkopf (linkes Bild). Das rechte Bild zeigt dieses Gerät bei den 1,6- und 1,9-Liter Motoren, wo es am Unterteil des Thermostatgehäuses eingesetzt ist. Zum Austausch des Fühlers muß beim OHV-Motor das Kühlmittel teilweise abgelassen werden, bei den anderen Motoren ist der Wasserverlust beim Wechsel geringfügig.

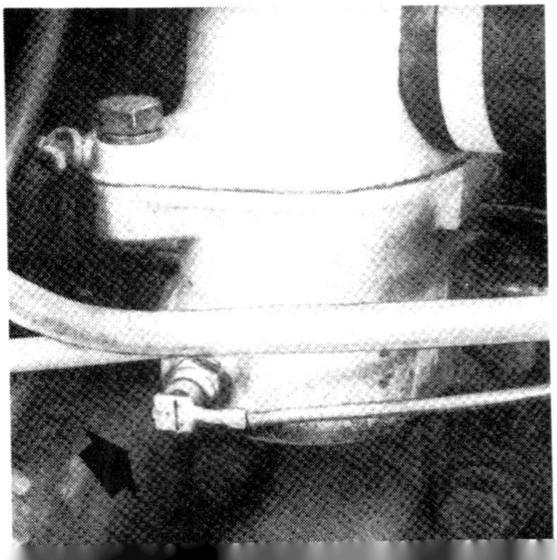

Der Drehzahlmesser

In der SR-Ausführung und im GT/E ist ein Drehzahlmesser eingebaut. In den Kapiteln »Prüfen ohne Werkzeug« und »Des Motors Innenleben« wurde dargelegt, weshalb es ratsam sein kann, die Motordrehzahl zu überwachen. Am Plus-Anschluß ist der Drehzahlmesser über das schwarze Kabel an Klemme 30, am Minus-Anschluß über das braune Kabel an Masse geschlossen. Die Impulse vom Zündverteiler kommen über das grüne Kabel.

Ein solches elektrisches Gerät kann man auch nachträglich einbauen. Das hat besonders dann einen Sinn, wenn man gern und häufig hochtourig fährt. Man sollte sich dann für eines der im Handel anzutreffenden Rundinstrumente entschließen (z. B. von Moto Meter, Daimlerstraße, 7250 Leonberg, oder VDO, Adolf Schindling AG, Sodener Straße 9, 6231 Schwalbach; mit Montageerläuterungen). Ausreichende Größe, die gutes Ablesen ermöglicht, ist wertvoll. Anbringung des Instruments in der Nähe des vielleicht vorhandenen Radios ist wegen möglicher Empfangsstörungen zu vermeiden.

Das Voltmeter

Ein solches Instrument vermittelt Auskunft über die Spannung im Bordnetz. Wenn der Zeiger während des Startens nicht unter 10 Volt absinkt, ist die Batterie noch in Ordnung. Während der Fahrt sollte sich der Zeiger oberhalb der 12-V-Anzeige bewegen. Auch bei eingeschalteten Verbrauchern darf der Zeiger nicht unter die 12 fallen. Bei dauernder Anzeige unter 12 Volt liefert die Lichtmaschine nicht genügend Strom oder der Regler arbeitet nicht richtig. Es kann dann auch ein Kurzschluß vorliegen, der sich eventuell mit Hilfe des Instrumentes einkreisen läßt, wenn man einzeln die Verbraucher abschaltet und beobachtet, wann der Zeiger zur normalen Anzeige springt.

In einer Elektrowerkstatt kann dieses zur Sonderausstattung gehörende Gerät überprüft, normalerweise aber nicht repariert werden.

Wenn man in seinem Opel ein solches Instrument aber nicht besitzt und dennoch gerne den Stromhaushalt überwachen will, kann man sich zusätzlich ein Amperemeter am Armaturenbrett anbauen. Die oben genannten Hersteller liefern verschiedene Amperemeter zusammen mit einem verständlichen Schaltplan.

Der Spannungsstabilisator

Für eine genaue Funktion der Instrumente ist es erforderlich, daß sie bei stets gleichbleibender Spannung arbeiten. Eine solche Regulierung besorgt der Spannungsstabilisator, der als kleines Kästchen an der Rückseite der Instrumententafel aufgesteckt ist. Er erhält den Strom bei eingeschalteter Zündung über Klemme 15 vom Zündschloß. Bei Ausfall dieses Gerätes ist es entweder möglich, daß Kühlmitteltemperatur und Kraftstoffstand überhaupt nicht angezeigt werden oder aber, daß der Zeiger in jenen Instrumenten pendelt und somit falsche Werte angibt. Bei Wagen mit Sonderausstattung sind dann auch noch die zusätzlichen Instrumente in Mitleidenschaft gezogen.

Funktion des Scheibenwischers prüfen
Pflegearbeit Nr. 20

Alte Wischerblätter können nur noch schlecht für gute Sicht sorgen. Ebenso unangenehm macht sich eine verschmierte Windschutzscheibe bemerkbar, die mit einem verfetteten Fensterleder bearbeitet wurde. Silikonhaltige Lackpflegemittel hinterlassen auf dem Glas die vor allem bei Dunkelheit störenden Schlieren, die das Licht brechen. Eine solche Scheibe kann man versuchen mit Spiritus oder Sidol zu reinigen, brüchige Wischerblätter müssen erneuert werden.

Die Wischerblätter sollten auch von Zeit zu Zeit gereinigt werden, denn an ihnen setzen sich Rückstände von Qualm, Fett und Insekten ab. Man reibt die Wischerblätter am besten mit einer festen Nylonbürste (Nagelbürste) und einer starken Waschmittellösung oder auch Brennspiritus ab. Geschickte Leute machen ihre

Der Ausbau des Scheibenwischermotors ist auf dieser Seite unten beschrieben. Der Pfeil ist auf den Anschluß des Massekabels gerichtet.

Wischerblätter wieder jugendfrisch, indem sie deren Gummi schräg über sehr feinkörniges Sandpapier ziehen, etwa so, wie man ein Messer wetzt.
Die Scheibenwischerlager sind gelegentlich für einen Tropfen Öl dankbar, der bei zurückgeklapptem Wischerarm und laufendem Wischermotor an die Scheibenwischerwelle gegeben wird.
Der Scheibenwischer hat eine Zweistufenschaltung, die zwei Geschwindigkeiten ermöglicht. Nach dem Ausschalten des Wischermotors wird bewirkt, daß die Wischerblätter nicht sofort stehenbleiben, sondern in ihre Ausgangsstellung zurücklaufen. Dies ist ein besonderer Schalteffekt, durch den der Motor noch so lange Strom erhält, bis die Wischerblätter in Ruhelage stehen. Die Endstellung funktioniert nicht, wenn die Zündung ausgeschaltet wird und die ganze Wischeranlage keinen Strom mehr erhält.
Bleiben jedoch die Wischerblätter, etwa bei Schneetreiben, Frost oder durch trockene Reibung, außerhalb ihrer Ruhestellung stehen, während die Zündung eingeschaltet ist, verschmort womöglich die Ankerwicklung des Wischermotors, auch wenn der Wischerschalter ausgeschaltet wurde. Denn durch den Endstellungs-Schalteffekt bleibt der Wischermotor trotzdem unter Strom, kann sich aber nicht drehen. Abhilfe: Wischerblätter sofort von der Windschutzscheibe abheben, damit sie in Ruhestellung laufen können.
Abgesichert ist der Scheibenwischer durch die Sicherung Nr. 4, die über das lila Kabel mit dem Motor direkt Verbindung hat. Das andere lila Kabel ab der Sicherung läuft zum Scheibenwischerschalter, wo auch Scheibenwascherrelais und -pumpe angeschlossen sind. Bleibt der Scheibenwischermotor nach dem Ausschalten nicht stehen, dann hat sich an einem Aggregat dieser Anlage (Scheibenwischermotor, Intervallschaltgerät, Hebelschalter an der Lenksäule, Scheibenwaschpumpe) ein Massekontakt eingeschlichen. Man kann dann zur Not, falls es nicht mehr regnet, die Sicherung herausnehmen, weil durch sie – über das andere orangefarbene Kabel – nur noch die Startautomatik am Vergaser abgesichert ist.

Der Scheibenwischermotor

Zum Ausbau des Scheibenwischermotors – er sitzt im Motorraum oberhalb der Servobremse – ist zuerst die Kurbel des Wischergestänges abzuschrauben. Dazu dreht man die Sechskantmutter von der Welle des Motors. Dann werden die drei Befestigungsschrauben des Motors von der Halteplatte gelöst, und der Motor läßt sich abnehmen. Der Mehrfachstecker hat an der Flachseite eine Klammer, die durch Druck entriegelt werden kann, wonach die Kabelverbindung lösbar ist.

Schaltplan zum nachträglichen Einbau des Scheibenwischer-Intervallschalters. Diese Schaltung ist in der L-Ausstattung serienmäßig vorhanden. Es bedeutet: 1 - Scheibenwischermotor, 2 - Scheibenwischerschalter, 3 - Scheibenwischer-Intervallschalter, 4 - Lüsterklemme. Die bereits serienmäßig vorhandenen Leitungen sind gestrichelt.

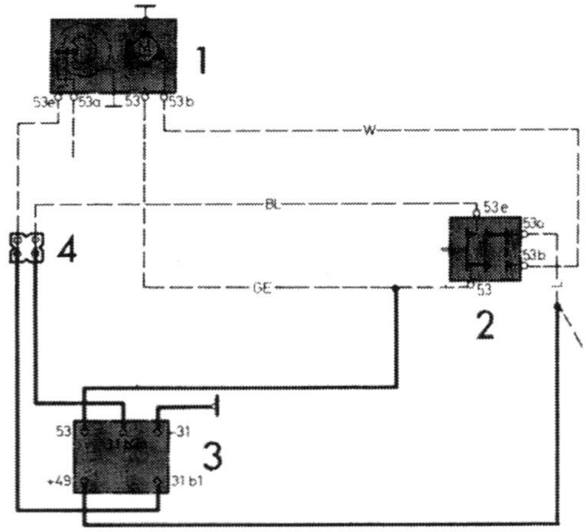

Beim Einbau müssen sich die Scheibenwischerarme in Ruhestellung befinden. Die Wischerblätter haben dabei bestimmte Abstände von der unteren Gummidichtung der Frontscheibe: links 45 ± 5 mm, rechts 50 ± 5 mm. Die Mutter auf der Kurbelwelle ist mit 0,8 bis 1,0 kpm anzuziehen.

Scheibenwischer-Intervallschaltung

In einer Opel-Werkstatt kann man einen Intervallschalter für den Scheibenwischer nachträglich einbauen lassen. Er wird in der Verkleidung links vom Sicherungskasten angeordnet; im Abstand von 22 mm vom Rand des Sicherungskastendeckels und etwa 50 mm unterhalb des oberen Verkleidungsrandes ist das Montageloch zu bohren. Diese Instrumententafelverkleidung wird abgenommen, indem man die Schrauben an ihrer linken unteren Ecke und im oberen Abschnitt des Sicherungkastendeckels herausdreht.
Unterhalb des Sicherungskastens wird der linke weiße Kabelstecker für den Scheibenwischerkabelsatz abgezogen, und der Intervallschalter wird angeschlossen wie folgt: Grünes Kabel vom Wischerschalter Klemme 53 e durchtrennen, ein Ende mittels Lüsterklemmen am Kabel 31 b 1 und das andere Ende am Kabel 31 b 2 des Intervallschalters anschließen. Das Kabel 53 des Intervallschalters wird mit dem gelben Kabel 53 a des Wischerschalters verbunden, ebenso das Kabel + 49 des Intervallschalters mit dem schwarz-lila Kabel des Wischerschalters Klemme 53 a. Dann kann der Mehrfachstecker wieder aufgesteckt werden. Das braune Kabel des Intervallschalters ist an Masse anzulegen (eine Zentralmasseschraube befindet sich oberhalb des Kupplungspedals).

Links: L-Ausstattung, Berlinetta und GT/E bieten die elektrische Scheibenwaschanlage, deren Pumpe auf dem Waschbehälter sitzt. Das angeschlossene lila Kabel führt über das Scheibenwascherrelais zum Wischermotor, das braune Massekabel ebenfalls zum Relais und von dort zum Scheibenwischerschalter.
Rechts: Die Scheinwerferwischer, kombiniert mit der Waschanlage (Wascherdüsen auf dem Stoßfänger), sorgen bei schlechter Witterung für beste Lichtausbeute.

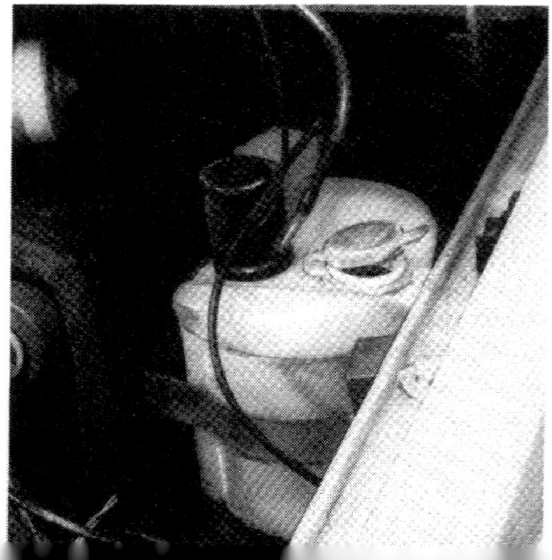

Das Kapitel »Winterschutz« behandelt auch die Füllung der Scheibenwaschanlage. Diese Anlage besteht aus mechanischer oder elektrischer Wascherpumpe, dem Wasserbehälter, den Verbindungsschläuchen und den Spritzdüsen. Die mechanische Pumpe der Standardausführung sitzt im Fußraum ganz links. Statt dessen kann auch eine Fußkontaktpumpe eingebaut sein, die bei Betätigung die Wischer in Funktion setzt. Zur Verbindung zwischen Scheibenwaschschalterkontakt und Pumpe dient das lila Kabel, das zugleich am Wascherrelais angelegt ist.
Die elektrische Scheibenwaschanlage wird in den Modellen Manta L und Berlinetta serienmäßig eingebaut. Ab August 1976 sind diese Modelle auch mit einer Intervallschaltung der Waschanlage ausgerüstet. In jedem Fall ist die Anlage über die Sicherung Nr. 4 geschützt.
Die Scheibenwascherdüsen können durch Verschmutzung von außen oder durch unreine Waschfüllung verstopfen. Wenn die Pumpe Schmutz ansaugt, ist deren Schädigung möglich. Ein handelsüblicher Kraftstoffilter (z. B. Mann WK 31/2), in die Saugleitung vor der Waschpumpe eingebaut, verhindert solches Übel.

Funktion der Scheibenwaschanlage prüfen

Pflegearbeit Nr. 21

Scheinwerfer-Wischer- und Waschanlage

Auf Wunsch können die Wagen mit einer Anlage zum Wischen und Waschen der Hauptscheinwerfer ausgerüstet sein. Sie ist dann elektrisch mit der eben beschriebenen Anlage verbunden, wobei statt des einfacheren Scheibenwascherrelais ein Relais für die Scheiben- und Scheinwerferwascher eingebaut ist. Außerdem gehört dazu noch ein Magnetventil, installiert zwischen Relais und den beiden Scheinwerfer-Wischermotoren. Diese zusätzliche Anlage ist im Schaltplan in der hinteren Buchklappe enthalten und ihre Kabelverbindungen können dort verfolgt werden.

Die heizbare Heckscheibe

Die eingebaute heizbare Heckscheibe ist mit dem schwarzen Kabel direkt mit Klemme 87 an ihrem Relais verbunden. Der Heizdraht der Scheibe hat Massekontakt. An der Klemme 30 erhält das Relais über das rote Kabel Strom von Sicherung Nr. 7 (16 Ampere). Zwischen dem Schalter für die Heizscheibe und dem Relais verläuft das braun-weiße Kabel. Masse für den Schalter und seine Kontrollampe liefert das braune Kabel.
Es kann vorkommen, daß ein Heizfaden in der Heckscheibe durch äußere Einflüsse beschädigt wird und somit der Stromkreis an dieser Stelle unterbrochen ist. Solche Schäden lassen sich mit Hilfe von Silber-Leitlack (z. B. von der Fa. DODUCO KG, Postfach 480, 7530 Pforzheim) reparieren. Mit dem Lack werden einfach die unterbrochenen Stellen der Heizfäden überstrichen.

Links: Heizscheibenschalter, aus seinem Sitz gezogen.
Rechts: Gebläseschalter, Lampe ist aus dem Sitz der Fassung gezogen. Die Schalter zieht man mittels Drahthaken heraus.

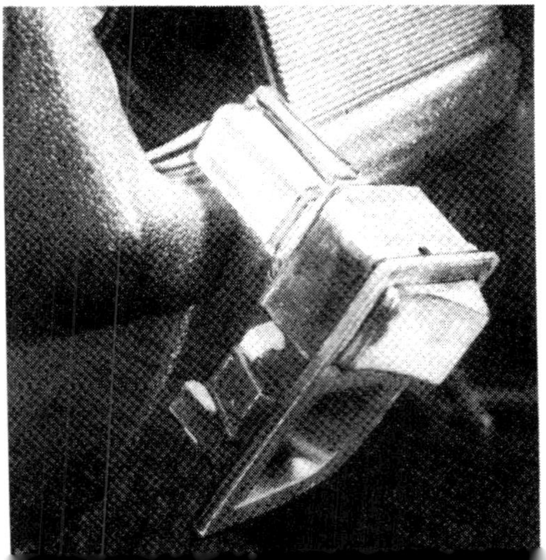

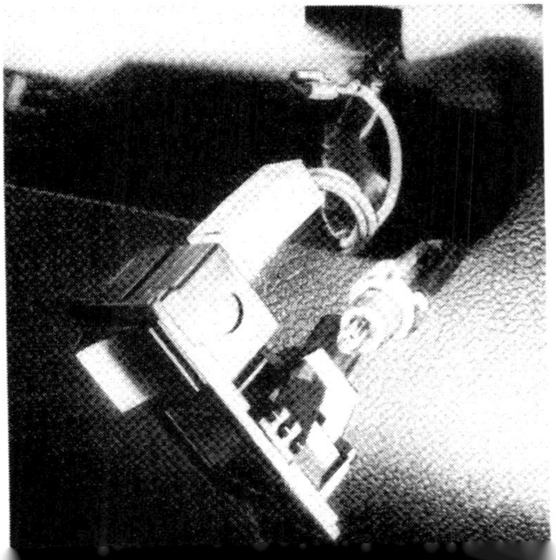

Einen Türkontaktschalter kann man nach Herausdrehen der Blechschraube abnehmen. Vorsicht, daß bei eventuellem Auswechseln des Schalters nicht das Kabel in die Karosserie zurückrutscht.

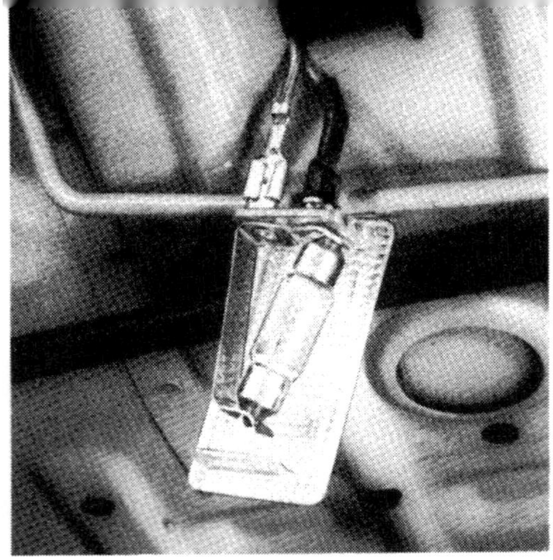

Zum Auswechseln der Lampe in der Kofferraumleuchte wird letztere einfach aus ihrem Sitz gedrückt. Die Soffittenlampe ist in den beiden Kontaktzungen nur eingeklemmt. Ähnlich ist eine Lampe der Innenbeleuchtung gestaltet.

Elektrische Schalter

Im Abschnitt »Die Masse behüten« auf Seite 197 wurde beschrieben, wie man die Funktion eines Schalters überprüfen kann, wenn man seiner Wirkungsweise nicht mehr sicher ist. Ferner sind einzelne Licht- und Geräteschalter innerhalb der betreffenden Kapitel abgebildet und erläutert. Man muß aber unterscheiden zwischen der Einsatzbereitschaft eines Stromverbrauchers und des für ihn zuständigen Schalters. Beim Opel ist es allerdings nicht schwer, sich von der Arbeit der Schalter zu vergewissern: Wird einer der Schalter betätigt, muß unmittelbar damit die entsprechende Reaktion eintreten. Beim Öldruckschalter z. B. ist man freilich nicht absolut sicher, ob er richtig arbeitet, weil er selbsttätig wirkt; wie man sich von dessen Funktion unterrichtet, ist im Abschnitt »Die Öldruckkontrolle« dargestellt.

Schließzylinder und Kontaktteil des Zünd-Anlaß-Schlosses lassen sich ohne Ausbau des Lenkrades ersetzen. Da dies dennoch Arbeiten für den Opel-Service sind, sei hier nicht näher darauf eingegangen. Ebenso verhält es sich mit dem Ausbau des Signalschalters, zu dem das Lenkrad abgezogen werden muß. Das ist nur mit einer Abziehvorrichtung möglich, deren Klauen bei dem Vorgang nach außen zeigen müssen.

Die Zeituhr

Wenn eine Zeituhr eingebaut ist, so befindet sie sich in der Armaturenbrettverkleidung zwischen dem Platz für das Radio und dem Handschuhkasten. Ihre Stromzufuhr geschieht über das rote Kabel ab Sicherung Nr. 3. Wenn die Batterie abgeklemmt war, muß die Uhr wieder eingestellt werden.

Die Uhr ist von vorn in die Verkleidung eingesteckt und wird von zwei Klemmfedern gehalten. Bei geöffnetem Handschuhkastendeckel kann man sie aus ihrem Sitz drücken. Die Kabel an ihrer Rückseite sind nur aufgesteckt, ebenso die Lampenfassung.

Econometer

Dieser seit 1981 eingesetzte Verbrauchsanzeiger informiert bei jeder Fahrsituation über den momentanen Kraftstoffkonsum. Weil das Gerät auf die Unterdruckverhältnisse im Ansaugrohr des Vergasers reagiert, ist es primär von der Gaspedalstellung abhängig, ohne besondere Berücksichtigung der verbrauchsgünstigen Drehzahlbereiche.

Zählwerk

Als »technische Daten« werden alle Angaben bezeichnet, die man bezüglich eines Automobils in Zahlen ausdrücken kann. Sie enthalten auch Kurzbezeichnungen und -beschreibungen einzelner Teile von Motor, Fahrwerk und Karosserie. Im Zusammenhang ergeben diese Angaben gewissermaßen einen Steckbrief. Da sie Bestandteil der Allgemeinen Betriebserlaubnis sind, darf nachträglich an dem Wagen nichts geändert werden, was die angegebenen Werte irgendwie berühren würde. (Änderungen der nachstehenden Angaben auf Grund von Verbesserungen durch das Werk vorbehalten.)
Die Baureihe des Opel Manta B umfaßt folgende Modelle:

Modell-Nr.	Typ	Ausführung	Sitzplätze	Produktionsbeginn
J 77	Manta-B	A: Coupé 2türig Standard	5	28. 7. 1975
K 77	Manta-B-L	B: Coupé 2türig Luxus	5	28. 7. 1975
J 77 SA XR 3	Manta-B	C: Coupé 2türig Standard GT/E-Ausführung	4	16. 9. 1975

Motor

Typ		12 N	12 S	16 N	16 S	19 N	19 S	19 E	20 S	20 E
Bauart		Viertakt-Reihenmotor, wassergekühlt								
Zylinderzahl		4	4	4	4	4	4	4	4	4
Bohrung	mm	79	79	85	85	93	93	93	95	95
Hub	mm	61	61	69.8	69,8	69.8	69,8	69.8	69,8	69.8
Hubraum effektiv	ccm	1196	1196	1584	1584	1897	1897	1897	1979	1979
Hubraum nach Steuerformel	ccm	1187	1187	1566	1566	1875	1875	1875	1956	1956
Hubraumleistung	kW/1	33	37	28	35	29	35	41		
Höchstleistung	kW (PS)	40 (55)	44 (60)	44 (60)	55 (75)	55 (75)	66 (90)	77 (105)	74 (100)	81 (110)
bei Drehzahl	min^{-1}	5400	4500	5000	5000	4800	4800	5400	5400	5400
Größtes Drehmoment	kpm	8,5	9,0	10,5	11,7	13,5	15,0	15.5	15,3	16,2
bei Drehzahl	min^{-1}	3400	2600–3400	3000–3400	3800	2200–3400	2600–3800	4200	3800	3400
Verdichtungsverhältnis		7,8	9,0	8,0	8.8	7,9	8,8	9,2	9.0	9,4
Oktanbedarf	ROZ	91	98	91	98	91	98	98	98	98
	MOZ	82	88	82	88	82	88	88	88	88
Kurbelwellenlager		3	3	5	5	5	5	5	5	5
Ventiltrieb		Seitlich liegende Nockenwelle, Antrieb durch einfache Rollenkette, hängende Ventile		Nockenwelle im Zylinderkopf, Antrieb durch endlose Duplex-Rollenkette, hängende Ventile						

		12 N	12 S	16 N	16 S	19 N	19 S	19 E	20 S	20 E
Ventilspiel warm										
Einlaß	mm	0,15	0,15	0,30	0,30	0,30	0,30	0,30	Hydro-Stößel	
Auslaß	mm	0,25	0,25	0,30	0,30	0,30	0,30	0,30		
Ventilsteuerung										
Einlaß öffnet vor OT		46°	46°	44°	44°	44°	44°	44°	32°	34°
Einlaß schließt nach UT		90°	90°	86°	86°	86°	86°	88°	90°	88°
Auslaß öffnet vor UT		70°	70°	84°	84°	84°	84°	84°	72°	74°
Auslaß schließt nach OT		30°	30°	46°	46°	46°	46°	48°	50°	48°
Schmiersystem		Druckumlaufschmierung durch Zahnradpumpe mit Ölwechselfilter im Hauptstrom								
Kühlung		Wasserumlaufkühlung mit Flügelradpumpe, thermostatisch geregelt								
Lüfter		Starr, unsymmetrisch						Hydraulische Reibungskupplung mit Drehzahlbegrenzung		
Keilriemen										
Keilwinkel		40°	40°	40°	40°	40°	40°	40°	40°	40°
Länge	mm	950	950	900	900	900	900	888	900	888
Breite	mm	9,5	9,5	9,5	9,5	9,5	9,5	9,5	9,5	9,5
Kraftstoffpumpe		Mechanisch						Elektrisch		
Förderdruck	kPa	22—26 bei 1950 min^{-1}		(ab 1976) 27 bei 1500 min^{-1}				300—450 Systemdruck 200		
Luftfilter		Papierelement								
Kraftstoffsystem		Vergaser						Einspritzung		Einspritzung
Vergaser										
Bauart		Fallstrom	einfach		Fallstrom Register	Fallstrom Register	Fallstrom Register		Fallstrom Register	
Hersteller		Solex	Solex	Solex	Solex	Solex	Zenith		GMF	
Typ		35 PDSI	35 PDSI	35 PDSI	32 DIDTA-4	35 PDSI	35/40 INAT		Varajet II	
Luftklappe		Manuell			Automatisch	Manuell	Automatisch		Automatisch	
Zusatzsystem		Umgemisch			Umluft	Umgemisch			Umgemisch	
Lufttrichter	mm Ø	26	26	26	26/26	26	26/32		35/46	
Schnelleerlauf betriebswarm	min^{-1}	—	—	—	3200	—	2700		2000—2100	
Außenbelüftung	mm	—	—	—	4,0 — 4,5	—	1,5 — 1,8			
Drosselklappenspalt 2. Stufe	mm	—	—	—	0,05	—	0,05			
Spaltmaß Starterklappe	mm	—	—	—	1,5 — 2,9	—	2,0 — 2,2			
Einspritzanlage								L-Jetronic Bosch		L-Jetronic Bosch

Elektrische Anlage

		12 N	12 S	16 N	16 S	19 N	19 S	19 E	20 S	20 E
Zündung		Batterie-Zündung, 12 V Spannung								
Batterie	Ah	36	36	36	44	44	44	44	44	44
Generator		Bosch K 1 — 14 V 45 A oder Delco Remy								
Regler		Bosch AD 1/14, bei Delco Remy im Generator								
Spannung	V	13,8								
Anlasser		Bosch AL — 12 V 0,5 PS				Bosch EF — 12 V 0,8 PS oder Delco Remy				
Zähnezahl		9/121	9/121	9/142	9/142	9/142	9/142	9/142		
Zündverteiler		Bosch oder Delco Remy						Bosch		
Kontaktabstand	mm	0,4	0,4	0,4	0,4	0,4	0,4	0,4	0,4	0,4
Zündeinstellung vor OT		5	5	5	5	5	5	10	5°	10°
Fliehkraftverstellung maximal										
Bosch oder DR	°KW	25—29	25—29	29—33	23—27	29—33	23—27	16—20	22—28	15—21

		12 N	12 S	16 N	16 S	19 N	19 S	19 E	20 S	20 E
Unterdruckverstellung (ab Modelljahr 1977) Beginn										
Bosch	kPa	13,3—15,8	13,3—15,8	13,3—18,7	(1976) 13,3—18,9	13,3—18,9	11,5—16,8	8,0—16,5	12—17	12—17
Delco Remy	kPa	10,0—16,7	10,0—16,7	11,3—18,0	(1976) 11,3—18,0	11,3—18,0	(1976) 9,5—15,7	—	—	—
Maximal										
Bosch	kPa	24,7—26,7	24,7—26,7	29,3—31,7	(1976) 40,8—42,1	40,3—42,1	24,6—26,7	45,4	24,7—26,6	24,7—26,6
Delco Remy	kPa	21,3—25,7	21,3—25,7	27,7—30,9	(1976) 40,7—42,0	40,9—42,0	(1976) 20,2—24,7	—	—	—
Zündspule		Bosch oder Delco Remy 12 V mit Vorwiderstand 1,8 Ohm								
Zündfolge		1 — 3 — 4 — 2								
Zündkerzen										
wahlweise ab Werk		Bosch W 6 B (W 200 T 35) oder AC 42 FS							AC 42.6 FS	AC 42.6 FS
vergleichbar mit		Autolite AE 22, Beru 14–6 B (200/14 A), Bosch W 5 BC, Eyquem 705 S, KLG GT 6, Marchal 35, Marelli CW 260 N								
Gewinde		M 14 x 1.25								
Elektrodenabstand	mm	0,7—0,8								

Kraftübertragung

		12 N	12 S	16 N	16 S	19 N	19 S	19 E	20 S	20 E
Kupplung		Opel Einscheiben-Trockenkupplung mit Belleville-Feder								
Kupplungsbelag										
Außen-/Innendurchmesser	mm	180/131		204/131						
Dicke	mm	3,2		3,5						
Schaltgetriebe		Schrägverzahntes, voll- und sperrsynchronisiertes Zahnrad-Vorgelegegetriebe								
Getriebeübersetzungen										
1. Gang		3,733		3,428	ab 1976: 3,640					
2. Gang		2,243		2,156	2,120					
3. Gang		1,432		1,366	1,336					
4. Gang		1,000		1,000	1,000					
R.-Gang		3,900		3,317	3,522					
Automatisches Getriebe		—	—	Hydraulischer Dreielement-Drehmomentwandler und automatisch schaltendes Planetenradsystem (Typ Ravigneaux)						
Getriebeübersetzungen										
1. Gang		—	—	2,40						
2. Gang		—	—	1,48						
3. Gang		—	—	1,00						
R.-Gang		—	—	1,92						
Geschwindigkeiten beim Hochschalten Stellung D	km/h	1.—2.: 2.—3.:	56— 64 84— 90					60— 68 89— 96		
Geschwindigkeiten bei Kickdownstellung D	km/h	1.—2.: 2.—3.:	60- 68 100—109					64— 73 107—116		
Kardanwelle		Einteilige Rohrgelenkwelle								
Hinterachsgetriebe		Hypoidverzahnter, geräuscharmer Kegelradantrieb								
Achsübersetzung		3,18	3,44	3,67	4,11	3,70 (1977) 3,67	(1976) 3,18 (1977) 3,89	(1976) 3,89 (1977) 4,11	3,44	3,44
Abweichung bei Automatik		—	—	(1976) 3,70	—	—	—	—	—	—

		12 N	12 S	16 N	16 S	19 N	19 S	19 E	20 S	20 E
Fahrwerk										
Vorderachse		Einzelradaufhängung mit Querlenkern oben und unten, verschränkte Lenkerachsen der Querlenker, Drehstabilisator, Schraubenfedern								
Hinterachse		Deichselachse mit Zentralgelenk, zwei Längslenker und ein Querlenker, Drehstabstabilisator, Schraubenfedern mit progressiver Rate								
Stoßdämpfer vorn und hinten		Teleskop						Gasdruck		
Radsturz unbelastet		—1° bis +0°30′								
Nachlauf unbelastet		+3°30′ bis +6°								
Vorspur unbelastet		0°30′ bis 0°50′ = 3 bis 5 mm						0°10′ bis 0°40′ = 2 bis 4 mm		
Lenkung		Gedämpfte Zahnstangenlenkung mit Schrägverzahnung, Gitterrohrlenksäule mit Teleskopspindel und Abreißschlitten								
Wendekreis										
Außendurchmesser	m	10,30						10,80		
Innendurchmesser	m	4,50						5,00		
Lenkgetriebe										
Übersetzung		20,0						18,6		
Lenkradumdrehungen von Anschlag zu Anschlag		ca. 4						ca. 3¾		
Bremsanlage		Hydraulische Zweikreis-Vierradbremse mit Bremskraftverstärker								
Bremskraftregler		Im hinteren Bremskreis								
Fußbremse vorn		Scheibenbremsen mit festem Bremssattel, zwei gegenüberliegende Bremskolben je Scheibe								
Fußbremse hinten		Simplex-Trommelbremsen mit schräg abgestützten Gleitbacken								
Bremsscheibe										
Durchmesser	mm	244								
Dicke	mm	12,7								
Bremstrommel										
Nenndurchmesser	mm	200	200	230	230	230	230	230		
Wirksame Gesamtbremsfläche	cm^2	452	452	553	553	553	553	553		
Felgen		5 J x 13						6 J x 13		
SR-Ausstattung		5½ J x 13								
Reifen		165 SR 13						185/70 HR 13		
Sonderausstattung		185/70 SR 13						195/70 HR 13		
SR-Ausstattung		195/70 SR 13						195/50 VR 15		

		12 N	12 S	16 N	16 S	19 N	19 S	19 E	20 S	20 E
Fahrwerte und Kraftstoffverbrauch										
Höchstgeschwindigkeit										
Schaltgetriebe	km/h	143	147	150	155	162	172	185	180	187
Automatik	km/h	—	—	145	150	157	167	180	175	182
Beschleunigung von 0 auf 100 km/h										
Schaltgetriebe	s	20,5	19	17,5	14	14	11,5	10,5	11	10
Automatik	s	—	—	19,5	16	15,5	12,5	12,5	12	11,5
Kraftstoffverbrauch nach DIN 70 030										
gültig bis 1979										
Schaltgetriebe	l/100 km	8,1	7,9	9,4	8,4	9,5	8,6	8,7	8,6	8,6
Automatik	l/100 km	—	—	10,5	9,5	10,3	9,7	9,5	9,6	9,5
gültig ab 1979 (Schaltgetriebe/Automatik)										
Stadtzyklus	l/100 km	—	—	12,1/12,1	—	11,8/11,7	—	—	11,6/11,3	11,5/11,2
90 km/h	l/100 km	—	—	6,9/7,9	—	7,3/8,1	—	—	6,7/7,4	6,5/7,3
120 km/h	l/100 km	—	—	9,4/10,6	—	9,5/10,3	—	—	8,8/9,7	8,6/9,5

		12 N	12 S	16 N	16 S	19 N	19 S	19 E	20 S	20 E
Füllmengen										
Kraftstofftank	Liter	50	50	50	50	50	50	50	50	50
Kühlsystem										
Schaltgetriebe	Liter	5,1	5,1	6,5	6,5	6,1	6,1	6,8	6,8	6,8
Automatisches Getriebe	Liter	—	—	7,2	7,2	7,0	7,0	6,7	6,7	6,7
Motoröl										
Erstfüllung	Liter	3,0	3,0	4,1	4,1	4,1	4,1	4,1	4,1	4,1
Nachfüllmenge zwischen MIN und MAX	Liter	1,0	1,0	1,5	1,5	1,5	1,5	1,5	1,5	1,5
Nachfüllmenge ohne Filterwechsel	Liter	2,5	2,5	3,5	3,5	3,5	3,5	3,5	3,5	3,5
Nachfüllmenge mit Filterwechsel	Liter	2,75	2,75	3,8	3,8	3,8	3,8	3,8	3,8	3,8
Lenkgetriebe	g	68	68	68	68	68	68	68	68	68
Bremssystem	Liter	0,4	0,4	0,4	0,4	0,4	0,4	0,4	0,4	0,4
Schaltgetriebe	Liter	0,6	0,6	1,1	1,1	1,1	1,1	1,1	1,1	1,1
Autom. Getriebe										
Erstbefüllung	Liter	—	—	4,9	4,9	4,9	4,9	4,9	4,9	4,9
Nachfüllmenge zwischen MIN und MAX	Liter	—	—	0,5	0,5	0,5	0,5	0,5	0,5	0,5
Nachfüllmenge bei Demontage der Ölwanne	Liter	—	—	2,3	2,3	2,3	2,3	2,3	2,3	2,3
Hinterachsgetriebe	Liter	0,64	0,64	0,64	1,1	1,1	1,1	1,1	1,1	1,1
Abweichung bei Automatik	Liter	—	—	1,1	—	—	—	—	—	—
Scheibenwascher	Liter	1,5	1,5	1,5	1,5	1,5	1,5	1,5	1,5	1,5
bei Scheinwerfer-waschanlage	Liter	5	5	5	5	5	5	5	5	5

Reifendruck (bar)

Reifengröße	Bei Belastung bis 3 Personen vorn	hinten	Bei maximaler Belastung vorn	hinten
165 SR 13	1,7	1,7	2,0	2,2
185/70 SR 13	1,6	1,6	1,8	1,8
195/70 SR 13	1,6	1,6	1,8	1,8
185/70 HR 13	1,8	1,8	2,0	2,0
195/70 HR 13	1,8	1,8	2,0	2,0
185/70 SR 13 195/70 SR 13	Bei hoher Geschwindigkeit den Luftdruck jeweils um 0,2 bar erhöhen			
M + S-Reifen	Luftdruck um 0,2 bar erhöhen			
Haftreifen	Luftdruck um 0,3 bar erhöhen			
Winterreifen 155 SR 13 M + S	Luftdruck um 0,4 bar höher als bei Reifen 165 SR 13			

Ab Modelljahr 1982 werden weltweit 17stellige Fahrgestell-Nummern verwendet. Eine solche Nummer beginnt mit dem Opel-Code WOL, gefolgt von viermal 0, dann erscheint eine zweistellige Zahl für den betreffenden Opel-Typ. Der nächste Buchstabe nennt das Baujahr (1982 = C, 1983 = D usw. bis 2000 = Y, danach 2001 = 1 usw.). Eine weitere Zahl gibt die Modellausführung an, und die sechs letzten Ziffern benennen die eigentliche Herstellungsnummer in dem jeweiligen Jahr.

Änderungen am Opel Manta B

Gut entwickelt

Die folgende Aufstellung zeigt die Änderungen im Laufe der Produktionsjahre auf, die sich auf neue Gesichtspunkte in der technischen Entwicklung und auf Erfahrungen aus der Praxis stützen. Für Käufer und Gebrauchtwagenhändler ist die chronologische Übersicht gleichermaßen wertvoll, wie sie auch professionellen oder privaten Handwerkern interessante Anhaltspunkte bietet. Ausführliche technische Daten enthält das vorangegangene Kapitel.

1970—1975

Produktion des Opel Manta A in vier verschiedenen Leistungsstufen: Typen 12 S (60 PS), 16 (68 PS), 16 S (80 PS) und 19 S (90 PS). die Motoren der drei letztgenannten Modelle erfuhren im März 1975 wegen der Abgasbestimmungen eine geringe Leistungsminderung.

1975

August: Produktionsbeginn des Opel Manta B. Gegenüber dem Vorgänger verbesserte unabhängige Radaufhängung vorn: Ungleiche Querlenker (oberer Lenker trapezförmig, unterer schmal mit angeschweißtem Ausleger), Horizontalachsen der oberen Lenker gegeneinander verschränkt (Anti-Dive); Schraubenfedern, Stabilisator. Hintere Starrachse nahezu unverändert: Zwei Längslenker, ein Querlenker, Drehstabilisator und Schraubenfedern. Vorn und hinten Teleskopstoßdämpfer.

In der Konzeption vom Modell A übernommene Vierzylindermotoren: Ein 1,2-l-Motor mit 60 PS (Typ 12 S), zwei 1,6-l-Motoren mit 60 PS (Typ 16 N) und mit 75 PS (Typ 16 S) sowie zwei 1,9-l-Motoren mit 90 PS (Typ 19 S) und 105 PS (GT/E), letzterer mit Einspritzanlage von Bosch. Beim 12 S von den anderen Typen abweichendes Schaltgetriebe, die auch wahlweise mit automatischem Getriebe ausgerüstet sein können. Vorn Scheibenbremsen, hinten Trommelbremsen, Bremskraftverstärker, Gürtelreifen obligatorisch.

Neue Karosserie als zweitüriges Coupé mit Einfachscheinwerfern, wahlweise mit Halogen-Licht. Alle Modelle mit heizbarer Heckscheibe, neu gestaltete Vollschaumsitze. In der L-Ausführung sind Kopfstützen und Automatikgurte für die Vordersitze serienmäßig.

Für alle Typen SR-Ausstattung möglich: Design-Lackierung, Sportlenkrad, Zusatzinstrumente. Wahlweise auch straffere Fahrwerksabstimmung und direkte Lenkübersetzung.

1976

Januar: Auf Wunsch Verbundglas-Windschutzscheibe (ohne Mehrpreis). Automatikgurte bei allen Modellen.

August: Neuer 1,2-l-Motor mit 55 PS (Typ 12 N) für Betrieb mit Normalbenzin, abgeleitet vom 52 PS starken Kadett-Motor, jedoch anderer Zündverteiler und Auspuffkrümmer mit Zwillingsauslaß.

Neuer 1,9-l-Motor mit 75 PS (Typ 19 N), ebenfalls für Normalbenzin, anstelle des nicht mehr hergestellten gleichstarken Typ 16 S.

L-Modelle mit Intervallschaltung für Scheibenwischer, für die Normalversion als Sonderausstattung. Manuelle Niveauregulierung für Gespannbetrieb auf Wunsch, auch nachträglicher Einbau möglich.

Ventilschaft-Abdeckungen verbessert. Geänderter Schalthebel (Beseitigung von Vibrationen), Verbesserungen an Kupplungsscheibennabe und Getriebeantriebswelle, beim 1,2-Liter-Motor geänderter Anpreßdruck der Kupplungsscheibe. Kürzer übersetzter 1. Gang bei Wagen ab 1,6-Liter-Motor, Verzahnung des Getriebe-Radsatzes geändert. Aufhängung der Auspuffanlage verschleißfester. Vergaser der Motoren 16 S und 19 S mit modifizierter Startautomatik. Schwingungsdämpfer an der Traverse der Hinterachse geändert, ebenso Anschlüsse der Bremsschläuche.

Produktionszahl im Jahr 1976: 117 666 Exemplare.

Oktober: Wegen schwergängiger Zündschlösser Einbau geänderter Schlösser.

1977

Januar: Manta E (mit GT/E-Motor) mit weicherer Fahrwerkabstimmung und Ausstattung wie „Berlinetta".

Februar: Auf der Amsterdamer Automobil-Ausstellung zeigt Opel den Experimental-Sportwagen GT 2 als Versuchsträger auf der Basis des Manta GT/E.

September: Zusätzlicher 2-Liter-Motor. Im Manta 20 S mit neuem Vergaser GMF Varajet II und im Manta E sowie GT/E anstelle des 1,9-Liter-Triebwerks (wie bisher mit Bosch-L-Jetronic). Motor 20 S mit 100 PS und Motor 20 E mit 110 PS. Statt Berlinetta-Ausstattung beim Manta E auch Luxus-Version wie GT/E möglich.

1978

Januar: Einsatz einer neukonstruierten Wasserpumpe.

August: Alle Modelle mit elektrischer Scheibenwaschanlage.

September: Produktionsbeginn des Manta CC (Combi-Coupé) mit 1,6-Liter- bis 2-Liter-Motoren. Geänderte Heck- und Dachpartie mit großer Heckklappe.

1979

Februar: Präsentation des neuen 1,3-Liter-Querstrom-Motors mit 44 kW (60 PS). Die Wagen mit diesem Motor werden in Band 83 der vorliegenden Buchreihe behandelt.

Juli: Neu gestaltete Vordersitze mit mehr Sitzkomfort. Vordere Blinkleuchten in den Stoßfänger integriert. Als Sonderausstattung Reifen 195/50 VR 15 (Pirelli P 7) auf neuen Leichtmetallfelgen 6 J x 15.

September: Neue Kunststoff-Stoßfänger.

1980

Mai: Einsatz einer neuen Wasserpumpe beim Vergasermotor.

August: Neue Wasserpumpe auch beim Einspritzmotor. Stufenweise Verwendung verbesserter Kabelsteckverbindungen.

1981

Januar: L-Ausstattung mit Quarzuhr, von innen verstellbarem Außenspiegel und Vierspeichen-Lenkrad, Berlinetta mit LM-Felgen und Reifen 185/70 SR 13, Recaro-Sportsitze vorn im GT/E.

April: Sondermodell »Magic« mit großzügiger Grundausstattung.

August: Kontaktlose Transistorzündung beim Typ 2,0, Kraftstoffschubabschaltung beim Motor 2,0 E.

1982

Februar: Vorstellung des 1,8-Liter-Querstrom-Motors mit 66 kW (90 PS), der ab Mai eingesetzt wird (beschrieben in Band 83).

Mai: Optische Aufwertung des Manta-Programms (Modelle 1,3 S, 1,8 S, 2,0 S und 2,0 E / GT/E): Lackierte Kunststoff-Stoßfänger, Front mit doppelten Kühlluft-Einlaßschlitzen, Heckspoiler auch beim CC, neues Felgenstyling; modifizierter Innenraum mit Sportlenkrad, Mittelkonsole mit Kassettenbox, neue Bezugstoffe.

Statt Kompaß

Erläuterungen zum Schaltplan in der hinteren Buchklappe

Kabelfarben

bl	=	blau	gr	=	grau	s	=	schwarz
br	=	braun	hbl	=	hellblau	w	=	weiß
ge	=	gelb	li	=	lila	WID	=	Widerstandskabel
gn	=	grün	rt	=	rot			

Bezeichnungen

A — Anlasser
B — Batterie
CB — Drehstrom-Lichtmaschine (Bosch)
CD — Drehstrom-Lichtmaschine
C_1 — Regler
C_2 — Ladekontrolleuchte
D — Zündschloß
E — Sicherungskasten
F — Blinkgeber
F_1 — Blinkleuchte vorn links
F_2 — Blinkleuchte vorn rechts
F_3 — Blinkleuchte hinten links
F_4 — Blinkleuchte hinten rechts
F_5 — Blinkerkontrolleuchte
F_6 — Warnblinkkontrolleuchte
G — Gebläse
G_1 — Gebläseschalter
H — Signalhorn
J — Innenleuchte
J_1 — Türkontakt links
J_2 — Türkontakt rechts
K — Kraftstoffmeßgerät
K_1 — Kraftstoffanzeige
L — Lichtschalter
L_1 — Scheinwerfer links mit Fern- und Abblendlichtlampe (innen), Standlichtlampe (außen)
L_2 — Scheinwerfer rechts mit Fern- und Abblendlichtlampe (innen), Standlichtlampe (außen)
L_3 — Weitstrahler links
L_4 — Weitstrahler rechts
L_5 — Weitstrahler-Relais
L_6 — Nebelscheinwerfer links
L_7 — Nebelscheinwerfer rechts
L_8 — Nebelscheinwerferschalter mit Kontrolleuchte
L_9 — Nebelscheinwerfer-Relais
L_{10} — Nebelschlußleuchte
L_{11} — Fernlichtkontrolleuchte
L_{12} — Nebelschlußleuchtenschalter mit Kontrolleuchte
L_{13} — Parkleuchte links
L_{14} — Parkleuchte rechts
L_{15} — Parkleuchtenschalter
M — Motorraumleuchte
M_1 — Kofferraumleuchte
M_2 — Kofferraumleuchtenschalter
M_3 — Leuchte für Handschuhkasten, Zeituhr und Zigarrenanzünder
M_4 — Instrumentenleuchten
N — Kennzeichenleuchte
O — Öldruckschalter
O_1 — Öldruckkontrolle
O_2 — Öldruckanzeiger
P — Bremslichtschalter
P_1 — Brems- und Schlußleuchte links
P_2 — Brems- und Schlußleuchte rechts
P_3 — Handbrems- und Kupplungskontrolleuchte
P_4 — Handbremskontrolleuchtenschalter
P_5 — Kupplungskontrolleuchtenschalter
P_6 — Rückfahrleuchte links
P_7 — Rückfahrleuchte rechts
P_8 — Rückfahrleuchtenschalter
Q — Heizscheibe
Q_1 — Heizscheibenschalter mit Kontrolleuchte
Q_2 — Heizscheiben-Relais
R — Radio
S — Scheibenwischermotor
S_1 — Scheiben- und Scheinwerferwascherrelais
S_2 — Scheiben- und Scheinwerferwascherpumpe
S_3 — Signalschalter mit Scheibenwascherschalter
S_4 — Magnetventil der Scheinwerferwaschanlage
S_5 — Scheinwerfer-Wischermotor links
S_6 — Scheinwerfer-Wischermotor rechts
T — Zigarrenanzünder
U — Instrumente
V — Vergaser-Starterklappen
W — Temperaturgeber
W_1 — Fernthermometer
X — Wählhebelschalter
X_1 — Wählhebelleuchte
Y — Steuergerät (GT/E)
Y_1 — Doppelrelais (GT/E)
Y_2 — Thermozeitschalter (GT/E)
Y_3 — Kaltstartventil (GT/E)
Y_4 — Zusatzluftschieber (GT/E)
Y_5 — Vorwiderstände (GT/E)
Y_6 — Magnetventil (GT/E)
Y_7 — Luftmengenmesser (GT/E)
Y_8 — Temperaturfühler (GT/E)
Y_9 — Drosselklappenschalter (GT/E)
Y_{10} — Kraftstoffpumpe (GT/E)
Z — Zündspule
Z_1 — Zündverteiler
Z_2 — Zündkerzen
Z_3 — Drehzahlmesser
Z_4 — Zeituhr
Z_5 — Spannungsstabilisator
Z_6 — Voltmeter

Die wichtigsten genormten Klemmenbezeichnungen im Schaltplan

Die nachstehenden Klemmenbezeichnungen sind im Schaltplan in der hinteren Buchklappe an den betreffenden Stellen eingedruckt als auch auf den meisten Bauteilen im Auto eingeprägt. Diese Klemmenbezeichnungen sind übrigens allgemeinverbindlich für alle Kraftfahrzeuge genormt.

Klemme	Kabel von – zu
1	Primärstrom Zündspule – Verteiler (Unterbrecher)
4	Sekundärstrom Zündspule – Verteiler
15	Strom bei eingeschalteter Zündung Zündschloß – Zündspule
30	Stets stromführende Leitungen Batterie + – Anlasserschalter – Reglerschalter Klemme B + – Zündschloß Zündschloß – Abblendhebel, Strom für Lichthupe Reglerschalter Klemme B + – Lichtschalter
30/51	Relais
31	Masseanschluß – Leitungen
31 b	Endabstellung Wischermotor – Wischerschalter
49	Blinker-Relais
49 a	Blinker-Relais – Blinkerhebel am Lenkrad
50	Anlaß-Strom Zündschloß – Anlasser

Klemme	Kabel von – zu
51	Lichtmaschine (+-Pol) – Reglerschalter – Ladeanzeige
53	Wischerschalter – Wischermotor Betriebsstrom
53 a	Wischerschalter – Wischermotor Endabstellung
53 b	Wischerschalter – Wischermotor 2. Stufe
56	Stromführend bei gedrücktem Lichtschalter: Lichtschalter – Abblendhebel am Lenkrad
56 a	Abblendhebel – Scheinwerfer-Fernlicht
56 b	Abblendhebel – Scheinwerfer-Abblendlicht
58	Standlichtschalter
D +	Lichtmaschine Ankerwicklung – Reglerschalter
D –	Reglerschalter – Lichtmaschine Masse
DF	Lichtmaschine Feldspulen – Reglerschalter
B +	Batterie +-Pol – Reglerschalter
P	Nur bei ausgeschalteter Zündung: Zündschloß – Blinkerhebel (Parklicht-Strom)

Erläuterungen zum Schaltplan siehe Seite 230

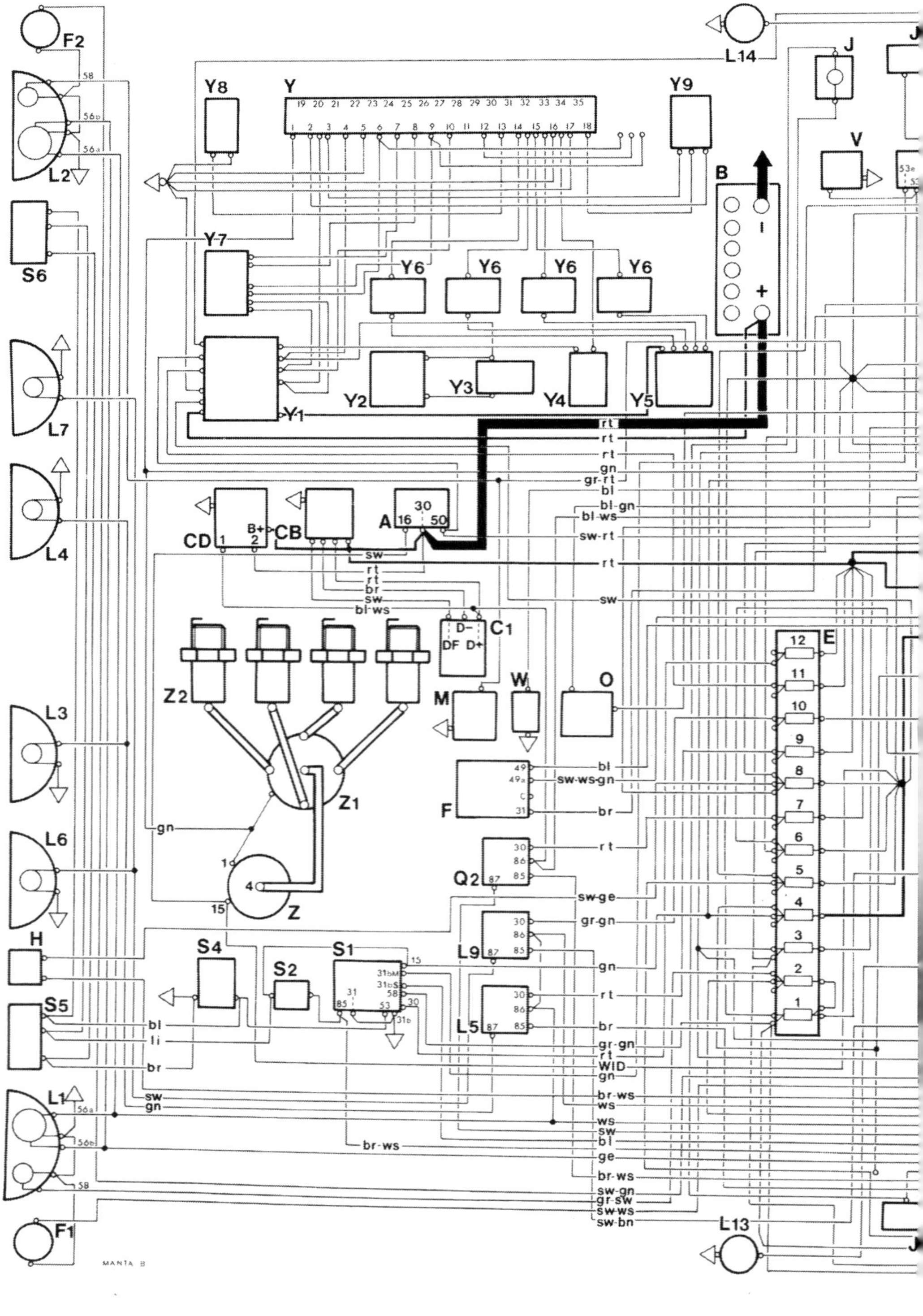

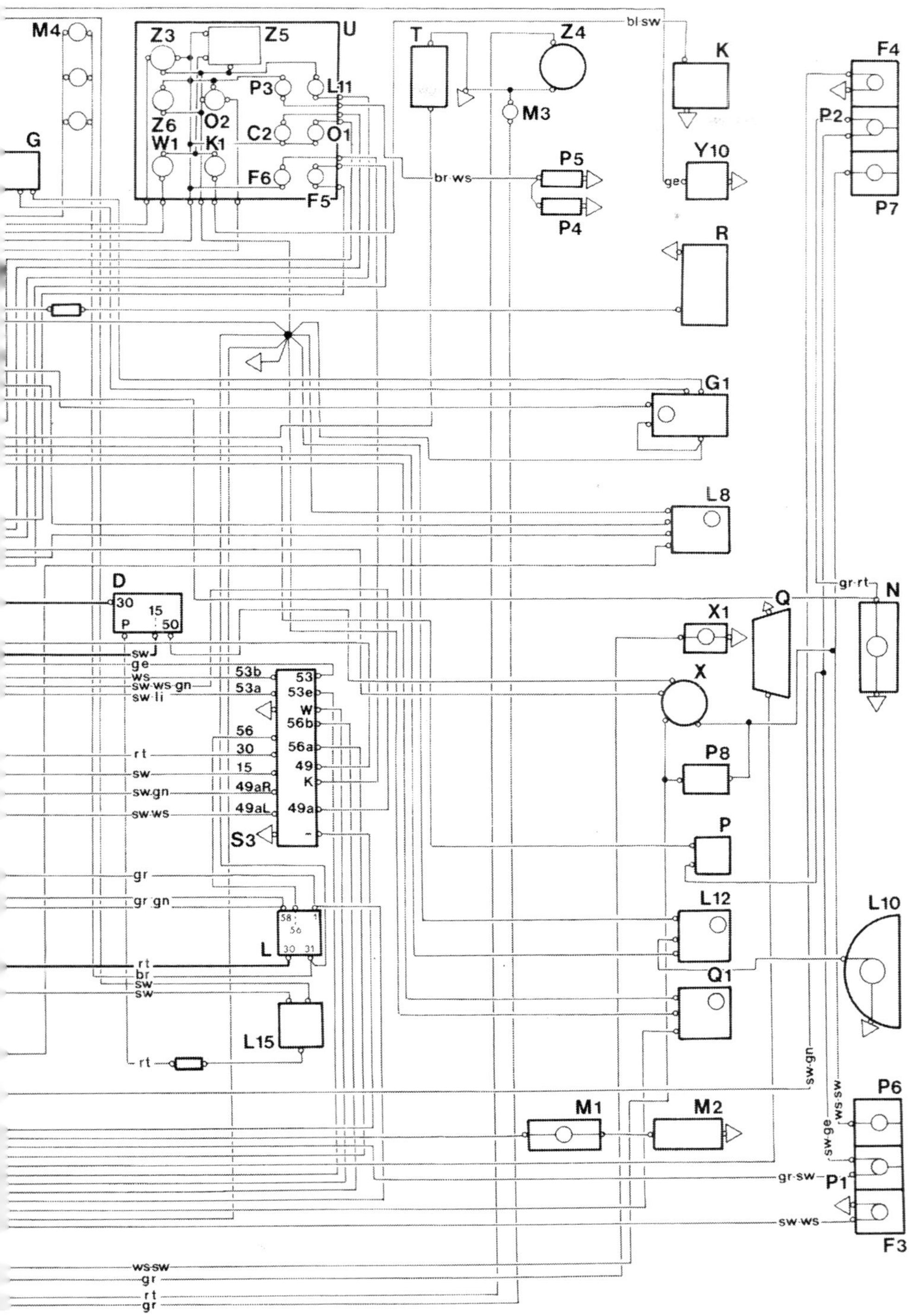

M4
G
Z3
Z5
U
Z6
O2
W1
K1
P3
L11
C2
O1
F6
F5
T
Z4
M3
br·ws
P5
P4
bl·sw
K
Y10
ge
R
F4
P2
P7
G1
L8
D
30
15
P
50
sw
J
ge
ws
sw·ws·gn
sw·li
53b
53a
53
53e
W
56b
56
30
15
56a
49
K
rt
sw
sw·gn
49aR
49aL
49a
sw·ws
S3
gr·rt
N
Q
X1
X
P8
P
gr
gr·gn
58
56
1
30
31
L
L12
L10
Q1
rt
br
sw
sw
L15
rt
sw·gn
P6
ws·sw
sw·ge
M1
M2
gr·sw
P1
sw·ws
F3
ws·sw
gr
rt
gr

FSC
www.fsc.org
MIX
Papier | Fördert
gute Waldnutzung
FSC® C083411

Kolibri 360 GmbH
Ferdinand-Jühlke-Straße 7
99095 Erfurt, Deutschland
produktsicherheit@kolibri360.de